非線形最適化の基礎

福島雅夫［著］

朝倉書店

まえがき

数理最適化理論の源流は，18 世紀に L. Euler や J.L. Lagrange らが，主に力学に関連する極値問題あるいは変分問題を統一的に取り扱う方法を研究したことにさかのぼる．しかし，現代の最適化理論が大きく発展を遂げたのは，1947 年に G.B. Dantzig によって線形計画問題に対するシンプレックス法が開発され，コンピュータの飛躍的な発達という時代的背景のもとで，現実の問題解決の強力な手段として広く普及したことに因るところが大きい．さらに，非線形計画問題の最適性条件に関する H.W. Kuhn と A.W. Tucker の研究をはじめ数多くの成果が相次いで発表され，最適化理論の基盤は急速に整備されていった．特に，W. Fenchel や R.T. Rockafellar らによって 1960 年代に体系化され，その後も現在に至るまで様々な拡張が行われている凸解析の理論は，最適化問題における双対性や最適性などの基本的性質を解析する際に不可欠な数学的道具を提供している．一方，数値解法の面でも，1960 年代から 1970 年代にかけて準 Newton 法や逐次 2 次計画法など様々な方法が開発され，現実の問題に対して適用されてきた．さらに，1984 年に N. Karmarkar によって提案された内点法とその様々な拡張，あるいは半正定値計画問題や凸最適化問題に対する Newton 法の理論の進展などにより，最適化理論の発展は 1990 年代には新たな段階に入った．21 世紀を迎え，最適化の理論と方法はその適用範囲を一層拡大し，様々な分野においてより重要な役割を演じるものと期待される．

本書の目的は最適化問題を取り扱う際に必要となる基礎的な事柄を，主として凸解析の観点から解説することである．本書は著者の旧著『非線形最適化の理論』(産業図書，1980 年) を下敷きに執筆したものであり，特に以下の点において大幅な加筆修正を行っている．まず，凸集合と凸関数に関する記述の改訂と拡充を行うとともに，微分不可能関数や単調写像などに関する説明を加えた．また，本書の議論ができるだけ self-contained となるよう，旧著には含まれていなかった結果を随所に追加した．その結果，凸解析に関連する記述が全体に占める比率が半ば近くにも及ぶことになったが，これによって本書が凸解析の教科書としてもある程度の役割を果たすことができるのではないかと考えている．最適化理論の中核をなす最適性条件と双対性理論の各章においては，特に半正定値計画問題に関する節を新たに設け，その基本的な結果について述べた．最後に，旧著に含まれていたいくつかのトピックスに代わって，近年研究が大きく進展した領域である変分不等式問題，相補性問題，MPEC などのいわゆる均衡問題に関する一章を設けた．

本書では読者対象として学部専門課程あるいは大学院修士課程の学生を想定している．しかし，上に述べたように本書自体は self-contained であることを旨としているので，他の書物を頻繁に参照しなくても理解できるよう説明したつもりである．また，各章末には相当数の演習問題を設けた．その章で説明した事柄の理解を深めることが演習問題の主目的であることはいうまでもないが，本文中で取り上げられなかった事柄にも言及することにより，演習問題に本書の内容を補強する役割をもたせた．本書が最適化理論とその応用に関する研究の発展に少しでも役立つことができれば，それは著者にとって大きな喜びである．さらに，読者の方々から忌憚のないご意見やご批判を賜れれば誠に幸いである．

末筆ながら，本書の原稿の隅々まで丁寧に目を通して，適切な指摘と有益な助言をして下さった関西大学工学部の山川栄樹氏と京都大学情報学研究科の山下信雄氏に深く感謝する．また，本書出版に際して大変お世話になった朝倉書店編集部に厚くお礼申し上げる．最後に，日頃の感謝の気持ちを込めて，この本を妻桂子に贈りたい．

2001 年 清明

京都にて

福 島 雅 夫

目　　次

1
最適化問題とは

この章では，まず最適化問題とそれに関連するいくつかの基本的な用語を定義し，つぎに本書の概略を述べる．

1.1 最適化問題

本書では，主につぎのような問題を取り扱う．

n 変数の実数値関数 g_i $(i=1,\ldots,m)$, h_j $(j=1,\ldots,l)$ によって定められた**制約条件** (constraint)

$$g_i(x_1,\ldots,x_n) \leqq 0 \quad (i=1,\ldots,m)$$
$$h_j(x_1,\ldots,x_n) = 0 \quad (j=1,\ldots,l)$$

を満足するベクトル $\boldsymbol{x}=(x_1,\ldots,x_n)$ のなかで，**目的関数** (objective function) と呼ばれる実数値関数 f の値 $f(x_1,\ldots,x_n)$ が最小となるものを見つけよ．

このような問題は一般に**数理計画問題** (mathematical programming problem) あるいは**最適化問題** (optimization problem) と呼ばれる．本書では，上記の数理計画問題を

$$\begin{array}{ll} \text{目的関数：} & f(\boldsymbol{x}) \longrightarrow \text{最小} \\ \text{制約条件：} & g_i(\boldsymbol{x}) \leqq 0 \quad (i=1,\ldots,m) \\ & h_j(\boldsymbol{x}) = 0 \quad (j=1,\ldots,l) \end{array} \tag{1.1}$$

と書く．なお，目的関数の最大化はそれに -1 をかけた関数の最小化と等価

であるから，以下では特に断らないかぎり，目的関数を最小化する問題を考えることにする．

問題 (1.1) において，制約条件を満足するベクトル $\boldsymbol{x}$ を**実行可能解** (feasible solution) といい，実行可能解全体の集合を**実行可能領域** (feasible region) と呼ぶ．また，制約条件を与える関数 g_i $(i=1,\ldots,m)$ と h_j $(j=1,\ldots,l)$ を**制約関数** (constraint function) と呼ぶ．実行可能領域のなかで目的関数が最小となるようなベクトル $\boldsymbol{x}$ を問題 (1.1) の**最適解** (optimal solution) という．

目的関数 f と制約関数 g_i, h_j がすべて 1 次関数のとき，問題 (1.1) を**線形計画問題** (linear programming problem) といい，目的関数や制約関数が必ずしも 1 次関数とは限らないとき**非線形計画問題** (nonlinear programming problem) という．線形計画問題は非線形計画問題の特別な場合と見なすことができる．目的関数 f が 2 次関数，制約関数 g_i, h_j がすべて 1 次関数のとき，問題 (1.1) を特に **2 次計画問題** (quadratic programming problem) といい，目的関数 f とすべての不等式制約関数 g_i が凸関数で，すべての等式制約関数 h_j が 1 次関数のとき**凸計画問題** (convex programming problem) という．また，制約条件のなかに行列の半正定値条件を含むような問題を**半正定値計画問題** (semidefinite programming problem) という．これらの問題はいずれも応用上重要な非線形計画問題であり，その特別な構造により，多くの有用な性質をもつことが知られている．

1.2 本書の概略

凸集合や凸関数などに関連する諸性質は凸解析と呼ばれる枠組みのなかで系統立てて研究されており，最適化理論の中核をなす多くの重要な結果を提供している．第 2 章では，凸集合に対する分離超平面，錐とその極錐，凸関数の共役関数や劣勾配などの基本的概念とそれらの諸性質について述べるとともに，劣勾配の非凸関数への拡張，点-集合写像とその連続性や単調性など，最適化問題やそれに関連する諸問題を取り扱う際にしばしば現れる事柄を解説する．この章の内容は，以下の各章において頻繁に用いられる．

最適解が満たすべき条件である最適性条件は最適化アルゴリズムの設計やその理論的解析において基本的な役割を演じるものであり，最適化理論の支柱を形成する．また，問題に含まれる係数の値が変化したとき，最適解やその目的関数値がどのような影響を受けるかを調べることは，実用面からも重要なテーマである．第 3 章では，最も基本的な最適性条件であるKarush-Kuhn-Tucker (KKT) 条件を詳しく説明するとともに，関数の Hesse 行列を用いた 2 次の最適性条件，微分不可能な最適化問題に対する KKT 条件の拡張，行列を変数とする半正定値計画問題に対する KKT 条件について述べる．さらに，係数の変化に対する最適解の連続性に関連する定性的な結果と，目的関数値の変化率などの定量的な情報を求める感度分析の方法についても言及する．

最適化問題に対して，双対問題と呼ばれる問題を考えることにより，問題が取り扱いやすくなる場合が少なくない．そのような性質を利用して，双対性に基づく最適化アルゴリズムがさまざまな問題に対して開発され，広く実用に供されている．第 4 章では，まず Lagrange 双対問題の定義を述べ，その性質を調べたあと，それを包括するより一般的な双対問題を導入し，特に非凸最適化問題に対する双対性について考察する．さらに，凸計画問題に対する Fenchel 双対問題について述べ，最後に半正定値計画問題に対する双対性についても議論する．

第 5 章では，最適化問題の一般化である変分不等式問題や相補性問題などのいわゆる均衡問題について述べる．均衡問題には最適化問題と共通する部分が多く，この章の内容は本書の他の章と密接に関連している．均衡問題の解の存在と一意性に関する結果を示したあと，均衡問題を等価な方程式系や最適化問題に再定式化する方法について説明する．最後に，現実にさまざまな応用分野をもつ問題である均衡制約条件を含む最適化問題を取り上げ，その最適性条件について考察する．

2
凸　解　析

この章では，最適化理論の基礎を構成する数学的事項を概説する．2.1, 2.2 および 2.6 節は線形代数と解析学に関する基本的な事柄を簡単にまとめたもので，それらの大部分は用語の定義である．2.3 – 2.5 節および 2.7 – 2.10 節ではそれぞれ凸集合と凸関数のさまざまな性質を解説する．さらに 2.11 節では 2.10 節で述べたいくつかの事柄を非凸関数に対して拡張する．また，2.12 節と 2.13 節において，点-集合写像の概念を導入し，その連続性と単調性について考察する．ここで述べる凸集合や凸関数に関する結果とその一般化は**凸解析** (convex analysis) と呼ばれる分野に属するものであり，以下の各章で頻繁に用いられる．

2.1　ベクトルと行列

実数を成分とする n 次元ベクトル全体の集合 (n 次元ユークリッド空間) を $I\!R^n$ と表す．ただし，$I\!R^1$ は実数全体の集合を表すので，単に $I\!R$ または $(-\infty, +\infty)$ と書く．n 次元ベクトル $\boldsymbol{x}$ は空間 $I\!R^n$ の点ともいい，$\boldsymbol{x} \in I\!R^n$ と書く．以下では，ベクトルと点を同義語として用い，状況に応じて使い分ける．また，ベクトルは列ベクトルとし，その成分を示すときは，転置記号 $\top$ を用いて $\boldsymbol{x} = (x_1, \ldots, x_n)^\top$ のように表す．また，二つのベクトル $\boldsymbol{x} \in I\!R^n$ と $\boldsymbol{y} \in I\!R^m$ をつなぎ合わせた $n+m$ 次元ベクトルは，混乱が生じない限り，表記の煩雑さを避けるため，$(\boldsymbol{x}^\top, \boldsymbol{y}^\top)^\top \in I\!R^{n+m}$ と書くかわりに $(\boldsymbol{x}, \boldsymbol{y})^\top \in I\!R^{n+m}$，あるいは単に $(\boldsymbol{x}, \boldsymbol{y}) \in I\!R^{n+m}$ と表す．なお，ベクトルの成分は下付き添え字を用いて $x_1, \ldots, x_n$ あるいは $x_i\,(i = 1, \ldots, n)$ と書

き，ベクトルの列は上付き添え字を用いて $\boldsymbol{x}^1, \boldsymbol{x}^2, \ldots$ または $\{\boldsymbol{x}^k\}$ と書く．

二つのベクトル $\boldsymbol{x}, \boldsymbol{y} \in I\!R^n$ の和を $\boldsymbol{x}+\boldsymbol{y} = (x_1+y_1, \ldots, x_n+y_n)^\top$ と定義し，実数 $\alpha \in I\!R$ に対して，ベクトル $\boldsymbol{x}$ のスカラー倍を $\alpha\boldsymbol{x} = (\alpha x_1, \ldots, \alpha x_n)^\top$ と定義する．また，二つのベクトル $\boldsymbol{x}, \boldsymbol{y} \in I\!R^n$ に対して，$x_i \leqq y_i$ $(i = 1, \ldots, n)$ が成り立つとき $\boldsymbol{x} \leqq \boldsymbol{y}$ と書き，$x_i < y_i$ $(i = 1, \ldots, n)$ であるとき $\boldsymbol{x} < \boldsymbol{y}$ と書く．零ベクトルは $\boldsymbol{0}$ と表す．

二つのベクトル $\boldsymbol{x}, \boldsymbol{y} \in I\!R^n$ に対して，その**内積** (inner product) を $\langle \boldsymbol{x}, \boldsymbol{y} \rangle = \boldsymbol{x}^\top \boldsymbol{y} = x_1 y_1 + \cdots + x_n y_n$ と表し，$\boldsymbol{x} \in I\!R^n$ の (Euclid) **ノルム** (norm) を $\|\boldsymbol{x}\| = \sqrt{\langle \boldsymbol{x}, \boldsymbol{x} \rangle} = \sqrt{x_1^2 + \cdots + x_n^2}$ と定義する．ノルムを用いて，空間 $I\!R^n$ の 2 点 $\boldsymbol{x}$, $\boldsymbol{y}$ 間の距離を $\|\boldsymbol{x} - \boldsymbol{y}\|$ で定める．

任意の二つのベクトル $\boldsymbol{x}, \boldsymbol{y} \in I\!R^n$ に対して，つぎの **Cauchy-Schwarz の不等式** (Cauchy-Schwarz inequality) が成り立つ．

$$-\|\boldsymbol{x}\| \, \|\boldsymbol{y}\| \leqq \langle \boldsymbol{x}, \boldsymbol{y} \rangle \leqq \|\boldsymbol{x}\| \, \|\boldsymbol{y}\|$$

また，$\boldsymbol{0}$ でない二つのベクトル $\boldsymbol{x}$ と $\boldsymbol{y}$ のなす角 θ は次式で定義できる．

$$\cos\theta = \langle \boldsymbol{x}, \boldsymbol{y} \rangle / \|\boldsymbol{x}\| \, \|\boldsymbol{y}\|$$

よって，$\langle \boldsymbol{x}, \boldsymbol{y} \rangle = 0$ のときベクトル $\boldsymbol{x}$ と $\boldsymbol{y}$ は直交し，$\langle \boldsymbol{x}, \boldsymbol{y} \rangle$ が正 (負) であればベクトル $\boldsymbol{x}$ と $\boldsymbol{y}$ のなす角は鋭角 (鈍角) である．

k 個のベクトル $\boldsymbol{x}^1, \ldots, \boldsymbol{x}^k \in I\!R^n$ に対して

$$\alpha_1 \boldsymbol{x}^1 + \cdots + \alpha_k \boldsymbol{x}^k = \boldsymbol{0} \tag{2.1}$$

を満たす k 個の実数の組 $(\alpha_1, \ldots, \alpha_k)$ が $(0, \ldots, 0)$ 以外に存在しないとき，ベクトル $\boldsymbol{x}^1, \ldots, \boldsymbol{x}^k$ は **1 次独立** (linearly independent) であるという．これに対して，式 (2.1) を満たす $(\alpha_1, \ldots, \alpha_k) \neq (0, \ldots, 0)$ が存在するとき，ベクトル $\boldsymbol{x}^1, \ldots, \boldsymbol{x}^k$ は **1 次従属** (linearly dependent) であるという．

W を空間 $I\!R^n$ の部分集合，すなわち $W \subseteqq I\!R^n$ とする．任意のベクトル $\boldsymbol{x}, \boldsymbol{y} \in W$ と任意の $\alpha \in I\!R$ に対して $\boldsymbol{x} + \boldsymbol{y} \in W$ と $\alpha\boldsymbol{x} \in W$ が成立するとき，W を**部分空間** (subspace) という．また，W が

$$W = \{\boldsymbol{x} \in I\!R^n \mid \boldsymbol{x} = \alpha_1 \boldsymbol{x}^1 + \cdots + \alpha_k \boldsymbol{x}^k, \ \alpha_1 \in I\!R, \ldots, \alpha_k \in I\!R\}$$

のように k 個のベクトル $\boldsymbol{x}^1,\ldots,\boldsymbol{x}^k \in I\!R^n$ の1次結合全体の集合として表されるとき，$\boldsymbol{x}^1,\ldots,\boldsymbol{x}^k$ は部分空間 W を張るという．部分空間 W に含まれる1次独立なベクトルの最大個数を W の**次元** (dimension) という．

部分空間の例としては，2次元空間 (平面) における原点を通る直線，3次元空間における原点を通る平面や直線などがある．また，空間 $I\!R^n$ それ自身，および零ベクトルだけから成る集合 $\{\boldsymbol{0}\}$ も部分空間の特別なものと見なすことができる．これに対して，2次元空間の任意の直線，3次元空間の任意の平面や直線は一般に部分空間ではないが，その集合内の任意の2点を通る直線がその集合に含まれるという性質をもつ．このような集合を**アフィン集合** (affine set) と呼ぶ．アフィン集合は部分空間を平行移動して得られる集合であり，あるベクトル $\boldsymbol{x}^0,\boldsymbol{x}^1,\ldots,\boldsymbol{x}^k \in I\!R^n$ を用いて

$$\{\boldsymbol{x} \in I\!R^n \mid \boldsymbol{x} = \boldsymbol{x}^0 + \alpha_1\boldsymbol{x}^1 + \cdots + \alpha_k\boldsymbol{x}^k,\ \alpha_1 \in I\!R,\ldots,\alpha_k \in I\!R\}$$

と表される．

ベクトル $\boldsymbol{a} \in I\!R^n$ $(\boldsymbol{a} \neq \boldsymbol{0})$ とスカラー $\alpha \in I\!R$ を用いて定義される集合

$$H = \{\boldsymbol{x} \in I\!R^n \mid \langle \boldsymbol{a},\boldsymbol{x}\rangle = \alpha\}$$

を考える．これはベクトル $\boldsymbol{a}$ と直交するベクトル全体から成る $(n-1)$ 次元部分空間 $\{\boldsymbol{x} \in I\!R^n \mid \langle \boldsymbol{a},\boldsymbol{x}\rangle = 0\}$ を適当に平行移動することによって得られるアフィン集合であり，特に $I\!R^n$ の**超平面** (hyperplane) と呼ばれる．2次元空間における任意の直線や3次元空間における任意の平面は超平面である．これらの例が示すように，超平面 H は空間 $I\!R^n$ を完全に二分するという重要な性質をもつ．

集合 $S \subseteq I\!R^n$ と $T \subseteq I\!R^n$ に対して，それらの和を

$$S + T = \{\boldsymbol{z} \in I\!R^n \mid \boldsymbol{z} = \boldsymbol{x} + \boldsymbol{y},\ \boldsymbol{x} \in S,\ \boldsymbol{y} \in T\}$$

と定義する*1)．また，$\alpha \in I\!R$ に対して，集合 $S \subseteq I\!R^n$ のスカラー倍 αS を

$$\alpha S = \{\boldsymbol{z} \in I\!R^n \mid \boldsymbol{z} = \alpha\boldsymbol{x},\ \boldsymbol{x} \in S\}$$

*1)　和集合 $S \cup T$ と混同しないよう，注意が必要である．

で定義する．さらに，集合 $X \subseteqq I\!R^m$ と集合 $Y \subseteqq I\!R^n$ に対して

$$X \times Y = \{(\boldsymbol{x}, \boldsymbol{y}) \in I\!R^{m+n} \mid \boldsymbol{x} \in X,\ \boldsymbol{y} \in Y\}$$

で定義される集合を X と Y の**直積** (Cartesian product) という．

つぎに行列に関するいくつかの性質を定義しておこう．本書では，特に断らない限り，実数を成分とする行列を取り扱う．$m \times n$ 行列

$$\boldsymbol{A} = \begin{bmatrix} a_{11} & a_{12} & \cdots & a_{1n} \\ a_{21} & a_{22} & \cdots & a_{2n} \\ \vdots & \vdots & \ddots & \vdots \\ a_{m1} & a_{m2} & \cdots & a_{mn} \end{bmatrix}$$

をその第 (i,j) 成分 a_{ij} を用いて $\boldsymbol{A} = [a_{ij}] \in I\!R^{m\times n}$ と表す．二つの $m \times n$ 行列 $\boldsymbol{A} = [a_{ij}], \boldsymbol{B} = [b_{ij}]$ と $\alpha \in I\!R$ に対して，行列の和とスカラー倍をそれぞれ $\boldsymbol{A} + \boldsymbol{B} = [a_{ij} + b_{ij}]$ と $\alpha\boldsymbol{A} = [\alpha a_{ij}]$ で定義する．また，$\boldsymbol{A} = [a_{ij}]$ を $m \times n$ 行列，$\boldsymbol{B} = [b_{jk}]$ を $n \times l$ 行列とすると，$\boldsymbol{A}$ と $\boldsymbol{B}$ の積 $\boldsymbol{AB}$ は $\boldsymbol{AB} = [\,\sum_{j=1}^{n} a_{ij}b_{jk}]$ なる $m \times l$ 行列として定義できる．$m = n = l$ であっても，一般に $\boldsymbol{AB} \neq \boldsymbol{BA}$ であるが，特に $\boldsymbol{AB} = \boldsymbol{BA}$ が成り立つとき $\boldsymbol{A}$ と $\boldsymbol{B}$ は**可換** (commutative) であるという．また，行列 $\boldsymbol{A} \in I\!R^{m\times n}$ とベクトル $\boldsymbol{x} \in I\!R^n$ の積 $\boldsymbol{Ax}$ は m 次元ベクトルであり，任意の $\boldsymbol{x}, \boldsymbol{y} \in I\!R^n$ と $\alpha, \beta \in I\!R$ に対して $\boldsymbol{A}(\alpha\boldsymbol{x} + \beta\boldsymbol{y}) = \alpha\boldsymbol{Ax} + \beta\boldsymbol{Ay}$ が成り立つから，$\boldsymbol{A}$ は空間 $I\!R^n$ から $I\!R^m$ への**線形写像** (linear mapping) と見なすことができる．集合 $S \subseteqq I\!R^n$ に対して，写像 $\boldsymbol{A} : I\!R^n \to I\!R^m$ の**像** (image) を

$$\boldsymbol{A}S = \{\boldsymbol{z} \in I\!R^m \mid \boldsymbol{z} = \boldsymbol{Ax},\ \boldsymbol{x} \in S\} \subseteqq I\!R^m$$

と表す．特に S が部分空間ならば $\boldsymbol{A}S$ も部分空間となる．

行列 $\boldsymbol{A} = [a_{ij}] \in I\!R^{m\times n}$ に対して，その転置行列を $\boldsymbol{A}^\top = [a_{ji}] \in I\!R^{n\times m}$ と表す．$\boldsymbol{A}$ が n 次正方行列 ($n \times n$ 行列) であり，$\boldsymbol{A} = \boldsymbol{A}^\top$ が成り立つとき, $\boldsymbol{A}$ を**対称行列** (symmetric matrix) という．n 次 (実) 対称行列全体の集合を $\mathcal{S}^n$ と書く．

n 次正方行列 $\boldsymbol{A}$ は，その対角成分がすべて 1 で，それ以外の成分が 0 であるとき，**単位行列** (unit matrix) と呼ばれる．単位行列を特に $\boldsymbol{I}$ と書く．n 次正方行列 $\boldsymbol{A}$ に対して，$\boldsymbol{AB} = \boldsymbol{BA} = \boldsymbol{I}$ を満足する n 次正方行列 $\boldsymbol{B}$ が存在するとき，$\boldsymbol{A}$ は**正則** (nonsingular) であるという．このような行列 $\boldsymbol{B}$ は (存在すれば) ただ一つであり，$\boldsymbol{A}$ の**逆行列** (inverse matrix) と呼ばれる．行列 $\boldsymbol{A}$ の逆行列を $\boldsymbol{A}^{-1}$ と書く．

正整数の集合 $\{1, 2, \ldots, n\}$ の要素を並べ換えて $\{i_1, i_2, \ldots, i_n\}$ とする操作を**置換** (permutation) といい

$$\sigma = \begin{pmatrix} 1 & 2 & \cdots & n \\ i_1 & i_2 & \cdots & i_n \end{pmatrix}$$

と書く．集合 $\{1, 2, \ldots, n\}$ に対する置換は全部で $n!$ 個ある．特に，集合 $\{1, 2, \ldots, n\}$ のなかで二つの要素だけを入れ換える置換

$$\begin{pmatrix} j & k \\ k & j \end{pmatrix} \equiv \begin{pmatrix} 1 & \cdots & j & \cdots & k & \cdots & n \\ 1 & \cdots & k & \cdots & j & \cdots & n \end{pmatrix}$$

を**互換** (transposition) と呼ぶ．任意の置換 σ は互換を何回か行うことにより実現できる．ある置換 σ を実現するために必要な互換の数が偶数のとき σ を偶置換といい，そうでないとき奇置換という．置換 σ の符号 $\mathrm{sgn}(\sigma)$ を，σ が偶置換のとき 1，奇置換のとき -1 と定める．

n 次正方行列 $\boldsymbol{A}$ に対して，その成分 a_{ij} $(i, j = 1, \ldots, n)$ に関する多項式

$$\sum_{\sigma} \mathrm{sgn}(\sigma)\, a_{1i_1} a_{2i_2} \cdots a_{ni_n}$$

を $\boldsymbol{A}$ の**行列式** (determinant) という．ここで，和はすべての置換 σ にわたってとるものとする．$\boldsymbol{A}$ の行列式を $|\boldsymbol{A}|$ または $\det \boldsymbol{A}$ と表す．二つの n 次正方行列 $\boldsymbol{A}, \boldsymbol{B}$ に対して $\det \boldsymbol{AB} = \det \boldsymbol{A} \det \boldsymbol{B}$ が成り立つ．明らかに $\det \boldsymbol{I} = 1$ であるから，$\det \boldsymbol{A} \det \boldsymbol{A}^{-1} = \det \boldsymbol{AA}^{-1} = 1$ すなわち $\det \boldsymbol{A}^{-1} = 1/\det \boldsymbol{A}$ が成り立つ．n 次正方行列 $\boldsymbol{A}$ が正則であるための必要十分条件は $\det \boldsymbol{A} \neq 0$ が成立することである．

n 次正方行列 $\boldsymbol{A}$ に対して，その対角成分の和 $a_{11} + a_{22} + \cdots + a_{nn}$ を $\mathrm{tr}\, \boldsymbol{A}$ と表し，$\boldsymbol{A}$ の**トレース** (trace) と呼ぶ．任意の行列 $\boldsymbol{B} \in \mathbb{R}^{m \times n}, \boldsymbol{C} \in \mathbb{R}^{n \times m}$ に対して，$\mathrm{tr}\, \boldsymbol{BC} = \mathrm{tr}\, \boldsymbol{CB}$ が成立する．

正則な係数行列 $\boldsymbol{A} \in I\!R^{n\times n}$ をもつ線形方程式 $\boldsymbol{Ax} = \boldsymbol{b}$ の解 $\boldsymbol{x} = \boldsymbol{A}^{-1}\boldsymbol{b}$ の第 i 成分は $x_i = \det\,[\boldsymbol{A}|\boldsymbol{b}|i]/\det\,\boldsymbol{A}$ によって与えられる．これを **Cramer の公式** (Cramer's rule) と呼ぶ．ただし，$[\boldsymbol{A}|\boldsymbol{b}|i]$ は行列 $\boldsymbol{A}$ の第 i 列をベクトル $\boldsymbol{b}$ で置き換えた行列を表す．

補題 2.1. 正方行列 $\boldsymbol{A}, \boldsymbol{B} \in I\!R^{n\times n}$ に対して，次式が成立する．

$$\mathrm{tr}\,[\boldsymbol{A}^{-1}\boldsymbol{B}] = \sum_{i=1}^{n} \frac{\det\,[\boldsymbol{A}|\boldsymbol{B}^{[i]}|\,i\,]}{\det\,\boldsymbol{A}}$$

ただし，$\boldsymbol{A}$ は正則であり，$\boldsymbol{B}^{[i]}$ は $\boldsymbol{B}$ の第 i 列を表すものとする．

証明 Cramer の公式より，$\det\,[\boldsymbol{A}|\boldsymbol{B}^{[i]}|\,i\,]/\det\,\boldsymbol{A}$ はベクトル $\boldsymbol{A}^{-1}\boldsymbol{B}^{[i]}$ の第 i 成分を表すが，これは正方行列 $\boldsymbol{A}^{-1}\boldsymbol{B}$ の第 (i,i) 成分に等しい． ■

n 次正方行列 $\boldsymbol{A}$ に対して，次式を満たすベクトル $\boldsymbol{x} \neq \boldsymbol{0}$ が存在するようなスカラー λ を $\boldsymbol{A}$ の**固有値** (eigenvalue)，$\boldsymbol{x}$ を固有値 λ に対する $\boldsymbol{A}$ の**固有ベクトル** (eigenvector) という．

$$\boldsymbol{Ax} = \lambda\boldsymbol{x}$$

行列 $\boldsymbol{A}$ の固有値は，**特性方程式** (characteristic equation) と呼ばれる方程式

$$\det(\lambda\boldsymbol{I} - \boldsymbol{A}) = 0$$

の根である．この方程式の左辺は λ に関する n 次の多項式であるから，その根すなわち $\boldsymbol{A}$ の固有値は重複を許すと n 個存在する．それらを $\lambda_1, \ldots, \lambda_n$ とすれば，特性方程式の根と係数の関係から次式が成り立つ．

$$\lambda_1 + \lambda_2 + \cdots + \lambda_n = \mathrm{tr}\,\boldsymbol{A}, \quad \lambda_1\lambda_2\cdots\lambda_n = \det\,\boldsymbol{A}$$

次式を満たす $n \times n$ 行列 $\boldsymbol{Q}$ を**直交行列** (orthogonal matrix) という．

$$\boldsymbol{QQ}^\top = \boldsymbol{Q}^\top\boldsymbol{Q} = \boldsymbol{I}$$

n 次 (実) 対称行列 $\boldsymbol{A} \in \mathcal{S}^n$ の固有値 $\lambda_1, \ldots, \lambda_n$ はすべて実数であり，$\boldsymbol{A}$ は適当な直交行列 $\boldsymbol{Q}$ を用いてつぎのように対角化できる.

$$\boldsymbol{Q}^\top \boldsymbol{A} \boldsymbol{Q} = \begin{bmatrix} \lambda_1 & & & \text{\huge 0} \\ & \lambda_2 & & \\ & & \ddots & \\ \text{\huge 0} & & & \lambda_n \end{bmatrix}$$

右辺の対角行列を $\mathbf{diag}\,[\lambda_1, \ldots, \lambda_n]$ あるいは $\mathbf{diag}\,[\lambda_i]$ と書く.

n 次 (実) 対称行列 $\boldsymbol{A} \in \mathcal{S}^n$ は

$$\langle \boldsymbol{x}, \boldsymbol{A}\boldsymbol{x} \rangle \geqq 0 \qquad (\boldsymbol{x} \in I\!R^n) \tag{2.2}$$

を満たすとき**半正定値** (positive semidefinite) であるといい，$\boldsymbol{A} \succeq \boldsymbol{O}$ と書く．さらに

$$\langle \boldsymbol{x}, \boldsymbol{A}\boldsymbol{x} \rangle > 0 \qquad (\boldsymbol{x} \in I\!R^n,\, \boldsymbol{x} \neq \boldsymbol{0}) \tag{2.3}$$

を満たすとき**正定値** (positive definite) であるといい，$\boldsymbol{A} \succ \boldsymbol{O}$ と書く. $\boldsymbol{A} \in \mathcal{S}^n$ が半正定値 (正定値) であるための必要十分条件は $\boldsymbol{A}$ のすべての固有値が非負 (正) となることである．したがって，半正定値 (正定値) 行列のトレースと行列式は非負 (正) である．半正定値行列 $\boldsymbol{A} \in \mathcal{S}^n$ を直交行列 $\boldsymbol{Q}$ を用いて $\boldsymbol{A} = \boldsymbol{Q}\,\mathbf{diag}\,[\lambda_i]\boldsymbol{Q}^\top$ と対角化すると $\lambda_i \geqq 0$ $(i = 1, \ldots, n)$ であるから，行列 $\boldsymbol{A}$ の平方根を $\boldsymbol{A}^{\frac{1}{2}} = \boldsymbol{Q}\,\mathbf{diag}\,[\sqrt{\lambda_i}]\boldsymbol{Q}^\top$ によって定義できる．明らかに，行列 $\boldsymbol{A}^{\frac{1}{2}}$ も対称かつ半正定値であり，$\boldsymbol{A} = (\boldsymbol{A}^{\frac{1}{2}})^2$ が成り立つ．さらに，二つの半正定値行列 $\boldsymbol{A} \in \mathcal{S}^n$ と $\boldsymbol{B} \in \mathcal{S}^n$ に対して，その積のトレースに対して $\mathrm{tr}\,[\boldsymbol{A}\boldsymbol{B}] = \mathrm{tr}\,[\boldsymbol{B}^{\frac{1}{2}}\boldsymbol{A}\boldsymbol{B}^{\frac{1}{2}}]$ が成り立ち，行列 $\boldsymbol{B}^{\frac{1}{2}}\boldsymbol{A}\boldsymbol{B}^{\frac{1}{2}}$ は半正定値であるから，$\mathrm{tr}\,[\boldsymbol{A}\boldsymbol{B}] \geqq 0$ が成立する.

半正定値性と正定値性の定義は非対称行列に対してもそのまま拡張できる．すなわち，n 次正方行列 $\boldsymbol{A}$ は式 (2.2) を満たすとき半正定値であるといい，式 (2.3) を満たすとき正定値であるという．ただし，非対称行列に対しては，つぎの例が示すように，正定値性と固有値の符号のあいだに対称行列の場合のような明確な関係は成立しない.

例 2.1. つぎの二つの行列 $\boldsymbol{A}_1$ と $\boldsymbol{A}_2$ を考える．

$$\boldsymbol{A}_1 = \begin{bmatrix} 2 & -1 \\ 3 & 1 \end{bmatrix} \qquad \boldsymbol{A}_2 = \begin{bmatrix} 2 & 0 \\ 4 & 1 \end{bmatrix}$$

行列 $\boldsymbol{A}_1$ は式 (2.3) を満たすので正定値であるが，固有値は $(3 \pm i\sqrt{11})/2$ であるから，固有値がすべて正という条件は満たさない．逆に，$\boldsymbol{A}_2$ の固有値は 1 と 2 であるが，例えば $\boldsymbol{x} = (1, -1)^\top$ のとき $\langle \boldsymbol{x}, \boldsymbol{A}_2\boldsymbol{x} \rangle = -1$ となるので正定値ではない．

行列 $\boldsymbol{A} \in I\!R^{n\times n}$ が正定値であれば，式 (2.3) より

$$\max_{1\leq i\leq n} x_i[\boldsymbol{A}\boldsymbol{x}]_i > 0 \qquad (\boldsymbol{x} \in I\!R^n,\ \boldsymbol{x} \neq \boldsymbol{0}) \tag{2.4}$$

が成り立つ．この条件を満たす行列 $\boldsymbol{A}$ を **P 行列** (P matrix) という[*1]．正定値行列は P 行列であるが，逆は必ずしも成立しない．例えば，例 2.1 の行列 $\boldsymbol{A}_2$ は P 行列であるが正定値ではない．

2.2 開集合，閉集合と極限

中心が $\boldsymbol{x} \in I\!R^n$ で半径が $r > 0$ の球を $B(\boldsymbol{x}, r) = \{\boldsymbol{y} \in I\!R^n \mid \|\boldsymbol{y} - \boldsymbol{x}\| < r\}$ と書く[*2]．$S \subseteq I\!R^n$ とする．任意の点 $\boldsymbol{x} \in S$ に対して，$B(\boldsymbol{x}, r) \subseteq S$ となるような $r > 0$ が存在するとき S は**開集合** (open set) であるという．点 $\boldsymbol{x} \in I\!R^n$ を含む任意の開集合を $\boldsymbol{x}$ の**近傍** (neighborhood) と呼ぶ．また，補集合 $\{\boldsymbol{x} \in I\!R^n \mid \boldsymbol{x} \notin S\}$ が開集合であるような集合 S を**閉集合** (closed set) という．全空間 $I\!R^n$ と空集合 $\emptyset$ はともに開集合かつ閉集合である．

開集合と閉集合については，**共通集合** (intersection) と**和集合** (union) に関してつぎの事実が成り立つ．

---

*1) 主小行列式がすべて正であるような行列を P 行列と定義することもあるが，これは式 (2.4) による定義と等価である (Cottle, Pang and Stone (1992) 参照)．

*2) $B(\boldsymbol{x}, r)$ を開球と呼び，$\overline{B}(\boldsymbol{x}, r) = \{\boldsymbol{y} \in I\!R^n \mid \|\boldsymbol{y} - \boldsymbol{x}\| \leqq r\}$ によって定義される集合を閉球と呼ぶこともある．

a) 有限個の開集合 S_i $(i=1,\ldots,m)$ の共通集合 $\cap_{i=1}^m S_i$ は開集合である．任意個の開集合 S_i $(i \in \mathcal{I})$ の和集合 $\cup_{i\in\mathcal{I}} S_i$ は開集合である．ここで，$\mathcal{I}$ は有限または無限個の添字集合である．

b) 有限個の閉集合 S_i $(i=1,\ldots,m)$ の和集合 $\cup_{i=1}^m S_i$ は閉集合である．任意個の閉集合 S_i $(i \in \mathcal{I})$ の共通集合 $\cap_{i\in\mathcal{I}} S_i$ は閉集合である．

集合 $S \subseteq I\!R^n$ と点 $\boldsymbol{x} \in S$ に対して，$B(\boldsymbol{x},r) \subseteq S$ となるような $r>0$ が存在するとき，$\boldsymbol{x}$ を S の**内点** (interior point) という．S の内点全体の集合を S の**内部** (interior) と呼び，$\mathrm{int}\, S$ と書く．明らかに $\mathrm{int}\, S$ は開集合である．また，S を含む最小の閉集合を S の**閉包** (closure) と呼び[*1]，$\mathrm{cl}\, S$ と書く．$\mathrm{cl}\, S$ に属するが $\mathrm{int}\, S$ に属さない点全体の集合を S の**境界** (boundary) と呼び，$\mathrm{bd}\, S$ と書く．

任意の集合 $S \subseteq I\!R^n$ に対して，S を含む最小のアフィン集合を**アフィン包** (affine hull) と呼び，$\mathrm{aff}\, S$ と書く．点 $\boldsymbol{x} \in S$ に対して，$U \cap \mathrm{aff}\, S \subseteq S$ を満たすような $\boldsymbol{x}$ の近傍 U が存在するとき，$\boldsymbol{x}$ は S の**相対的内点** (relatively interior point) であるという．また，S の相対的内点全体から成る集合を S の**相対的内部** (relative interior) と呼び，$\mathrm{ri}\ S$ と書く．特に，$\mathrm{aff}\ S = I\!R^n$ ならば $\mathrm{ri}\ S = \mathrm{int}\ S$ である．

例 2.2. $I\!R^3$ の部分集合 $S = \{\boldsymbol{x} \in I\!R^3 \mid x_1^2 + x_2^2 \leqq 1,\, x_3 = 1\}$ の内部 $\mathrm{int}\ S$ は $\emptyset$，相対的内部 $\mathrm{ri}\ S$ は $\{\boldsymbol{x} \in I\!R^3 \mid x_1^2 + x_2^2 < 1,\, x_3 = 1\}$ である．また，$S' = \{\boldsymbol{x} \in I\!R^3 \mid x_1^2 + x_2^2 = 1,\, x_3 = 1\}$ に対しては $\mathrm{int}\ S' = \mathrm{ri}\ S' = \emptyset$ となる．

一般に集合の相対的内部は空集合になる場合があるが，S が空でない凸集合（2.3 節参照）ならば，$\mathrm{ri}\ S \neq \emptyset$ であることが知られている．特に S が一つの点だけから成る集合のときは，$\mathrm{aff}\ S = S$ であるから，$\mathrm{ri}\ S = S$ である．

つぎに，$I\!R^n$ における無限点列 $\{\boldsymbol{x}^k \mid k = 1,2,\ldots\}$ を考える．ある点 $\overline{\boldsymbol{x}} \in I\!R^n$ が存在して，$k \to \infty$ のとき $\|\boldsymbol{x}^k - \overline{\boldsymbol{x}}\| \to 0$ となるならば，$\overline{\boldsymbol{x}}$ を点列 $\{\boldsymbol{x}^k\}$ の**極限** (limit) と呼び，点列 $\{\boldsymbol{x}^k\}$ は $\overline{\boldsymbol{x}}$ に**収束** (converge) す

*1) S を含む最小の閉集合とは，S を含むすべての閉集合の共通集合のことである．後述のアフィン包や凸包についても同様である．

るという．このとき $\lim_{k\to\infty} \boldsymbol{x}^k = \overline{\boldsymbol{x}}$ あるいは $\boldsymbol{x}^k \to \overline{\boldsymbol{x}}$ と書く．また，点列 $\{\boldsymbol{x}^k\}$ から適当に選んだ部分列 $\{\boldsymbol{x}^{k_i}\} \subseteq \{\boldsymbol{x}^k\}$ が点 $\overline{\boldsymbol{x}}$ に収束するならば，$\overline{\boldsymbol{x}}$ を点列 $\{\boldsymbol{x}^k\}$ の**集積点** (accumulation point) と呼ぶ．

例 2.3. $k = 1, 2, \ldots$ に対して $\boldsymbol{x}^k = (\cos(k\pi/2) + 1/k, \sin(k\pi/2) - 1/k)^\top$ で定義される $I\!R^2$ の点列 $\{\boldsymbol{x}^k\}$ を考える．この点列には極限は存在しないが，部分列 $\{\boldsymbol{x}^1, \boldsymbol{x}^5, \boldsymbol{x}^9, \ldots\}$, $\{\boldsymbol{x}^2, \boldsymbol{x}^6, \boldsymbol{x}^{10}, \ldots\}$, $\{\boldsymbol{x}^3, \boldsymbol{x}^7, \boldsymbol{x}^{11}, \ldots\}$, $\{\boldsymbol{x}^4, \boldsymbol{x}^8, \boldsymbol{x}^{12}, \ldots\}$ はそれぞれ $(0,1)^\top, (-1,0)^\top, (0,-1)^\top, (1,0)^\top$ に収束する．したがって，これらの四つの点は $\{\boldsymbol{x}^k\}$ の集積点である．

点列の集積点の概念を用いて，閉集合をつぎのように特徴づけることができる．集合 $S \subseteq I\!R^n$ に含まれる任意の点列 $\{\boldsymbol{x}^k\}$ の集積点がすべて集合 S に属するならば，S は閉集合である．よって，S に含まれ，かつ収束するようなすべての点列の極限全体からなる集合は S の閉包に他ならない．

集合 $S \subseteq I\!R^n$ に対して，十分大きい $r > 0$ を選べば $S \subseteq B(\boldsymbol{0}, r)$ が成り立つとき，S は**有界** (bounded) であるという．さらに，有界な閉集合を**コンパクト** (compact) 集合という*1)．S がコンパクト集合ならば，S に含まれる任意の無限点列は必ず集積点をもち，その集積点もまた S に属する．

点列 $\{\boldsymbol{x}^k\} \subseteq I\!R^n$ に対して，$k, l \to \infty$ ならば $\|\boldsymbol{x}^k - \boldsymbol{x}^l\| \to 0$ が成り立つとき，$\{\boldsymbol{x}^k\}$ は **Cauchy 列** (Cauchy sequence) であるという．$I\!R^n$ においては，収束する点列は Cauchy 列であり，逆に Cauchy 列は必ずある極限に収束する．

$\{\alpha_k\}$ を実数の無限列とする．任意の $\varepsilon > 0$ に対して，$\alpha_k > \overline{\alpha} + \varepsilon$ を満たす k は有限個で，$\alpha_k > \overline{\alpha} - \varepsilon$ を満たす k は無限個存在するような実数 $\overline{\alpha}$ を $\{\alpha_k\}$ の**上極限** (superior limit) と呼び，$\overline{\alpha} = \limsup_{k\to\infty} \alpha_k$ と表す．同様に，任意の $\varepsilon > 0$ に対して，$\alpha_k < \underline{\alpha} - \varepsilon$ を満たす k は有限個で，$\alpha_k < \underline{\alpha} + \varepsilon$ を満たす k は無限個存在するような実数 $\underline{\alpha}$ を $\{\alpha_k\}$ の**下極限** (inferior limit) と呼び，$\underline{\alpha} = \liminf_{k\to\infty} \alpha_k$ と表す．$\{\alpha_k\}$ が有界であれば，その集積点全体

---

*1) この定義は無限次元空間に対しては適当ではないが，本書ではそのような空間は取り扱わないので，コンパクト集合をこのように定義しても差し支えない．

の集合は最大値と最小値をもち，最大値が上極限 $\overline{\alpha}$，最小値が下極限 $\underline{\alpha}$ に等しい．また，$\{\alpha_k\}$ が上に有界でないとき，すなわち $+\infty$ に発散する部分列を含むときは $\limsup_{k\to\infty}\alpha_k=+\infty$ とし，$\{\alpha_k\}$ が下に有界でないとき，すなわち $-\infty$ に発散する部分列を含むときは $\liminf_{k\to\infty}\alpha_k=-\infty$ とする．

2.3　凸　集　合

集合 $S\subseteq I\!R^n$ の任意の 2 点を結ぶ線分が S に含まれるならば，すなわち

$$\boldsymbol{x}\in S,\ \boldsymbol{y}\in S,\ \alpha\in[0,1]\quad\Longrightarrow\quad(1-\alpha)\boldsymbol{x}+\alpha\boldsymbol{y}\in S \tag{2.5}$$

が成り立つならば，S は**凸集合** (convex set) であるという (図 2.1).

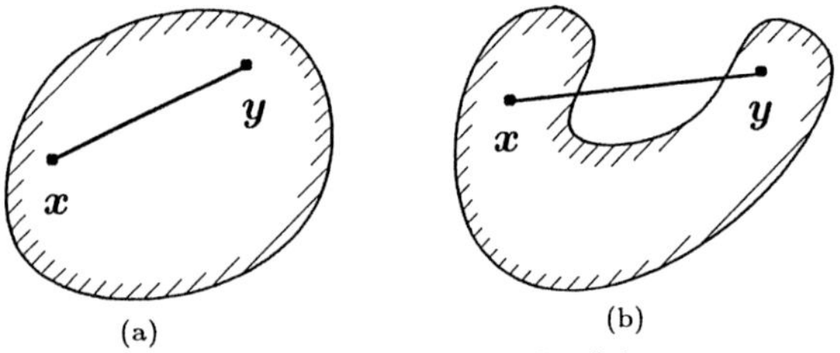

図 2.1　(a) 凸集合と (b) 非凸集合

定理 2.1. 任意個の (閉) 凸集合 S_i $(i\in\mathcal{I})$ の共通集合 $\cap_{i\in\mathcal{I}}S_i$ は (閉) 凸集合である．ここで $\mathcal{I}$ は任意の添字集合を表す．

証明　$S=\cap_{i\in\mathcal{I}}S_i$ とおく．$\boldsymbol{x},\boldsymbol{y}\in S$ とすると，すべての $i\in\mathcal{I}$ に対して，$\boldsymbol{x},\boldsymbol{y}\in S_i$ であり，S_i は凸集合であるから，任意の $\alpha\in[0,1]$ に対して $(1-\alpha)\boldsymbol{x}+\alpha\boldsymbol{y}\in S_i$ が成り立つ．よって，任意の $\alpha\in[0,1]$ に対して $(1-\alpha)\boldsymbol{x}+\alpha\boldsymbol{y}\in\cap_{i\in\mathcal{I}}S_i=S$ となるので，S は凸集合である．さらに，すべての S_i が閉集合なら S も閉集合であるから，定理は証明された．　■

任意の集合 $S\subseteq I\!R^n$ に対して，S を含む最小の凸集合を S の**凸包** (convex hull) と呼び，co S と表す (図 2.2)．特に，S が有限個の点 $\boldsymbol{a}^1,\ldots,\boldsymbol{a}^m\in I\!R^n$

から成るときは，co S を co $\{\boldsymbol{a}^1, \ldots, \boldsymbol{a}^m\}$ あるいは添字集合 $\mathcal{I} = \{1, \ldots, m\}$ を用いて co $\{\boldsymbol{a}^i \,|\, i \in \mathcal{I}\}$ と書く．

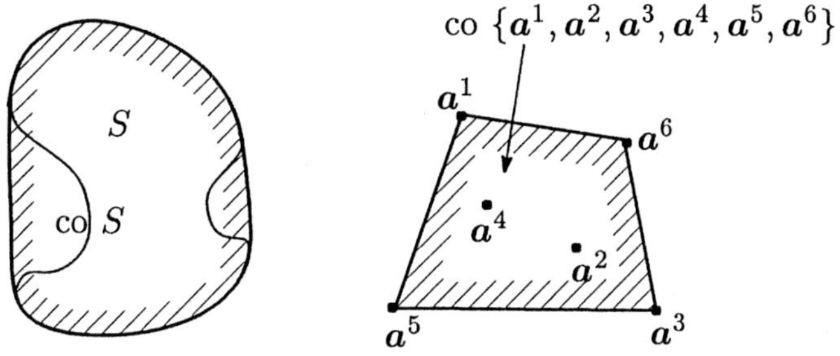

図 2.2　集合の凸包

m 個の点 $\boldsymbol{x}^1, \ldots, \boldsymbol{x}^m \in I\!R^n$ に対して，$\sum_{i=1}^m \alpha_i = 1,\ \alpha_i \geqq 0\ (i = 1, \ldots, m)$ を満たす実数 $\alpha_1, \ldots, \alpha_m$ を用いて

$$\boldsymbol{x} = \alpha_1 \boldsymbol{x}^1 + \cdots + \alpha_m \boldsymbol{x}^m \tag{2.6}$$

と表されるベクトル $\boldsymbol{x} \in I\!R^n$ を $\boldsymbol{x}^1, \ldots, \boldsymbol{x}^m$ の**凸結合** (convex combination) という．

補題 2.2. 点 $\boldsymbol{x} \in I\!R^n$ が m 個の点 $\boldsymbol{x}^1, \ldots, \boldsymbol{x}^m \in I\!R^n$ の凸結合として表されているとき，もし $m \geqq n + 2$ であれば，点 $\boldsymbol{x}^1, \ldots, \boldsymbol{x}^m \in I\!R^n$ から高々 $n + 1$ 個の点を選んで，$\boldsymbol{x}$ をそれらの点の凸結合として表すことができる．

証明 $\{\boldsymbol{x}^1, \ldots, \boldsymbol{x}^m\}$ の部分集合で，$\boldsymbol{x}$ を凸結合として表すことができるようなもののうち，その個数が最小のものを，一般性を失うことなく，$\{\boldsymbol{x}^1, \ldots, \boldsymbol{x}^p\}$ $(p \leqq m)$ とする．いま，補題が正しくないと仮定すると，$p \geqq n + 2$ であり

$$\boldsymbol{x} = \sum_{i=1}^{p} \alpha_i \boldsymbol{x}^i \tag{2.7}$$

かつ $\sum_{i=1}^p \alpha_i = 1$ であるような $\alpha_i > 0$ $(i = 1, \ldots, p)$ が存在する．ここで，ベクトル $\boldsymbol{x}^i - \boldsymbol{x}^p$ $(i = 1, \ldots, p-1)$ を考えると，$p - 1 \geqq n + 1$ であるから，これら

のベクトルは 1 次独立ではありえない．よって，少なくとも一つは正であるような $\beta_1,\ldots,\beta_{p-1}\in I\!R$ に対して $\sum_{i=1}^{p-1}\beta_i(\boldsymbol{x}^i-\boldsymbol{x}^p)=\sum_{i=1}^{p-1}\beta_i\boldsymbol{x}^i-(\sum_{i=1}^{p-1}\beta_i)\boldsymbol{x}^p=\boldsymbol{0}$ が成り立つ．ここで $\beta_p=-\sum_{i=1}^{p-1}\beta_i$ とおくと，$\sum_{i=1}^{p}\beta_i\boldsymbol{x}^i=\boldsymbol{0}$ かつ $\sum_{i=1}^{p}\beta_i=0$ となるので，これと式 (2.7) より，任意の $\tau\in I\!R$ に対して

$$\boldsymbol{x}=\sum_{i=1}^{p}(\alpha_i-\tau\beta_i)\boldsymbol{x}^i$$

が成り立つ．ここで $\bar{\tau}=\min\{\alpha_i/\beta_i\,|\,\beta_i>0\}$ とし，$\alpha_i'=\alpha_i-\bar{\tau}\beta_i\ (i=1,\ldots,p)$ とおくと，$\boldsymbol{x}=\sum_{i=1}^{p}\alpha_i'\boldsymbol{x}^i$，$\sum_{i=1}^{p}\alpha_i'=1$ かつ $\alpha_i'\geqq 0\ (i=1,\ldots,p)$ である．さらに，$\bar{\tau}$ の定め方より，少なくとも一つの i に対して $\alpha_i'=0$ であるから，これは $\boldsymbol{x}$ が実質的に $p-1$ 個の点の凸結合で表せることを意味しており，式 (2.7) が $\boldsymbol{x}$ に対する個数最小の点の凸結合であることに反する．よって，$\boldsymbol{x}$ は高々 $n+1$ 個の点 $\boldsymbol{x}^i$ の凸結合として表される． ■

補題 2.2 より，つぎの **Carathéodory の定理** (Carathéodory's theorem) と呼ばれる有用な定理を導くことができる．

定理 2.2. 任意の集合 $S\subseteqq I\!R^n$ の凸包 co S は，S に属する高々 $n+1$ 個の点の凸結合全体の集合*1) に等しい．

証明 補題 2.2 より，有限個の点の凸結合は，そのなかの高々 $n+1$ 個の点の凸結合で表せるので，本定理を証明するには，S に属する有限個の点の凸結合全体の集合が co S に一致することを示せばよい．

まず，任意の点 $\boldsymbol{x}^1,\ldots,\boldsymbol{x}^m\in S$ に対して，式 (2.6) で表される点 $\boldsymbol{x}$ が co S に属することを，m に関する帰納法を用いて示す．$m=1$ のときは明らかである．そこで，S の任意の m 個の点の凸結合が co S に属すると仮定して，任意の $m+1$ 個の点 $\boldsymbol{x}^1,\ldots,\boldsymbol{x}^{m+1}\in S$ と $\sum_{i=1}^{m+1}\alpha_i=1$ を満たす任意の $\alpha_i\geqq 0\ (i=1,\ldots,m+1)$ に対して，点 $\boldsymbol{x}=\sum_{i=1}^{m+1}\alpha_i\boldsymbol{x}^i$ が co S に属することを示す．$\alpha_{m+1}=1$ のときは明らかである．$\alpha_{m+1}<1$ のときは，$\boldsymbol{x}=(1-\alpha_{m+1})\sum_{i=1}^{m}\alpha_i/(1-\alpha_{m+1})\boldsymbol{x}^i+\alpha_{m+1}\boldsymbol{x}^{m+1}$ と書けるので，$\beta_i=\alpha_i/(1-\alpha_{m+1})$ とおくと $\sum_{i=1}^{m}\beta_i=1$，$\beta_i\geqq 0\ (i=1,\ldots,m)$ であるから，帰納法の仮定より，$\sum_{i=1}^{m}\beta_i\boldsymbol{x}^i=\sum_{i=1}^{m}\alpha_i/(1-\alpha_{m+1})\boldsymbol{x}^i\in$ co S となる．また，$\boldsymbol{x}^{m+1}\in$ co S かつ co S は凸集合であるから，$\boldsymbol{x}\in$ co S となる．

*1) これは S に属する高々 $n+1$ 個の点の選び方とそれらの点の凸結合における係数の選び方の両方に関して，すべての可能性を考えることを意味している．

S の有限個の点の凸結合全体の集合が co S に含まれることがいえたので，それが凸であることを示せば，co S が S を含む最小の凸集合であるという凸包の定義から，その集合が co S に一致することが帰結できる．そこで，S の有限個の点の凸結合全体の集合を S' と表し，S' の任意の 2 点 $\boldsymbol{x}, \boldsymbol{y}$ を選ぶ．そのとき，定義より，$\boldsymbol{x}$ と $\boldsymbol{y}$ はそれぞれ S の点 $\boldsymbol{x}^i$ $(i = 1, \ldots, m)$ と $\boldsymbol{y}^j$ $(j = 1, \ldots, l)$ の凸結合として $\boldsymbol{x} = \sum_{i=1}^m \alpha_i \boldsymbol{x}^i$, $\boldsymbol{y} = \sum_{j=1}^l \beta_j \boldsymbol{y}^j$ のように表される．さらに，任意の実数 $\lambda \in [0, 1]$ に対して，点 $\boldsymbol{z} = (1-\lambda)\boldsymbol{x} + \lambda\boldsymbol{y}$ を考えると，$\sum_{i=1}^m (1-\lambda)\alpha_i + \sum_{j=1}^l \lambda\beta_j = 1$ であるから，S' の定義より，$\boldsymbol{z} \in S'$ となる．よって，S' は凸集合である． ■

図 2.3 は定理 2.2 を $n = 2$ の場合に対して示したものである．図 2.3 (a) のように，集合 S がひとかたまりの集合，すなわち**連結集合** (connected set) のときには，実は S の高々 n 個の点の凸結合によって co S の点を表せることが知られている．しかし，S が連結集合でないときには，図 2.3 (b) の点 $\boldsymbol{x}$ のように S の n 個の点の凸結合では表せない場合がある．

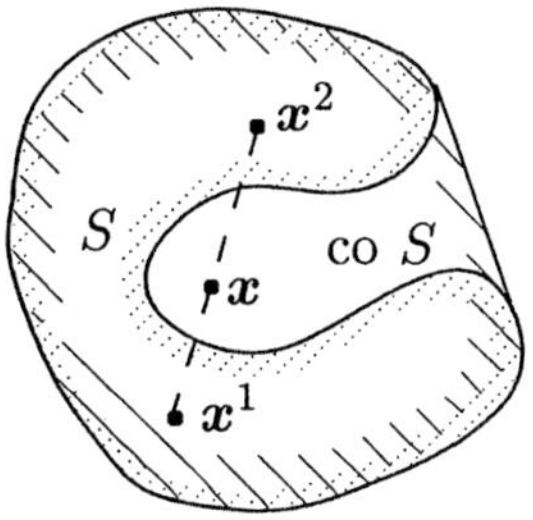

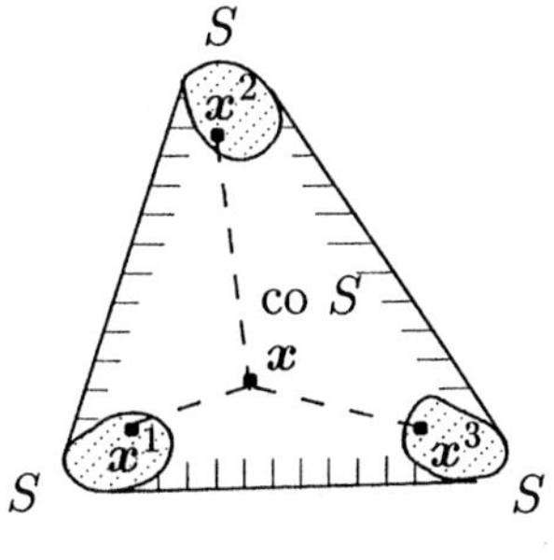

図 **2.3** 定理 2.2 (Carathéodory の定理：$n = 2$ の場合)

定理 2.2 より，つぎの定理が得られる．この定理の証明では，凸包の任意の点を表すのに必要な点の数が，単に有限個というだけでなく，$n+1$ 個以下であるという事実が重要な役割を果たしている．

定理 2.3. 有界な閉集合 $S \subseteq I\!\!R^n$ の凸包 co S は閉集合である．

証明　co S に含まれる点列 $\{\boldsymbol{x}^k\}$ が収束するとき，その極限 $\bar{\boldsymbol{x}} = \lim_{k\to\infty} \boldsymbol{x}^k$ が必ず co S に属することをいえばよい．定理 2.2 より，任意の k に対して $\boldsymbol{x}^k$ は $n+1$ 個の点 $\boldsymbol{x}^{k,1}, \ldots, \boldsymbol{x}^{k,n+1} \in S$ の凸結合

$$\boldsymbol{x}^k = \alpha_1^k \boldsymbol{x}^{k,1} + \cdots + \alpha_{n+1}^k \boldsymbol{x}^{k,n+1}$$

として表される．ただし，$\sum_{i=1}^{n+1} \alpha_i^k = 1,\ \alpha_i^k \geqq 0\ (i = 1, \ldots, n+1)$ である．

$$\tilde{\boldsymbol{\alpha}}^k = \begin{pmatrix} \alpha_1^k \\ \vdots \\ \alpha_{n+1}^k \end{pmatrix} \in I\!R^{n+1}, \quad \tilde{\boldsymbol{x}}^k = \begin{pmatrix} \boldsymbol{x}^{k,1} \\ \vdots \\ \boldsymbol{x}^{k,n+1} \end{pmatrix} \in I\!R^{(n+1)n}$$

とおくと，点列 $\{(\tilde{\boldsymbol{\alpha}}^k, \tilde{\boldsymbol{x}}^k)^\top\}$ は $I\!R^{(n+1)^2}$ において有界であるから，集積点 $(\tilde{\boldsymbol{\alpha}}^\infty, \tilde{\boldsymbol{x}}^\infty)^\top$ をもつ．それを

$$\tilde{\boldsymbol{\alpha}}^\infty = \begin{pmatrix} \alpha_1^\infty \\ \vdots \\ \alpha_{n+1}^\infty \end{pmatrix} \in I\!R^{n+1}, \quad \tilde{\boldsymbol{x}}^\infty = \begin{pmatrix} \boldsymbol{x}^{\infty,1} \\ \vdots \\ \boldsymbol{x}^{\infty,n+1} \end{pmatrix} \in I\!R^{(n+1)n}$$

とすると，$\sum_{i=1}^{n+1} \alpha_i^\infty = 1,\ \alpha_i^\infty \geqq 0\ (i = 1, \ldots, n+1)$ であり，さらに S は閉集合であるから，$\boldsymbol{x}^{\infty,1}, \ldots, \boldsymbol{x}^{\infty,n+1} \in S$ である．よって，点列 $\{\boldsymbol{x}^k\}$ の極限 $\bar{\boldsymbol{x}}$ は $\bar{\boldsymbol{x}} = \alpha_1^\infty \boldsymbol{x}^{\infty,1} + \cdots + \alpha_{n+1}^\infty \boldsymbol{x}^{\infty,n+1}$ と表せるので，co S に属する．　■

定理 2.3 において，S が有界であるという仮定は本質的である．すなわち，つぎの例が示すように，有界でない閉集合の凸包は必ずしも閉集合とは限らない．一般に，任意の集合 $S \subseteq I\!R^n$ に対して，co cl $S \subseteq$ cl co S は成り立つが (演習問題 2.5)，cl co $S \subseteq$ co cl S とは限らない．しかし，有界な集合の閉包は有界であるから，定理 2.3 より，S が有界であれば，cl co $S =$ co cl S となることがいえる．

例 2.4. $S = \{\boldsymbol{x} \in I\!R^2 \mid x_1 = 1,\ x_2 \geqq 0\} \cup \{\boldsymbol{x} \in I\!R^2 \mid 0 \leqq x_1 \leqq 1,\ x_2 = 0\}$ は閉集合であるが，その凸包 co S は $\{\boldsymbol{x} \in I\!R^2 \mid 0 < x_1 \leqq 1,\ x_2 \geqq 0\} \cup \{\boldsymbol{0}\}$ となるので，閉集合ではない．

つぎに凸集合の相対的内部と閉包に関する性質を述べる．

補題 2.3. 任意の凸集合 $S \subseteqq I\!R^n$ に対して，つぎの関係が成立する．

$$x \in \mathrm{ri}\ S,\ y \in \mathrm{cl}\ S,\ \lambda \in [0,1) \quad \Longrightarrow \quad (1-\lambda)x + \lambda y \in \mathrm{ri}\ S$$

証明 aff $S = I\!R^n$ の場合について考える．一般の場合には，aff S を次元の小さいユークリッド空間と同一視すれば，以下と同様の議論が成立する．aff $S = I\!R^n$ のとき ri $S =$ int S であるから，任意の $\lambda \in [0,1)$ に対して，十分小さい $\varepsilon > 0$ を選べば $(1-\lambda)x + \lambda y + B(\mathbf{0},\varepsilon) \subseteqq S$ となることをいえばよい．$y \in \mathrm{cl}\ S$ より，任意の $\varepsilon > 0$ に対して $y \in S + B(\mathbf{0},\varepsilon)$ が成り立つので，$\varepsilon > 0$ が十分小さいとき

$$\begin{aligned}(1-\lambda)x + \lambda y + B(\mathbf{0},\varepsilon) &\subseteqq (1-\lambda)x + \lambda(S + B(\mathbf{0},\varepsilon)) + B(\mathbf{0},\varepsilon)\\ &= (1-\lambda)(x + (1-\lambda)^{-1}(1+\lambda)B(\mathbf{0},\varepsilon)) + \lambda S\\ &\subseteqq (1-\lambda)S + \lambda S \ = \ S\end{aligned}$$

となる．ここで，最後の包含関係は $x \in \mathrm{int}\ S$ より従う． ■

補題 2.4. $S \subseteqq I\!R^n$ を空でない凸集合とする．そのとき $z \in \mathrm{ri}\ S$ であるための必要十分条件は，任意の $x \in S$ に対して $(1-\mu)x + \mu z \in S$ となるような $\mu > 1$ が存在することである．

証明 必要性は明らかなので，十分性を示す．$S \neq \emptyset$ のとき ri $S \neq \emptyset$ であるから，点 $x \in \mathrm{ri}\ S$ を任意に選び，$\mu > 1$, $y = (1-\mu)x + \mu z \in S$ とする．ここで $\lambda = 1/\mu \in (0,1)$ とおけば，$z = (1-\lambda)x + \lambda y$ であるから，補題 2.3 より $z \in \mathrm{ri}\ S$ となる． ■

定理 2.4. 任意の凸集合 $S \subseteqq I\!R^n$ に対して，cl ri $S =$ cl S および ri cl $S =$ ri S が成立する．さらに，二つの凸集合 $S, T \subseteqq I\!R^n$ に対して，cl $S =$ cl T であるための必要十分条件は ri $S =$ ri T となることである．

証明 ri $S \subseteqq S \subseteqq$ cl S より cl ri $S \subseteqq$ cl S および ri cl $S \supseteqq$ ri S は明らかである．cl ri $S \supseteqq$ cl S を示すため，任意の $y \in \mathrm{cl}\ S$, $x \in \mathrm{ri}\ S$, $\lambda \in [0,1)$ に対して $z = (1-\lambda)x + \lambda y$ とおく．補題 2.3 より，$z \in \mathrm{ri}\ S$ であり，$\lambda \to 1$ のとき $z \to y$ となるから，$y \in \mathrm{cl\ ri}\ S$ である．したがって cl ri $S \supseteqq$ cl S が成り立

つ．つぎに，$\mathrm{ri\,cl}\,S \subseteqq \mathrm{ri}\,S$ を示すため，任意の $\boldsymbol{z} \in \mathrm{ri\,cl}\,S$ を考える．ここで，$\boldsymbol{x} \in \mathrm{ri}\,S$ と $\mu > 1$ を適当に選べば，$\boldsymbol{x} \in \mathrm{ri\,cl}\,S \subseteqq \mathrm{cl}\,S$ であるから，補題 2.4 より $\boldsymbol{y} = (1-\mu)\boldsymbol{x} + \mu\boldsymbol{z} \in \mathrm{cl}\,S$ が成り立つ．ここで $\lambda = 1/\mu \in (0,1)$ とおけば，$\boldsymbol{z}$ は $\boldsymbol{z} = (1-\lambda)\boldsymbol{x} + \lambda\boldsymbol{y}$ と表されるので，補題 2.3 より $\boldsymbol{z} \in \mathrm{ri}\,S$ となる．よって，$\mathrm{ri\,cl}\,S \subseteqq \mathrm{ri}\,S$ が成り立つ．定理の後半は，前半の結果より明らかである．■

定理 2.5. 任意の凸集合 $S \subseteqq I\!R^n$ と線形写像 $\boldsymbol{A} : I\!R^n \to I\!R^m$ に対して，$\boldsymbol{A}S$ は凸集合であり，$\mathrm{cl}\,\boldsymbol{A}S \supseteqq \boldsymbol{A}\,\mathrm{cl}\,S$ および $\mathrm{ri}\,\boldsymbol{A}S = \boldsymbol{A}\,\mathrm{ri}\,S$ が成立する．特に，二つの凸集合 $S, T \subseteqq I\!R^n$ に対して $\mathrm{cl}\,(S+T) \supseteqq \mathrm{cl}\,S + \mathrm{cl}\,T$ および $\mathrm{ri}\,(S+T) = \mathrm{ri}\,S + \mathrm{ri}\,T$ が成立する．

証明 $\boldsymbol{A}S$ が凸集合であることは明らかである．また，包含関係 $\mathrm{cl}\,\boldsymbol{A}S \supseteqq \boldsymbol{A}\,\mathrm{cl}\,S$ は線形写像の連続性より明らかである．この結果より $\mathrm{cl}\,\boldsymbol{A}\,\mathrm{ri}\,S \supseteqq \boldsymbol{A}\,\mathrm{cl\,ri}\,S = \boldsymbol{A}\,\mathrm{cl}\,S \supseteqq \boldsymbol{A}S \supseteqq \boldsymbol{A}\,\mathrm{ri}\,S$ が成り立つ．よって $\mathrm{cl}\,\boldsymbol{A}S = \mathrm{cl}\,\boldsymbol{A}\,\mathrm{ri}\,S$ であり，さらに定理 2.4 より，$\mathrm{ri}\,\boldsymbol{A}S = \mathrm{ri}\,\boldsymbol{A}\,\mathrm{ri}\,S$ となるので，$\mathrm{ri}\,\boldsymbol{A}S \subseteqq \boldsymbol{A}\,\mathrm{ri}\,S$ が成り立つ．逆の包含関係を示すために，任意の $\boldsymbol{z} \in \boldsymbol{A}\,\mathrm{ri}\,S$ を考え，それが $\mathrm{ri}\,\boldsymbol{A}S$ に属することをいう．$\boldsymbol{x} \in \boldsymbol{A}S$ を任意に選ぶ．そのとき，$\boldsymbol{A}\boldsymbol{u} = \boldsymbol{x}$ および $\boldsymbol{A}\boldsymbol{v} = \boldsymbol{z}$ を満たす $\boldsymbol{u} \in S$ と $\boldsymbol{v} \in \mathrm{ri}\,S$ が存在する．補題 2.4 より，ある $\mu > 1$ に対して $(1-\mu)\boldsymbol{u} + \mu\boldsymbol{v} \in S$ となるが，これは $\boldsymbol{A}((1-\mu)\boldsymbol{u} + \mu\boldsymbol{v}) = (1-\mu)\boldsymbol{x} + \mu\boldsymbol{z} \in \boldsymbol{A}S$ を意味している．よって，ふたたび補題 2.4 を適用することにより，$\boldsymbol{z} \in \mathrm{ri}\,\boldsymbol{A}S$ がいえる．定理の後半は，ベクトル和の演算を線形写像 $(\boldsymbol{x}, \boldsymbol{y}) \mapsto \boldsymbol{x} + \boldsymbol{y}$ と見なせば，前半の結果よりただちに従う．■

つぎの例が示すように，一般に $\mathrm{cl}\,\boldsymbol{A}S = \boldsymbol{A}\,\mathrm{cl}\,S$ は成り立たない．

例 2.5. 閉凸集合 $S = \{\boldsymbol{x} \in I\!R^2 \,|\, x_1x_2 \geqq 1,\, x_1 \geqq 0,\, x_2 \geqq 0\}$ と $\boldsymbol{A}\boldsymbol{x} = x_2$ $(\boldsymbol{x} \in I\!R^2)$ によって定義される線形写像 $\boldsymbol{A} : I\!R^2 \to I\!R$ を考える．そのとき，$\mathrm{cl}\,\boldsymbol{A}S = \{x \in I\!R \,|\, x \geqq 0\} \neq \boldsymbol{A}\,\mathrm{cl}\,S = \boldsymbol{A}S = \{x \in I\!R \,|\, x > 0\}$ である．

与えられた有限個の点 $\boldsymbol{x}^0, \boldsymbol{x}^1, \ldots, \boldsymbol{x}^m \in I\!R^n$ の凸結合全体の集合

$$S = \left\{ \boldsymbol{x} \in I\!R^n \,\middle|\, \boldsymbol{x} = \sum_{i=0}^{m} \alpha_i \boldsymbol{x}^i,\, \sum_{i=0}^{m} \alpha_i = 1,\ \alpha_i \geqq 0\ (i = 0, 1, \ldots, m) \right\} \tag{2.8}$$

を**凸多面体** (convex polytope) という．凸多面体はコンパクト集合である．特に，式 (2.8) の凸多面体 S において，m 個のベクトル $\boldsymbol{x}^1 - \boldsymbol{x}^0, \ldots, \boldsymbol{x}^m - \boldsymbol{x}^0$ が 1 次独立ならば，S を $\boldsymbol{m}$**-単体** (m-simplex) と呼び，$m+1$ 個の点 $\boldsymbol{x}^0, \boldsymbol{x}^1, \ldots, \boldsymbol{x}^m$ を S の**頂点** (vertex) という．特に，$S \subseteqq I\!\!R^n$ が n-単体ならば，$\mathrm{aff}\, S = I\!\!R^n$ であり，$\mathrm{int}\, S \neq \emptyset$ である．明らかに，$I\!\!R^n$ においては，$m > n$ なる m-単体は存在しない．

例 2.6. $I\!\!R^n$ ($n \geqq 3$) において，1-単体は線分，2-単体は三角形，3-単体は四面体である．

与えられた有限個のベクトル $\boldsymbol{x}^0, \boldsymbol{x}^1, \ldots, \boldsymbol{x}^m \in I\!\!R^n$ の凸結合と $\boldsymbol{y}^1, \ldots, \boldsymbol{y}^l \in I\!\!R^n$ の非負 1 次結合の和全体の集合

$$S = \left\{ \boldsymbol{x} \in I\!\!R^n \,\middle|\, \boldsymbol{x} = \sum_{i=0}^{m} \alpha_i \boldsymbol{x}^i + \sum_{j=1}^{l} \beta_j \boldsymbol{y}^j,\ \sum_{i=0}^{m} \alpha_i = 1,\right.$$
$$\left. \alpha_i \geqq 0\ (i = 0, 1, \ldots, m),\ \beta_j \geqq 0\ (j = 1, \ldots, l) \right\}$$

を**凸多面集合** (polyhedral convex set) という．凸多面集合は凸多面体を一般化したものであり，有限個の半空間（2.4 節参照）の共通集合として定義することもできる．

2.4 分 離 定 理

空でない閉凸集合 $S \subseteqq I\!\!R^n$ の点のなかで，点 $\boldsymbol{x} \in I\!\!R^n$ との距離が最小となるものを $\boldsymbol{x}$ の S への**射影** (projection) と呼び，$\boldsymbol{P}_S(\boldsymbol{x})$ と表す．すなわち，$\boldsymbol{P}_S(\boldsymbol{x})$ は

$$\|\boldsymbol{x} - \boldsymbol{P}_S(\boldsymbol{x})\| = \min\{\|\boldsymbol{x} - \boldsymbol{z}\| \mid \boldsymbol{z} \in S\} \tag{2.9}$$

を満たす S の点である．明らかに，$\boldsymbol{x} \in S$ ならば $\boldsymbol{x} = \boldsymbol{P}_S(\boldsymbol{x})$ である．

定理 2.6. $S \subseteqq I\!R^n$ を空でない閉凸集合とする．そのとき，任意の点 $\boldsymbol{x} \in I\!R^n$ に対して，$\boldsymbol{x}$ の S への射影 $\boldsymbol{P}_S(\boldsymbol{x})$ が一意的に存在し，次式が成り立つ．

$$\langle \boldsymbol{x} - \boldsymbol{P}_S(\boldsymbol{x}), \boldsymbol{z} - \boldsymbol{P}_S(\boldsymbol{x}) \rangle \leqq 0 \qquad (\boldsymbol{z} \in S) \tag{2.10}$$

証明 $\boldsymbol{x} \in S$ のときは明らかであるから，$\boldsymbol{x} \notin S$ と仮定する．$\delta = \inf\{\|\boldsymbol{x} - \boldsymbol{z}\| \mid \boldsymbol{z} \in S\} > 0$ とおくと，$\|\boldsymbol{x} - \boldsymbol{x}^k\| \to \delta$ であるような点列 $\{\boldsymbol{x}^k\} \subseteqq S$ が存在する．まず，この点列が Cauchy 列であることを示す．任意の k, l に対して次式が成立する．

$$\|\boldsymbol{x}^k - \boldsymbol{x}^l\|^2 = 2\|\boldsymbol{x} - \boldsymbol{x}^k\|^2 + 2\|\boldsymbol{x} - \boldsymbol{x}^l\|^2 - 4\|\boldsymbol{x} - \tfrac{1}{2}(\boldsymbol{x}^k + \boldsymbol{x}^l)\|^2$$

ここで $\frac{1}{2}(\boldsymbol{x}^k + \boldsymbol{x}^l) \in S$ が成り立つので，$\|\boldsymbol{x} - \frac{1}{2}(\boldsymbol{x}^k + \boldsymbol{x}^l)\| \geqq \delta$ であり

$$\|\boldsymbol{x}^k - \boldsymbol{x}^l\|^2 \leqq 2\|\boldsymbol{x} - \boldsymbol{x}^k\|^2 + 2\|\boldsymbol{x} - \boldsymbol{x}^l\|^2 - 4\delta^2 \to 0$$

となる．よって，点列 $\{\boldsymbol{x}^k\}$ は Cauchy 列であるから，$\{\boldsymbol{x}^k\}$ はある極限 $\boldsymbol{x}^*$ に収束する．いま S は閉集合であるから，$\boldsymbol{x}^* \in S$ であり，さらに $\|\boldsymbol{x} - \boldsymbol{x}^*\| = \delta$ が成り立つので，式 (2.9) より，$\boldsymbol{x}^* = \boldsymbol{P}_S(\boldsymbol{x})$ である．

射影 $\boldsymbol{P}_S(\boldsymbol{x})$ の存在がいえたので，つぎに一意性を示す．$\|\boldsymbol{x} - \boldsymbol{z}^1\| = \|\boldsymbol{x} - \boldsymbol{z}^2\| = \delta$ かつ $\boldsymbol{z}^1 \neq \boldsymbol{z}^2$ なる点 $\boldsymbol{z}^1, \boldsymbol{z}^2 \in S$ が存在すると仮定すると，上と同様の議論より

$$\|\boldsymbol{z}^1 - \boldsymbol{z}^2\|^2 \leqq 2\|\boldsymbol{x} - \boldsymbol{z}^1\|^2 + 2\|\boldsymbol{x} - \boldsymbol{z}^2\|^2 - 4\delta^2 = 0$$

が成立する．これは $\boldsymbol{z}^1 \neq \boldsymbol{z}^2$ に矛盾するので，$\boldsymbol{P}_S(\boldsymbol{x})$ は唯一である．

最後に式 (2.10) を示す．S は凸集合であるから，任意の点 $\boldsymbol{z} \in S$ と $\boldsymbol{P}_S(\boldsymbol{x})$ を結ぶ線分は S に含まれる．よって，$\boldsymbol{P}_S(\boldsymbol{x})$ の定義より

$$\|\boldsymbol{x} - \boldsymbol{P}_S(\boldsymbol{x})\|^2 \leqq \|\boldsymbol{x} - \{(1-\alpha)\boldsymbol{P}_S(\boldsymbol{x}) + \alpha\boldsymbol{z}\}\|^2$$

が任意の $\alpha \in (0, 1)$ に対して成立する．この式を整理すると

$$2\langle \boldsymbol{x} - \boldsymbol{P}_S(\boldsymbol{x}), \boldsymbol{z} - \boldsymbol{P}_S(\boldsymbol{x}) \rangle \leqq \alpha\|\boldsymbol{z} - \boldsymbol{P}_S(\boldsymbol{x})\|^2$$

となるので，ここで $\alpha \to 0$ とすれば，不等式 (2.10) が得られる． ■

図 2.4 は式 (2.10) を図示したものである．

つぎの定理は，任意の 2 点間の距離は閉凸集合への射影によって拡がらないことを示している．これは射影 $\boldsymbol{P}_S$ を $I\!R^n$ から $I\!R^n$ への写像とみなしたとき，**非拡大** (nonexpansive) と呼ばれる性質を有することを意味している．

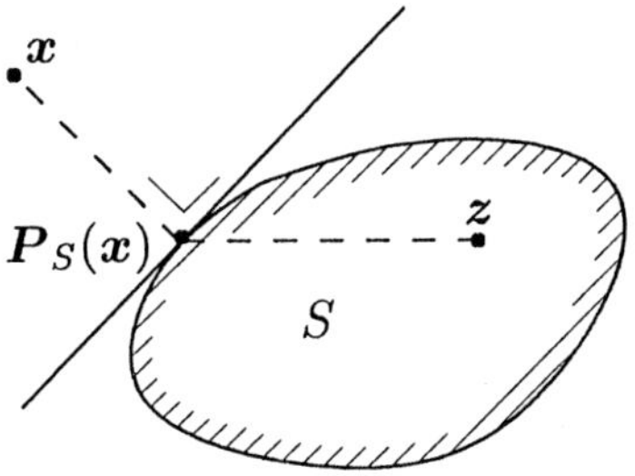

図 2.4 閉凸集合への射影

定理 2.7. $S \subseteqq I\!R^n$ を空でない閉凸集合とする．そのとき次式が成り立つ．

$$\|\boldsymbol{P}_S(\boldsymbol{x}) - \boldsymbol{P}_S(\boldsymbol{y})\| \leqq \|\boldsymbol{x} - \boldsymbol{y}\| \qquad (\boldsymbol{x}, \boldsymbol{y} \in I\!R^n) \tag{2.11}$$

証明 定理 2.6 より

$$\langle \boldsymbol{x} - \boldsymbol{P}_S(\boldsymbol{x}), \boldsymbol{z} - \boldsymbol{P}_S(\boldsymbol{x}) \rangle \leqq 0 \quad (\boldsymbol{z} \in S)$$
$$\langle \boldsymbol{y} - \boldsymbol{P}_S(\boldsymbol{y}), \boldsymbol{z} - \boldsymbol{P}_S(\boldsymbol{y}) \rangle \leqq 0 \quad (\boldsymbol{z} \in S)$$

が成り立つ．$\boldsymbol{P}_S(\boldsymbol{x}) \in S$, $\boldsymbol{P}_S(\boldsymbol{y}) \in S$ であるから，最初の不等式に $\boldsymbol{z} = \boldsymbol{P}_S(\boldsymbol{y})$ を代入したものと第二の不等式に $\boldsymbol{z} = \boldsymbol{P}_S(\boldsymbol{x})$ を代入したものを加え合わせることにより

$$\|\boldsymbol{P}_S(\boldsymbol{x}) - \boldsymbol{P}_S(\boldsymbol{y})\|^2 \leqq \langle \boldsymbol{x} - \boldsymbol{y}, \boldsymbol{P}_S(\boldsymbol{x}) - \boldsymbol{P}_S(\boldsymbol{y}) \rangle$$

を得るが，Cauchy-Schwarz の不等式より

$$\langle \boldsymbol{x} - \boldsymbol{y}, \boldsymbol{P}_S(\boldsymbol{x}) - \boldsymbol{P}_S(\boldsymbol{y}) \rangle \leqq \|\boldsymbol{x} - \boldsymbol{y}\| \, \|\boldsymbol{P}_S(\boldsymbol{x}) - \boldsymbol{P}_S(\boldsymbol{y})\|$$

であるから，式 (2.11) が成立する． ■

ベクトル $\boldsymbol{a} \in I\!R^n$ $(\boldsymbol{a} \neq \boldsymbol{0})$ と実数 $\alpha \in I\!R$ によって定義される超平面

$$H = \{\boldsymbol{x} \in I\!R^n \mid \langle \boldsymbol{a}, \boldsymbol{x} \rangle = \alpha\} \tag{2.12}$$

を考える．空間 $I\!R^n$ は超平面 H によって二つの部分集合

$$H^+ = \{\boldsymbol{x} \in I\!R^n \mid \langle \boldsymbol{a}, \boldsymbol{x} \rangle \geqq \alpha\}$$
$$H^- = \{\boldsymbol{x} \in I\!R^n \mid \langle \boldsymbol{a}, \boldsymbol{x} \rangle \leqq \alpha\}$$

に分割される．これらの集合 H^+ および H^- を，超平面 H によって定義される**半空間** (half space) と呼ぶ．

集合 $S, T \subseteqq I\!R^n$ が $S \subseteqq H^+$ かつ $T \subseteqq H^-$ を満たすとき，すなわち

$$\begin{aligned} \langle \boldsymbol{a}, \boldsymbol{z} \rangle &\geqq \alpha \qquad (\boldsymbol{z} \in S) \\ \langle \boldsymbol{a}, \boldsymbol{z} \rangle &\leqq \alpha \qquad (\boldsymbol{z} \in T) \end{aligned} \tag{2.13}$$

が成り立つとき，超平面 H は集合 S, T を分離するといい，H を S と T の**分離超平面** (separating hyperplane) と呼ぶ (図 2.5)．特に，$T = \{\boldsymbol{x}\}$ のとき，H は S と $\boldsymbol{x}$ を分離するという．

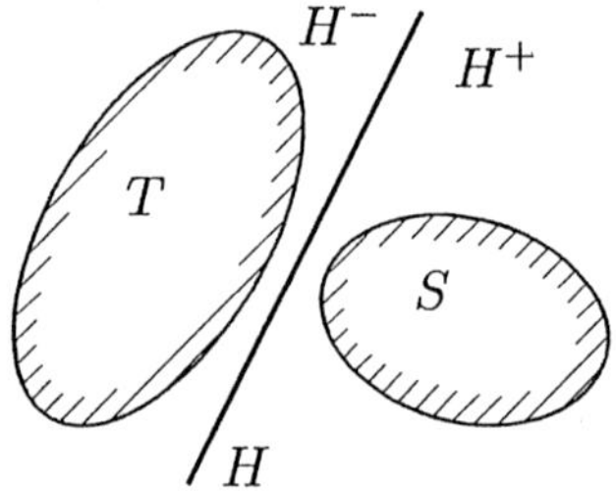

図 2.5　二つの集合の分離超平面

定理 2.8. 空でない凸集合 $S \subseteqq I\!R^n$ と点 $\boldsymbol{x} \notin \mathrm{cl}\, S$ に対して

$$\langle \boldsymbol{a}, \boldsymbol{z} \rangle \geqq \alpha > \langle \boldsymbol{a}, \boldsymbol{x} \rangle \qquad (\boldsymbol{z} \in S) \tag{2.14}$$

を満たす S と $\boldsymbol{x}$ の分離超平面 $H = \{\boldsymbol{x} \in I\!R^n \mid \langle \boldsymbol{a}, \boldsymbol{x} \rangle = \alpha\}$ が存在する．

証明　定理 2.6 より，$\boldsymbol{x}$ の cl S への射影 $\overline{\boldsymbol{x}} = P_{\mathrm{cl}\, S}(\boldsymbol{x})$ が一意的に存在する．明らかに $\overline{\boldsymbol{x}} \neq \boldsymbol{x}$ であるから $\|\overline{\boldsymbol{x}} - \boldsymbol{x}\|^2 = \langle \overline{\boldsymbol{x}} - \boldsymbol{x}, \overline{\boldsymbol{x}} - \boldsymbol{x} \rangle > 0$ が成り立つ．ところが，定理 2.6 より，任意の $\boldsymbol{z} \in S$ に対して $\langle \boldsymbol{x} - \overline{\boldsymbol{x}}, \boldsymbol{z} - \overline{\boldsymbol{x}} \rangle \leqq 0$ であるから，これら二つの不等式より次式を得る．

$$\langle \overline{\boldsymbol{x}} - \boldsymbol{x}, \boldsymbol{z} \rangle \geqq \langle \overline{\boldsymbol{x}} - \boldsymbol{x}, \overline{\boldsymbol{x}} \rangle > \langle \overline{\boldsymbol{x}} - \boldsymbol{x}, \boldsymbol{x} \rangle \qquad (\boldsymbol{z} \in S)$$

ここで，$\boldsymbol{a} = \overline{\boldsymbol{x}} - \boldsymbol{x}, \alpha = \langle \overline{\boldsymbol{x}} - \boldsymbol{x}, \overline{\boldsymbol{x}} \rangle$ とおけば，式 (2.14) が得られる．　■

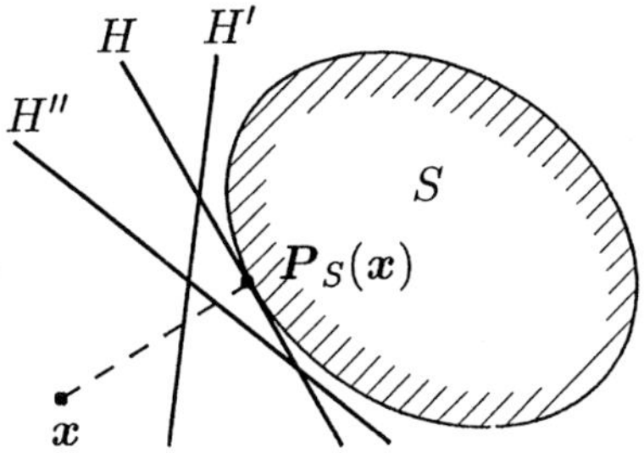

図 2.6 点と集合の分離超平面

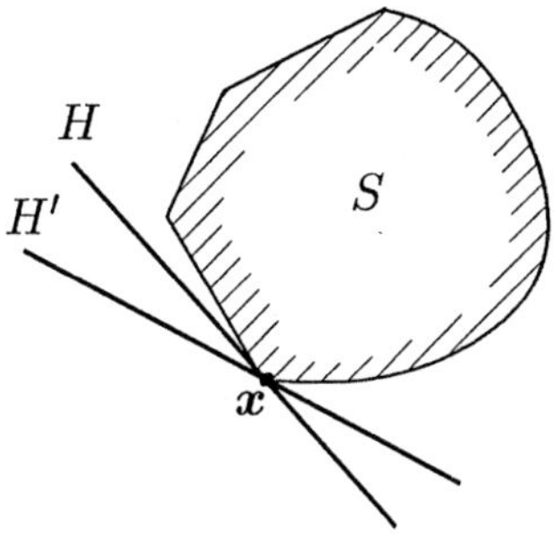

図 2.7 支持超平面

式 (2.14) は $S \subseteqq H^+$ かつ $\boldsymbol{x} \in \mathrm{int}\, H^-$ を意味している．このとき，超平面 H は特に S と $\boldsymbol{x}$ を強分離するということもある．図 2.6 は定理 2.8 の証明において得られた超平面 H と，その他のいくつかの分離超平面を示している．このように，S と $\boldsymbol{x}$ の分離超平面は一般に無数に存在する．

凸集合 $S \subseteqq I\!R^n$ が超平面 H によって定義される半空間 H^+ または H^- に含まれ，さらに点 $\boldsymbol{x} \in \mathrm{cl}\, S$ が H に含まれるとき，H を $\boldsymbol{x}$ における S の**支持超平面** (supporting hyperplane) という (図 2.7)．定義より，$\boldsymbol{x}$ における S の支持超平面は S と $\boldsymbol{x}$ の分離超平面の特別な場合である．

定理 2.9. 空でない凸集合 $S \subseteqq I\!R^n$ は，その境界の任意の点において支持超平面をもつ．すなわち，$\boldsymbol{x} \in \mathrm{bd}\, S$ ならば

$$\langle \boldsymbol{a}, \boldsymbol{z} \rangle \geqq \alpha = \langle \boldsymbol{a}, \boldsymbol{x} \rangle \qquad (\boldsymbol{z} \in S) \tag{2.15}$$

を満たす $\boldsymbol{a} \in I\!R^n$ $(\boldsymbol{a} \neq \boldsymbol{0})$ と $\alpha \in I\!R$ が存在する．

証明 $\boldsymbol{x} \in \mathrm{bd}\, S$ とし，$\boldsymbol{x}^k \notin \mathrm{cl}\, S$ かつ $\boldsymbol{x}^k \to \boldsymbol{x}$ となる点列 $\{\boldsymbol{x}^k\}$ を選ぶ．定理 2.8 より，各 k に対して

$$\langle \boldsymbol{a}^k, \boldsymbol{z} \rangle > \langle \boldsymbol{a}^k, \boldsymbol{x}^k \rangle \qquad (\boldsymbol{z} \in S) \tag{2.16}$$

を満たす $\boldsymbol{a}^k \in I\!R^n$ $(\boldsymbol{a}^k \neq \boldsymbol{0})$ が存在する．ここで一般性を失うことなく $\|\boldsymbol{a}^k\| = 1$ と仮定する．そのとき，点列 $\{\boldsymbol{a}^k\}$ は $\|\boldsymbol{a}\| = 1$ を満たすある点 $\boldsymbol{a}$ に収束する部分列を含むので，式 (2.16) においてこの部分列に対する極限をとれば $\langle \boldsymbol{a}, \boldsymbol{z} \rangle \geqq \langle \boldsymbol{a}, \boldsymbol{x} \rangle$ $(\boldsymbol{z} \in S)$ となり，式 (2.15) を得る． ■

定理 2.8 と定理 2.9 より，つぎの**分離定理** (separation theorem) と呼ばれる定理を得る．

定理 2.10. 任意の空でない凸集合 $S \subseteqq I\!R^n$ と任意の点 $\boldsymbol{x} \notin S$ に対して，S と $\boldsymbol{x}$ の分離超平面が存在する．

証明 仮定より $\boldsymbol{x} \notin \mathrm{cl}\, S$ または $\boldsymbol{x} \in \mathrm{bd}\, S$ であるが，前者の場合は定理 2.8 より，後者の場合は定理 2.9 より，S と $\boldsymbol{x}$ を分離する超平面が存在する． ■

定理 2.11. 空でない二つの凸集合 $S, T \subseteqq I\!R^n$ の共通集合 $S \cap T$ が空集合であれば，S と T の分離超平面が存在する．

証明 $Q = S - T = \{\boldsymbol{x} \in I\!R^n \mid \boldsymbol{x} = \boldsymbol{y} - \boldsymbol{z},\ \boldsymbol{y} \in S,\ \boldsymbol{z} \in T\}$ とおくと，容易にわかるように，Q は空でない凸集合である．また，$S \cap T = \emptyset$ は $\boldsymbol{0} \notin Q$ と等価であるから，定理 2.10 より Q と $\boldsymbol{0}$ の分離超平面が存在する．すなわち

$$\langle \boldsymbol{a}, \boldsymbol{x} \rangle \geqq 0 \qquad (\boldsymbol{x} \in Q) \tag{2.17}$$

を満たす $\boldsymbol{a} \in I\!R^n$ $(\boldsymbol{a} \neq \boldsymbol{0})$ が存在する．集合 Q の定義より，式 (2.17) は

$$\langle \boldsymbol{a}, \boldsymbol{y} \rangle \geqq \langle \boldsymbol{a}, \boldsymbol{z} \rangle \qquad (\boldsymbol{y} \in S,\ \boldsymbol{z} \in T)$$

と等価であるが，これは S と T の分離超平面の存在を意味している． ■

2.5　錐　と　極　錐

つぎの条件を満足する集合 $C \subseteqq I\!R^n$ を**錐** (cone) という．

$$\boldsymbol{x} \in C, \quad \alpha \in [0, \infty) \quad \Longrightarrow \quad \alpha \boldsymbol{x} \in C \tag{2.18}$$

すなわち，錐 C は原点 $\boldsymbol{x} = \boldsymbol{0}$ を始点とし C の任意の点を通る半直線を含むような集合である．定義より，空でない錐は常に原点を含む．錐が凸集合であるとき**凸錐** (convex cone)，閉集合であるとき**閉錐** (closed cone) という．さらに閉集合であるような凸錐を**閉凸錐** (closed convex cone) という．

例 2.7. つぎの集合 C_i $(i = 1, \ldots, 4)$ はいずれも閉凸錐である．ただし，$\mathbf{0} \neq \boldsymbol{a}^i \in \mathbb{R}^n$ $(i = 1, \ldots, m)$ とする (m は任意の正整数).

$$C_1 = \{\boldsymbol{x} \in \mathbb{R}^n \mid \boldsymbol{x} = \textstyle\sum_{i=1}^m \alpha_i \boldsymbol{a}^i,\ \alpha_i \geqq 0\ (i = 1, \ldots, m)\}$$
$$C_2 = \{\boldsymbol{x} \in \mathbb{R}^n \mid \langle \boldsymbol{a}^i, \boldsymbol{x} \rangle \leqq 0\ (i = 1, \ldots, m)\}$$
$$C_3 = \{\boldsymbol{x} \in \mathbb{R}^n \mid x_1^2 \geqq x_2^2 + \cdots + x_n^2,\ x_1 \geqq 0\}$$
$$C_4 = \{\boldsymbol{x} \in \mathbb{R}^3 \mid x_1 x_3 - x_2^2 \geqq 0,\ x_1 + x_3 \geqq 0\}$$

例 2.7 の錐 C_1 はベクトル $\boldsymbol{a}^1, \ldots, \boldsymbol{a}^m$ の非負 1 次結合全体の集合であり，この錐は $\boldsymbol{a}^1, \ldots, \boldsymbol{a}^m$ によって**生成** (generate) されるという．また，錐 C_2 は m 個の半空間 $H_i^- = \{\boldsymbol{x} \in \mathbb{R}^n \mid \langle \boldsymbol{a}^i, \boldsymbol{x} \rangle \leqq 0\}$ $(i = 1, \ldots, m)$ の共通集合であり，ベクトル $\boldsymbol{a}^1, \ldots, \boldsymbol{a}^m$ のどれとも 90° 以上の角をなすベクトル全体の集合である．これらの錐はいずれも凸多面体であるから，特に**凸多面錐** (polyhedral convex cone) と呼ぶ.

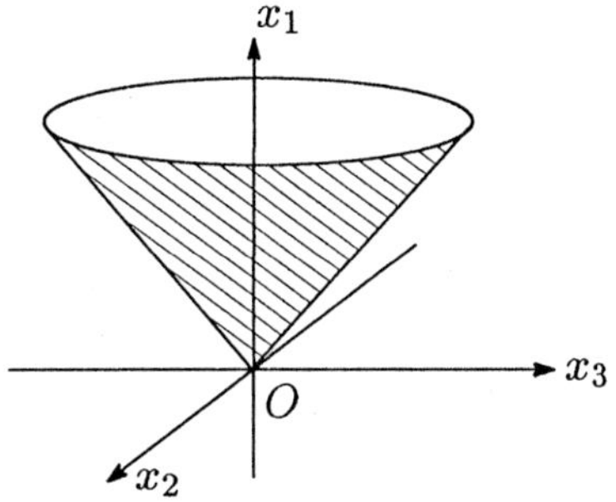

図 2.8　2 次錐 ($n = 3$ の場合)

集合 C_3 が錐であることは明らかであろう．これが凸錐であることも容易に示せる (演習問題 2.7)．錐 C_3 はしばしば **2 次錐** (second-order cone) あるいは **Lorentz 錐** (Lorentz cone) と呼ばれる (図 2.8)．集合 C_4 が錐であることも定義より明らかである．これが凸錐であることを見るために，ベク

トル $\boldsymbol{x} = (x_1, x_2, x_3)^\top$ の成分から構成されるつぎの対称行列を考えよう．

$$\boldsymbol{X} = \begin{bmatrix} x_1 & x_2 \\ x_2 & x_3 \end{bmatrix}$$

この行列の固有値を λ_1, λ_2 とすると，C_4 の定義，および行列の固有値とトレース，固有値と行列式の関係より，つぎの関係が成立する．

$$\boldsymbol{x} \in C_4 \iff \begin{bmatrix} \lambda_1 + \lambda_2 = \mathrm{tr}\, \boldsymbol{X} = x_1 + x_3 \geqq 0 \\ \lambda_1 \lambda_2 = \det \boldsymbol{X} = x_1 x_3 - x_2^2 \geqq 0 \end{bmatrix} \iff \lambda_i \geqq 0 \ (i = 1, 2)$$

$\lambda_i \geqq 0 \ (i = 1, 2)$ は行列 $\boldsymbol{X}$ が半正定値であるための必要十分条件であるから，ベクトル $\boldsymbol{x} \in I\!R^3$ を行列 $\boldsymbol{X} \in \mathcal{S}^2$ と同一視することによって，錐 C_4 を

$$C_4 = \{\boldsymbol{X} \in \mathcal{S}^2 \,|\, \boldsymbol{X} \succeq \boldsymbol{O}\}$$

と表すこともできる．明らかに，任意の対称行列 $\boldsymbol{X}, \boldsymbol{Y} \in \mathcal{S}^2$ に対して

$$\boldsymbol{X} \succeq \boldsymbol{O},\ \boldsymbol{Y} \succeq \boldsymbol{O},\ \alpha \in [0, 1] \quad \Longrightarrow \quad (1 - \alpha)\boldsymbol{X} + \alpha \boldsymbol{Y} \succeq \boldsymbol{O}$$

が成り立つから，錐 C_4 は凸錐であることがわかる．

上に述べた考え方は，より高次元の場合に拡張できる．m 次対称行列

$$\boldsymbol{X} = \begin{bmatrix} x_{11} & x_{21} & \cdots & x_{m1} \\ x_{21} & x_{22} & \cdots & x_{m2} \\ \vdots & \vdots & \ddots & \vdots \\ x_{m1} & x_{m2} & \cdots & x_{mm} \end{bmatrix} \in \mathcal{S}^m$$

の成分を並べたベクトル $\boldsymbol{x} = (x_{11}, x_{21}, \ldots, x_{m1}, x_{22}, \ldots, x_{m2}, \ldots, x_{mm})^\top$ を $\boldsymbol{x} = \mathrm{vec}(\boldsymbol{X}) \in I\!R^n$ と表す．ただし，$n = m(m+1)/2$ である*1)．そのとき，行列 $\boldsymbol{X} \in \mathcal{S}^m$ とベクトル $\boldsymbol{x} = \mathrm{vec}(\boldsymbol{X})$ を同一視して定義される集合

$$\begin{aligned} C &= \{\boldsymbol{X} \in \mathcal{S}^m \,|\, \boldsymbol{X} \succeq \boldsymbol{O}\} \\ &= \{\boldsymbol{x} \in I\!R^{m(m+1)/2} \,|\, \boldsymbol{x} = \mathrm{vec}(\boldsymbol{X}),\ \boldsymbol{O} \preceq \boldsymbol{X} \in \mathcal{S}^m\} \end{aligned}$$

---

*1)　X は対称であるから，非対角成分の半分は考える必要はない．

が凸錐であることは容易に確かめられる．この凸錐を**半正定値行列の錐** (cone of positive semidefinite matrices) と呼ぶ．

任意の錐 $C \subseteqq I\!R^n$ に対して，次式で定義される集合 $C^* \subseteqq I\!R^n$ を考える．

$$C^* = \{\boldsymbol{y} \in I\!R^n \mid \langle \boldsymbol{y}, \boldsymbol{x} \rangle \leqq 0 \ (\boldsymbol{x} \in C)\} \tag{2.19}$$

これは C に属するすべてのベクトルと 90° 以上の角をなすベクトル全体の集合であり，明らかに錐である (図 2.9)．C^* を C の**極錐** (polar cone) と呼ぶ*1)．特に，C が部分空間であれば，C^* は C に直交する部分空間，すなわち C の**直交補空間** (orthogonal complement) $C^\perp$ に一致する．

定理 2.12. 任意の空でない錐 $C \subseteqq I\!R^n$ に対して，その極錐 C^* は閉凸錐であり，$C^* = (\mathrm{co}\ C)^*$ が成り立つ．また，二つの錐 $C, D \subseteqq I\!R^n$ に対して，$C \subseteqq D$ ならば $C^* \supseteqq D^*$ である．

証明 C^* が閉凸錐であることと，$C \subseteqq D$ ならば $C^* \supseteqq D^*$ であることの証明は簡単なので，$C^* = (\mathrm{co}\ C)^*$ のみを示そう．明らかに $C \subseteqq \mathrm{co}\ C$ であるから，$C^* \supseteqq (\mathrm{co}\ C)^*$ は本定理の結果より得られる．逆の包含関係 $C^* \subseteqq (\mathrm{co}\ C)^*$ をいうには，任意の $\boldsymbol{y} \in C^*$ に対して，$\boldsymbol{x} \in \mathrm{co}\ C$ ならば $\langle \boldsymbol{y}, \boldsymbol{x} \rangle \leqq 0$ が成り立つことをいえばよい．定理 2.2 より，任意の $\boldsymbol{x} \in \mathrm{co}\ C$ は，集合 C の点 $\boldsymbol{x}^1, \ldots, \boldsymbol{x}^k$ と $\sum_{i=1}^k \alpha_i = 1$ を満たす実数 $\alpha_i \geqq 0 \ (i = 1, \ldots, k)$ を適当に選ぶことにより，$\boldsymbol{x} = \sum_{i=1}^k \alpha_i \boldsymbol{x}^i$ と表せるので，$\langle \boldsymbol{y}, \boldsymbol{x} \rangle = \sum_{i=1}^k \alpha_i \langle \boldsymbol{y}, \boldsymbol{x}^i \rangle$ と書ける．$\boldsymbol{y} \in C^*$ のとき $\langle \boldsymbol{y}, \boldsymbol{x}^i \rangle \leqq 0 \ (i = 1, \ldots, k)$ であるから，$\langle \boldsymbol{y}, \boldsymbol{x} \rangle \leqq 0$ が成り立つ． ■

定理 2.13. 任意の空でない錐 $C \subseteqq I\!R^n$ に対して，極錐 C^* の極錐 C^{**} は，C の凸包の閉包 $\mathrm{cl\ co}\ C$ に一致する．特に，C が閉凸錐ならば，$C = C^{**}$ が成り立つ．

証明 $\boldsymbol{x} \in \mathrm{co}\ C$ とする．定理 2.12 より，$C^* = (\mathrm{co}\ C)^*$ であるから，任意の $\boldsymbol{y} \in C^*$ に対して $\langle \boldsymbol{y}, \boldsymbol{x} \rangle \leqq 0$ となる．これは $\boldsymbol{x} \in C^{**}$ を意味しているので，$\mathrm{co}\ C \subseteqq C^{**}$ が

*1) 極錐は**双対錐** (dual cone) とも呼ばれる．また，式 (2.19) の不等号を逆にしたものを双対錐と定義する場合もある．

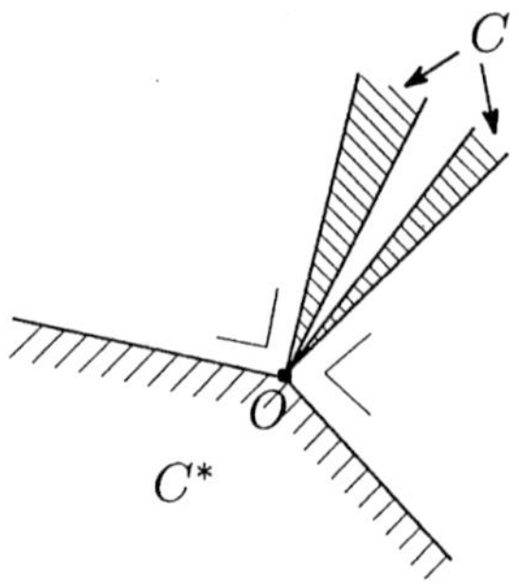

図 2.9 極錐

成り立つ．また，定理 2.12 より C^{**} は閉凸集合であるから，cl co $C \subsetneqq C^{**}$ が成立する．つぎに $C^{**} \subsetneqq$ cl co C を示す．そのためには，$\boldsymbol{x} \notin$ cl co C ならば $\boldsymbol{x} \notin C^{**}$ であることをいえばよい．$\boldsymbol{x} \notin$ cl co C とする．そのとき，定理 2.8 より

$$\langle \boldsymbol{a}, \boldsymbol{z} \rangle \geqq \alpha > \langle \boldsymbol{a}, \boldsymbol{x} \rangle \quad (\boldsymbol{z} \in \mathrm{co}\ C) \tag{2.20}$$

を満たす $\boldsymbol{a} \in I\!R^n$ $(\boldsymbol{a} \neq \boldsymbol{0})$ と $\alpha \in I\!R$ が存在する．さらに $-\boldsymbol{a} \in C^*$ である．実際，任意の $\boldsymbol{z} \in C$ と $\beta > 0$ に対して $\beta \boldsymbol{z} \in C$ であるから，式 (2.20) より

$$\beta \langle \boldsymbol{a}, \boldsymbol{z} \rangle = \langle \boldsymbol{a}, \beta \boldsymbol{z} \rangle \geqq \alpha \tag{2.21}$$

となるが，もし $\langle \boldsymbol{a}, \boldsymbol{z} \rangle < 0$ であれば，不等式 (2.21) は十分大きい β に対しては成立しない．これは，すべての $\boldsymbol{z} \in C$ に対して $\langle \boldsymbol{a}, \boldsymbol{z} \rangle \geqq 0$，すなわち $-\boldsymbol{a} \in C^*$ であることを意味している．ところで，$\boldsymbol{0} \in C$ と式 (2.20) より $0 \geqq \alpha > \langle \boldsymbol{a}, \boldsymbol{x} \rangle$，すなわち $\langle -\boldsymbol{a}, \boldsymbol{x} \rangle > 0$ であるから，$\boldsymbol{x} \in C^{**}$ ではあり得ない．したがって，$\boldsymbol{x} \notin$ cl co C ならば $\boldsymbol{x} \notin C^{**}$ である．定理の後半は，C が閉凸錐ならば cl co $C = C$ であることから明らかである． ■

錐は有界ではないので，定理 2.3 の後に述べたように，錐 C の凸包の閉包 cl co C と閉包の凸包 co cl C は一致するとは限らない．

例 2.8. 次式で定義される集合 $C \subsetneqq I\!R^3$ を考える．

$$C = \{\boldsymbol{x} \in I\!R^3 \mid x_3 = x_2^2/(x_1^2 + x_2^2)^{\frac{1}{2}},\ x_2 > 0\} \cup \{\boldsymbol{x} \in I\!R^3 \mid x_2 = x_3 = 0\}$$

この集合が錐であることは定義から容易に確かめることができる．この錐は閉集合であるが，凸ではない．具体的に co cl C と cl co C を求めると，それらはつぎのように表される．

$$\begin{aligned}\text{co cl } C = \text{co } C = &\ \{\boldsymbol{x} \in I\!R^3 \mid x_2 = x_3 = 0\} \cup \{\boldsymbol{x} \in I\!R^3 \mid x_2 > x_3 > 0, \\ &\ x_1 \neq 0\} \cup \{\boldsymbol{x} \in I\!R^3 \mid x_2 \geqq x_3 > 0, x_1 = 0\} \\ \text{cl co } C = &\ \{\boldsymbol{x} \in I\!R^3 \mid x_2 \geqq x_3 \geqq 0\}\end{aligned}$$

明らかに，co cl $C \subseteqq$ cl co C であるが，cl co $C \subseteqq$ co cl C は成り立たない．

つぎの定理は，いくつかの錐の和集合および共通集合の極錐に関する性質を述べている．

定理 2.14. 任意の空でない閉凸錐 $C_i \subseteqq I\!R^n$ $(i = 1, \ldots, m)$ に対して

$$\left(\bigcup_{i=1}^m C_i\right)^* = \bigcap_{i=1}^m C_i^* \tag{2.22}$$

$$\left(\bigcap_{i=1}^m C_i\right)^* = \text{cl co}\left(\bigcup_{i=1}^m C_i^*\right) \tag{2.23}$$

が成り立つ．

証明 極錐の定義 (2.19) より

$$\begin{aligned}\left(\bigcup_{i=1}^m C_i\right)^* &= \{\boldsymbol{y} \in I\!R^n \mid \langle \boldsymbol{y}, \boldsymbol{x}\rangle \leqq 0 \ (\boldsymbol{x} \in C_1 \cup \cdots \cup C_m)\} \\ &= \bigcap_{i=1}^m \{\boldsymbol{y} \in I\!R^n \mid \langle \boldsymbol{y}, \boldsymbol{x}\rangle \leqq 0 \ (\boldsymbol{x} \in C_i)\} = \bigcap_{i=1}^m C_i^*\end{aligned}$$

であるから，式 (2.22) が成り立つ．つぎに，式 (2.22) において C_i を C_i^* で置き換えると，定理 2.13 より $C_i^{**} = C_i$ であるから次式が成り立つ．

$$\bigcap_{i=1}^m C_i = \left(\bigcup_{i=1}^m C_i^*\right)^*$$

ここで，両辺の極錐を考えると，ふたたび定理 2.13 より式 (2.23) を得る．■

最後に，凸多面錐とその極錐に関する重要な定理を述べる．この定理はよく知られた **Farkas の定理** (Farkas' theorem) と本質的に等価であり，非線形計画問題の最適性条件を導く際に重要な役割を果たす (第 3 章参照).

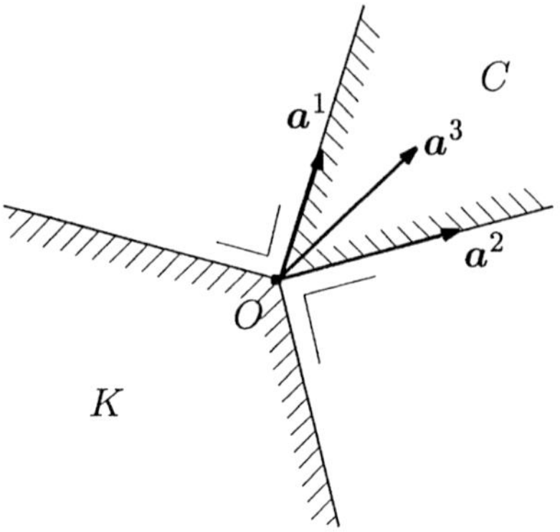

図 2.10　定理 2.15 (Farkas の定理)

定理 2.15. ベクトル $\boldsymbol{a}^1,\ldots,\boldsymbol{a}^m \in I\!R^n$ によって生成される閉凸多面錐 $C = \{\boldsymbol{x} \in I\!R^n \,|\, \boldsymbol{x} = \sum_{i=1}^m \alpha_i \boldsymbol{a}^i,\ \alpha_i \geqq 0\ (i=1,\ldots,m)\}$ と，すべての $\boldsymbol{a}^i$ と 90° 以上の角をなすベクトル全体からなる閉凸多面錐 $K = \{\boldsymbol{y} \in I\!R^n \,|\, \langle \boldsymbol{a}^i, \boldsymbol{y}\rangle \leqq 0\ (i=1,\ldots,m)\}$ に対して，$K = C^*$ および $C = K^*$ なる関係が成立する．

証明　まず $K \subseteqq C^*$ を示す．$\boldsymbol{y} \in K$ とすると，任意の $\boldsymbol{x} = \sum_{i=1}^m \alpha_i \boldsymbol{a}^i \in C$ に対して $\langle \boldsymbol{x}, \boldsymbol{y}\rangle = \sum_{i=1}^m \alpha_i \langle \boldsymbol{a}^i, \boldsymbol{y}\rangle \leqq 0$ が成立するから，$\boldsymbol{y} \in C^*$，よって $K \subseteqq C^*$ である．つぎに $C^* \subseteqq K$ を示す．$\boldsymbol{y} \in C^*$ ならば，任意の $\alpha_i \geqq 0\ (i=1,\ldots,m)$ に対して

$$\left\langle \sum_{i=1}^m \alpha_i \boldsymbol{a}^i, \boldsymbol{y} \right\rangle = \sum_{i=1}^m \alpha_i \langle \boldsymbol{a}^i, \boldsymbol{y}\rangle \leqq 0 \tag{2.24}$$

である．これは $\langle \boldsymbol{a}^i, \boldsymbol{y}\rangle \leqq 0\ (i=1,\ldots,m)$，すなわち $\boldsymbol{y} \in K$ を意味している．なぜなら，もしある j に対して $\langle \boldsymbol{a}^j, \boldsymbol{y}\rangle > 0$ であれば，$\alpha_j = 1$ および $\alpha_i = 0\ (i \neq j)$ とおくことにより $\sum_{i=1}^m \alpha_i \langle \boldsymbol{a}^i, \boldsymbol{y}\rangle = \langle \boldsymbol{a}^i, \boldsymbol{y}\rangle > 0$ となり，式 (2.24) に反するからである．よって $C^* \subseteqq K$ である．また，C は閉凸錐であるから，定理 2.13 より，$K^* = C^{**} = C$ が成り立つ (図 2.10 参照).　■

系 2.1. ベクトル $\boldsymbol{a}^1,\ldots,\boldsymbol{a}^m,\boldsymbol{b}^1,\ldots,\boldsymbol{b}^l \in \mathbb{R}^n$ によって定義された二つの閉凸多面錐 $C = \{\boldsymbol{x} \in \mathbb{R}^n \,|\, \boldsymbol{x} = \sum_{i=1}^m \alpha_i \boldsymbol{a}^i + \sum_{j=1}^l \beta_j \boldsymbol{b}^j,\ \ \alpha_i \geqq 0\ (i = 1,\ldots,m),\ \ \beta_j \in \mathbb{R}\,(j = 1,\ldots,l)\}$ と $K = \{\boldsymbol{y} \in \mathbb{R}^n \,|\, \langle \boldsymbol{a}^i, \boldsymbol{y}\rangle \leqq 0\ (i = 1,\ldots,m),\ \langle \boldsymbol{b}^j, \boldsymbol{y}\rangle = 0\ \ (j = 1,\ldots,l)\}$ に対して，$K = C^*$ および $C = K^*$ が成立する．特に，部分空間 $L = \{\boldsymbol{x} \in \mathbb{R}^n \,|\, \boldsymbol{x} = \sum_{j=1}^l \beta_j \boldsymbol{b}^j,\ \beta_j \in \mathbb{R}\ (j = 1,\ldots,l)\}$ と $M = \{\boldsymbol{y} \in \mathbb{R}^n \,|\, \langle \boldsymbol{b}^j, \boldsymbol{y}\rangle = 0\ \ (j = 1,\ldots,l)\}$ に対して，$M = L^\perp$ および $L = M^\perp$ が成立する．

2.6 関数の連続性と微分可能性

$\mathbb{R}^n$ の各点 $\boldsymbol{x}$ に対してある実数 $f(\boldsymbol{x})$ を対応させる関係が与えられているとき，f を $\mathbb{R}^n$ で定義された**実数値関数** (real valued function) といい，$f : \mathbb{R}^n \to \mathbb{R}$ と書く．最適化理論においては，関数値として $+\infty$ や $-\infty$ を許すことによって，問題の取り扱いが便利になることがしばしばある．そのような関数を**拡張実数値関数** (extended real valued function) と呼び，特にその関数の値域を明確にするため，$f : \mathbb{R}^n \to (-\infty, +\infty]$，$f : \mathbb{R}^n \to [-\infty, +\infty]$ などと書く．また，以下では，関数のかわりに**写像** (mapping) という言葉も同義語としてしばしば用いる．

点 $\boldsymbol{x}$ に収束する任意の点列 $\{\boldsymbol{x}^k\} \subseteq \mathbb{R}^n$ に対して

$$f(\boldsymbol{x}) \geqq \limsup_{k\to\infty} f(\boldsymbol{x}^k)$$

が成り立つとき，関数 $f : \mathbb{R}^n \to [-\infty, +\infty]$ は $\boldsymbol{x}$ において**上半連続** (upper semicontinuous) であるといい

$$f(\boldsymbol{x}) \leqq \liminf_{k\to\infty} f(\boldsymbol{x}^k) \tag{2.25}$$

が成り立つとき，f は $\boldsymbol{x}$ において**下半連続** (lower semicontinuous) であるという．また，f が $\boldsymbol{x}$ において上半連続かつ下半連続であるとき，f は $\boldsymbol{x}$ において**連続** (continuous) であるという．さらに，集合 $S \subseteq \mathbb{R}^n$ の任意の点において上 (下) 半連続もしくは連続である関数は，それぞれ S において

上 (下) 半連続もしくは連続であるといい，特に，$S = I\!R^n$ のとき，単に上 (下) 半連続あるいは連続であるという (図 2.11).

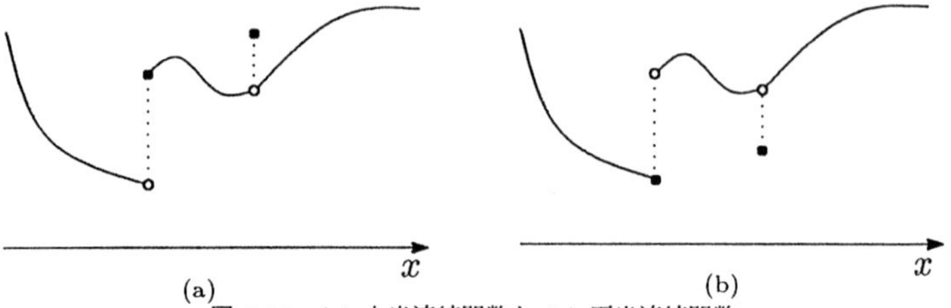

図 **2.11** (a) 上半連続関数と (b) 下半連続関数

m 個の実数値関数 $F_i : I\!R^n \to I\!R$ $(i = 1, \ldots, m)$ を成分とする**ベクトル値関数** (vector valued function) を $\boldsymbol{F} : I\!R^n \to I\!R^m$ と表す．すなわち，$\boldsymbol{F}(\boldsymbol{x}) = (F_1(\boldsymbol{x}), \ldots, F_m(\boldsymbol{x}))^\top$ である．成分関数 F_i $(i = 1, \ldots, m)$ がすべて連続であるとき $\boldsymbol{F}$ は連続であるという.

$I\!R^n$ からそれ自身への関数 $\boldsymbol{F} : I\!R^n \to I\!R^n$ に対して，次式を満たすベクトル $\boldsymbol{x}$ を関数 $\boldsymbol{F}$ の**不動点** (fixed point) と呼ぶ.

$$\boldsymbol{x} = \boldsymbol{F}(\boldsymbol{x})$$

つぎの定理は不動点が存在するための一つの条件を与えたものであり，**Brouwer の不動点定理** (Brouwer's fixed point theorem) と呼ばれる．証明は本書の範囲を超えるため省略する (Ortega and Rheinboldt (1970) 参照).

定理 2.16. $\boldsymbol{F} : I\!R^n \to I\!R^n$ を連続なベクトル値関数，$S \subsetneqq I\!R^n$ を空でないコンパクト凸集合とする．すべての $\boldsymbol{x} \in S$ に対して $\boldsymbol{F}(\boldsymbol{x}) \in S$ が成り立つとき，関数 $\boldsymbol{F}$ は $\boldsymbol{x} = \boldsymbol{F}(\boldsymbol{x}) \in S$ なる不動点をもつ.

関数 $f : I\!R^n \to [-\infty, +\infty]$ と $\alpha \in I\!R$ に対して定義される集合

$$S_f(\alpha) = \{\boldsymbol{x} \in I\!R^n \mid f(\boldsymbol{x}) \leqq \alpha\}$$

を f の**レベル集合** (level set) と呼ぶ.

定理 2.17. $f : I\!R^n \to [-\infty, +\infty]$ が下半連続であるための必要十分条件は任意の $\alpha \in I\!R$ に対してレベル集合 $S_f(\alpha)$ が閉集合となることである[*1)].

証明 f を下半連続とする．任意の $\alpha \in I\!R$ に対して，$S_f(\alpha)$ が閉集合であることをいうには，$\boldsymbol{x}^k \to \boldsymbol{x}$ かつ $\boldsymbol{x}^k \in S_f(\alpha)$ $(k = 1, 2, \ldots)$ 　　　$\boldsymbol{x} \in S_f(\alpha)$ であることをいえばよい．これは，$\boldsymbol{x}^k \in S_f(\alpha)$ ならば $f(\boldsymbol{x}^k) \leqq \alpha$ であることと，下半連続性の定義 (2.25) より明らかである．

つぎに，すべての $\alpha \in I\!R$ に対して $S_f(\alpha)$ は閉集合であると仮定する．任意に固定した $\boldsymbol{x} \in I\!R^n$ に対して，$\boldsymbol{x}^k \to \boldsymbol{x}$ となる任意の点列 $\{\boldsymbol{x}^k\}$ を考え，$\alpha = \liminf_{k\to\infty} f(\boldsymbol{x}^k)$ とおく．もし $\alpha > -\infty$ ならば，任意の実数 $\varepsilon > 0$ に対して，k_i が十分大きいとき $f(\boldsymbol{x}^{k_i}) \leqq \alpha + \varepsilon$，すなわち $\boldsymbol{x}^{k_i} \in S_f(\alpha + \varepsilon)$ となるような $\{\boldsymbol{x}^k\}$ の部分列 $\{\boldsymbol{x}^{k_i}\}$ が存在する． 仮定より，$S_f(\alpha + \varepsilon)$ は閉集合であり，$\boldsymbol{x}^{k_i} \to \boldsymbol{x}$ であるから，$\boldsymbol{x} \in S_f(\alpha + \varepsilon)$，すなわち $f(\boldsymbol{x}) \leqq \alpha + \varepsilon$ が成り立つ．ここで $\varepsilon > 0$ は任意であったから，$f(\boldsymbol{x}) \leqq \alpha$ であり，式 (2.25) が成立する．$\alpha = -\infty$ のときは，$f(\boldsymbol{x}) = -\infty$ となることがいえるので，やはり式 (2.25) が成り立つ． ■

定理 2.18. 有限または無限個の下半連続関数 $f_i : I\!R^n \to [-\infty, +\infty]$ $(i \in \mathcal{I})$ を考える．ただし，$\mathcal{I}$ は任意の添字集合である．そのとき

$$f(\boldsymbol{x}) = \sup\{f_i(\boldsymbol{x}) \mid i \in \mathcal{I}\}$$

で定義される関数 $f : I\!R^n \to [-\infty, +\infty]$ は下半連続である．

証明 f および f_i のレベル集合をそれぞれ $S_f(\alpha)$ および $S_{f_i}(\alpha)$ とすると

$$S_f(\alpha) = \{\boldsymbol{x} \in I\!R^n \mid f_i(\boldsymbol{x}) \leqq \alpha \ (i \in \mathcal{I})\} = \bigcap_{i \in \mathcal{I}} S_{f_i}(\alpha)$$

であるから，定理 2.17 と閉集合の共通集合は閉集合であるという事実より，関数 f は下半連続であることがいえる． ■

関数 $f : I\!R^n \to [-\infty, +\infty]$ は点 $\boldsymbol{x} \in I\!R^n$ の適当な近傍において有限値をとるとする．そのとき，f が $\boldsymbol{x}$ において偏微分係数

$$\frac{\partial f(\boldsymbol{x})}{\partial x_i} = \lim_{t \to 0} \frac{f(\boldsymbol{x} + t\boldsymbol{e}^i) - f(\boldsymbol{x})}{t} \qquad (i = 1, \ldots, n)$$

*1) 関数 f が上半連続であるための必要十分条件は，逆向きの不等式によって定義されるレベル集合 $\{\boldsymbol{x} \in I\!R^n \mid f(\boldsymbol{x}) \geqq \alpha\}$ がすべての α に対して閉集合となることである．

をもち (ただし $\boldsymbol{e}^i$ は第 i 成分が 1 で，他の成分は 0 であるような n 次元単位ベクトル)，さらに

$$\nabla f(\boldsymbol{x}) = \Big(\frac{\partial f(\boldsymbol{x})}{\partial x_1}, \ldots, \frac{\partial f(\boldsymbol{x})}{\partial x_n}\Big)^\top$$

で定義されるベクトル $\nabla f(\boldsymbol{x}) \in I\!R^n$ に対して

$$f(\boldsymbol{x}+\boldsymbol{h}) = f(\boldsymbol{x}) + \langle \nabla f(\boldsymbol{x}), \boldsymbol{h}\rangle + o(\|\boldsymbol{h}\|) \qquad (\boldsymbol{h} \in I\!R^n) \tag{2.26}$$

が成立するとき，f は $\boldsymbol{x}$ において**微分可能** (differentiable) であるという．ここで，$o : [0, +\infty) \to I\!R$ は $\lim_{t\to 0} o(t)/t = 0$ を満たす関数である．ベクトル $\nabla f(\boldsymbol{x})$ を f の $\boldsymbol{x}$ における**勾配** (gradient) と呼ぶ．明らかに，f が $\boldsymbol{x}$ において微分可能であれば，f は $\boldsymbol{x}$ において連続である．

点 $\boldsymbol{x}$ において微分可能な関数 f がさらに 2 次の偏微分係数をもち

$$\nabla^2 f(\boldsymbol{x}) = \begin{bmatrix} \dfrac{\partial^2 f(\boldsymbol{x})}{\partial^2 x_1} & \cdots & \dfrac{\partial^2 f(\boldsymbol{x})}{\partial x_1 \partial x_n} \\ \vdots & \ddots & \vdots \\ \dfrac{\partial^2 f(\boldsymbol{x})}{\partial x_n \partial x_1} & \cdots & \dfrac{\partial^2 f(\boldsymbol{x})}{\partial^2 x_n} \end{bmatrix}$$

で定義される n 次正方行列 $\nabla^2 f(\boldsymbol{x}) \in I\!R^{n\times n}$ に対して

$$f(\boldsymbol{x}+\boldsymbol{h}) = f(\boldsymbol{x}) + \langle \nabla f(\boldsymbol{x}), \boldsymbol{h}\rangle + \tfrac{1}{2}\langle \boldsymbol{h}, \nabla^2 f(\boldsymbol{x})\, \boldsymbol{h}\rangle + o(\|\boldsymbol{h}\|^2) \quad (\boldsymbol{h} \in I\!R^n)$$

が成り立つとき，f は $\boldsymbol{x}$ において **2 回微分可能** (twice differentiable) であるといい，$\nabla^2 f(\boldsymbol{x})$ を f の $\boldsymbol{x}$ における **Hesse 行列** (Hessian matrix) と呼ぶ．

$\nabla f(\boldsymbol{x})$ が存在して $\boldsymbol{x}$ に関して連続ならば，f は**連続的微分可能** (continuously differentiable) であるという．さらに $\nabla^2 f(\boldsymbol{x})$ が存在して $\boldsymbol{x}$ に関して連続ならば，f は **2 回連続的微分可能** (twice continuously differentiable) であるという．そのとき $\nabla^2 f(\boldsymbol{x})$ は対称行列である．

関数 f が単に $\boldsymbol{x}$ において偏微分係数をもつというだけでは，式 (2.26) の意味で微分可能であるとは限らないし，つぎの例が示すように，f が $\boldsymbol{x}$ において不連続になるような場合さえ存在する．

例 2.9. 関数 $f_1 : I\!R^2 \to I\!R$ は $\boldsymbol{x} = \boldsymbol{0}$ において偏微分係数をもつが，微分可能でも連続でもない．$f_2 : I\!R \to I\!R$ は任意の x において微分可能であるが，$x = 0$ において連続的微分可能ではない．$f_3 : I\!R \to I\!R$ は任意の x において連続的微分可能であるが，$x = 0$ において 2 回微分可能ではない．

$$f_1(\boldsymbol{x}) = \begin{cases} x_1 & (x_2 = 0 \text{ のとき}) \\ x_2 & (x_1 = 0 \text{ のとき}) \\ 1 & (\text{それ以外のとき}) \end{cases}$$

$$f_2(x) = \begin{cases} x^2 \sin(1/x) & (x \neq 0 \text{ のとき}) \\ 0 & (x = 0 \text{ のとき}) \end{cases}$$

$$f_3(x) = \begin{cases} x^2 & (x \geqq 0 \text{ のとき}) \\ 0 & (x < 0 \text{ のとき}) \end{cases}$$

微分可能な関数 $f : I\!R^n \to I\!R$ と与えられたベクトル $\boldsymbol{x}, \boldsymbol{d} \in I\!R^n$ $(\boldsymbol{d} \neq \boldsymbol{0})$ に対して，関数 $h : I\!R \to I\!R$ を

$$h(\alpha) = f(\boldsymbol{x} + \alpha \boldsymbol{d})$$

で定義する．そのとき，h は微分可能であり，その微分係数は

$$h'(\alpha) = \langle \nabla f(\boldsymbol{x} + \alpha \boldsymbol{d}), \boldsymbol{d} \rangle \tag{2.27}$$

で与えられる．さらに，f が 2 回微分可能ならば，h も 2 回微分可能であり，その 2 次微分係数は次式で与えられる．

$$h''(\alpha) = \langle \nabla^2 f(\boldsymbol{x} + \alpha \boldsymbol{d})\boldsymbol{d}, \boldsymbol{d} \rangle$$

m 個の実数値関数 $F_i : I\!R^n \to I\!R$ $(i = 1, \ldots, m)$ を成分とするベクトル値関数 $\boldsymbol{F} : I\!R^n \to I\!R^m$ に対して定義される $n \times m$ 行列

$$\begin{aligned} \nabla \boldsymbol{F}(\boldsymbol{x}) &= [\nabla F_1(\boldsymbol{x}) \ \cdots \ \nabla F_m(\boldsymbol{x})] \\ &= \begin{bmatrix} \dfrac{\partial F_1(\boldsymbol{x})}{\partial x_1} & \cdots & \dfrac{\partial F_m(\boldsymbol{x})}{\partial x_1} \\ \vdots & \ddots & \vdots \\ \dfrac{\partial F_1(\boldsymbol{x})}{\partial x_n} & \cdots & \dfrac{\partial F_m(\boldsymbol{x})}{\partial x_n} \end{bmatrix} \in I\!R^{n \times m} \end{aligned}$$

を関数 $\boldsymbol{F}$ の $\boldsymbol{x}$ における **Jacobi 行列** (Jacobian matrix) という*1).

以下では，関数の微分に関する三つの基本的な定理を述べる．いずれも標準的な微積分学の教科書に載っているので，ここでは証明を省略する (Ortega and Rheinboldt (1970) 参照).

定理 2.19. [**平均値定理** (mean value theorem)] 関数 $f : \mathbb{R}^n \to \mathbb{R}$ は凸集合 $S \subseteq \mathbb{R}^n$ において微分可能とする．そのとき，任意の $\boldsymbol{x}, \boldsymbol{y} \in S$ に対して

$$f(\boldsymbol{x}) - f(\boldsymbol{y}) = \langle \nabla f(\tau \boldsymbol{x} + (1-\tau)\boldsymbol{y}), \boldsymbol{x} - \boldsymbol{y} \rangle$$

を満足する実数 $\tau \in (0,1)$ が存在する.

この定理はベクトル値関数 $\boldsymbol{F} : \mathbb{R}^n \to \mathbb{R}^n$ に対しては成立しない．すなわち次式を満たす $\tau \in (0,1)$ は必ずしも存在するとは限らない.

$$\boldsymbol{F}(\boldsymbol{x}) - \boldsymbol{F}(\boldsymbol{y}) = \nabla \boldsymbol{F}(\tau \boldsymbol{x} + (1-\tau)\boldsymbol{y})^\top (\boldsymbol{x} - \boldsymbol{y})$$

しかしながら，つぎの関係式は成立する.

$$\boldsymbol{F}(\boldsymbol{x}) - \boldsymbol{F}(\boldsymbol{y}) = \int_0^1 \nabla \boldsymbol{F}(\tau \boldsymbol{x} + (1-\tau)\boldsymbol{y})^\top (\boldsymbol{x} - \boldsymbol{y}) d\tau \qquad (2.28)$$

定理 2.20. [**Taylor の定理** (Taylor's theorem)] 関数 $f : \mathbb{R}^n \to \mathbb{R}$ は凸集合 $S \subseteq \mathbb{R}^n$ において 2 回連続的微分可能とする．そのとき，任意の $\boldsymbol{x}, \boldsymbol{y} \in S$ に対して次式を満足する実数 $\tau \in (0,1)$ が存在する.

$$f(\boldsymbol{x}) = f(\boldsymbol{y}) + \langle \nabla f(\boldsymbol{y}), \boldsymbol{x} - \boldsymbol{y} \rangle + \tfrac{1}{2} \langle \nabla^2 f(\tau \boldsymbol{x} + (1-\tau)\boldsymbol{y})(\boldsymbol{x} - \boldsymbol{y}), \boldsymbol{x} - \boldsymbol{y} \rangle$$

定理 2.21. [**陰関数定理** (implicit function theorem)] n 個の実数値関数 $f_i : \mathbb{R}^{n+p} \to \mathbb{R}$ $(i = 1, \ldots, n)$ と $\overline{\boldsymbol{x}} \in \mathbb{R}^n$, $\overline{\boldsymbol{u}} \in \mathbb{R}^p$ に対して

$$f_i(\overline{\boldsymbol{x}}, \overline{\boldsymbol{u}}) = 0 \qquad (i = 1, \ldots, n)$$

*1) $m \times n$ 行列 $\nabla F(\boldsymbol{x})^\top$ を Jacobi 行列と呼ぶのが普通であるが，本書では転置 Jacobi 行列 $\nabla F(\boldsymbol{x})$ を単に Jacobi 行列と呼ぶことにする.

が成立し，さらに各 f_i は点 $(\overline{\boldsymbol{x}}, \overline{\boldsymbol{u}}) \in I\!R^{n+p}$ のある近傍において連続的微分可能と仮定する．ここで，$\boldsymbol{f} = (f_1, \ldots, f_n)^\top$ の $\boldsymbol{x}$ に関する Jacobi 行列

$$\begin{aligned}\nabla_x \boldsymbol{f}(\boldsymbol{x}, \boldsymbol{u}) &= [\nabla_x f_1(\boldsymbol{x}, \boldsymbol{u}) \ \cdots \ \nabla_x f_n(\boldsymbol{x}, \boldsymbol{u})] \\ &= \begin{bmatrix} \dfrac{\partial f_1(\boldsymbol{x}, \boldsymbol{u})}{\partial x_1} & \cdots & \dfrac{\partial f_n(\boldsymbol{x}, \boldsymbol{u})}{\partial x_1} \\ \vdots & \ddots & \vdots \\ \dfrac{\partial f_1(\boldsymbol{x}, \boldsymbol{u})}{\partial x_n} & \cdots & \dfrac{\partial f_n(\boldsymbol{x}, \boldsymbol{u})}{\partial x_n} \end{bmatrix} \in I\!R^{n \times n}\end{aligned}$$

が $(\overline{\boldsymbol{x}}, \overline{\boldsymbol{u}})$ において正則ならば，点 $\overline{\boldsymbol{u}}$ の適当な近傍 $U \subseteqq I\!R^p$ において連続的微分可能な関数 $\phi_i : U \to I\!R$ $(i = 1, \ldots, n)$ で次式を満たすものが存在する．

$$\overline{x}_i = \phi_i(\overline{\boldsymbol{u}}), \quad f_i(\phi_1(\boldsymbol{u}), \ldots, \phi_n(\boldsymbol{u}), \boldsymbol{u}) = 0 \qquad (\boldsymbol{u} \in U; i = 1, \ldots, n)$$

$\boldsymbol{A}$ を n 次正方行列，$\boldsymbol{B}$ を $n \times p$ 行列，$\boldsymbol{x} \in I\!R^n$, $\boldsymbol{u} \in I\!R^p$ として，つぎの連立 1 次方程式を考える．

$$\boldsymbol{Ax} + \boldsymbol{Bu} = \boldsymbol{0}$$

もし $\boldsymbol{A}$ が正則であれば，この方程式は $\boldsymbol{x}$ について解くことができ，$\boldsymbol{x}$ は $\boldsymbol{u}$ の関数として $\boldsymbol{x} = -\boldsymbol{A}^{-1}\boldsymbol{Bu}$ と陽に表現できる．定理 2.21 はこれを非線形連立方程式に対して拡張したものである．

連続的微分可能な関数 $a_{ij} : I\!R \to I\!R$ $(i, j = 1, \ldots, n)$ を第 (i, j) 成分とする 1 変数の行列値関数 $\boldsymbol{A} : I\!R \to I\!R^{n \times n}$ を考える．関数 $\boldsymbol{A} : I\!R \to I\!R^{n \times n}$ の微分を $\boldsymbol{A}'(t) = [a'_{ij}(t)] \in I\!R^{n \times n}$ と書く．行列 $\boldsymbol{A}(t)$ の逆行列 $\boldsymbol{A}(t)^{-1}$ が存在するとき，その微分は次式で表される．

$$(\boldsymbol{A}(t)^{-1})' = -\boldsymbol{A}(t)^{-1}\boldsymbol{A}'(t)\boldsymbol{A}(t)^{-1} \tag{2.29}$$

これは，恒等式 $\boldsymbol{A}(t)\boldsymbol{A}(t)^{-1} \equiv \boldsymbol{I}$ の両辺を微分した式 $\boldsymbol{A}(t)(\boldsymbol{A}(t)^{-1})' + \boldsymbol{A}'(t)\boldsymbol{A}(t)^{-1} = \boldsymbol{O}$ からただちに導かれる．

つぎに，トレースと行列式の微分を考える．まず，任意の行列 $\boldsymbol{B} \in I\!R^{n \times n}$ に対して次式が成り立つ．

$$(\mathrm{tr}\,[\boldsymbol{A}(t)\boldsymbol{B}])' = \mathrm{tr}\,[\boldsymbol{A}'(t)\boldsymbol{B}] \tag{2.30}$$

行列式の微分に関しては，$n=2$ のとき次式が成立することは容易にわかる．

$$(\det \boldsymbol{A}(t))' = \det \begin{bmatrix} a'_{11}(t) & a_{12}(t) \\ a'_{21}(t) & a_{22}(t) \end{bmatrix} + \det \begin{bmatrix} a_{11}(t) & a'_{12}(t) \\ a_{21}(t) & a'_{22}(t) \end{bmatrix}$$

これを帰納的に $n \geqq 3$ の場合に拡張することにより，つぎの公式を得る．

$$(\det \boldsymbol{A}(t))' = \sum_{i=1}^{n} \det\, [\boldsymbol{A}(t) | \boldsymbol{A}'(t)^{[i]} | \, i] \tag{2.31}$$

ここで，$\boldsymbol{A}'(t)^{[i]}$ は行列 $\boldsymbol{A}'(t)$ の第 i 列を表し，$[\boldsymbol{A}(t)|\boldsymbol{A}'(t)^{[i]}|\,i]$ は行列 $\boldsymbol{A}(t)$ の第 i 列をベクトル $\boldsymbol{A}'(t)^{[i]}$ で置き換えた行列を表す (2.1 節参照)．

2.7 凸　関　数

関数 $f : I\!R^n \to [-\infty, +\infty]$ に対して，$I\!R^{n+1}$ の部分集合

$$\mathrm{graph}\ f = \{(\boldsymbol{x}, \beta)^\top \in I\!R^{n+1} \,|\, \beta = f(\boldsymbol{x})\}$$

を f の**グラフ** (graph) といい，f のグラフより上にある点全体の集合

$$\mathrm{epi}\ f = \{(\boldsymbol{x}, \beta)^\top \in I\!R^{n+1} \,|\, \beta \geqq f(\boldsymbol{x})\}$$

を f の**エピグラフ** (epigraph) と呼ぶ．エピグラフ epi f が凸集合であるような関数 f を**凸関数** (convex function) という．また，集合

$$\mathrm{dom}\ f = \{\boldsymbol{x} \in I\!R^n \,|\, f(\boldsymbol{x}) < +\infty\}$$

を f の**実効定義域** (effective domain) と呼ぶ (図 2.12)．明らかに，凸関数の実効定義域は凸集合である．

凸関数 $f : I\!R^n \to [-\infty, +\infty]$ が，(a) すべての $\boldsymbol{x}$ に対して $f(\boldsymbol{x}) > -\infty$，(b) ある $\boldsymbol{x}$ において $f(\boldsymbol{x}) < +\infty$，の二つの条件を満たすとき，すなわち $f : I\!R^n \to (-\infty, +\infty]$ かつ dom $f \neq \emptyset$ であるとき，f を**真凸関数** (proper convex function) という．真凸関数は，エピグラフが空集合ではなく，さらにエピグラフが垂直な直線を含まないような凸関数ということもできる．特

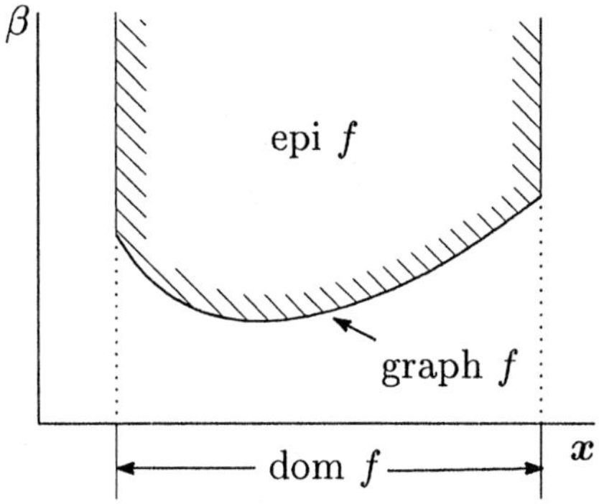

図 2.12 エピグラフと実効定義域

に，すべての $\boldsymbol{x} \in I\!R^n$ において有限値をとる凸関数 $f : I\!R^n \to I\!R$ は真凸関数である．真凸関数でない凸関数は，恒等的に $f(\boldsymbol{x}) \equiv +\infty$ であるようなものか，ある $\boldsymbol{x}$ において $f(\boldsymbol{x}) = -\infty$ となるようなものに限られる．

関数 $f : I\!R^n \to [-\infty, +\infty]$ に対して，関数値の符号を逆にすることにより定義される関数 $-f : I\!R^n \to [-\infty, +\infty]$ が凸関数であるとき，f を**凹関数** (concave function) と呼ぶ．凸関数に関する定義や定理は，部分的に $\leqq$ と $\geqq$，$+\infty$ と $-\infty$，sup と inf などを適当に変更することにより，そのまま凹関数に対しても成立するので，以下では，もっぱら凸関数に対して議論を進めることにする．また，便宜上 $0 \cdot \infty = 0$ と定義する．

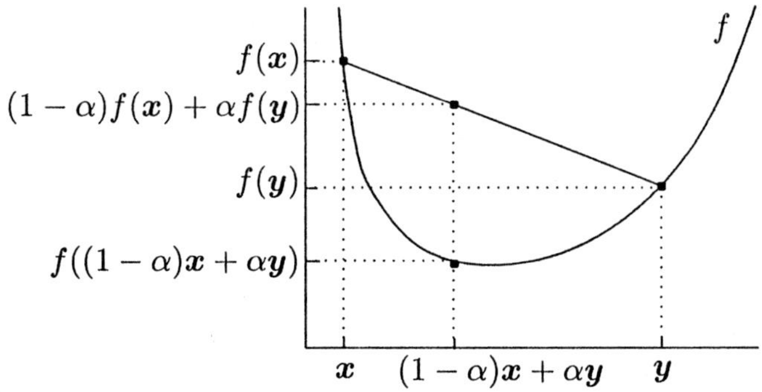

図 2.13 式 (2.32)

定理 2.22 の式 (2.32) は，f のグラフに属する任意の 2 点を結ぶ線分が f のエピグラフに含まれることを意味しており (図 2.13)，凸関数の定義として通常用いられているものである．

定理 2.22. 関数 $f : I\!R^n \to (-\infty, +\infty]$ が凸関数であるための必要十分条件は

$$f((1-\alpha)\boldsymbol{x} + \alpha\boldsymbol{y}) \leqq (1-\alpha)f(\boldsymbol{x}) + \alpha f(\boldsymbol{y}) \tag{2.32}$$

が任意の $\boldsymbol{x}, \boldsymbol{y} \in I\!R^n$ と $\alpha \in [0,1]$ に対して成立することである．

証明 定義より，f が凸関数であることは，任意の $(\boldsymbol{x}, \beta)^\top \in \mathrm{epi}\, f$, $(\boldsymbol{y}, \gamma)^\top \in \mathrm{epi}\, f$ と $\alpha \in [0,1]$ に対して

$$(1-\alpha)\begin{pmatrix}\boldsymbol{x}\\ \beta\end{pmatrix} + \alpha\begin{pmatrix}\boldsymbol{y}\\ \gamma\end{pmatrix} = \begin{pmatrix}(1-\alpha)\boldsymbol{x} + \alpha\boldsymbol{y}\\ (1-\alpha)\beta + \alpha\gamma\end{pmatrix} \in \mathrm{epi}\, f$$

となること，すなわち不等式

$$f((1-\alpha)\boldsymbol{x} + \alpha\boldsymbol{y}) \leqq (1-\alpha)\beta + \alpha\gamma$$

が，$f(\boldsymbol{x}) \leqq \beta$, $f(\boldsymbol{y}) \leqq \gamma$ を満たす任意の $\boldsymbol{x}, \boldsymbol{y} \in I\!R^n$ と $\beta, \gamma \in I\!R$ および $\alpha \in [0,1]$ に対して成立することであり，これは式 (2.32) と等価である． ■

つぎの定理は定理 2.22 を一般化したものであり，式 (2.33) は **Jensen の不等式** (Jensen's inequality) と呼ばれる．証明は省略する (演習問題 2.9)．

定理 2.23. 関数 $f : I\!R^n \to (-\infty, +\infty]$ が凸関数であるための必要十分条件は，任意の自然数 m と任意の $\boldsymbol{x}^1, \ldots, \boldsymbol{x}^m \in I\!R^n$ および $\sum_{i=1}^m \alpha_i = 1$ を満たす任意の $\alpha_i \geqq 0\ (i = 1, \ldots, m)$ に対して次式が成立することである．

$$f\Bigl(\sum_{i=1}^m \alpha_i \boldsymbol{x}^i\Bigr) \leqq \sum_{i=1}^m \alpha_i f(\boldsymbol{x}^i) \tag{2.33}$$

つぎに，凸関数のクラスに含まれる二つの関数のクラスを定義しよう．関数 $f : I\!R^n \to (-\infty, +\infty]$ を真凸関数とする．不等式

$$f((1-\alpha)\boldsymbol{x} + \alpha\boldsymbol{y}) < (1-\alpha)f(\boldsymbol{x}) + \alpha f(\boldsymbol{y}) \tag{2.34}$$

が $\boldsymbol{x} \neq \boldsymbol{y}$ であるような任意の $\boldsymbol{x}, \boldsymbol{y} \in \mathrm{dom}\ f$ と $\alpha \in (0,1)$ に対して成立するとき，f を**狭義凸関数** (strictly convex function) と呼ぶ．また，ある定数 $\sigma > 0$ が存在して，不等式

$$f((1-\alpha)\boldsymbol{x} + \alpha\boldsymbol{y}) \leqq (1-\alpha)f(\boldsymbol{x}) + \alpha f(\boldsymbol{y}) - \tfrac{1}{2}\sigma\alpha(1-\alpha)\|\boldsymbol{x}-\boldsymbol{y}\|^2 \quad (2.35)$$

が任意の $\boldsymbol{x}, \boldsymbol{y} \in \mathrm{dom}\ f$ と $\alpha \in [0,1]$ に対して成立するとき，f を (係数 σ の) **強凸関数** (strongly convex function) あるいは**一様凸関数** (uniformly convex function) という．明らかに，強凸関数は狭義凸関数であり，狭義凸関数は凸関数である．

定理 2.24. 真凸関数 $f : I\!R^n \to (-\infty, +\infty]$ が係数 $\sigma > 0$ の強凸関数であるための必要十分条件は

$$\tilde{f}(\boldsymbol{x}) = f(\boldsymbol{x}) - \tfrac{1}{2}\sigma\|\boldsymbol{x}\|^2 \quad (2.36)$$

で定義される関数 $\tilde{f} : I\!R^n \to (-\infty, +\infty]$ が真凸関数となることである．

証明 任意の点 $\boldsymbol{x}, \boldsymbol{y} \in I\!R^n$ と $\alpha \in [0,1]$ に対して

$$\begin{aligned}\tilde{f}((1-\alpha)\boldsymbol{x} + \alpha\boldsymbol{y}) &= f((1-\alpha)\boldsymbol{x} + \alpha\boldsymbol{y}) - \tfrac{1}{2}\sigma\|(1-\alpha)\boldsymbol{x} + \alpha\boldsymbol{y}\|^2 \\ &= (1-\alpha)\tilde{f}(\boldsymbol{x}) + \alpha\tilde{f}(\boldsymbol{y}) - \Big[(1-\alpha)f(\boldsymbol{x}) + \alpha f(\boldsymbol{y}) \\ &\qquad - \tfrac{1}{2}\sigma\alpha(1-\alpha)\|\boldsymbol{x}-\boldsymbol{y}\|^2 - f((1-\alpha)\boldsymbol{x} + \alpha\boldsymbol{y})\Big]\end{aligned}$$

と書けるので，定理 2.22 と強凸関数の定義 (2.35) より，この定理が成立する． ■

与えられた関数が凸関数であるかどうかを判定することは一般に容易ではない．以下では，どのような条件を満たす関数が凸関数になるかを調べよう．

関数 $h : I\!R^m \to (-\infty, +\infty]$ は，$z_i \leqq z'_i$ $(i = 1, \ldots, m)$ であるような任意の $\boldsymbol{z}, \boldsymbol{z}' \in I\!R^m$ に対して $h(\boldsymbol{z}) \leq h(\boldsymbol{z}')$ となるとき，**非減少** (nondecreasing) であるという．

定理 2.25. $g_i : I\!R^n \to I\!R$ $(i = 1, \ldots, m)$ を凸関数，$h : I\!R^m \to (-\infty, +\infty]$ を非減少凸関数とする．そのとき

$$f(\boldsymbol{x}) = h(g_1(\boldsymbol{x}), \ldots, g_m(\boldsymbol{x}))$$

で定義される関数 $f : I\!R^n \to (-\infty, +\infty]$ は凸関数である．

証明 ベクトル値関数 $\boldsymbol{g} : I\!R^n \to I\!R^m$ を $\boldsymbol{g}(\boldsymbol{x}) = (g_1(\boldsymbol{x}), \ldots, g_m(\boldsymbol{x}))^\top$ と定義すると，$f(\boldsymbol{x}) = h(\boldsymbol{g}(\boldsymbol{x}))$ と書ける．そのとき，定理の仮定と式 (2.32) より，任意の $\boldsymbol{x}, \boldsymbol{y} \in I\!R^n$ と $\alpha \in [0, 1]$ に対して

$$\begin{aligned} f((1-\alpha)\boldsymbol{x} + \alpha\boldsymbol{y}) &= h(\boldsymbol{g}((1-\alpha)\boldsymbol{x} + \alpha\boldsymbol{y})) \\ &\leqq h((1-\alpha)\boldsymbol{g}(\boldsymbol{x}) + \alpha\boldsymbol{g}(\boldsymbol{y})) \\ &\leqq (1-\alpha)h(\boldsymbol{g}(\boldsymbol{x})) + \alpha h(\boldsymbol{g}(\boldsymbol{y})) \\ &= (1-\alpha)f(\boldsymbol{x}) + \alpha f(\boldsymbol{y}) \end{aligned}$$

が成立するので，f は凸関数である． ■

つぎの二つの定理の証明は難しくないので省略する．

定理 2.26. $f_i : I\!R^n \to (-\infty, +\infty]$ $(i = 1, \ldots, m)$ が凸関数ならば，任意の $\alpha_i \geqq 0$ $(i = 1, \ldots, m)$ に対して

$$f(\boldsymbol{x}) = \alpha_1 f_1(\boldsymbol{x}) + \cdots + \alpha_m f_m(\boldsymbol{x})$$

で定義される関数 $f : I\!R^n \to (-\infty, +\infty]$ は凸関数である．

定理 2.27. $\mathcal{I}$ を空でない任意の添字集合とし，関数 $f_i : I\!R^n \to [-\infty, +\infty]$ $(i \in \mathcal{I})$ を凸関数とする．そのとき

$$f(\boldsymbol{x}) = \sup\{f_i(\boldsymbol{x}) \,|\, i \in \mathcal{I}\}$$

で定義される関数 $f : I\!R^n \to [-\infty, +\infty]$ は凸関数である．また，$\mathcal{I}$ が有限集合，すべての f_i が真凸関数，かつ $\cap_{i \in \mathcal{I}} \operatorname{dom} f_i \neq \emptyset$ ならば，f は真凸関数である．

定理 2.27 の前半は集合 $\mathcal{I}$ が (非可算) 無限集合であっても成り立つが，後半は $\mathcal{I}$ が無限集合のときには成立するとは限らない．例えば，$\mathbb{R}$ 上で定義された関数 $f_i(x) = x + i\ (i = 1, 2, \ldots)$ に対して $f(x) = \sup\{f_i(x) \mid i = 1, 2, \ldots\}$ と定義すれば，$f(x) \equiv +\infty$ となるので，f は真凸関数ではない．

例 2.10. つぎの関数はいずれも真凸関数である．特に，f_1, f_2, f_3 は狭義凸関数であり，$p = 2$ のときの f_1 と $\boldsymbol{A} \succ \boldsymbol{O}$ のときの f_6 は強凸関数である．

a) $f_1(x) = (1/p)|x|^p\ (x \in \mathbb{R})$，ただし $p \in (1, +\infty)$.

b) $f_2(x) = e^{\alpha x}\ (x \in \mathbb{R})$，ただし $\alpha \in \mathbb{R}$.

c) $f_3(x) = -\log x\ (x > 0),\ = +\infty\ (x \leqq 0)$

d) $f_4(\boldsymbol{x}) = \langle \boldsymbol{a}, \boldsymbol{x} \rangle + \alpha\ (\boldsymbol{x} \in \mathbb{R}^n)$，ただし $\boldsymbol{a} \in \mathbb{R}^n, \alpha \in \mathbb{R}$.

e) $f_5(\boldsymbol{x}) = \|\boldsymbol{x}\|\ (\boldsymbol{x} \in \mathbb{R}^n)$

f) $f_6(\boldsymbol{x}) = \frac{1}{2}\langle \boldsymbol{x}, \boldsymbol{A}\boldsymbol{x} \rangle + \langle \boldsymbol{b}, \boldsymbol{x} \rangle\ (\boldsymbol{x} \in \mathbb{R}^n)$，ただし $\boldsymbol{O} \preceq \boldsymbol{A} \in \mathcal{S}^n$，$\boldsymbol{b} \in \mathbb{R}^n$.

つぎに凸関数の勾配について考察しよう．まず，1 変数の凸関数を考える．

定理 2.28. 真凸関数 $f : \mathbb{R}^n \to (-\infty, +\infty]$ と任意の点 $\boldsymbol{x} \in \mathrm{dom}\ f$ およびベクトル $\boldsymbol{d} \in \mathbb{R}^n$ に対して，次式で定義される関数 $h : (0, +\infty) \to (-\infty, +\infty]$ は非減少である．

$$h(t) = [f(\boldsymbol{x} + t\boldsymbol{d}) - f(\boldsymbol{x})]/t$$

さらに，関数 f が $\boldsymbol{x}$ において微分可能ならば，$\lim_{t \searrow 0} h(t) = \langle \nabla f(\boldsymbol{x}), \boldsymbol{d} \rangle$ が成り立つ*1).

証明　任意の $t > s > 0$ に対して次式が成り立つ．

$$\begin{aligned} h(t) - h(s) &= \frac{1}{t}[f(\boldsymbol{x} + t\boldsymbol{d}) - f(\boldsymbol{x})] - \frac{1}{s}[f(\boldsymbol{x} + s\boldsymbol{d}) - f(\boldsymbol{x})] \\ &= \frac{1}{s}\left[\frac{s}{t}f(\boldsymbol{x} + t\boldsymbol{d}) + \left(1 - \frac{s}{t}\right)f(\boldsymbol{x}) - f(\boldsymbol{x} + s\boldsymbol{d})\right] \geqq 0 \end{aligned}$$

最後の不等式は $0 < s/t < 1$ および $\boldsymbol{x} + s\boldsymbol{d} = (s/t)(\boldsymbol{x} + t\boldsymbol{d}) + (1 - s/t)\boldsymbol{x}$ であることと定理 2.22 より従う．よって，h は非減少関数である．定理の後半は微分係数の定義と式 (2.27) より明らかである．　■

---

*1)　$t \searrow 0$ は $t > 0$ かつ $t \to 0$ を表す．

つぎの定理が示すように，微分可能な凸関数はその勾配によって特徴づけることができる．

定理 2.29. $f : I\!R^n \to (-\infty, +\infty]$ を実効定義域 dom f が開凸集合であるような関数とする．f が dom f において微分可能であるとき，f が (狭義) 凸関数であるための必要十分条件は，$\boldsymbol{x} \neq \boldsymbol{y}$ であるような任意の $\boldsymbol{x}, \boldsymbol{y} \in \mathrm{dom}\, f$ に対してつぎの不等式が成り立つことである．

$$f(\boldsymbol{y}) - f(\boldsymbol{x}) \geqq (>) \, \langle \nabla f(\boldsymbol{x}), \boldsymbol{y} - \boldsymbol{x} \rangle \tag{2.37}$$

証明 まず，必要性を示す．f が凸関数であれば，定理 2.22 より，任意の $\alpha \in (0, 1)$ に対して

$$f(\boldsymbol{y}) - f(\boldsymbol{x}) \geqq [f(\boldsymbol{x} + \alpha(\boldsymbol{y} - \boldsymbol{x})) - f(\boldsymbol{x})]/\alpha \tag{2.38}$$

が成り立つ．ここで $\alpha \to 0$ とすれば，右辺は $\langle \nabla f(\boldsymbol{x}), \boldsymbol{y} - \boldsymbol{x} \rangle$ に収束するので，式 (2.37) を得る．狭義凸関数の場合は，式 (2.38) において狭義の不等号が成り立つこと，および定理 2.28 より式 (2.38) の右辺は任意の $\alpha > 0$ に対して $\langle \nabla f(\boldsymbol{x}), \boldsymbol{y} - \boldsymbol{x} \rangle$ 以上であることから，式 (2.37) を得る．

つぎに，式 (2.37) が成り立つとする．任意の $\boldsymbol{x}^1, \boldsymbol{x}^2 \in \mathrm{dom}\, f$ と $\alpha \in (0, 1)$ に対して，$\boldsymbol{x} = (1 - \alpha)\boldsymbol{x}^1 + \alpha \boldsymbol{x}^2$, $\boldsymbol{y} = \boldsymbol{x}^1$ とおけば

$$f(\boldsymbol{x}^1) - f(\boldsymbol{x}) \geqq (>) \, \langle \nabla f(\boldsymbol{x}), \boldsymbol{x}^1 - \boldsymbol{x} \rangle$$

を，$\boldsymbol{x} = (1 - \alpha)\boldsymbol{x}^1 + \alpha \boldsymbol{x}^2$, $\boldsymbol{y} = \boldsymbol{x}^2$ とおけば

$$f(\boldsymbol{x}^2) - f(\boldsymbol{x}) \geqq (>) \, \langle \nabla f(\boldsymbol{x}), \boldsymbol{x}^2 - \boldsymbol{x} \rangle$$

を得る．ここで，第 1 式を $1 - \alpha$ 倍，第 2 式を α 倍して辺々加え合わせると

$$(1 - \alpha) f(\boldsymbol{x}^1) + \alpha f(\boldsymbol{x}^2) - f(\boldsymbol{x}) \geqq (>) \, \langle \nabla f(\boldsymbol{x}), (1 - \alpha)\boldsymbol{x}^1 + \alpha \boldsymbol{x}^2 - \boldsymbol{x} \rangle = 0$$

すなわち

$$(1 - \alpha) f(\boldsymbol{x}^1) + \alpha f(\boldsymbol{x}^2) \geqq (>) \, f((1 - \alpha)\boldsymbol{x}^1 + \alpha \boldsymbol{x}^2)$$

となる．よって，定理 2.22 より，f は (狭義) 凸関数である． ■

式 (2.37) は超平面 $H = \{(\boldsymbol{y}, \alpha)^\top \in I\!R^{n+1} \mid \alpha = f(\boldsymbol{x}) + \langle \nabla f(\boldsymbol{x}), \boldsymbol{y} - \boldsymbol{x} \rangle\}$ が点 $(\boldsymbol{x}, f(\boldsymbol{x}))^\top \in I\!R^{n+1}$ における epi f の支持超平面になっていることを意味している (図 2.14)．

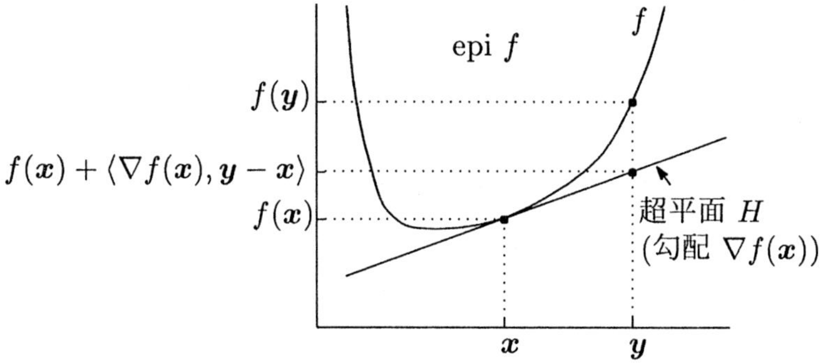

図 2.14　凸関数の勾配 (式 (2.37))

つぎの定理が示すように，関数の凸性はその Hesse 行列によって特徴づけることもできる．

定理 2.30. $f : I\!R^n \to (-\infty, +\infty]$ を実効定義域 dom f が開凸集合であるような関数とする．f が dom f において 2 回連続的微分可能であるとき，f が凸関数であるための必要十分条件は，任意の $\boldsymbol{x} \in \mathrm{dom}\, f$ において Hesse 行列 $\nabla^2 f(\boldsymbol{x})$ が半正定値となることである．

証明　まず，十分性を示す．任意の $\boldsymbol{x}, \boldsymbol{y} \in \mathrm{dom}\, f$ を選ぶ．そのとき Taylor の定理 (定理 2.20) より，ある $\tau \in (0,1)$ が存在して

$$f(\boldsymbol{y}) - f(\boldsymbol{x}) = \langle \nabla f(\boldsymbol{x}), \boldsymbol{y} - \boldsymbol{x} \rangle + \tfrac{1}{2} \langle \nabla^2 f(\boldsymbol{x} + \tau(\boldsymbol{y} - \boldsymbol{x}))(\boldsymbol{y} - \boldsymbol{x}), \boldsymbol{y} - \boldsymbol{x} \rangle \quad (2.39)$$

が成り立つ．$\boldsymbol{x} + \tau(\boldsymbol{y} - \boldsymbol{x}) \in \mathrm{dom}\, f$ であるから，仮定より

$$\langle \nabla^2 f(\boldsymbol{x} + \tau(\boldsymbol{y} - \boldsymbol{x}))(\boldsymbol{y} - \boldsymbol{x}), \boldsymbol{y} - \boldsymbol{x} \rangle \geqq 0$$

である．そのとき，式 (2.39) より

$$f(\boldsymbol{y}) - f(\boldsymbol{x}) \geqq \langle \nabla f(\boldsymbol{x}), \boldsymbol{y} - \boldsymbol{x} \rangle \quad (2.40)$$

となるので，定理 2.29 より，f は凸関数である．

つぎに，必要性の対偶を示す．ある $\boldsymbol{x} \in \mathrm{dom}\, f$ において $\nabla^2 f(\boldsymbol{x})$ が半正定値でないとすれば，$\langle \nabla^2 f(\boldsymbol{x})\boldsymbol{d}, \boldsymbol{d} \rangle < 0$ を満たす $\boldsymbol{d} \neq \boldsymbol{0}$ が存在する．したがって，十分小

さい定数 $\beta > 0$ を選んで $\boldsymbol{y} = \boldsymbol{x} + \beta \boldsymbol{d}$ とおけば，dom f が開凸集合であることと $\nabla^2 f$ の連続性より，つぎの不等式が任意の $\tau \in (0,1)$ に対して成り立つ.

$$\langle \nabla^2 f(\boldsymbol{x} + \tau(\boldsymbol{y} - \boldsymbol{x}))(\boldsymbol{y} - \boldsymbol{x}), \boldsymbol{y} - \boldsymbol{x} \rangle < 0$$

ところが，式 (2.39) より，これは式 (2.40) が成立しないことを意味しているので，定理 2.29 より，f は凸関数ではない.　■

Hesse 行列の半正定値性によって凸性が判定できる関数の例をあげる.

例 2.11. m 次対称行列 $\boldsymbol{A}_0, \boldsymbol{A}_1, \ldots, \boldsymbol{A}_n$ を用いて，行列値関数 $\boldsymbol{A} : \mathbb{R}^n \to \mathcal{S}^m$ を $\boldsymbol{A}(\boldsymbol{x}) = \boldsymbol{A}_0 + x_1 \boldsymbol{A}_1 + \cdots + x_n \boldsymbol{A}_n$ で定義し，さらに，拡張実数値関数 $f : \mathbb{R}^n \to (-\infty, +\infty]$ を次式によって定義する.

$$f(\boldsymbol{x}) = \begin{cases} -\log \det \boldsymbol{A}(\boldsymbol{x}) & (\boldsymbol{A}(\boldsymbol{x}) \succ \boldsymbol{O}) \\ +\infty & (\boldsymbol{A}(\boldsymbol{x}) \not\succ \boldsymbol{O}) \end{cases}$$

明らかに，$\boldsymbol{A}(\boldsymbol{x}) \succ \boldsymbol{O}$ のとき関数値 $f(\boldsymbol{x})$ は有限であり，点 $\boldsymbol{x}$ が dom $f = \{\boldsymbol{x} \in \mathbb{R}^n \mid \boldsymbol{A}(\boldsymbol{x}) \succ \boldsymbol{O}\}$ の境界に近づくとき $f(\boldsymbol{x}) \to +\infty$ となる.

$\boldsymbol{x} \in$ dom f のとき，$\nabla f(\boldsymbol{x})$ の第 j 成分はつぎのように計算できる.

$$\begin{aligned} \frac{\partial f(\boldsymbol{x})}{\partial x_j} &= -\frac{1}{\det \boldsymbol{A}(\boldsymbol{x})} \frac{\partial \det \boldsymbol{A}(\boldsymbol{x})}{\partial x_j} \\ &= -\frac{1}{\det \boldsymbol{A}(\boldsymbol{x})} \sum_{i=1}^{n} \det\, [\boldsymbol{A}(\boldsymbol{x}) | \boldsymbol{A}_j^{[i]} | \, i] \\ &= -\mathrm{tr}\, [\boldsymbol{A}(\boldsymbol{x})^{-1} \boldsymbol{A}_j] \end{aligned}$$

最初の等式は合成関数の微分の公式より，2 番目の等式は式 (2.31) と $\partial \boldsymbol{A}(\boldsymbol{x}) / \partial x_j = \boldsymbol{A}_j$ より，最後の等式は補題 2.1 より従う．つぎに，$\nabla^2 f(\boldsymbol{x})$ の第 (i,j) 成分を計算する.

$$\begin{aligned} \frac{\partial^2 f(\boldsymbol{x})}{\partial x_i \partial x_j} &= -\frac{\partial\, \mathrm{tr}\, [\boldsymbol{A}(\boldsymbol{x})^{-1} \boldsymbol{A}_j]}{\partial x_i} \\ &= \mathrm{tr}\, [\boldsymbol{A}(\boldsymbol{x})^{-1} \boldsymbol{A}_i \boldsymbol{A}(\boldsymbol{x})^{-1} \boldsymbol{A}_j] \\ &= \mathrm{tr}\, [(\boldsymbol{A}(\boldsymbol{x})^{-\frac{1}{2}} \boldsymbol{A}_i \boldsymbol{A}(\boldsymbol{x})^{-\frac{1}{2}})(\boldsymbol{A}(\boldsymbol{x})^{-\frac{1}{2}} \boldsymbol{A}_j \boldsymbol{A}(\boldsymbol{x})^{-\frac{1}{2}})] \end{aligned}$$

2 番目の等式は式 (2.29), (2.30) と $\partial \boldsymbol{A}(\boldsymbol{x})/\partial x_i = \boldsymbol{A}_i$ より，最後の等式は任意の $\boldsymbol{B}, \boldsymbol{C}$ に対して $\mathrm{tr}\,\boldsymbol{BC} = \mathrm{tr}\,\boldsymbol{CB}$ となることより従う．ここで，$\boldsymbol{D}_i(\boldsymbol{x}) = \boldsymbol{A}(\boldsymbol{x})^{-\frac{1}{2}}\boldsymbol{A}_i\boldsymbol{A}(\boldsymbol{x})^{-\frac{1}{2}}$ とおくと，任意のベクトル $\boldsymbol{y} \in I\!R^n$ に対して

$$\begin{aligned}\langle \boldsymbol{y}, \nabla^2 f(\boldsymbol{x})\boldsymbol{y}\rangle &= \sum_{i=1}^{n}\sum_{j=1}^{n} \mathrm{tr}\left[y_i y_j \boldsymbol{D}_i(\boldsymbol{x})\boldsymbol{D}_j(\boldsymbol{x})\right] \\ &= \mathrm{tr}\Big[\sum_{i=1}^{n}\sum_{j=1}^{n} y_i y_j \boldsymbol{D}_i(\boldsymbol{x})\boldsymbol{D}_j(\boldsymbol{x})\Big] \\ &= \mathrm{tr}\Big[\Big(\sum_{i=1}^{n} y_i \boldsymbol{D}_i(\boldsymbol{x})\Big)^2\Big]\end{aligned}$$

を得る．$(\sum_{i=1}^{n} y_i \boldsymbol{D}_i(\boldsymbol{x}))^2$ は半正定値行列であるから，そのトレースは非負である．よって， Hesse 行列 $\nabla^2 f(\boldsymbol{x})$ は半正定値であり，定理 2.30 より，f は凸関数である．

定理 2.31. $f : I\!R^n \to (-\infty, +\infty]$ を実効定義域 dom f が開凸集合であるような関数とする．f が dom f において 2 回連続的微分可能であるとき，f が狭義凸関数であるための十分条件は，任意の $\boldsymbol{x} \in \mathrm{dom}\, f$ において Hesse 行列 $\nabla^2 f(\boldsymbol{x})$ が正定値となることである．

証明 定理 2.30 の前半の証明を少し修正し，定理 2.29 を適用することにより，容易に証明できる． ■

狭義凸関数の Hesse 行列は正定値とは限らない．例えば

$$f(\boldsymbol{x}) = x_1^2 + x_2^4$$

で定義される関数 $f : I\!R^2 \to I\!R$ は狭義凸関数であるが，$x_2 = 0$ を満たす任意の点 $\boldsymbol{x}$ において Hesse 行列は正定値ではない．

定理 2.32. $f : I\!R^n \to (-\infty, +\infty]$ を実効定義域 dom f が開凸集合であるような関数とする．f が dom f において 2 回連続的微分可能であるとき，f

が係数 $\sigma > 0$ の強凸関数であるための必要十分条件は，任意の $\boldsymbol{x} \in \mathrm{dom}\, f$ において行列 $\nabla^2 f(\boldsymbol{x}) - \sigma \boldsymbol{I}$ が半正定値となることである．

証明 式 (2.36) で定義される関数 $\tilde{f} : I\!R^n \to (-\infty, +\infty]$ を考え，定理 2.24 と定理 2.30 を適用すればよい． ■

定理 2.32 の条件は，任意の点 $\boldsymbol{x} \in \mathrm{dom}\, f$ において

$$\langle \boldsymbol{y}, \nabla^2 f(\boldsymbol{x}) \boldsymbol{y} \rangle \geqq \sigma \|\boldsymbol{y}\|^2 \qquad (\boldsymbol{y} \in I\!R^n)$$

が成り立つこと，すなわち Hesse 行列 $\nabla^2 f(\boldsymbol{x})$ の最小固有値が $\sigma > 0$ 以上であることを意味している．

最後に，凸関数の連続性に関する重要な定理を述べる．

定理 2.33. 関数 $f : I\!R^n \to (-\infty, +\infty]$ を $\mathrm{int\,dom}\, f \neq \emptyset$ であるような真凸関数とする．そのとき，f は $\mathrm{int\,dom}\, f$ において連続である．

証明 任意の点 $\boldsymbol{x} \in \mathrm{int\,dom}\, f$ を考える．そのとき，$\boldsymbol{x} \in \mathrm{int}\, S$ であるような n-単体 $S \subseteqq \mathrm{int\,dom}\, f$ が存在する．ここで S の頂点を $\boldsymbol{x}^0, \boldsymbol{x}^1, \ldots, \boldsymbol{x}^n$ とし，$\mu = \max\{f(\boldsymbol{x}^0), f(\boldsymbol{x}^1), \ldots, f(\boldsymbol{x}^n)\}$ とおく．任意の点 $\boldsymbol{y} \in S$ は，$\sum_{i=0}^n \alpha_i = 1$ を満たす $\alpha_i \geqq 0$ $(i = 0, 1, \ldots, n)$ を用いて $\boldsymbol{y} = \sum_{i=0}^n \alpha_i \boldsymbol{x}^i$ と表せるので，定理 2.23 より次式が成立する．

$$f(\boldsymbol{y}) \leqq \alpha_0 f(\boldsymbol{x}^0) + \alpha_1 f(\boldsymbol{x}^1) + \cdots + \alpha_n f(\boldsymbol{x}^n) \leqq \mu \qquad (\boldsymbol{y} \in S) \tag{2.41}$$

いま $\boldsymbol{x} \in \mathrm{int}\, S$ であるから，十分小さい $r > 0$ を選べば，$B(\boldsymbol{x}, r) \subseteqq S$ が成り立つ．そこで，任意の $\varepsilon \in (0, 1)$ に対して，$\|\boldsymbol{z} - \boldsymbol{x}\| < \varepsilon r$ を満たす点 $\boldsymbol{z}$ を選び，$\boldsymbol{w} = \boldsymbol{x} + (\boldsymbol{z} - \boldsymbol{x})/\varepsilon$ とおけば，$\boldsymbol{z} = (1 - \varepsilon)\boldsymbol{x} + \varepsilon \boldsymbol{w}$ であり，さらに $\|\boldsymbol{w} - \boldsymbol{x}\| < r$ であるから，$\boldsymbol{w} \in S$ となる．よって，式 (2.41) より

$$f(\boldsymbol{z}) \leqq (1 - \varepsilon) f(\boldsymbol{x}) + \varepsilon f(\boldsymbol{w}) \leqq (1 - \varepsilon) f(\boldsymbol{x}) + \varepsilon \mu$$

が成立する．この不等式は，さらにつぎのように書き換えられる．

$$f(\boldsymbol{z}) - f(\boldsymbol{x}) \leqq \varepsilon(\mu - f(\boldsymbol{x}))$$

一方，$\boldsymbol{x} = [\varepsilon/(1+\varepsilon)](2\boldsymbol{x}-\boldsymbol{w}) + [1/(1+\varepsilon)]\boldsymbol{z}$ と書ける．$\|(2\boldsymbol{x}-\boldsymbol{w})-\boldsymbol{x}\| = \|\boldsymbol{x}-\boldsymbol{w}\| < r$ より $2\boldsymbol{x}-\boldsymbol{w} \in S$ であるから，式 (2.41) より

$$f(\boldsymbol{x}) \leqq \frac{\varepsilon}{1+\varepsilon} f(2\boldsymbol{x}-\boldsymbol{w}) + \frac{1}{1+\varepsilon} f(\boldsymbol{z}) \leqq \frac{\varepsilon}{1+\varepsilon}\mu + \frac{1}{1+\varepsilon} f(\boldsymbol{z})$$

が成立する．これを書き換えると

$$f(\boldsymbol{x}) - f(\boldsymbol{z}) \leqq \varepsilon(\mu - f(\boldsymbol{x}))$$

を得る．以上をまとめると，$\|\boldsymbol{z}-\boldsymbol{x}\| < \varepsilon r$ のとき

$$|f(\boldsymbol{x}) - f(\boldsymbol{z})| \leqq \varepsilon(\mu - f(\boldsymbol{x}))$$

が成立する．ところが $\varepsilon \in (0,1)$ は任意であるから，これは f が $\boldsymbol{x}$ において連続であることを示している．さらに，$\boldsymbol{x} \in \mathrm{int\,dom}\, f$ は任意であったから，結局 f は $\mathrm{int\,dom}\, f$ において連続である． ■

系 2.2. 有限値をとる凸関数 $f : \mathbb{R}^n \to \mathbb{R}$ は任意の点において連続である．

定理 2.33 より，凸関数 f の不連続点は (存在するとすれば) 必然的に $\mathrm{bd\,dom}\, f$ 上に存在する．定理 2.33 では $\mathrm{int\,dom}\, f \neq \emptyset$ と仮定したが，$\mathrm{int\,dom}\, f = \emptyset$ の場合でも，f を $\mathrm{dom}\, f$ のアフィン包 $\mathrm{aff\,dom}\, f$ に制限した関数は $\mathrm{dom}\, f$ の相対的内部 $\mathrm{ri\,dom}\, f$ において連続であることを，定理 2.33 とほとんど同様の考え方を用いて示すことができる．

2.8 共 役 関 数

下半連続な真凸関数 $f : \mathbb{R}^n \to (-\infty, +\infty]$ を**閉真凸関数** (closed proper convex function) という．前節の最後に述べたように，下半連続性が問題となるのは $\mathrm{ri\,dom}\, f$ の境界上の点においてのみである．閉真凸関数に対して，つぎの二つの定理が成立する．証明は難しくないので省略する．

定理 2.34. $f_i : \mathbb{R}^n \to (-\infty, +\infty]$ $(i = 1, \ldots, m)$ を閉真凸関数とする．そのとき，$\cap_{i=1}^m \mathrm{dom}\, f_i \neq \emptyset$ ならば，任意の $\alpha_i \geqq 0$ $(i = 1, \ldots, m)$ に対して

$$f(\boldsymbol{x}) = \alpha_1 f_1(\boldsymbol{x}) + \cdots + \alpha_m f_m(\boldsymbol{x})$$

で定義される関数 $f : I\!R^n \to (-\infty, +\infty]$ は閉真凸関数である.

定理 2.35. $\mathcal{I}$ を空でない任意の添字集合とし，$f_i : I\!R^n \to (-\infty, +\infty]$ $(i \in \mathcal{I})$ を閉真凸関数とする．そのとき

$$f(\boldsymbol{x}) = \sup\{f_i(\boldsymbol{x}) \mid i \in \mathcal{I}\}$$

で定義される関数 $f : I\!R^n \to (-\infty, +\infty]$ に対して，$f(\boldsymbol{x}) < +\infty$ となる点 $\boldsymbol{x}$ が存在すれば，f は閉真凸関数である.

定理 2.35 において最後の条件は欠かすことができない．例えば，真凸関数の無限列 $\{f_1, f_2, \ldots\}$ が，任意の点 $\boldsymbol{x}$ において $\lim_{i\to\infty} f_i(\boldsymbol{x}) = +\infty$ となるとき，$f = \sup f_i$ で定義される関数 f は明らかに真凸関数ではない.

真凸関数 $f : I\!R^n \to (-\infty, +\infty]$ に対して

$$f^*(\boldsymbol{\xi}) = \sup\{\langle \boldsymbol{x}, \boldsymbol{\xi}\rangle - f(\boldsymbol{x}) \mid \boldsymbol{x} \in I\!R^n\} \tag{2.42}$$

によって定義される関数 $f^* : I\!R^n \to [-\infty, +\infty]$ を f の**共役関数** (conjugate function) という.

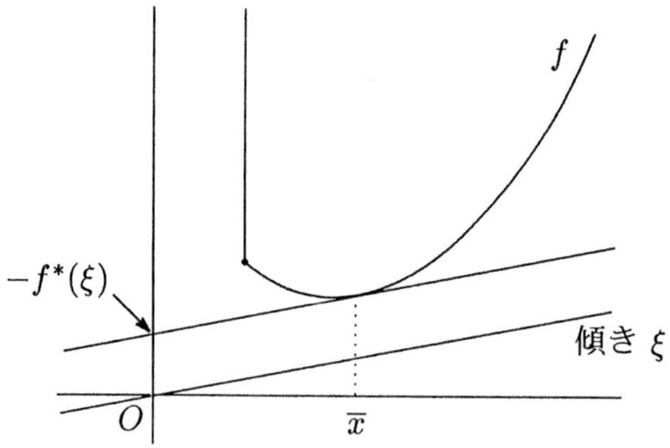

図 2.15 共役関数

図 2.15 のような 1 変数の凸関数 $f : I\!R \to (-\infty, +\infty]$ を考える．原点を通り，傾きが ξ であるような 1 次関数 ξx を考えると，$f(x) - \xi x$ は点 $\overline{x}$ に

おいて最小となり，その最小値は $\bar{x}$ における f の接線の縦軸における切片の値に等しい．式 (2.42) より，$-f^*(\xi) = \inf_x\{f(x) - \xi x\}$ であるから，その切片の値が $-f^*(\xi)$ に他ならない．すなわち，共役関数 f^* とは，幾何学的にいえば，各 ξ に対して，傾きが ξ であるような f の接線の縦軸における切片に負号をつけた値を対応させる関数である．

以下では，一般の真凸関数 $f : \mathbb{R}^n \to (-\infty, +\infty]$ に対して，共役関数 f^* の性質を調べていこう．あるベクトル $\boldsymbol{\xi} \in \mathbb{R}^n$ とスカラー $\beta \in \mathbb{R}$ を用いて

$$h(\boldsymbol{x}) = \langle \boldsymbol{x}, \boldsymbol{\xi} \rangle + \beta$$

と表される関数 $h : \mathbb{R}^n \to \mathbb{R}$ を**アフィン関数** (affine function) と呼ぶ．明らかに，任意のアフィン関数は閉真凸関数である．

定理 2.36. 真凸関数 $f : \mathbb{R}^n \to (-\infty, +\infty]$ の共役関数 f^* は閉真凸関数である．

証明 まず，f^* の定義 (2.42) の sup は $\boldsymbol{x} \in \mathrm{dom}\, f$ に対してとれば十分であることに注意しよう．点 $\boldsymbol{x} \in \mathrm{dom}\, f$ を任意に固定したとき，$\langle \boldsymbol{x}, \boldsymbol{\xi} \rangle - f(\boldsymbol{x})$ は $\boldsymbol{\xi}$ に関するアフィン関数，すなわち閉真凸関数である．したがって，式 (2.42) と定理 2.35 より，f^* が閉真凸関数であることをいうには，$f^*(\boldsymbol{\xi}) < +\infty$ となる点 $\boldsymbol{\xi}$ が存在することをいえば十分である．

点 $\boldsymbol{x}^0 \in \mathrm{ri\,dom}\, f$ を任意に選ぶ．そのとき，$\alpha_0 < f(\boldsymbol{x}^0)$ を満たす任意の実数 α_0 に対して，点 $(\boldsymbol{x}^0, \alpha_0)^\top \in \mathbb{R}^{n+1}$ は明らかに cl epi f に属さない．epi f は凸集合であるから，定理 2.8 より

$$\langle \boldsymbol{x}, \boldsymbol{\eta} \rangle + \alpha\beta \geqq \gamma > \langle \boldsymbol{x}^0, \boldsymbol{\eta} \rangle + \alpha_0\beta \qquad ((\boldsymbol{x}, \alpha)^\top \in \mathrm{epi}\, f) \tag{2.43}$$

となるような超平面 $H = \{(\boldsymbol{x}, \alpha)^\top \in \mathbb{R}^{n+1} \mid \langle \boldsymbol{x}, \boldsymbol{\eta} \rangle + \alpha\beta = \gamma\}$ $((\boldsymbol{0}, 0)^\top \neq (\boldsymbol{\eta}, \beta)^\top \in \mathbb{R}^{n+1}, \gamma \in \mathbb{R})$ が存在する．よって，$(\boldsymbol{x}^0, f(\boldsymbol{x}^0))^\top \in \mathrm{epi}\, f$ より

$$\langle \boldsymbol{x}^0, \boldsymbol{\eta} \rangle + f(\boldsymbol{x}^0)\beta \geqq \gamma > \langle \boldsymbol{x}^0, \boldsymbol{\eta} \rangle + \alpha_0\beta$$

すなわち，$f(\boldsymbol{x}^0)\beta > \alpha_0\beta$ が成り立つが，$f(\boldsymbol{x}^0) > \alpha_0$ であるから，$\beta > 0$ となる．そこで，$\boldsymbol{\xi} = -\boldsymbol{\eta}/\beta$, $\delta = -\gamma/\beta$ とおけば，式 (2.43) より，任意の $(\boldsymbol{x}, \alpha)^\top \in \mathrm{epi}\, f$

に対して $\langle \boldsymbol{x}, \boldsymbol{\xi} \rangle - \alpha \leqq \delta$ が成り立つので

$$\begin{aligned} f^*(\boldsymbol{\xi}) &= \sup\{\langle \boldsymbol{x}, \boldsymbol{\xi} \rangle - f(\boldsymbol{x}) \,|\, \boldsymbol{x} \in I\!R^n\} \\ &= \sup\{\langle \boldsymbol{x}, \boldsymbol{\xi} \rangle - \alpha \,|\, (\boldsymbol{x}, \alpha)^\top \in \mathrm{epi}\ f\} \leqq \delta \end{aligned}$$

となる．よって，f^* は真凸関数である． ■

定理 2.36 の証明より，f が真凸関数ならば，すべての $\boldsymbol{x} \in I\!R^n$ に対して $f(\boldsymbol{x}) \geqq h(\boldsymbol{x})$ となるようなアフィン関数 $h : I\!R^n \to I\!R$ が存在する．これは，$I\!R^{n+1}$ において epi f を半空間 H^+ に含むような垂直でない超平面 $H = \{(\boldsymbol{x}, \alpha)^\top \in I\!R^{n+1} \,|\, \langle \boldsymbol{x}, \boldsymbol{\eta} \rangle + \alpha\beta = \gamma\}$ が存在することと等価である．

定理 2.37. 真凸関数 $f : I\!R^n \to (-\infty, +\infty]$ が強凸関数ならば dom $f^* = I\!R^n$ である．

証明 定理 2.24 より，ある定数 $\sigma > 0$ と真凸関数 $\tilde{f} : I\!R^n \to (-\infty, +\infty]$ が存在して

$$f(\boldsymbol{x}) = \tilde{f}(\boldsymbol{x}) + \tfrac{1}{2}\sigma\|\boldsymbol{x}\|^2 \qquad (\boldsymbol{x} \in I\!R^n)$$

と書ける．この定理の直前に述べたように，$\tilde{f}(\boldsymbol{x}) \geqq h(\boldsymbol{x})$ $(\boldsymbol{x} \in I\!R^n)$ を満たすアフィン関数 h が存在するので

$$f(\boldsymbol{x}) \geqq h(\boldsymbol{x}) + \tfrac{1}{2}\sigma\|\boldsymbol{x}\|^2 \qquad (\boldsymbol{x} \in I\!R^n)$$

が成り立つ．よって，共役関数の定義より

$$f^*(\boldsymbol{\xi}) \leqq \sup\{\langle \boldsymbol{x}, \boldsymbol{\xi} \rangle - h(\boldsymbol{x}) - \tfrac{1}{2}\sigma\|\boldsymbol{x}\|^2 \,|\, \boldsymbol{x} \in I\!R^n\}$$

となるが，この不等式の右辺は任意の $\boldsymbol{\xi}$ に対して有限である． ■

定理 2.36 によって真凸関数 f の共役関数 f^* が閉真凸関数であることが示されたので，さらに f^* の共役関数 $f^{**} : I\!R \to (-\infty, +\infty]$ を定義する．

$$f^{**}(\boldsymbol{x}) = \sup\{\langle \boldsymbol{x}, \boldsymbol{\xi} \rangle - f^*(\boldsymbol{\xi}) \,|\, \boldsymbol{\xi} \in I\!R^n\}$$

この関数 f^{**} を f の**双共役関数** (biconjugate function) と呼ぶ．f^{**} は閉真凸関数である．以下に示すように，双共役関数 f^{**} は f と密接な関係がある．

真凸関数 $f : \mathbb{R}^n \to (-\infty, +\infty]$ に対して，epi $\hat{g} =$ cl epi f を満たす関数 $\hat{g} : \mathbb{R}^n \to (-\infty, +\infty]$ を f の**閉包** (closure) と呼び，cl f と表す．すなわち

$$\text{epi cl } f = \text{cl epi } f \tag{2.44}$$

である．閉包 cl f は，すべての点 $\boldsymbol{x}$ で $g(\boldsymbol{x}) \leqq f(\boldsymbol{x})$ を満たす閉真凸関数 $g : \mathbb{R}^n \to (-\infty, +\infty]$ のなかで最大のものと考えることができる．

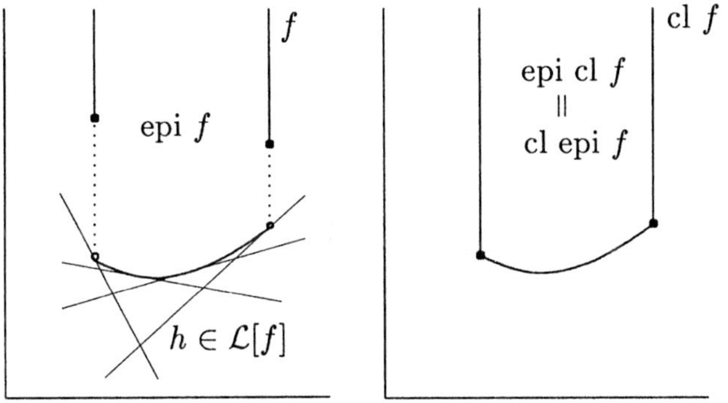

図 2.16　凸関数の閉包 (定理 2.38)

定理 2.38. 真凸関数 $f : \mathbb{R}^n \to (-\infty, +\infty]$ の閉包 cl f は閉真凸関数であり，任意の $\boldsymbol{x} \in$ ri dom f に対して $f(\boldsymbol{x}) =$ cl $f(\boldsymbol{x})$ が成立する．さらに，すべての点 $\boldsymbol{x}$ において $f(\boldsymbol{x}) \geqq h(\boldsymbol{x})$ であるようなアフィン関数 $h : \mathbb{R}^n \to \mathbb{R}$ 全体の集合を $\mathcal{L}[f]$ とすれば，つぎの関係が成り立つ (図 2.16).

$$\text{cl } f(\boldsymbol{x}) = \sup\{h(\boldsymbol{x}) \mid h \in \mathcal{L}[f]\} \tag{2.45}$$

証明　定理の前半はこの節の最初に述べたことより明らかである．定理の後半を証明するため，式 (2.45) の右辺で定義される関数を $\hat{h}$ とし，epi $\hat{h} =$ epi cl f が成り立つことを示す．まず，$\mathcal{L}[f]$ の定義より，すべての $h \in \mathcal{L}[f]$ に対して epi $f \subseteqq$ epi h が成り立つ．ここで，epi $\hat{h} = \cap_{h \in \mathcal{L}[f]}$epi h に注意すると，epi $f \subseteqq$ epi $\hat{h}$ を得る．さらに，epi $\hat{h}$ は閉集合であるから，epi cl $f =$ cl epi $f \subseteqq$ epi $\hat{h}$ が成立する．

つぎに，逆の包含関係 epi cl f = cl epi $f \supseteqq$ epi $\hat{h}$ を背理法によって示す．そのために，$(\overline{\boldsymbol{x}},\overline{\alpha})^\top \notin$ cl epi f であるような $(\overline{\boldsymbol{x}},\overline{\alpha})^\top \in$ epi $\hat{h}$ が存在すると仮定する．そのとき，定理 2.8 より，$I\!R^{n+1}$ において

$$\langle \boldsymbol{\eta}, \boldsymbol{x}\rangle + \zeta\alpha \geqq \gamma > \langle \boldsymbol{\eta}, \overline{\boldsymbol{x}}\rangle + \zeta\overline{\alpha} \qquad ((\boldsymbol{x},\alpha)^\top \in \text{epi } f) \tag{2.46}$$

を満たす epi f と $(\overline{\boldsymbol{x}},\overline{\alpha})^\top$ の分離超平面 $H = \{(\boldsymbol{x},\alpha)^\top \in I\!R^{n+1} \mid \langle \boldsymbol{\eta}, \boldsymbol{x}\rangle + \zeta\alpha = \gamma\}$ が存在する．ただし $(\boldsymbol{\eta},\zeta)^\top \neq (\mathbf{0},0)^\top$ である．ここで，(i) $\zeta \neq 0$ と (ii) $\zeta = 0$ の二つの場合に分けて考える．

(i) $\zeta \neq 0$ のとき，式 (2.46) において epi f はいくらでも大きい α を含むので $\zeta > 0$ を得る．よって，$\boldsymbol{\xi} = -\boldsymbol{\eta}/\zeta, \beta = \gamma/\zeta$ とおけば，式 (2.46) は

$$\overline{\alpha} < \langle \boldsymbol{\xi}, \overline{\boldsymbol{x}}\rangle + \beta, \quad \alpha \geqq \langle \boldsymbol{\xi}, \boldsymbol{x}\rangle + \beta \quad ((\boldsymbol{x},\alpha)^\top \in \text{epi } f)$$

と書き換えることができる．ここで，アフィン関数 h を $h(\boldsymbol{x}) = \langle \boldsymbol{\xi}, \boldsymbol{x}\rangle + \beta$ によって定義すると，上の不等式はつぎのように書ける．

$$\overline{\alpha} < h(\overline{\boldsymbol{x}}), \quad \alpha \geqq h(\boldsymbol{x}) \quad ((\boldsymbol{x},\alpha)^\top \in \text{epi } f) \tag{2.47}$$

式 (2.47) の二つ目の不等式は $h \in \mathcal{L}[f]$ を意味しているので，最初の不等式より，$(\overline{\boldsymbol{x}},\overline{\alpha})^\top \notin$ epi $\hat{h}$ を得る．しかし，これは $(\overline{\boldsymbol{x}},\overline{\alpha})^\top \in$ epi $\hat{h}$ という仮定に反する．

(ii) $\zeta = 0$ のとき，式 (2.46) より

$$\langle -\boldsymbol{\eta}, \overline{\boldsymbol{x}}\rangle + \gamma > 0, \quad 0 \geqq \langle -\boldsymbol{\eta}, \boldsymbol{x}\rangle + \gamma \quad ((\boldsymbol{x},\alpha)^\top \in \text{epi } f) \tag{2.48}$$

である．定理 2.36 の証明の直後に述べたことから

$$\alpha \geqq h_1(\boldsymbol{x}) \quad ((\boldsymbol{x},\alpha)^\top \in \text{epi } f) \tag{2.49}$$

を満たすアフィン関数 h_1 が存在するので，$h_2(\boldsymbol{x}) = \langle -\boldsymbol{\eta}, \boldsymbol{x}\rangle + \gamma$ とおけば，式 (2.48) と式 (2.49) より，任意の $\lambda \geqq 0$ に対して

$$\alpha \geqq h_1(\boldsymbol{x}) + \lambda h_2(\boldsymbol{x}) \qquad ((\boldsymbol{x},\alpha)^\top \in \text{epi } f) \tag{2.50}$$

が成り立つ．また，式 (2.48) の最初の不等式より，λ が十分大きいとき

$$\overline{\alpha} < h_1(\overline{\boldsymbol{x}}) + \lambda h_2(\overline{\boldsymbol{x}})$$

が成立する．すなわち，λ が十分大きいときアフィン関数 $h = h_1 + \lambda h_2$ は式 (2.47) を満たす．よって，(i) の場合と同様の議論により，矛盾が導かれる． ■

定理 2.39. 真凸関数 $f : I\!R^n \to (-\infty, +\infty]$ に対して $f^{**} = \mathrm{cl}\, f$ が成立する．特に，f が閉真凸関数ならば $f^{**} = f$ である．

証明 双共役関数の定義より

$$\begin{aligned} f^{**}(\boldsymbol{x}) &= \sup\{\langle \boldsymbol{x}, \boldsymbol{\xi}\rangle - f^*(\boldsymbol{\xi}) \,|\, \boldsymbol{\xi} \in I\!R^n\} \\ &= \sup\{\langle \boldsymbol{x}, \boldsymbol{\xi}\rangle - \beta \,|\, (\boldsymbol{\xi}, \beta)^\top \in \mathrm{epi}\, f^*\} \end{aligned} \tag{2.51}$$

が成り立つ．ところが

$$\begin{aligned} (\boldsymbol{\xi}, \beta)^\top \in \mathrm{epi}\, f^* &\iff \beta \geqq f^*(\boldsymbol{\xi}) \geqq \langle \boldsymbol{x}, \boldsymbol{\xi}\rangle - f(\boldsymbol{x}) \quad (\boldsymbol{x} \in I\!R^n) \\ &\iff f(\boldsymbol{x}) \geqq \langle \boldsymbol{x}, \boldsymbol{\xi}\rangle - \beta \quad (\boldsymbol{x} \in I\!R^n) \end{aligned}$$

であるから，定理 2.38 で定義した $\mathcal{L}[f]$ を用いれば，式 (2.51) より

$$f^{**}(\boldsymbol{x}) = \sup\{h(\boldsymbol{x}) \,|\, h \in \mathcal{L}[f]\}$$

が成り立つ．したがって，定理 2.38 より，$f^{**} = \mathrm{cl}\, f$ を得る．定理の後半は，f が閉真凸関数のとき $f = \mathrm{cl}\, f$ であることから明らかである． ■

一般に，与えられた凸関数の共役関数を陽に表すことは難しいが，例 2.10 の凸関数に対しては，つぎに示すように，共役関数の陽な表現が可能である．

例 2.12. 例 2.10 の凸関数 $f_1, \ldots, f_6$ の共役関数はつぎのように与えられる．

a) $f_1^*(\xi) = (1/q)|\xi|^q \ (\xi \in I\!R)$，ただし $(1/p) + (1/q) = 1$.

b) $f_2^*(\xi) = \begin{cases} (\xi/\alpha)\{\log(\xi/\alpha) - 1\} & (\xi > 0) \\ 0 & (\xi = 0) \\ +\infty & (\xi < 0) \end{cases}$ ただし $\alpha > 0$.

c) $f_3^*(\xi) = \begin{cases} -1 - \log(-\xi) & (\xi < 0) \\ +\infty & (\xi \geqq 0) \end{cases}$

d) $f_4^*(\boldsymbol{\xi}) = \begin{cases} -\alpha & (\boldsymbol{\xi} = \boldsymbol{a}) \\ +\infty & (\boldsymbol{\xi} \neq \boldsymbol{a}) \end{cases} \quad (\boldsymbol{\xi} \in I\!R^n)$

e） $f_5^*(\boldsymbol{\xi}) = \begin{cases} 0 & (\|\boldsymbol{\xi}\| \leqq 1) \\ +\infty & (\|\boldsymbol{\xi}\| > 1) \end{cases} \quad (\boldsymbol{\xi} \in I\!R^n)$

f） $f_6^*(\boldsymbol{\xi}) = \frac{1}{2}\langle \boldsymbol{\xi} - \boldsymbol{b}, \boldsymbol{A}^{-1}(\boldsymbol{\xi} - \boldsymbol{b})\rangle \ (\boldsymbol{\xi} \in I\!R^n)$，ただし $\boldsymbol{O} \prec \boldsymbol{A} \in \mathcal{S}^n$．

最後に凸関数のレベル集合に関する定理を述べる．

定理 2.40. 任意の $\alpha \in I\!R$ に対して，凸関数 $f : I\!R^n \to [-\infty, +\infty]$ のレベル集合 $S_f(\alpha)$ は凸集合である．さらに f が下半連続ならば，$S_f(\alpha)$ は閉凸集合である．

証明 演習問題 2.13. ■

定理 2.41. 任意の $\alpha \in I\!R$ に対して，強凸関数 $f : I\!R^n \to (-\infty, +\infty]$ のレベル集合 $S_f(\alpha)$ は有界である．さらに，十分小さいすべての α に対して $S_f(\alpha) = \emptyset$ となる．

証明 定理 2.37 の証明で述べたように，f が係数 $\sigma > 0$ の強凸関数であれば，次式を満たすアフィン関数 h が存在する．

$$f(\boldsymbol{x}) \geqq h(\boldsymbol{x}) + \frac{1}{2}\sigma\|\boldsymbol{x}\|^2 \qquad (\boldsymbol{x} \in I\!R^n)$$

ここで，右辺を $q(\boldsymbol{x})$ とおけば，$q : I\!R^n \to I\!R$ は凸 2 次関数であり，任意の $\alpha \in I\!R$ に対して $S_f(\alpha) \subseteqq S_q(\alpha)$ が成立する．$S_q(\alpha)$ は (閉) 球であるから明らかに有界であり，$S_f(\alpha)$ も有界となる．さらに，関数 q は下に有界であるから，十分小さい α に対して $S_q(\alpha) = \emptyset$，すなわち $S_f(\alpha) = \emptyset$ となる． ■

定理 2.42. 閉真凸関数 $f : I\!R^n \to (-\infty, +\infty]$ に対して $\hat{\alpha} = \inf\{\alpha \in I\!R \mid S_f(\alpha) \neq \emptyset\}$ とおく．そのとき，f が狭義凸関数であり，$S_f(\hat{\alpha}) \neq \emptyset$ ならば，$S_f(\hat{\alpha})$ は唯一の要素から成る．特に，f が強凸関数であれば，$\hat{\alpha} > -\infty$ であり，$S_f(\hat{\alpha}) \neq \emptyset$ が成り立つ．すなわち，f が最小となる点は必ず存在し，唯一である．

証明　$\hat{\alpha}$ の定義より，$\alpha < \hat{\alpha}$ のとき $S_f(\alpha) = \emptyset$ であるから，$S_f(\hat{\alpha}) \neq \emptyset$ ならば任意の $\boldsymbol{x} \in S_f(\hat{\alpha})$ に対して $f(\boldsymbol{x}) = \hat{\alpha}$ が成り立つ．いま $S_f(\hat{\alpha})$ が異なる 2 点 $\boldsymbol{x}^1, \boldsymbol{x}^2$ を含むと仮定すれば，定理 2.40 より $S_f(\hat{\alpha})$ は凸集合であるから $\frac{1}{2}(\boldsymbol{x}^1 + \boldsymbol{x}^2) \in S_f(\hat{\alpha})$ であり，f が狭義凸関数のとき $f(\frac{1}{2}(\boldsymbol{x}^1 + \boldsymbol{x}^2)) < \frac{1}{2}f(\boldsymbol{x}^1) + \frac{1}{2}f(\boldsymbol{x}^2) = \hat{\alpha}$ となるので，矛盾が導かれる．

f が強凸関数であるとき，$\hat{\alpha} > -\infty$ であることは定理 2.41 より明らかである．そこで $\alpha_1 > \alpha_2 > \cdots > \hat{\alpha}$ で $\alpha_k \to \hat{\alpha}$ となるような実数列 $\{\alpha_k\}$ を選び，$\boldsymbol{x}^k \in S_f(\alpha_k)$ $(k = 1, 2, \ldots)$ を満たす点列 $\{\boldsymbol{x}^k\}$ を考える．定理 2.40 と定理 2.41 より $S_f(\alpha_1)$ はコンパクト集合であり，$S_f(\alpha_k) \subseteqq S_f(\alpha_1)$ であるから，$\{\boldsymbol{x}^k\}$ は有界であり，収束する部分列を含む．そこで，$\overline{\boldsymbol{x}}$ を $\{\boldsymbol{x}^k\}$ の集積点とすれば，f の下半連続性より

$$f(\overline{\boldsymbol{x}}) \leqq \liminf_{k \to \infty} f(\boldsymbol{x}^k) \leqq \lim_{k \to \infty} \alpha_k = \hat{\alpha}$$

を得る．したがって $S_f(\hat{\alpha}) \neq \emptyset$ である．　■

つぎの例は，定理 2.42 で述べた強凸関数の性質を必ずしも狭義凸関数がもつとは限らないことを示している．

例 2.13. 関数 $f(x) = e^x$ は狭義凸関数であり，$S_f(\alpha) = (-\infty, \log \alpha]$ $(\alpha > 0)$, $= \emptyset$ $(\alpha \leqq 0)$ となる．よって，$\hat{\alpha} = 0$ であるが，$S_f(\hat{\alpha}) = \emptyset$ となる．さらに，$f(x) = e^x + x$ も狭義凸関数であるが，任意の $\alpha \in I\!R$ に対して $S_f(\alpha) \neq \emptyset$ であり，$\hat{\alpha} = -\infty$ となる．

2.9　標示関数と支持関数

集合 $S \subseteqq I\!R^n$ に対して

$$\delta_S(\boldsymbol{x}) = \begin{cases} 0 & (\boldsymbol{x} \in S) \\ +\infty & (\boldsymbol{x} \notin S) \end{cases} \tag{2.52}$$

で定義される関数 $\delta_S : I\!R^n \to (-\infty, +\infty]$ を集合 S の**標示関数** (indicator function) と呼ぶ．定義よりつぎの定理がただちに従う．

定理 2.43. 空でない凸集合 $S \subseteqq I\!R^n$ の標示関数 δ_S は真凸関数である．さらに S が閉集合ならば δ_S は閉真凸関数である．

空でない凸集合 $S \subseteqq I\!R^n$ の標示関数 δ_S に対して，その共役関数 $\delta_S^* : I\!R^n \to (-\infty, +\infty]$ を集合 S の**支持関数** (support function) と呼ぶ．共役関数の定義 (2.42) と標示関数の定義 (2.52) より

$$\delta_S^*(\boldsymbol{y}) = \sup\{\langle \boldsymbol{x}, \boldsymbol{y}\rangle \mid \boldsymbol{x} \in S\} \tag{2.53}$$

であり，定理 2.36 より，δ_S^* は閉真凸関数である．特に，S が有界であれば，δ_S^* は任意の点において有限値をとる．

式 (2.53) より，すべての $\boldsymbol{y} \in I\!R^n$ に対して

$$\delta_S^*(\lambda \boldsymbol{y}) = \lambda \delta_S^*(\boldsymbol{y}) \qquad (\lambda > 0)$$

が成立する．このような性質をもつ関数は**正斉次** (positively homogeneous) であるという．また，定理 2.39 より，δ_S^* の共役関数 δ_S^{**} は $\mathrm{cl}\,\delta_S$ に一致するが，凸関数の閉包の定義 (2.44) より，それはまた $\delta_{\mathrm{cl}\,S}$ に等しい．以上の考察より，つぎの定理を得る．

定理 2.44. 空でない凸集合 $S \subseteqq I\!R^n$ の支持関数 δ_S^* は正斉次閉真凸関数である．逆に，関数 $f : I\!R^n \to (-\infty, +\infty]$ が正斉次閉真凸関数ならば，それは空でないある閉凸集合 $S \subseteqq I\!R^n$ の支持関数であり，次式が成立する．

$$S = \{\boldsymbol{x} \in I\!R^n \mid \langle \boldsymbol{x}, \boldsymbol{y}\rangle \leqq f(\boldsymbol{y})\ (\boldsymbol{y} \in I\!R^n)\} \tag{2.54}$$

証明 前半は定理の直前に述べたことから明らかであるから，後半のみを示す．S を式 (2.54) で定義される集合とする．f が正斉次であれば，共役関数の定義より

$$\begin{aligned} f^*(\boldsymbol{x}) &= \sup\{\langle \boldsymbol{x}, \lambda\boldsymbol{y}\rangle - f(\lambda\boldsymbol{y}) \mid \boldsymbol{y} \in I\!R^n,\ \lambda > 0\} \\ &= \sup\{\lambda(\langle \boldsymbol{x}, \boldsymbol{y}\rangle - f(\boldsymbol{y})) \mid \boldsymbol{y} \in I\!R^n,\ \lambda > 0\} \\ &= \begin{cases} 0 & (\boldsymbol{x} \in S) \\ +\infty & (\boldsymbol{x} \notin S) \end{cases} \end{aligned}$$

が成り立つ．よって $f^* = \delta_S$ である．さらに，f が閉真凸関数ならば，定理 2.39 より，$f = f^{**} = \delta_S^*$ が成り立つ． ■

系 2.3. 任意の点 $\boldsymbol{x} \in I\!R^n$ において有限値をとる正斉次凸関数 $f : I\!R^n \to I\!R$ は，ある空でないコンパクト凸集合 $S \subseteqq I\!R^n$ の支持関数である．

例 2.14. つぎの (a)–(d) は支持関数の例である．

a） $S = \{x \in I\!R \mid -2 \leqq x \leqq 1\}$

$\delta_S^*(y) = y \ (y \geqq 0), \ = -2y \ (y < 0)$

b） $S = \{x \in I\!R \mid 1 \leqq x \leqq 3\}$

$\delta_S^*(y) = 3y \ (y \geqq 0), \ = y \ (y < 0)$

c） $S = \{x \in I\!R \mid x \geqq 2\}$

$\delta_S^*(y) = +\infty \ (y > 0), \ = 2y \ (y \leqq 0)$

d） $S = \{\boldsymbol{x} \in I\!R^n \mid \|\boldsymbol{x}\| \leqq 1\}$

$\delta_S^*(\boldsymbol{y}) = \|\boldsymbol{y}\| \ (\boldsymbol{y} \in I\!R^n)$

2.10 凸関数の劣勾配

定理 2.29 において，凸関数の勾配はその関数のエピグラフに対する支持超平面によって特徴づけられることを示した (図 2.14)．この考え方を用いて，微分可能でない凸関数に対しても勾配の概念を拡張することができる．

真凸関数 $f : I\!R^n \to (-\infty, +\infty]$ に対して，任意の点 $\boldsymbol{x} \in \mathrm{dom}\ f$ を考える．そのとき，点 $(\boldsymbol{x}, f(\boldsymbol{x}))^\top$ は epi f の境界上にあるので，定理 2.9 より epi f は点 $(\boldsymbol{x}, f(\boldsymbol{x}))^\top$ において支持超平面をもつ．すなわち，ある $(\boldsymbol{\eta}, \beta)^\top \in I\!R^{n+1}$ $((\boldsymbol{\eta}, \beta)^\top \neq (\boldsymbol{0}, 0)^\top)$ と $\gamma \in I\!R$ によって定義される超平面 $H = \{(\boldsymbol{y}, \alpha)^\top \in I\!R^{n+1} \mid \langle \boldsymbol{y}, \boldsymbol{\eta} \rangle + \alpha\beta = \gamma\}$ が存在して，$(\boldsymbol{x}, f(\boldsymbol{x}))^\top \in H$ かつ

$$\mathrm{epi}\ f \subseteqq H^+ = \{(\boldsymbol{y}, \alpha)^\top \in I\!R^{n+1} \mid \langle \boldsymbol{y}, \boldsymbol{\eta} \rangle + \alpha\beta \geqq \gamma\} \tag{2.55}$$

が成立する．任意の $\boldsymbol{y} \in I\!R^n$ に対して $(\boldsymbol{y}, f(\boldsymbol{y}))^\top \in \mathrm{epi}\ f$ であるから，式

(2.55) より次式を得る．

$$\langle \boldsymbol{y}, \boldsymbol{\eta} \rangle + \beta f(\boldsymbol{y}) \geqq \gamma \tag{2.56}$$

また，$(\boldsymbol{x}, f(\boldsymbol{x}))^\top \in H$ より $\langle \boldsymbol{x}, \boldsymbol{\eta} \rangle + \beta f(\boldsymbol{x}) = \gamma$ であるから，式 (2.56) より

$$\beta(f(\boldsymbol{y}) - f(\boldsymbol{x})) \geqq \langle -\boldsymbol{\eta}, \boldsymbol{y} - \boldsymbol{x} \rangle \qquad (\boldsymbol{y} \in I\!R^n) \tag{2.57}$$

が成立する．一方，式 (2.55) より，$\alpha \geqq f(\boldsymbol{y})$ であるような任意の α に対して $\langle \boldsymbol{y}, \boldsymbol{\eta} \rangle + \alpha\beta \geqq \gamma$ が成立しなければならないので，$\beta < 0$ ではない．よって，$\beta > 0$ または $\beta = 0$ のいずれかである．

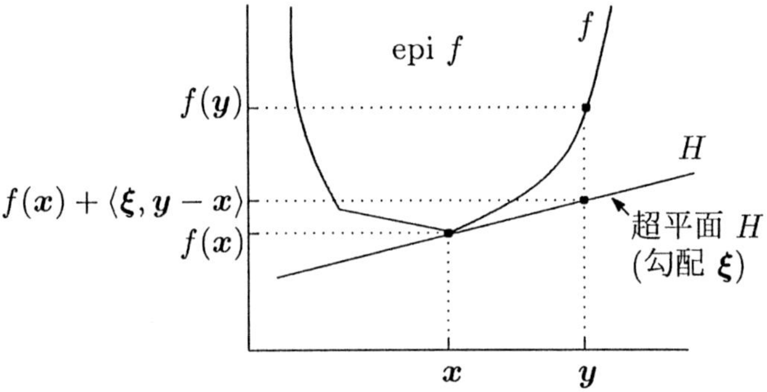

図 2.17 凸関数の劣勾配

$\beta > 0$ のとき，$\boldsymbol{\xi} = -\boldsymbol{\eta}/\beta$ とおけば，式 (2.57) は

$$f(\boldsymbol{y}) - f(\boldsymbol{x}) \geqq \langle \boldsymbol{\xi}, \boldsymbol{y} - \boldsymbol{x} \rangle \qquad (\boldsymbol{y} \in I\!R^n) \tag{2.58}$$

となる．式 (2.58) を満たすベクトル $\boldsymbol{\xi} \in I\!R^n$ を凸関数 f の点 $\boldsymbol{x}$ における**劣勾配** (subgradient) と呼ぶ (図 2.17)．定理 2.29 より，もし f が $\boldsymbol{x}$ において微分可能であれば，式 (2.58) を満たす $\boldsymbol{\xi}$ は一意的に定まり，それが勾配 $\nabla f(\boldsymbol{x})$ に他ならないことがわかる．しかしながら，ある点における劣勾配は一般に一つだけとは限らない．式 (2.58) を満たすベクトル $\boldsymbol{\xi}$ 全体の集合を $\partial f(\boldsymbol{x})$ と表し，f の点 $\boldsymbol{x}$ における**劣微分** (subdifferential) と呼ぶ．

$\beta = 0$ のときには，超平面 H は $\{(\boldsymbol{y}, \alpha)^\top \in I\!R^{n+1} \mid \langle \boldsymbol{y}, \boldsymbol{\eta} \rangle = \gamma\}$ と表され，空間 $I\!R^{n+1}$ において垂直になるので，これによって式 (2.58) のように劣勾

配を定義することはできない．したがって，凸関数 f の点 $\boldsymbol{x} \in \mathrm{dom}\, f$ における劣勾配は，空間 $I\!R^{n+1}$ の点 $(\boldsymbol{x}, f(\boldsymbol{x}))^\top$ における epi f の垂直でない支持超平面と 1 対 1 に対応する．

定理 2.45. 真凸関数 $f : I\!R^n \to (-\infty, +\infty]$ の点 $\boldsymbol{x} \in \mathrm{dom}\, f$ における劣微分 $\partial f(\boldsymbol{x})$ は閉凸集合である．

証明 点 $\boldsymbol{x} \in \mathrm{dom}\, f$ を固定したとき，任意の $\boldsymbol{y} \in I\!R^n$ に対して定義される集合 $\Xi(\boldsymbol{y}) = \{\boldsymbol{\xi} \in I\!R^n \mid \langle \boldsymbol{\xi}, \boldsymbol{y} - \boldsymbol{x} \rangle \leqq f(\boldsymbol{y}) - f(\boldsymbol{x})\}$ は，$\boldsymbol{y} \neq \boldsymbol{x}$ のとき半空間，$\boldsymbol{y} = \boldsymbol{x}$ のとき全空間となる．式 (2.58) より $\partial f(\boldsymbol{x}) = \cap_{\boldsymbol{y} \in I\!R^n} \Xi(\boldsymbol{y})$ であり，任意の $\boldsymbol{y}$ に対して $\Xi(\boldsymbol{y})$ は閉凸集合であるから，定理 2.1 より，$\partial f(\boldsymbol{x})$ は閉凸集合である． ■

空でない凸集合 $S \subseteqq I\!R^n$ と点 $\boldsymbol{x} \in S$ に対して

$$\langle \boldsymbol{\zeta}, \boldsymbol{y} - \boldsymbol{x} \rangle \leqq 0 \qquad (\boldsymbol{y} \in S)$$

を満たすベクトル $\boldsymbol{\zeta} \in I\!R^n$ を $\boldsymbol{x}$ における S の**法線ベクトル** (normal vector) と呼ぶ．ここで，凸関数 $f : I\!R^n \to (-\infty, +\infty]$ に対して，点 $\boldsymbol{x} \in \mathrm{dom}\, f$ を任意に固定し，レベル集合 $S_f(f(\boldsymbol{x})) = \{\boldsymbol{y} \in I\!R^n \mid f(\boldsymbol{y}) \leqq f(\boldsymbol{x})\}$ と劣勾配 $\boldsymbol{\xi} \in \partial f(\boldsymbol{x})$ を考える．そのとき，式 (2.58) より，$\boldsymbol{y} \in S_f(f(\boldsymbol{x}))$ ならば $\langle \boldsymbol{\xi}, \boldsymbol{y} - \boldsymbol{x} \rangle \leqq 0$ が成り立つ．すなわち，f の $\boldsymbol{x}$ における任意の劣勾配 $\boldsymbol{\xi}$ はレベル集合 $S_f(f(\boldsymbol{x}))$ の $\boldsymbol{x}$ における法線ベクトルとなる (図 2.18).

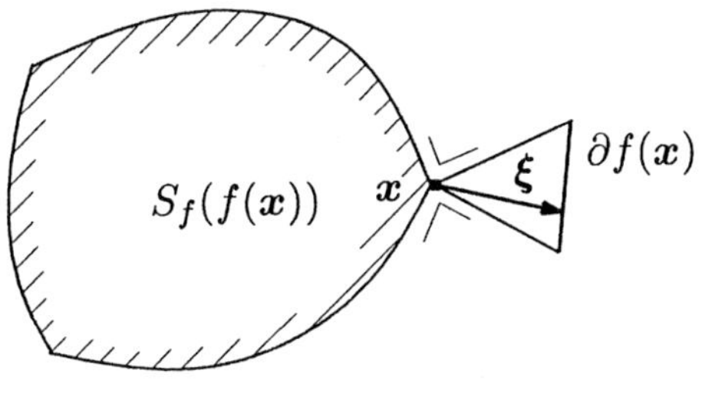

図 2.18 劣勾配とレベル集合

これまでは主に幾何学的な観点から凸関数の劣勾配を考えてきたが，ここで少し違った角度から劣勾配の性質を調べてみよう．真凸関数 $f : I\!R^n \to (-\infty, +\infty]$ に対して，点 $\boldsymbol{x} \in \mathrm{dom}\, f$ における方向 $\boldsymbol{d}$ に関する**方向微分係数** (directional derivative) を次式で定義する．

$$f'(\boldsymbol{x}; \boldsymbol{d}) = \lim_{t \searrow 0} [f(\boldsymbol{x} + t\boldsymbol{d}) - f(\boldsymbol{x})]/t \tag{2.59}$$

定理 2.28 より，$[f(\boldsymbol{x} + t\boldsymbol{d}) - f(\boldsymbol{x})]/t$ は $t > 0$ のとき t に関して単調非減少であるから，右辺の極限は，極限値として $\pm\infty$ を許せば，必ず存在する．

定理 2.46. 真凸関数 $f : I\!R^n \to (-\infty, +\infty]$ は任意の点 $\boldsymbol{x} \in \mathrm{dom}\, f$ と方向 $\boldsymbol{d} \in I\!R^n$ に対して方向微分係数 $f'(\boldsymbol{x}; \boldsymbol{d})$ をもつ．さらに，$f'(\boldsymbol{x}; \cdot) : I\!R^n \to [-\infty, +\infty]$ は正斉次凸関数である*1)．

証明 前半の証明は定理に先立って述べたので，ここでは後半のみを示す．任意の $\lambda > 0$ に対して，$\tau = t\lambda$ とおくと

$$\begin{aligned} f'(\boldsymbol{x}; \lambda\boldsymbol{d}) &= \lim_{t \searrow 0} [f(\boldsymbol{x} + t\lambda\boldsymbol{d}) - f(\boldsymbol{x})]/t \\ &= \lim_{\tau \searrow 0} \lambda[f(\boldsymbol{x} + \tau\boldsymbol{d}) - f(\boldsymbol{x})]/\tau \ = \ \lambda f'(\boldsymbol{x}; \boldsymbol{d}) \end{aligned}$$

が成立する．よって，$f'(\boldsymbol{x}; \cdot)$ は正斉次である．つぎに，$f'(\boldsymbol{x}; \cdot)$ が凸関数であることをいうために，そのエピグラフが凸集合であることを示そう．任意の $(\boldsymbol{d}^1, \mu_1)^\top$, $(\boldsymbol{d}^2, \mu_2)^\top \in \mathrm{epi}\, f'(\boldsymbol{x}; \cdot)$ と $\alpha \in (0, 1)$ を考える．$\beta = 1 - \alpha$ とおけば，方向微分係数の定義と f が凸関数であることから，次式が成立する．

$$\begin{aligned} & f'(\boldsymbol{x}; \alpha\boldsymbol{d}^1 + \beta\boldsymbol{d}^2) \\ &= \lim_{t \searrow 0} [f(\boldsymbol{x} + t(\alpha\boldsymbol{d}^1 + \beta\boldsymbol{d}^2)) - f(\boldsymbol{x})]/t \\ &= \lim_{t \searrow 0} [f(\alpha(\boldsymbol{x} + t\boldsymbol{d}^1) + \beta(\boldsymbol{x} + t\boldsymbol{d}^2)) - f(\boldsymbol{x})]/t \\ &\leqq \lim_{t \searrow 0} \{\alpha[f(\boldsymbol{x} + t\boldsymbol{d}^1) - f(\boldsymbol{x})]/t + \beta[f(\boldsymbol{x} + t\boldsymbol{d}^2) - f(\boldsymbol{x})]/t\} \end{aligned}$$

さらに，$f'(\boldsymbol{x}; \boldsymbol{d}^i) \leqq \mu_i \ (i = 1, 2)$ であるから，最後の極限は $\alpha\mu_1 + \beta\mu_2$ を超えることはない．したがって，$(\alpha\boldsymbol{d}^1 + \beta\boldsymbol{d}^2, \alpha\mu_1 + \beta\mu_2)^\top \in \mathrm{epi}\, f'(\boldsymbol{x}; \cdot)$ である． ■

---

*1) $f'(\boldsymbol{x}; \cdot)$ は，点 $\boldsymbol{x}$ を固定し，$f(\boldsymbol{x}; \boldsymbol{d})$ を $\boldsymbol{d}$ の関数とみなすことを意味する．

例 2.15. 次式で定義される真凸関数 $f : I\!R \to (-\infty, +\infty]$ を考える．

$$f(x) = \begin{cases} -\sqrt{1-x^2} & (-1 \leqq x < 0) \\ x - 1 & (0 \leqq x \leqq 1) \\ +\infty & (x < -1, x > 1) \end{cases}$$

この関数の $x = -1, 0, 1$ における方向微分係数はそれぞれつぎのように与えられる．

$$f'(1; d) = +\infty \ (d > 0), \ = d \ (d \leqq 0)$$
$$f'(0; d) = d \ (d \geqq 0), \ = 0 \ (d < 0)$$
$$f'(-1; d) = -\infty \ (d > 0), \ = 0 \ (d = 0), \ = +\infty \ (d < 0)$$

この例の $f'(-1; d)$ が示すように，f が真凸関数で $\boldsymbol{x} \in \mathrm{dom}\, f$ であっても，$f'(\boldsymbol{x}; \cdot)$ は必ずしも真凸関数であるとは限らない．

つぎの定理は凸関数の劣勾配が方向微分係数と密接に関連していることを示している．

定理 2.47. 真凸関数 $f : I\!R^n \to (-\infty, +\infty]$ と任意の点 $\boldsymbol{x} \in \mathrm{dom}\, f$ に対して，$\boldsymbol{\xi} \in \partial f(\boldsymbol{x})$ であるための必要十分条件は

$$f'(\boldsymbol{x}; \boldsymbol{d}) \geqq \langle \boldsymbol{\xi}, \boldsymbol{d} \rangle \qquad (\boldsymbol{d} \in I\!R^n) \tag{2.60}$$

が成立することである．さらに，$f'(\boldsymbol{x}; \cdot) : I\!R^n \to (-\infty, +\infty]$ が閉真凸関数ならば，$f'(\boldsymbol{x}; \cdot)$ は集合 $\partial f(\boldsymbol{x})$ の支持関数 $\delta^*_{\partial f(x)}$ に一致する．

証明 劣勾配の定義 (2.58) は，$\boldsymbol{y} = \boldsymbol{x} + t\boldsymbol{d}$ とおくことにより

$$[f(\boldsymbol{x} + t\boldsymbol{d}) - f(\boldsymbol{x})]/t \geqq \langle \boldsymbol{\xi}, \boldsymbol{d} \rangle \qquad (\boldsymbol{d} \in I\!R^n, t > 0)$$

と書ける．定理 2.28 より，左辺は t に関して単調非減少であるから，この不等式は式 (2.60) と等価である．よって，式 (2.60) は $\boldsymbol{\xi} \in \partial f(\boldsymbol{x})$ であるための必要十分条件である．つぎに，$f'(\boldsymbol{x}; \cdot)$ が閉真凸関数ならば，定理 2.46 より，$f'(\boldsymbol{x}; \cdot)$ は正斉次閉真凸関数であり，さらに定理 2.44 より，閉凸集合 $S = \{\boldsymbol{\xi} \in I\!R^n \mid \langle \boldsymbol{\xi}, \boldsymbol{d} \rangle \leqq f'(\boldsymbol{x}; \boldsymbol{d}) \ (\boldsymbol{d} \in I\!R^n)\}$

の支持関数になっている．ところが，式 (2.60) より $S = \partial f(\boldsymbol{x})$ であるから，定理は証明された． ■

定理 2.47 より，$f'(\boldsymbol{x};\cdot)$ が閉真凸関数ならば次式が成立する．

$$f'(\boldsymbol{x};\boldsymbol{d}) = \sup\{\langle \boldsymbol{\xi}, \boldsymbol{d}\rangle \mid \boldsymbol{\xi} \in \partial f(\boldsymbol{x})\} \qquad (\boldsymbol{d} \in I\!R^n) \tag{2.61}$$

例 2.16. 例 2.15 の関数 f の劣微分はつぎのように与えられる．

$$\partial f(x) = \begin{cases} \{x/\sqrt{1-x^2}\} & (-1 < x < 0) \\ [0,1] & (x = 0) \\ \{1\} & (0 < x < 1) \\ [1,+\infty) & (x = 1) \\ \emptyset & (x \leqq -1, x > 1) \end{cases}$$

$x = -1$ においては，例 2.15 で見たように $f'(-1;\cdot)$ は真凸関数ではない．実際，$\partial f(-1) = \emptyset$ であるから，式 (2.61) は成り立たない．一方，任意の $x \in (-1, 1]$ において式 (2.61) が成立することは容易に確かめられる．

定理 2.47 より，つぎの劣勾配の存在に関する定理を得る．

定理 2.48. 真凸関数 $f : I\!R^n \to (-\infty, +\infty]$ と任意の点 $\boldsymbol{x} \in \mathrm{dom}\ f$ に対して，$\partial f(\boldsymbol{x}) \neq \emptyset$ であるための必要十分条件は

$$f(\boldsymbol{y}) - f(\boldsymbol{x}) \geqq -\gamma\|\boldsymbol{y} - \boldsymbol{x}\| \qquad (\boldsymbol{y} \in I\!R^n) \tag{2.62}$$

を満たす $\gamma > 0$ が存在することである．また，任意の $\boldsymbol{x} \in \mathrm{ri\ dom}\ f$ において $\partial f(\boldsymbol{x}) \neq \emptyset$ であり，$f'(\boldsymbol{x};\cdot) = \delta^*_{\partial f(x)}$ が成立する．

証明 まず，$\boldsymbol{\xi} \in \partial f(\boldsymbol{x})$ が存在すると仮定する．式 (2.58) に Cauchy-Schwarz の不等式を適用することにより次式を得る．

$$f(\boldsymbol{y}) - f(\boldsymbol{x}) \geqq -\|\boldsymbol{\xi}\|\,\|\boldsymbol{y} - \boldsymbol{x}\| \qquad (\boldsymbol{y} \in I\!R^n)$$

ここで $\boldsymbol{\xi} \neq \mathbf{0}$ のときは $\gamma = \|\boldsymbol{\xi}\|$ とおけば式 (2.62) が得られる．$\boldsymbol{\xi} = \mathbf{0}$ ならば任意の $\gamma > 0$ に対して式 (2.62) が成り立つ．つぎに，$\partial f(\boldsymbol{x}) = \emptyset$ と仮定する．そのとき，$f'(\boldsymbol{x};\boldsymbol{d}) = -\infty$ かつ $\|\boldsymbol{d}\| = 1$ であるようなベクトル $\boldsymbol{d} \in I\!R^n$ が存在する (演習問題 2.18)．そこで，$\boldsymbol{y} = \boldsymbol{x} + t\boldsymbol{d}$ とおき，$t \searrow 0$ とすると

$$[f(\boldsymbol{y}) - f(\boldsymbol{x})]/\|\boldsymbol{y} - \boldsymbol{x}\| = [f(\boldsymbol{x} + t\boldsymbol{d}) - f(\boldsymbol{x})]/t \to -\infty$$

となるので，式 (2.62) を満たす γ は存在しない．よって定理の前半が示せた．

つぎに，$\boldsymbol{x} \in \mathrm{ri\ dom}\ f$ とする．そのとき，$\mathrm{dom}\ f'(\boldsymbol{x};\cdot)$ は $\mathrm{dom}\ f$ のアフィン包を平行移動して得られる部分空間となる．よって，$\mathrm{ri\ dom}\ f'(\boldsymbol{x};\cdot) = \mathrm{dom}\ f'(\boldsymbol{x};\cdot)$ が成り立つ．さらに，$f'(\boldsymbol{x};\mathbf{0}) = 0$ より $\mathbf{0} \in \mathrm{ri\ dom}\ f'(\boldsymbol{x};\cdot)$ であるから，$f'(\boldsymbol{x};\cdot)$ は真凸関数である．また，定理 2.38 より，$f'(\boldsymbol{x};\boldsymbol{d}) = \mathrm{cl}\ f'(\boldsymbol{x};\boldsymbol{d})$ が任意の $\boldsymbol{d} \in \mathrm{ri\ dom}\ f'(\boldsymbol{x};\cdot) = \mathrm{dom}\ f'(\boldsymbol{x};\cdot)$ に対して成り立つので，$f'(\boldsymbol{x};\cdot) = \mathrm{cl}\ f'(\boldsymbol{x};\cdot)$ を得る．よって $f'(\boldsymbol{x};\cdot)$ は閉真凸関数であり，定理の後半は定理 2.47 より得られる． ■

定理 2.49. 真凸関数 $f : I\!R^n \to (-\infty, +\infty]$ に対して，$\boldsymbol{x} \in \mathrm{int\ dom}\ f$ ならば方向微分係数 $f'(\boldsymbol{x};\boldsymbol{d})$ は任意の $\boldsymbol{d}$ に対して有限であり，さらに $\partial f(\boldsymbol{x})$ は空でないコンパクト凸集合である．

証明 定理 2.48 より，$\boldsymbol{x} \in \mathrm{int\ dom}\ f$ ならば $f'(\boldsymbol{x};\cdot)$ は真凸関数であるから，$f'(\boldsymbol{x};\cdot)$ の有限性をいうには，$f'(\boldsymbol{x};\boldsymbol{d}) < +\infty$ ($\boldsymbol{d} \in I\!R^n$) を示せば十分である．$\boldsymbol{x} \in \mathrm{int\ dom}\ f$ のとき，任意の $\boldsymbol{d} \in I\!R^n$ に対して $\boldsymbol{x} + \tau\boldsymbol{d} \in \mathrm{dom}\ f$ となる $\tau > 0$ が存在するから，$[f(\boldsymbol{x} + t\boldsymbol{d}) - f(\boldsymbol{x})]/t$ の t に関する単調性より次式が成立する．

$$f'(\boldsymbol{x};\boldsymbol{d}) \leqq [f(\boldsymbol{x} + \tau\boldsymbol{d}) - f(\boldsymbol{x})]/\tau < +\infty$$

また，定理 2.44 の系より，$\partial f(\boldsymbol{x})$ は空でないコンパクト凸集合である． ■

定理 2.50. $\mathcal{I}$ を有限添字集合，$f_i : I\!R^n \to (-\infty, +\infty]$ $(i \in \mathcal{I})$ を真凸関数とし，凸関数 $f : I\!R^n \to (-\infty, +\infty]$ を次式で定義する．

$$f(\boldsymbol{x}) = \sup\{f_i(\boldsymbol{x}) \mid i \in \mathcal{I}\}$$

そのとき，$\mathrm{int\ dom}\ f \neq \emptyset$ ならば，任意の $\boldsymbol{x} \in \mathrm{int\ dom}\ f$ に対して

$$\partial f(\boldsymbol{x}) = \mathrm{co}\ \{\partial f_i(\boldsymbol{x}) \mid i \in \mathcal{I}(\boldsymbol{x})\} \tag{2.63}$$

が成り立つ．ただし，$\mathcal{I}(\boldsymbol{x}) = \{i \in \mathcal{I} \mid f(\boldsymbol{x}) = f_i(\boldsymbol{x})\}$ である．

証明　$\boldsymbol{x} \in \text{int dom } f$ とする．そのとき，$\boldsymbol{x} \in \text{int dom } f_i$ $(i \in \mathcal{I})$ であるから，定理 2.49 より，$\partial f(\boldsymbol{x})$ と $\partial f_i(\boldsymbol{x})$ $(i \in \mathcal{I})$ はすべて空でないコンパクト凸集合である．$S = \text{co } \{\partial f_i(\boldsymbol{x}) \mid i \in \mathcal{I}(\boldsymbol{x})\}$ とおく．定理 2.2 より S が $\partial f_i(\boldsymbol{x})$ $(i \in \mathcal{I}(\boldsymbol{x}))$ に属する有限個の点の凸結合によって表されることと，$\partial f_i(\boldsymbol{x})$ がそれぞれ凸集合であることを用いると，S はつぎのように表される．

$$S = \left\{ \boldsymbol{\xi} \in I\!R^n \;\middle|\; \boldsymbol{\xi} = \sum_{i \in \mathcal{I}(\boldsymbol{x})} \alpha_i \boldsymbol{\xi}^i, \boldsymbol{\xi}^i \in \partial f_i(\boldsymbol{x}), \sum_{i \in \mathcal{I}(\boldsymbol{x})} \alpha_i = 1, \alpha_i \geqq 0 \right\} \qquad (2.64)$$

$\boldsymbol{d} \in I\!R^n$ $(\boldsymbol{d} \neq \boldsymbol{0})$ を任意に選び，$t > 0$ に対して添字集合 $\mathcal{I}(\boldsymbol{x} + t\boldsymbol{d}) = \{i \in \mathcal{I} \mid f(\boldsymbol{x} + t\boldsymbol{d}) = f_i(\boldsymbol{x} + t\boldsymbol{d})\}$ を考える．$\mathcal{I}$ の要素は有限個であるから，ある添字 $i^* \in \mathcal{I}$ に対して，$i^* \in \mathcal{I}(\boldsymbol{x} + t_k\boldsymbol{d})$ であるような 0 に収束する無限正数列 $\{t_k\}$ が存在する．$i^* \notin \mathcal{I}(\boldsymbol{x})$ と仮定すると，$\mathcal{I}(\boldsymbol{x})$ の定義より $f_{i^*}(\boldsymbol{x}) < f(\boldsymbol{x})$ であり，また，$t > 0$ が十分小さいとき $\boldsymbol{x} + t\boldsymbol{d} \in \text{int dom } f \subseteqq \text{int dom } f_{i^*}$ であるから，定理 2.33 より，十分大きいすべての k に対して $f_{i^*}(\boldsymbol{x} + t_k\boldsymbol{d}) < f(\boldsymbol{x} + t_k\boldsymbol{d})$ が成立する．しかし，これは $i^* \in \mathcal{I}(\boldsymbol{x} + t_k\boldsymbol{d})$ に反するので，$i^* \in \mathcal{I}(\boldsymbol{x})$ でなければならない．したがって

$$[f(\boldsymbol{x} + t_k\boldsymbol{d}) - f(\boldsymbol{x})]/t_k = [f_{i^*}(\boldsymbol{x} + t_k\boldsymbol{d}) - f_{i^*}(\boldsymbol{x})]/t_k$$

が成り立つので，方向微分係数の定義より

$$f'(\boldsymbol{x}; \boldsymbol{d}) = f'_{i^*}(\boldsymbol{x}; \boldsymbol{d}) \qquad (2.65)$$

を得る．ところが，f と $\mathcal{I}(\boldsymbol{x})$ の定義より

$$[f(\boldsymbol{x} + t_k\boldsymbol{d}) - f(\boldsymbol{x})]/t_k \geqq [f_i(\boldsymbol{x} + t_k\boldsymbol{d}) - f_i(\boldsymbol{x})]/t_k$$

が任意の $i \in \mathcal{I}(\boldsymbol{x})$ に対して成り立つので

$$f'(\boldsymbol{x}; \boldsymbol{d}) \geqq f'_i(\boldsymbol{x}; \boldsymbol{d}) \qquad (i \in \mathcal{I}(\boldsymbol{x})) \qquad (2.66)$$

となる．よって，式 (2.65), (2.66) より

$$f'(\boldsymbol{x}; \boldsymbol{d}) = \max\{f'_i(\boldsymbol{x}; \boldsymbol{d}) \mid i \in \mathcal{I}(\boldsymbol{x})\} \qquad (2.67)$$

が成立する．ここで

$$\max\{f'_i(\boldsymbol{x}; \boldsymbol{d}) \mid i \in \mathcal{I}(\boldsymbol{x})\} = \max \left\{ \sum_{i \in \mathcal{I}(\boldsymbol{x})} \alpha_i f'_i(\boldsymbol{x}; \boldsymbol{d}) \;\middle|\; \sum_{i \in \mathcal{I}(\boldsymbol{x})} \alpha_i = 1, \alpha_i \geqq 0 \right\}$$

であることに注意すると，式 (2.61), (2.67) より

$$f'(\boldsymbol{x};\boldsymbol{d}) = \max\left\{ \sum_{i\in\mathcal{I}(x)} \alpha_i \max\{\langle \boldsymbol{\xi}^i, \boldsymbol{d}\rangle \,|\, \boldsymbol{\xi}^i \in \partial f_i(\boldsymbol{x})\} \;\middle|\; \sum_{i\in\mathcal{I}(x)} \alpha_i = 1, \alpha_i \geqq 0 \right\}$$

$$= \max\left\{ \sum_{i\in\mathcal{I}(x)} \alpha_i \langle \boldsymbol{\xi}^i, \boldsymbol{d}\rangle \;\middle|\; \boldsymbol{\xi}^i \in \partial f_i(\boldsymbol{x}), \sum_{i\in\mathcal{I}(x)} \alpha_i = 1, \alpha_i \geqq 0 \right\}$$

となるので，式 (2.64) より

$$f'(\boldsymbol{x};\boldsymbol{d}) = \max\{\langle \boldsymbol{\xi}, \boldsymbol{d}\rangle \,|\, \boldsymbol{\xi} \in S\}$$

である．ベクトル $\boldsymbol{d}$ は任意であったから，定理 2.48 より

$$\delta^*_{\partial f(x)}(\boldsymbol{d}) = \max\{\langle \boldsymbol{\xi}, \boldsymbol{d}\rangle \,|\, \boldsymbol{\xi} \in S\} \qquad (\boldsymbol{d} \in I\!R^n)$$

すなわち $\delta^*_{\partial f(x)} = \delta^*_S$ を得る．ところが，$\partial f(\boldsymbol{x})$ と S はともにコンパクト凸集合であるから，$\partial f(\boldsymbol{x}) = S$ でなければならない． ■

すべての関数 f_i が $\boldsymbol{x}$ において微分可能のときには，式 (2.63) は

$$\partial f(\boldsymbol{x}) = \mathrm{co}\,\{\nabla f_i(\boldsymbol{x}) \,|\, i \in \mathcal{I}(\boldsymbol{x})\} \tag{2.68}$$

と書くことができる．

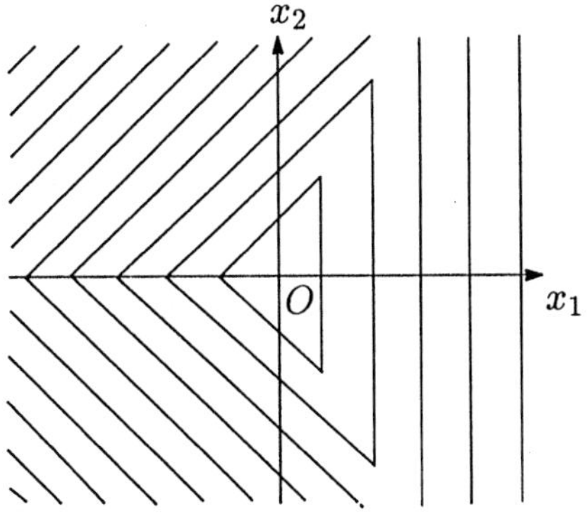

図 2.19　$f(x) = \max\{-x_1 - x_2,\ -x_1 + x_2,\ x_1\}$

例 2.17. 図 2.19 はつぎの凸関数 $f: I\!R^2 \to I\!R$ の等高線を表している.

$$f(\boldsymbol{x}) = \max\{-x_1 - x_2,\ -x_1 + x_2,\ x_1\}$$

式 (2.68) を用いて，点 $\boldsymbol{x}^1 = (0,0)^\top$ と $\boldsymbol{x}^2 = (1,2)^\top$ における劣微分を求めると，それぞれ $\partial f(\boldsymbol{x}^1) = \mathrm{co}\,\{(-1,-1)^\top, (-1,1)^\top, (1,0)^\top\}$, $\partial f(\boldsymbol{x}^2) = \mathrm{co}\,\{(-1,1)^\top, (1,0)^\top\}$ となる.

凸関数の和およびスカラー倍の劣微分に関してつぎの定理が成立する.

定理 2.51. 真凸関数 $f: I\!R^n \to (-\infty, +\infty]$ と任意の実数 $\lambda > 0$ に対して

$$\partial(\lambda f)(\boldsymbol{x}) = \lambda \partial f(\boldsymbol{x}) \qquad (\boldsymbol{x} \in I\!R^n) \tag{2.69}$$

が成り立つ．また，真凸関数 $f_i: I\!R^n \to (-\infty, +\infty]$ $(i = 1, \ldots, m)$ に対して

$$\partial(f_1 + \cdots + f_m)(\boldsymbol{x}) \supseteqq \partial f_1(\boldsymbol{x}) + \cdots + \partial f_m(\boldsymbol{x}) \qquad (\boldsymbol{x} \in I\!R^n) \tag{2.70}$$

が成り立つ．さらに，$\mathrm{ri\ dom}\, f_1 \cap \cdots \cap \mathrm{ri\ dom}\, f_m \neq \emptyset$ であれば，式 (2.70) において等号が成立する.

証明 式 (2.69) は劣勾配の定義から明らかである．また，任意の $\boldsymbol{\xi}^i \in \partial f_i(\boldsymbol{x})$ $(i = 1, \ldots, m)$ に対して $\boldsymbol{\xi} = \boldsymbol{\xi}^1 + \cdots + \boldsymbol{\xi}^m$ とおくと

$$\begin{aligned} f_1(\boldsymbol{y}) + \cdots + f_m(\boldsymbol{y}) &\geqq f_1(\boldsymbol{x}) + \langle \boldsymbol{\xi}^1, \boldsymbol{y} - \boldsymbol{x} \rangle + \cdots + f_m(\boldsymbol{x}) + \langle \boldsymbol{\xi}^m, \boldsymbol{y} - \boldsymbol{x} \rangle \\ &= f_1(\boldsymbol{x}) + \cdots + f_m(\boldsymbol{x}) + \langle \boldsymbol{\xi}, \boldsymbol{y} - \boldsymbol{x} \rangle \qquad (\boldsymbol{y} \in I\!R^n) \end{aligned}$$

が成り立つので，$\boldsymbol{\xi} \in \partial(f_1 + \cdots + f_m)(\boldsymbol{x})$ である．よって式 (2.70) が成立する．定理の最後の部分を示すには，いくらかの準備が必要なので，ここでは $\boldsymbol{x} \in \mathrm{int\ dom}\, f_i$ $(i = 1, \ldots, m)$ の場合のみを考えることにする．$\boldsymbol{x} \in \mathrm{int\ dom}\, f_i$ $(i = 1, \ldots, m)$ ならば，定理 2.49 より，任意の $\boldsymbol{d}$ に対して $f_i'(\boldsymbol{x}; \boldsymbol{d})$ は有限であるから次式が成立する.

$$(f_1 + \cdots + f_m)'(\boldsymbol{x}; \boldsymbol{d}) = f_1'(\boldsymbol{x}; \boldsymbol{d}) + \cdots + f_m'(\boldsymbol{x}; \boldsymbol{d}) \tag{2.71}$$

式 (2.61) より，式 (2.71) の左辺は $\sup\{\langle \boldsymbol{\xi}, \boldsymbol{d} \rangle \mid \boldsymbol{\xi} \in \partial(f_1 + \cdots + f_m)(\boldsymbol{x})\}$ に等しく，右辺は

$$\begin{aligned} &\sup\{\langle \boldsymbol{\xi}^1, \boldsymbol{d} \rangle \mid \boldsymbol{\xi}^1 \in \partial f_1(\boldsymbol{x})\} + \cdots + \sup\{\langle \boldsymbol{\xi}^m, \boldsymbol{d} \rangle \mid \boldsymbol{\xi}^m \in \partial f_m(\boldsymbol{x})\} \\ &= \sup\{\langle \boldsymbol{\xi}, \boldsymbol{d} \rangle \mid \boldsymbol{\xi} \in \partial f_1(\boldsymbol{x}) + \cdots + \partial f_m(\boldsymbol{x})\} \end{aligned}$$

に等しい．これがすべての $\boldsymbol{d} \in I\!R^n$ に対して成り立つので，$\partial(f_1 + \cdots + f_m)(\boldsymbol{x}) = \partial f_1(\boldsymbol{x}) + \cdots + \partial f_m(\boldsymbol{x})$ がいえる．なお，ある i に対して $\partial f_i(\boldsymbol{x}) = \emptyset$ であるような場合は，式 (2.70) は右辺が空集合となり必ず成立することに注意しておこう． ■

凸関数の劣微分と共役関数には，つぎのような興味深い関係がある．

定理 2.52. $f : I\!R^n \to (-\infty, +\infty]$ を真凸関数とする．そのとき，$\boldsymbol{\xi} \in \partial f(\boldsymbol{x})$ であるための必要十分条件は次式が成り立つことである．

$$f(\boldsymbol{x}) + f^*(\boldsymbol{\xi}) \leqq \langle \boldsymbol{x}, \boldsymbol{\xi} \rangle \tag{2.72}$$

これはまた次式と等価である．

$$f(\boldsymbol{x}) + f^*(\boldsymbol{\xi}) = \langle \boldsymbol{x}, \boldsymbol{\xi} \rangle \tag{2.73}$$

さらに f が閉真凸関数ならば，$\boldsymbol{\xi} \in \partial f(\boldsymbol{x})$ と $\boldsymbol{x} \in \partial f^*(\boldsymbol{\xi})$ は等価である．

証明　劣勾配の定義 (2.58) より，$\boldsymbol{\xi} \in \partial f(\boldsymbol{x})$ が

$$\langle \boldsymbol{x}, \boldsymbol{\xi} \rangle - f(\boldsymbol{x}) \geqq \langle \boldsymbol{y}, \boldsymbol{\xi} \rangle - f(\boldsymbol{y}) \qquad (\boldsymbol{y} \in I\!R^n)$$

と等価であることに注意すれば，共役関数の定義 (2.42) より定理の最初の部分が得られる．さらに，共役関数の定義 (2.42) より

$$f(\boldsymbol{x}) + f^*(\boldsymbol{\xi}) \geqq \langle \boldsymbol{x}, \boldsymbol{\xi} \rangle \qquad (\boldsymbol{x} \in I\!R^n, \boldsymbol{\xi} \in I\!R^n)$$

であるから，式 (2.72) は式 (2.73) と等価である．

f が閉真凸関数ならば，定理 2.39 より $f = f^{**}$ であるから，式 (2.73) は

$$f^*(\boldsymbol{\xi}) + f^{**}(\boldsymbol{x}) = \langle \boldsymbol{\xi}, \boldsymbol{x} \rangle$$

と書き換えられる．ところが，定理の前半の結果より，これは $\boldsymbol{x} \in \partial f^*(\boldsymbol{\xi})$ と等価であるから，$\boldsymbol{\xi} \in \partial f(\boldsymbol{x})$ と $\boldsymbol{x} \in \partial f^*(\boldsymbol{\xi})$ は等価である． ■

定理 2.52 より，真凸関数 f の共役関数の定義式

$$f^*(\boldsymbol{\xi}) = \sup\{\langle \boldsymbol{x}, \boldsymbol{\xi} \rangle - f(\boldsymbol{x}) \,|\, \boldsymbol{x} \in I\!R^n\}$$

の右辺の最大を与える $\boldsymbol{x}$ は f^* の $\boldsymbol{\xi}$ における劣勾配に他ならないことがわかる．同様の関係は，閉真凸関数の劣勾配とその双共役関数のあいだにも成立する．定理 2.52 はまた，閉真凸関数 f の劣微分を点 $\boldsymbol{x}$ に集合 $\partial f(\boldsymbol{x})$ を対応させる写像と見なしたとき，∂f が ∂f^* と互いに逆写像の関係になっていることを示している．

例 2.18. 次式で定義される関数 $f : I\!R \to (-\infty, +\infty]$ を考える．

$$f(x) = \begin{cases} +\infty & (x < a_1) \\ b_1 x + \beta_1 & (a_1 \leqq x < a_2) \\ b_2 x + \beta_2 & (a_2 \leqq x) \end{cases}$$

ただし，$a_1 < a_2$ かつ $b_1 < b_2$ であり，$b_1 a_2 + \beta_1 = b_2 a_2 + \beta_2$ とする．図 2.20 (a) は関数 f のグラフを示している．このような関数は**区分的線形凸関数** (piecewise linear convex function) と呼ばれる．そのとき，関数 f の共役関数もつぎのような区分的線形凸関数となる (図 2.20 (b))．

$$f^*(\xi) = \begin{cases} a_1 \xi + \alpha_1 & (\xi \leqq b_1) \\ a_2 \xi + \alpha_2 & (b_1 < \xi \leqq b_2) \\ +\infty & (b_2 < \xi) \end{cases}$$

ただし，α_1, α_2 は $\alpha_1 + \beta_1 + a_1 b_1 = 0,\ \alpha_2 + \beta_2 + a_2 b_2 = 0$ を満たす定数である．このとき，f と f^* の劣微分は次式で与えられる (図 2.21)．

$$\partial f(x) = \begin{cases} \emptyset & (x < a_1) \\ (-\infty, b_1] & (x = a_1) \\ \{b_1\} & (a_1 < x < a_2) \\ [b_1, b_2] & (x = a_2) \\ \{b_2\} & (a_2 < x) \end{cases} \quad \partial f^*(\xi) = \begin{cases} \{a_1\} & (\xi < b_1) \\ [a_1, a_2] & (\xi = b_1) \\ \{a_2\} & (b_1 < \xi < b_2) \\ [a_2, +\infty) & (\xi = b_2) \\ \emptyset & (b_2 < \xi) \end{cases}$$

劣微分の写像 ∂f と ∂f^* が互いに逆写像の関係にあることは図 2.21 からもわかる．なお，図 2.21 が示すように，区分的線形凸関数の劣微分は区分的に一定である．

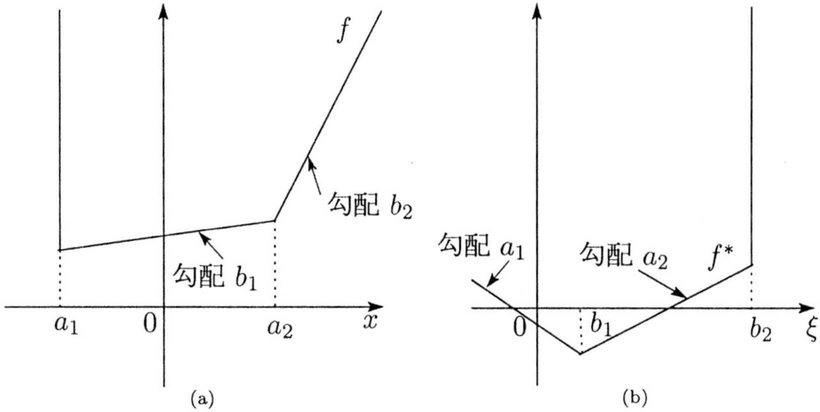

図 2.20 (a) 例 2.18 の関数 f と (b) 共役関数 f^*

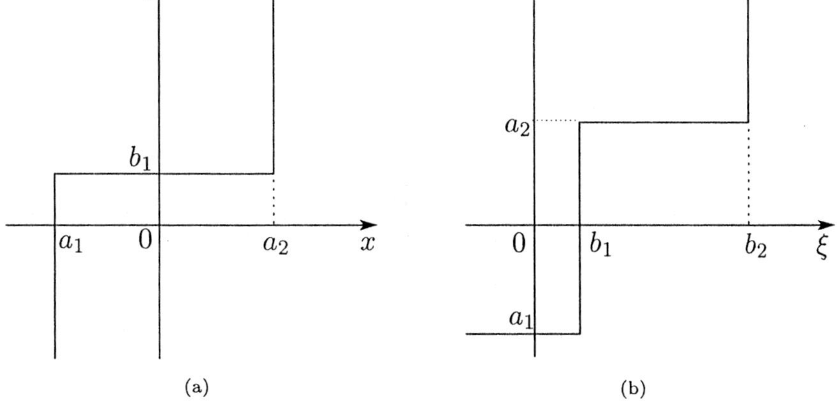

図 2.21 (a) 例 2.18 の f の劣微分 ∂f と (b) f^* の劣微分 ∂f^*

つぎの定理は，劣微分 ∂f が写像としてある種の連続性を有することを示している．このような性質をもつ写像を閉写像という (2.12 節参照).

定理 2.53. $f : \mathbb{R}^n \to (-\infty, +\infty]$ を閉真凸関数とする．そのとき $\boldsymbol{x}^k \to \boldsymbol{x}$ であるような点列 $\{\boldsymbol{x}^k\} \subseteqq \mathbb{R}^n$ に対して，$\boldsymbol{\xi}^k \in \partial f(\boldsymbol{x}^k)$ かつ $\boldsymbol{\xi}^k \to \boldsymbol{\xi}$ ならば $\boldsymbol{\xi} \in \partial f(\boldsymbol{x})$ が成立する．

証明　定理 2.52 の式 (2.72) より，$\boldsymbol{\xi}^k \in \partial f(\boldsymbol{x}^k)$ ならば

$$f(\boldsymbol{x}^k) + f^*(\boldsymbol{\xi}^k) \leqq \langle \boldsymbol{x}^k, \boldsymbol{\xi}^k \rangle \qquad (k = 1, 2, \ldots)$$

が成立する．ここで，両辺の極限を考えると，右辺は $\langle \boldsymbol{x}, \boldsymbol{\xi} \rangle$ に収束し，定理の仮定と定理 2.36 より，f と f^* はともに閉真凸関数であるから，$f(\boldsymbol{x}) \leqq \liminf_{k\to\infty} f(\boldsymbol{x}^k)$ かつ $f^*(\boldsymbol{\xi}) \leqq \liminf_{k\to\infty} f^*(\boldsymbol{\xi}^k)$ となるので

$$f(\boldsymbol{x}) + f^*(\boldsymbol{\xi}) \leqq \langle \boldsymbol{x}, \boldsymbol{\xi} \rangle$$

が成り立つ．よって，定理 2.52 より $\boldsymbol{\xi} \in \partial f(\boldsymbol{x})$ である．　■

定理 2.54. $f : \mathbb{R}^n \to (-\infty, +\infty]$ を $\mathrm{dom}\, f$ が開集合であるような閉真凸関数とする．f が $\mathrm{dom}\, f$ において微分可能ならば，f は $\mathrm{dom}\, f$ において連続的微分可能である．

証明　f が微分可能ならば $\partial f(\boldsymbol{x}) = \{\nabla f(\boldsymbol{x})\}$ であるから，本定理は定理 2.53 よりただちに従う．　■

定理 2.55. 閉真凸関数 $f : \mathbb{R}^n \to (-\infty, +\infty]$ が強凸関数であれば，共役関数 $f^* : \mathbb{R}^n \to \mathbb{R}$ は連続的微分可能である．

証明　定理 2.52 より，共役関数 f^* の点 $\boldsymbol{\xi}$ における劣勾配は $\hat{f}(\boldsymbol{x}) = f(\boldsymbol{x}) - \langle \boldsymbol{x}, \boldsymbol{\xi} \rangle$ によって定義される関数 $\hat{f} : \mathbb{R}^n \to (-\infty, +\infty]$ が最小となるような $\boldsymbol{x}$ として与えられる．ところが，$\hat{f}$ も強凸関数であるから，定理 2.42 より，そのような点 $\boldsymbol{x}$ は必ず存在し，しかも唯一である．したがって，f^* は微分可能である．さらに，定理 2.37 より f^* は実数値関数であるから，定理 2.54 より f^* は連続的微分可能である．　■

2.11 非凸関数の劣勾配

劣勾配の概念は非凸関数に対して拡張することができる．関数値として $\pm\infty$ をとる拡張実数値関数の場合にはやや複雑な議論を必要とするので，この節では実数値のみをとる関数に限定して話を進めていくことにする．

関数 $f : I\!R^n \to I\!R$ が凸関数のとき，定理 2.47 より，f の点 $\boldsymbol{x}$ における劣勾配 $\boldsymbol{\xi} \in \partial f(\boldsymbol{x})$ は式 (2.60) を満たすベクトルとして特徴づけられる．式 (2.60) で用いられている方向微分係数 $f'(\boldsymbol{x};\boldsymbol{d})$ は点 $\boldsymbol{x}$ のまわりでの関数 f の局所的な振舞いを表すものである．このことに着目すると，式 (2.60) を f が凸関数でない場合に拡張することによって非凸関数の劣勾配を定義することが考えられる．しかしながら，式 (2.60) は $f'(\boldsymbol{x};\cdot) : I\!R^n \to I\!R$ が凸関数であるという性質に基づいており，f が非凸関数のときには必ずしも方向微分係数が存在するという保証はなく，仮に存在したとしても $f'(\boldsymbol{x};\cdot)$ が凸関数になるとは限らないので，式 (2.60) をそのまま非凸関数に対して適用することはできない．そこで，関数 f の点 $\boldsymbol{x}$ における**一般化方向微分係数** (generalized directional derivative) を次式によって定義する．

$$f^\circ(\boldsymbol{x};\boldsymbol{d}) = \limsup_{\substack{\boldsymbol{y}\to\boldsymbol{x} \\ t\searrow 0}} [f(\boldsymbol{y}+t\boldsymbol{d}) - f(\boldsymbol{y})]/t \tag{2.74}$$

右辺の上極限は $t \searrow 0$ だけでなく $\boldsymbol{y} \to \boldsymbol{x}$ に関してとることに注意しよう．

例 2.19. つぎの関数 $f : I\!R \to I\!R$ を考える (図 2.22).

$$f(x) = \begin{cases} -x + 2^{-2k+1} & (2^{-2k} < x \leqq 2^{-2k+1}) \\ 2x - 2^{-2k} & (2^{-2k-1} < x \leqq 2^{-2k}) \quad (k = 0, \pm 1, \pm 2, \ldots) \\ 0 & (x \leqq 0) \end{cases}$$

$x = 0$ において，この関数の一般化方向微分係数 $f^\circ(0;d)$ はつぎのように表されるが，$d > 0$ に対しては通常の方向微分係数 $f'(0;d)$ は存在しない．

$$f^\circ(0;d) = \begin{cases} 2d & (d \geqq 0) \\ -d & (d < 0) \end{cases}$$

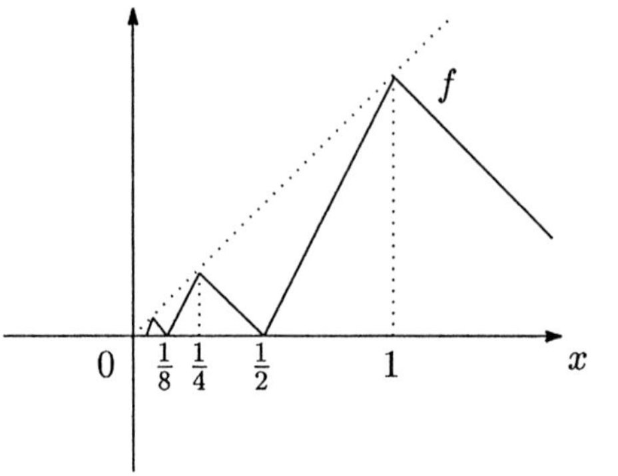

図 2.22 例 2.19 の関数 f

なお，式 (2.74) の右辺において y を $x=0$ に固定した上極限はつぎのようになり，$f^\circ(0;d)$ とは一致しない．

$$\limsup_{t\searrow 0}\,[f(td)-f(0)]/t=\begin{cases} d & (d\geqq 0)\\ 0 & (d<0)\end{cases}$$

例 2.20. つぎの関数 $f:I\!R\to I\!R$ を考える．

$$f(x)=\min\{x^2/2-x,\ x^2+2x\}$$

この関数の $x=0$ における方向微分係数と一般化方向微分係数は，それぞれ次式で表される (図 2.23).

$$f'(0;d)=\begin{cases} -d & (d\geqq 0)\\ 2d & (d<0)\end{cases}\qquad f^\circ(0;d)=\begin{cases} 2d & (d\geqq 0)\\ -d & (d<0)\end{cases}$$

例 2.20 が示すように，$f'(\boldsymbol{x};\boldsymbol{d})$ が存在しても，それが $f^\circ(\boldsymbol{x};\boldsymbol{d})$ に等しいとは限らない．特に，f が点 $\boldsymbol{x}$ において方向微分係数をもち，すべての $\boldsymbol{d}\in I\!R^n$ に対して $f^\circ(\boldsymbol{x};\boldsymbol{d})=f'(\boldsymbol{x};\boldsymbol{d})$ が成り立つとき，f は $\boldsymbol{x}$ において **Clarke 正則** (Clarke regular) であるという．定義よりつぎの定理がただちに得られる．

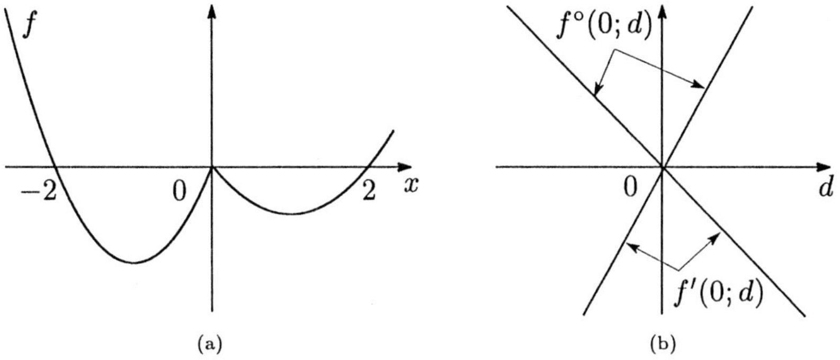

図 2.23 (a) 例 2.20 の関数 f と (b) その方向微分係数

定理 2.56. 関数 $f : I\!R^n \to I\!R$ が凸関数または連続的微分可能関数ならば，f は任意の点 $\boldsymbol{x}$ において Clarke 正則である.

任意の有界な集合 $\Omega \subset I\!R^n$ に対して

$$|f(\boldsymbol{x}) - f(\boldsymbol{y})| \leqq \kappa \|\boldsymbol{x} - \boldsymbol{y}\| \qquad (\boldsymbol{x}, \boldsymbol{y} \in \Omega) \tag{2.75}$$

を満たす定数 $\kappa > 0$ が存在するとき，関数 $f : I\!R^n \to I\!R$ は**局所 Lipschitz 連続** (locally Lipschitz continuous) であるという．なお，定数 κ は集合 Ω に依存しても構わない．特に，κ が Ω に依存しないとき，f は **Lipschitz 連続** (Lipschitz continuous) であるという．例えば，アフィン関数は Lipschitz 連続である．2 次関数は一般に Lipschitz 連続ではないが，局所 Lipschitz 連続である．連続的微分可能関数や有限値をとる凸関数は局所 Lipschitz 連続であることが知られている．以下では，もっぱら局所 Lipschitz 連続関数に対して話を進めていく.

定理 2.57. 関数 $f : I\!R^n \to I\!R$ が局所 Lipschitz 連続ならば，任意の $\boldsymbol{x} \in I\!R^n$ と $\boldsymbol{d} \in I\!R^n$ に対して，一般化方向微分係数 $f^\circ(\boldsymbol{x}; \boldsymbol{d})$ は有限であり

$$|f^\circ(\boldsymbol{x}; \boldsymbol{d})| \leqq \kappa \|\boldsymbol{d}\| \qquad (\boldsymbol{d} \in I\!R^n) \tag{2.76}$$

が成り立つ．ここで，κ は $\boldsymbol{x}$ に依存する正定数である．さらに，任意の $\boldsymbol{x} \in I\!R^n$ において $f^\circ(\boldsymbol{x};\cdot) : I\!R^n \to I\!R$ は正斉次凸関数である．

証明　式 (2.76) は式 (2.74), (2.75) より明らかである．また，$f^\circ(\boldsymbol{x};\cdot)$ の正斉次性

$$f^\circ(\boldsymbol{x};\lambda\boldsymbol{d}) = \lambda f^\circ(\boldsymbol{x};\boldsymbol{d}) \qquad (\boldsymbol{d} \in I\!R^n, \lambda > 0)$$

も式 (2.74) より明らかであるから，$f^\circ(\boldsymbol{x};\cdot)$ が凸関数であることを示せばよい．$\boldsymbol{d}^1, \boldsymbol{d}^2 \in I\!R^n$ と $\alpha \in [0,1]$ を任意に選ぶ．そのとき，式 (2.74) より

$$\begin{aligned}
&f^\circ(\boldsymbol{x};(1-\alpha)\boldsymbol{d}^1 + \alpha\boldsymbol{d}^2) \\
&= \limsup_{\substack{\boldsymbol{y}\to\boldsymbol{x} \\ t\searrow 0}} [f(\boldsymbol{y} + t[(1-\alpha)\boldsymbol{d}^1 + \alpha\boldsymbol{d}^2]) - f(\boldsymbol{y})]/t \\
&\leqq \limsup_{\substack{\boldsymbol{y}\to\boldsymbol{x} \\ t\searrow 0}} [f(\boldsymbol{y} + t(1-\alpha)\boldsymbol{d}^1 + t\alpha\boldsymbol{d}^2) - f(\boldsymbol{y} + t\alpha\boldsymbol{d}^2)]/t \\
&\quad + \limsup_{\substack{\boldsymbol{y}\to\boldsymbol{x} \\ t\searrow 0}} [f(\boldsymbol{y} + t\alpha\boldsymbol{d}^2) - f(\boldsymbol{y})]/t \\
&= (1-\alpha)f^\circ(\boldsymbol{x};\boldsymbol{d}^1) + \alpha f^\circ(\boldsymbol{x};\boldsymbol{d}^2)
\end{aligned}$$

が成り立つ．よって，$f^\circ(\boldsymbol{x};\cdot)$ は凸関数である．　■

定理 2.57 より，一般化方向微分係数 $f^\circ(\boldsymbol{x};\boldsymbol{d})$ は常に $\boldsymbol{d}$ に関して凸である．したがって，これを用いれば，式 (2.60) と同様の方法によって，劣勾配の概念を非凸関数に拡張することができる．すなわち

$$f^\circ(\boldsymbol{x};\boldsymbol{d}) \geqq \langle \boldsymbol{\xi}, \boldsymbol{d} \rangle \qquad (\boldsymbol{d} \in I\!R^n) \tag{2.77}$$

を満たすベクトル $\boldsymbol{\xi} \in I\!R^n$ を関数 f の点 $\boldsymbol{x} \in I\!R^n$ における**劣勾配** (subgradient) と定義する．さらに，f の $\boldsymbol{x}$ における劣勾配全体の集合を**劣微分** (subdifferential) と呼び，$\partial f(\boldsymbol{x})$ と表す．

例 2.21. 例 2.19 および例 2.20 の関数 $f : I\!R \to I\!R$ の $x = 0$ における劣微分はともに $\partial f(0) = \{\xi \in I\!R \mid -1 \leqq \xi \leqq 2\}$ となる (図 2.23 参照)．

定理 2.56 より，$f : I\!R^n \to I\!R$ が凸関数ならば，式 (2.77) によって定義される劣微分は，前節で定義した凸関数の劣微分に一致する．式 (2.77) で

定義される非凸関数の劣微分を凸関数の劣微分と区別して **Clarke 劣微分** (Clarke subdifferential) と呼ぶこともある．局所 Lipschitz 連続関数の微分可能性について，つぎの定理が成立する．証明は省略する．

定理 2.58. $f : I\!R^n \to I\!R$ が連続的微分可能ならば，f は局所 Lipschitz 連続であり，任意の $\boldsymbol{x}$ に対して $\partial f(\boldsymbol{x}) = \{\nabla f(\boldsymbol{x})\}$ が成立する．逆に，f が局所 Lipschitz 連続であり，ある開球 $B(\boldsymbol{x}, r)$ に属する任意の点 $\boldsymbol{z}$ において $\partial f(\boldsymbol{z})$ の要素が唯一であれば，f は $B(\boldsymbol{x}, r)$ において連続的微分可能である．

証明 Clarke (1983) 参照． ■

つぎの例が示すように，定理 2.58 において，連続的微分可能性を単なる微分可能性におきかえることはできない．

例 2.22. つぎの関数 $f : I\!R \to I\!R$ を考える．

$$f(x) = \begin{cases} x^2 \sin(1/x) & (x \neq 0) \\ 0 & (x = 0) \end{cases}$$

そのとき，f はすべての x において微分可能であり

$$\nabla f(x) = \begin{cases} 2x \sin(1/x) - \cos(1/x) & (x \neq 0) \\ 0 & (x = 0) \end{cases}$$

となる．しかし，∇f は $x = 0$ において連続ではない．実際，$\partial f(0) = \{\xi \in I\!R \mid -1 \leqq \xi \leqq 1\}$ であり，$\partial f(0) = \{\nabla f(0)\}$ は成立しない．

定理 2.59. 関数 $f : I\!R^n \to I\!R$ が局所 Lipschitz 連続であれば，任意の $\boldsymbol{x} \in I\!R^n$ と $\boldsymbol{d} \in I\!R^n$ に対して

$$\begin{aligned} f^\circ(\boldsymbol{x}; \boldsymbol{d}) &= \max\{\langle \boldsymbol{\xi}, \boldsymbol{d} \rangle \mid \boldsymbol{\xi} \in \partial f(\boldsymbol{x})\} \\ &= \delta^*_{\partial f(\boldsymbol{x})}(\boldsymbol{d}) \end{aligned} \tag{2.78}$$

が成立する．さらに，$\partial f(\boldsymbol{x})$ は空でないコンパクト凸集合である．

証明 定理 2.57 より，$f^\circ(\boldsymbol{x};\cdot) : I\!R^n \to I\!R$ は正斉次凸関数である．したがって，本定理の結果は定理 2.44 とその系よりただちに得られる． ■

局所 Lipschitz 連続関数の劣勾配に関してつぎの定理が成立する．

定理 2.60. 局所 Lipschitz 連続関数 $f : I\!R^n \to I\!R$ と任意の実数 $\lambda > 0$ に対して次式が成立する．

$$\partial(\lambda f)(\boldsymbol{x}) = \lambda \partial f(\boldsymbol{x}) \qquad (\boldsymbol{x} \in I\!R^n)$$

また，局所 Lipschitz 連続関数 $f_i : I\!R^n \to I\!R$ $(i = 1, \ldots, m)$ に対して次式が成立する．

$$\partial(f_1 + \cdots + f_m)(\boldsymbol{x}) \subseteqq \partial f_1(\boldsymbol{x}) + \cdots + \partial f_m(\boldsymbol{x}) \qquad (\boldsymbol{x} \in I\!R^n) \qquad (2.79)$$

証明 前半は定義より明らかであるから，後半のみを証明しよう．簡単のため，$m = 2$ と仮定する．$m \geqq 3$ の場合に対する拡張は自明である．まず，式 (2.74) より，常に

$$(f_1 + f_2)^\circ(\boldsymbol{x};\boldsymbol{d}) \leqq f_1^\circ(\boldsymbol{x};\boldsymbol{d}) + f_2^\circ(\boldsymbol{x};\boldsymbol{d}) \qquad (\boldsymbol{x} \in I\!R^n, \boldsymbol{d} \in I\!R^n) \qquad (2.80)$$

が成り立つ．ところが，式 (2.78) より

$$(f_1 + f_2)^\circ(\boldsymbol{x};\boldsymbol{d}) = \max\{\langle \boldsymbol{\xi}, \boldsymbol{d}\rangle \mid \boldsymbol{\xi} \in \partial(f_1 + f_2)(\boldsymbol{x})\} = \delta^*_{\partial(f_1+f_2)(\boldsymbol{x})}(\boldsymbol{d})$$
$$f_1^\circ(\boldsymbol{x};\boldsymbol{d}) + f_2^\circ(\boldsymbol{x};\boldsymbol{d}) = \max\{\langle \boldsymbol{\xi}, \boldsymbol{d}\rangle \mid \boldsymbol{\xi} \in \partial f_1(\boldsymbol{x}) + \partial f_2(\boldsymbol{x})\} = \delta^*_{\partial f_1(\boldsymbol{x})+\partial f_2(\boldsymbol{x})}(\boldsymbol{d})$$

であるから，閉凸集合の支持関数と標示関数がたがいに共役であることと式 (2.80) より

$$\begin{aligned}
\delta_{\partial(f_1+f_2)(\boldsymbol{x})}(\boldsymbol{y}) &= \max\{\langle \boldsymbol{y}, \boldsymbol{d}\rangle - ((f_1 + f_2)^\circ(\boldsymbol{x};\boldsymbol{d})) \mid \boldsymbol{d} \in I\!R^n\} \\
&\geqq \max\{\langle \boldsymbol{y}, \boldsymbol{d}\rangle - (f_1^\circ(\boldsymbol{x};\boldsymbol{d}) + f_2^\circ(\boldsymbol{x};\boldsymbol{d})) \mid \boldsymbol{d} \in I\!R^n\} \\
&= \delta_{\partial f_1(\boldsymbol{x})+\partial f_2(\boldsymbol{x})}(\boldsymbol{y}) \qquad (\boldsymbol{y} \in I\!R^n)
\end{aligned}$$

となる．よって，求める包含関係 (2.79) が得られる． ■

この定理は凸関数に対する定理 2.51 の拡張と考えることができる．一般の凸関数に対する式 (2.70) と比べると，式 (2.79) の包含関係は向きが逆に

なっているが，これは別に怪しむべきことではない．実際，定理 2.51 において f を有限値凸関数に限定した場合には

$$\partial(f_1 + \cdots + f_m)(\boldsymbol{x}) = \partial f_1(\boldsymbol{x}) + \cdots + \partial f_m(\boldsymbol{x}) \qquad (\boldsymbol{x} \in \mathbb{R}^n) \qquad (2.81)$$

が成り立つので，定理 2.60 の式 (2.79) は式 (2.81) を含んでいる．つぎの例が示すように，非凸関数の場合，式 (2.81) が成立するとは限らない．

例 2.23. つぎの関数 $f_i : \mathbb{R} \to \mathbb{R}\ (i = 1, 2)$ を考える．

$$f_1(x) = |x| \qquad\qquad f_2(x) = -2|x|$$

そのとき，$x = 0$ において，$f_1^\circ(0; d) = |d|$, $f_2^\circ(0; d) = 2|d|$ であるから，$\partial f_1(0) = [-1, 1]$, $\partial f_2(0) = [-2, 2]$，すなわち $\partial f_1(0) + \partial f_2(0) = [-3, 3]$ である．ところが

$$(f_1 + f_2)(x) = -|x|$$

であるから，$f^\circ(0; d) = |d|$ であり，$\partial(f_1 + f_2)(0) = [-1, 1]$ となる．

つぎの系が成立することは容易に確かめることができる．

系 2.4. 局所 Lipschitz 連続関数 $f_i : \mathbb{R}^n \to \mathbb{R}\ (i = 1, \ldots, m)$ は点 $\boldsymbol{x}$ において Clarke 正則とする．そのとき，式 (2.81) が成立する．

つぎの定理は，凸関数に対する定理 2.50 を拡張したものである．

定理 2.61. $\mathcal{I}$ を有限添字集合，$f_i : \mathbb{R}^n \to \mathbb{R}\ (i \in \mathcal{I})$ を局所 Lipschitz 連続関数とし，関数 $f : \mathbb{R}^n \to \mathbb{R}$ を次式によって定義する．

$$f(\boldsymbol{x}) = \max\{f_i(\boldsymbol{x}) \mid i \in \mathcal{I}\}$$

そのとき，任意の $\boldsymbol{x} \in \mathbb{R}^n$ に対して

$$\partial f(\boldsymbol{x}) \subseteq \mathrm{co}\ \{\partial f_i(\boldsymbol{x}) \mid i \in \mathcal{I}(\boldsymbol{x})\}$$

が成り立つ．ただし，$\mathcal{I}(\boldsymbol{x}) = \{i \in \mathcal{I} \mid f(\boldsymbol{x}) = f_i(\boldsymbol{x})\}$ である．

証明 まず，関数 f も局所 Lipschitz 連続であることに注意しよう．いま，$S = \mathrm{co}\,\{\partial f_i(\boldsymbol{x}) \mid i \in \mathcal{I}(\boldsymbol{x})\}$ とおくと，S は空でないコンパクト凸集合であり

$$\max\{\langle \boldsymbol{\xi}, \boldsymbol{d}\rangle \mid \boldsymbol{\xi} \in S\} = \max\{f_i^\circ(\boldsymbol{x};\boldsymbol{d}) \mid i \in \mathcal{I}(\boldsymbol{x})\}$$

が成立することが容易に確かめられる．よって，式 (2.78) より

$$f^\circ(\boldsymbol{x};\boldsymbol{d}) \leqq \max\{f_i^\circ(\boldsymbol{x};\boldsymbol{d}) \mid i \in \mathcal{I}(\boldsymbol{x})\} \tag{2.82}$$

が成り立つことを示せば十分である．$\boldsymbol{y}^k \to \boldsymbol{x}$, $t_k \searrow 0$ かつ

$$f^\circ(\boldsymbol{x};\boldsymbol{d}) = \lim_{k\to\infty} [f(\boldsymbol{y}^k + t_k\boldsymbol{d}) - f(\boldsymbol{y}^k)]/t_k$$

であるような点列 $\{\boldsymbol{y}^k\}$ と正数列 $\{t_k\}$ を選ぶ．添字集合 $\mathcal{I}$ の要素は有限個であるから，適当な部分列を選ぶことにより，一般性を失うことなく，ある $i^* \in \mathcal{I}$ に対して，$i^* \in \mathcal{I}(\boldsymbol{y}^k + t_k\boldsymbol{d})$ $(k = 1, 2, \ldots)$ と仮定できる．そのとき，すべての k に対して

$$[f(\boldsymbol{y}^k + t_k\boldsymbol{d}) - f(\boldsymbol{y}^k)]/t_k \leqq [f_{i^*}(\boldsymbol{y}^k + t_k\boldsymbol{d}) - f_{i^*}(\boldsymbol{y}^k)]/t_k \tag{2.83}$$

が成立するが，$k \to \infty$ のとき，式 (2.83) の左辺は $f^\circ(\boldsymbol{x};\boldsymbol{d})$ に収束し，一般化方向微分係数の定義より，右辺は $f_{i^*}^\circ(\boldsymbol{x};\boldsymbol{d})$ より大きくなることはないから

$$f^\circ(\boldsymbol{x};\boldsymbol{d}) \leqq f_{i^*}^\circ(\boldsymbol{x};\boldsymbol{d})$$

を得る．f と f_{i^*} の連続性より，$i^* \in \mathcal{I}(\boldsymbol{x})$ が成立するので，この不等式は式 (2.82) が成り立つことを意味している． ■

定理 2.50 より，f_i $(i \in \mathcal{I})$ が有限値をとる凸関数のときには

$$\partial f(\boldsymbol{x}) = \mathrm{co}\,\{\partial f_i(\boldsymbol{x}) \mid i \in \mathcal{I}(\boldsymbol{x})\} \qquad (\boldsymbol{x} \in \mathbb{R}^n) \tag{2.84}$$

が成り立つのに対して，つぎの例が示すように，非凸関数に対しては式 (2.84) が成立するとは限らない．式 (2.84) が成立するためには，定理 2.60 の系と同様，関数 f_i の Clarke 正則性が必要である．

例 2.24. 例 2.23 の関数 f_1, f_2 に対して，関数 $f : \mathbb{R} \to \mathbb{R}$ を次式で定義する．

$$f(x) = \max\{f_1(x), f_2(x)\}$$

そのとき，$f(x) = f_1(x)$ $(x \in I\!R)$ であり，$\partial f(0) = [-1, 1]$ となる．ところが，$\mathcal{I}(0) = \{1, 2\}$ であり，co $\{\partial f_1(0), \partial f_2(0)\} = [-2, 2]$ であるから，$\partial f(0) \neq \mathrm{co}\, \{\partial f_i(0) \,|\, i \in \mathcal{I}(0)\}$ となる．

系 2.5. $\mathcal{I}$ を有限添字集合とし，局所 Lipschitz 連続関数 $f_i : I\!R^n \to I\!R$ $(i \in \mathcal{I})$ は点 $\boldsymbol{x}$ において Clarke 正則とする．そのとき，式 (2.84) が成立する．

つぎの定理は，凸関数の劣微分に関する定理 2.53 を拡張したものである．

定理 2.62. $f : I\!R^n \to I\!R$ を局所 Lipschitz 連続関数とする．そのとき，$\boldsymbol{x}^k \to \boldsymbol{x}$ であるような点列 $\{\boldsymbol{x}^k\} \subset I\!R^n$ に対して，$\boldsymbol{\xi}^k \in \partial f(\boldsymbol{x}^k)$ かつ $\boldsymbol{\xi}^k \to \boldsymbol{\xi}$ ならば $\boldsymbol{\xi} \in \partial f(\boldsymbol{x})$ が成立する．

証明 任意の $\boldsymbol{d} \in I\!R^n$ に対して，$\boldsymbol{\xi}^k \in \partial f(\boldsymbol{x}^k)$ ならば

$$f^\circ(\boldsymbol{x}^k; \boldsymbol{d}) \geqq \langle \boldsymbol{\xi}^k, \boldsymbol{d} \rangle \tag{2.85}$$

が成立する．また，式 (2.74) より，任意の $\varepsilon_k > 0$ に対して

$$[f(\boldsymbol{y}^k + t_k \boldsymbol{d}) - f(\boldsymbol{y}^k)]/t_k \geqq f^\circ(\boldsymbol{x}^k; \boldsymbol{d}) - \varepsilon_k \tag{2.86}$$

を満たす $\boldsymbol{y}^k \in I\!R^n$, $t_k > 0$ で $\|\boldsymbol{y}^k - \boldsymbol{x}^k\| \leqq \varepsilon_k$ かつ $t_k < \varepsilon_k$ であるようなものが存在する．式 (2.85), (2.86) より

$$[f(\boldsymbol{y}^k + t_k \boldsymbol{d}) - f(\boldsymbol{y}^k)]/t_k \geqq \langle \boldsymbol{\xi}^k, \boldsymbol{d} \rangle - \varepsilon_k \tag{2.87}$$

が成り立つが，ここで $\varepsilon_k \to 0$ $(k \to \infty)$ とすれば，$\boldsymbol{y}^k \to \boldsymbol{x}$ であるから，式 (2.87) の左辺の上極限は $f^\circ(\boldsymbol{x}; \boldsymbol{d})$ より大きくなることはない．また，式 (2.87) の右辺は $k \to \infty$ のとき $\langle \boldsymbol{\xi}, \boldsymbol{d} \rangle$ に収束するので，結局

$$f^\circ(\boldsymbol{x}; \boldsymbol{d}) \geqq \langle \boldsymbol{\xi}, \boldsymbol{d} \rangle$$

が成り立つ．ところで，$\boldsymbol{d} \in I\!R^n$ は任意であったから，$\partial f(\boldsymbol{x})$ の定義 (2.77) より，$\boldsymbol{\xi} \in \partial f(\boldsymbol{x})$ を得る． ■

劣勾配の定義 (2.77) は一般化方向微分係数 $f^\circ(\boldsymbol{x};\boldsymbol{d})$ を含んでいるため，劣勾配の実際の計算には適さない．この節の残りでは，より計算に適した劣勾配の特徴づけを行う．

局所 Lipschitz 連続関数 $f: I\!R^n \to I\!R$ はほとんど至るところ微分可能である[*1] ことが知られている (**Rademacher の定理** (Rademacher's Theorem))．f が微分可能であるような点 $\boldsymbol{x}$ 全体の集合を $\mathcal{D}_f$ と表す．そのとき，次式で定義される集合 $\partial_B f(\boldsymbol{x})$ を f の $\boldsymbol{x}$ における **Bouligand 劣微分** (Bouligand subdifferential) あるいは **B 劣微分** (B subdifferential) と呼ぶ．

$$\partial_B f(\boldsymbol{x}) = \left\{ \lim_{k\to\infty} \nabla f(\boldsymbol{x}^k) \;\middle|\; \lim_{k\to\infty} \boldsymbol{x}^k = \boldsymbol{x},\ \{\boldsymbol{x}^k\} \subseteqq \mathcal{D}_f \right\} \tag{2.88}$$

すなわち，B 劣微分 $\partial_B f(\boldsymbol{x})$ とは，$\nabla f(\boldsymbol{x}^k)$ が存在し，かつ $\boldsymbol{x}$ に収束するようなすべての点列 $\{\boldsymbol{x}^k\}$ を考えたとき，それらの点列に対応する勾配ベクトルの列に含まれるすべての集積点の集合である．

定理 2.63. 局所 Lipschitz 連続関数 $f: I\!R^n \to I\!R$ の点 $\boldsymbol{x}$ における (Clarke) 劣微分と B 劣微分のあいだにはつぎの関係が成立する．

$$\partial f(\boldsymbol{x}) = \mathrm{co}\ \partial_B f(\boldsymbol{x}) \tag{2.89}$$

証明　この定理を証明するにはいくつかの予備的な知識が必要なので，ここでは証明を省略する (Clarke (1983) 参照)．　■

式 (2.89) を用いて，簡単な非凸関数の劣微分を計算してみよう．

例 2.25. (a)　例 2.19 の関数 $f: I\!R \to I\!R$ の $x=0$ における B 劣微分は

$$\partial_B f(0) = \{-1, 0, 2\}$$

であるから，劣微分は次式で与えられる (例 2.21 参照)．

$$\partial f(0) = \{\xi \in I\!R \mid -1 \leqq \xi \leqq 2\}$$

[*1] 空間 $I\!R^n$ において f が微分可能でないような点の集合のルベーグ測度が 0 であることを意味する．

(b) つぎの関数 $f : I\!R^2 \to I\!R$ の $\boldsymbol{x} = \boldsymbol{0}$ における劣微分を考える.

$$f(\boldsymbol{x}) = \min\{\max\{x_1, x_2\}, x_1 + x_2\}$$

場合分けを行うことにより，f はつぎのように表せる.

$$f(\boldsymbol{x}) = \begin{cases} x_1 & (\boldsymbol{x} \in S_1 = \{\boldsymbol{x} \in I\!R^2 \mid x_1 \geqq x_2,\ x_2 \geqq 0\}) \\ x_2 & (\boldsymbol{x} \in S_2 = \{\boldsymbol{x} \in I\!R^2 \mid x_1 \leqq x_2,\ x_1 \geqq 0\}) \\ x_1 + x_2 & (\boldsymbol{x} \in S_3 = \{\boldsymbol{x} \in I\!R^2 \mid x_1 \leqq 0\} \cup \{\boldsymbol{x} \in I\!R^2 \mid x_2 \leqq 0\}) \end{cases}$$

明らかに，$S_1 \cup S_2 \cup S_3 = I\!R^2$ であり，f は S_1, S_2, S_3 の境界上の点において微分不可能である．すなわち，$\mathcal{D}_f = \mathrm{int}\ S_1 \cup \mathrm{int}\ S_2 \cup \mathrm{int}\ S_3$ であり

$$\nabla f(\boldsymbol{x}) = \begin{cases} (1,0)^\top & (\boldsymbol{x} \in \mathrm{int}\ S_1) \\ (0,1)^\top & (\boldsymbol{x} \in \mathrm{int}\ S_2) \\ (1,1)^\top & (\boldsymbol{x} \in \mathrm{int}\ S_3) \end{cases}$$

である．$\boldsymbol{0} \in \mathrm{bd}\ S_1 \cap \mathrm{bd}\ S_2 \cap \mathrm{bd}\ S_3$ であるから

$$\partial_B f(\boldsymbol{0}) = \{(1,0)^\top, (0,1)^\top, (1,1)^\top\}$$

となり，劣微分は次式で与えられる.

$$\begin{aligned} \partial f(\boldsymbol{0}) &= \mathrm{co}\ \{(1,0)^\top, (0,1)^\top, (1,1)^\top\} \\ &= \{(\alpha, \beta)^\top \in I\!R^2 \mid \alpha \leqq 1,\ \beta \leqq 1,\ \alpha + \beta \geqq 1\} \end{aligned}$$

式 (2.89) を用いると，実数値関数に対する劣微分の概念を容易にベクトル値関数に拡張できる．関数 $F_i : I\!R^n \to I\!R\ (i = 1, \ldots, m)$ が局所 Lipschitz 連続であるとき，それらを成分とするベクトル値関数 $\boldsymbol{F} : I\!R^n \to I\!R^m$ は局所 Lipschitz 連続であるという．Rademacher の定理より，局所 Lipschitz 連続なベクトル値関数はほとんど至るところ微分可能である．実数値関数の場合と同様，関数 $\boldsymbol{F}$ が微分可能であるような点 $\boldsymbol{x}$ 全体の集合を $\mathcal{D}_F$ とすると，任意の点 $\boldsymbol{x} \in I\!R^n$ において，$\boldsymbol{F}$ の B 劣微分は次式によって定義される.

$$\partial_B \boldsymbol{F}(\boldsymbol{x}) = \left\{ \lim_{k\to\infty} \nabla \boldsymbol{F}(\boldsymbol{x}^k) \,\middle|\, \lim_{k\to\infty} \boldsymbol{x}^k = \boldsymbol{x},\ \{\boldsymbol{x}^k\} \subseteqq \mathcal{D}_F \right\} \subseteqq I\!R^{n\times m}$$

ただし，$\nabla \boldsymbol{F}(\boldsymbol{x}^k)$ は $\boldsymbol{F}$ の $\boldsymbol{x}^k$ における Jacobi 行列である[*1]．B 劣微分 $\partial_B \boldsymbol{F}(\boldsymbol{x})$ を用いて，$\boldsymbol{F}$ の $\boldsymbol{x}$ における (Clarke) 劣微分を

$$\partial \boldsymbol{F}(\boldsymbol{x}) = \mathrm{co}\ \partial_B \boldsymbol{F}(\boldsymbol{x})$$

によって定義する．集合 $\partial \boldsymbol{F}(\boldsymbol{x})$ の要素を $\boldsymbol{F}$ の $\boldsymbol{x}$ における**一般化 Jacobi 行列** (generalized Jacobian matrix) と呼ぶ．

例 2.26. つぎのベクトル値関数 $\boldsymbol{F} : \mathbb{R}^2 \to \mathbb{R}^2$ を考える．

$$\boldsymbol{F}(\boldsymbol{x}) = \begin{pmatrix} F_1(\boldsymbol{x}) \\ F_2(\boldsymbol{x}) \end{pmatrix} = \begin{pmatrix} \max\{x_1, x_2\} \\ |x_1 + x_2| \end{pmatrix}$$

関数 $\boldsymbol{F}$ は二つの直線 $x_1 - x_2 = 0$ と $x_1 + x_2 = 0$ の上で微分不可能であり，それ以外の点における Jacobi 行列はつぎのようになる．

$$\nabla \boldsymbol{F}(\boldsymbol{x}) = \begin{cases} \begin{bmatrix} 1 & 1 \\ 0 & 1 \end{bmatrix} & (x_1 - x_2 > 0,\ x_1 + x_2 > 0) \\ \begin{bmatrix} 1 & -1 \\ 0 & -1 \end{bmatrix} & (x_1 - x_2 > 0,\ x_1 + x_2 < 0) \\ \begin{bmatrix} 0 & -1 \\ 1 & -1 \end{bmatrix} & (x_1 - x_2 < 0,\ x_1 + x_2 < 0) \\ \begin{bmatrix} 0 & 1 \\ 1 & 1 \end{bmatrix} & (x_1 - x_2 < 0,\ x_1 + x_2 > 0) \end{cases}$$

したがって，$\boldsymbol{x} = \boldsymbol{0}$ における $\boldsymbol{F}$ の劣微分は次式で与えられる．

$$\partial \boldsymbol{F}(\boldsymbol{0}) = \mathrm{co}\left\{ \begin{bmatrix} 1 & 1 \\ 0 & 1 \end{bmatrix}, \begin{bmatrix} 1 & -1 \\ 0 & -1 \end{bmatrix}, \begin{bmatrix} 0 & -1 \\ 1 & -1 \end{bmatrix}, \begin{bmatrix} 0 & 1 \\ 1 & 1 \end{bmatrix} \right\}$$

定理 2.64. 局所 Lipschitz 連続なベクトル値関数 $\boldsymbol{F} : \mathbb{R}^n \to \mathbb{R}^m$ とその成分である実数値関数 $F_i : \mathbb{R}^n \to \mathbb{R}$ $(i = 1, \ldots, m)$ の劣微分のあいだにつぎ

[*1] 2.6 節の脚注で述べたように，$\nabla F(\boldsymbol{x})$ を転置した行列を Jacobi 行列と呼ぶのが普通であるが，本書では $\nabla F(\boldsymbol{x})$ を Jacobi 行列と呼ぶ．

の関係が成立する.

$$\partial \boldsymbol{F}(\boldsymbol{x}) \subseteqq [\partial F_1(\boldsymbol{x}) \cdots \partial F_m(\boldsymbol{x})] \tag{2.90}$$

ここで, 式 (2.90) の右辺は, $\partial F_i(\boldsymbol{x})$ に属するベクトルを第 i 列とする $n \times m$ 行列全体の集合を表す.

証明 定理 2.63 と $\partial \boldsymbol{F}(\boldsymbol{x})$ の定義より明らかである. ■

例 2.26 の関数 $\boldsymbol{F}$ の成分関数 F_1, F_2 の $\boldsymbol{x} = \boldsymbol{0}$ における劣微分はそれぞれ

$$\partial F_1(\boldsymbol{0}) = \mathrm{co}\left\{\begin{pmatrix}1\\0\end{pmatrix}, \begin{pmatrix}0\\1\end{pmatrix}\right\}, \quad \partial F_2(\boldsymbol{0}) = \mathrm{co}\left\{\begin{pmatrix}1\\1\end{pmatrix}, \begin{pmatrix}-1\\-1\end{pmatrix}\right\}$$

となるので, 式 (2.90) において等号が成立する. しかしながら, つぎの例が示すように, 一般に式 (2.90) において等号が成立するとは限らない.

例 2.27. つぎのベクトル値関数 $\boldsymbol{F}: I\!\!R^2 \to I\!\!R^2$ を考える.

$$\boldsymbol{F}(\boldsymbol{x}) = \begin{pmatrix} F_1(\boldsymbol{x}) \\ F_2(\boldsymbol{x}) \end{pmatrix} = \begin{pmatrix} \max\{x_1, x_2\} \\ |x_1 - x_2| \end{pmatrix}$$

関数 $\boldsymbol{F}$ は直線 $x_1 - x_2 = 0$ の上で微分不可能であり, それ以外の点における Jacobi 行列はつぎのようになる.

$$\nabla \boldsymbol{F}(\boldsymbol{x}) = \begin{cases} \begin{bmatrix} 1 & 1 \\ 0 & -1 \end{bmatrix} & (x_1 - x_2 > 0) \\ \begin{bmatrix} 0 & -1 \\ 1 & 1 \end{bmatrix} & (x_1 - x_2 < 0) \end{cases}$$

したがって, $\boldsymbol{x} = \boldsymbol{0}$ における $\boldsymbol{F}$ の劣微分は次式で与えられる.

$$\partial \boldsymbol{F}(\boldsymbol{0}) = \mathrm{co}\left\{\begin{bmatrix} 1 & 1 \\ 0 & -1 \end{bmatrix}, \begin{bmatrix} 0 & -1 \\ 1 & 1 \end{bmatrix}\right\}$$

ところが, 成分関数 F_1, F_2 の $\boldsymbol{x} = \boldsymbol{0}$ における劣微分はそれぞれ

$$\partial F_1(\boldsymbol{0}) = \mathrm{co}\left\{\begin{pmatrix}1\\0\end{pmatrix}, \begin{pmatrix}0\\1\end{pmatrix}\right\}, \quad \partial F_2(\boldsymbol{0}) = \mathrm{co}\left\{\begin{pmatrix}1\\-1\end{pmatrix}, \begin{pmatrix}-1\\1\end{pmatrix}\right\}$$

であるから, 式 (2.90) において等号は成立しない.

2.12　点－集合写像

二つの集合 $X \subseteqq I\!\!R^n$ と $U \subseteqq I\!\!R^p$ に対して，U の各点 $\boldsymbol{u}$ に X のある部分集合 $A(\boldsymbol{u})$ を対応させる写像 A を U から X への**点-集合写像** (point-to-set mapping) と呼び，$A: U \to \mathcal{P}(X)$ と表す (図 2.24)．ここで，$\mathcal{P}(X)$ は X の部分集合全体からなる集合であり，X の**べき集合** (power set) という．点-集合写像 $A: U \to \mathcal{P}(X)$ の**グラフ** (graph) を

$$\text{graph } A = \{(\boldsymbol{u}, \boldsymbol{x})^\top \in U \times X \,|\, \boldsymbol{x} \in A(\boldsymbol{u})\} \subseteqq I\!\!R^p \times I\!\!R^n$$

によって定義する．

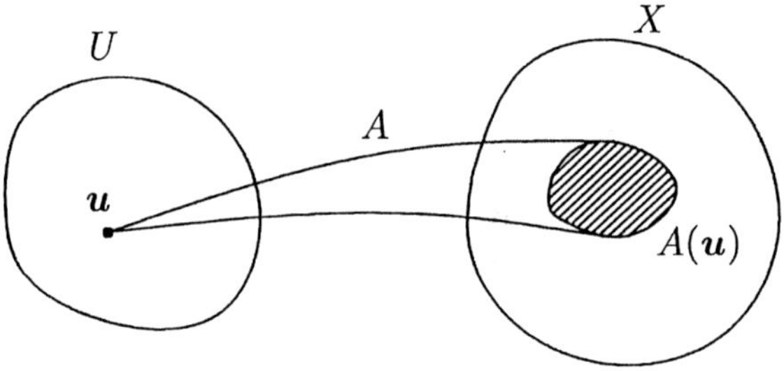

図 2.24　点-集合写像

例 2.28. つぎの A_1, A_2 は $I\!\!R$ から $I\!\!R$ への点-集合写像である (図 2.25)．

$$A_1(u) = \begin{cases} \{x \in I\!\!R \,|\, 0 \leqq x \leqq 1\} & (u \leqq 0) \\ \{x \in I\!\!R \,|\, 0 \leqq x \leqq 1/u\} & (u > 0) \end{cases}$$

$$A_2(u) = \begin{cases} \{x \in I\!\!R \,|\, 0 \leqq x \leqq 1\} & (u < 0) \\ \{x \in I\!\!R \,|\, 0 \leqq x \leqq u/3+2\} & (u \geqq 0) \end{cases}$$

点 $\overline{\boldsymbol{u}} \in U$ の適当な近傍 $\Omega \subseteqq U$ に対して集合 $\cup_{\boldsymbol{u} \in \Omega} A(\boldsymbol{u}) \subseteqq X$ が有界となるとき，点-集合写像 $A: U \to \mathcal{P}(X)$ は $\overline{\boldsymbol{u}}$ のまわりで**一様有界** (uniformly

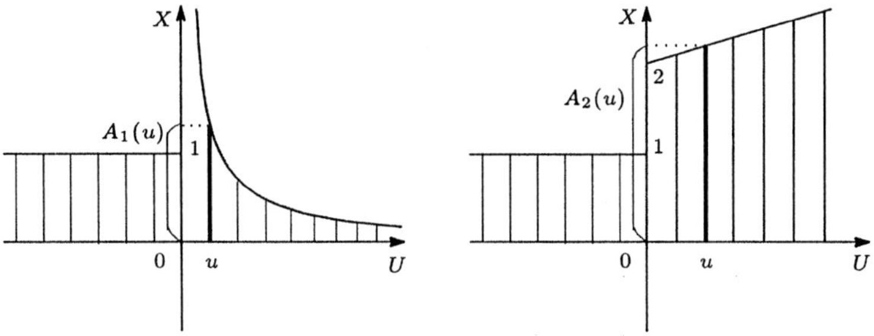

図 2.25 点-集合写像と半連続性

bounded) であるという．なお，Ω の各点 $\boldsymbol{u}$ において $A(\boldsymbol{u})$ が有界であっても $\overline{\boldsymbol{u}}$ のまわりで一様有界であるとは限らない．このことは，例 2.28 の写像 $A_1 : I\!R \to \mathcal{P}(I\!R)$ に対して $\overline{u} = 0$ の場合を考えることにより確かめられる．明らかに，集合 X 自身が有界であれば，$A : U \to \mathcal{P}(X)$ は任意の $\overline{\boldsymbol{u}} \in U$ のまわりで一様有界である．

点-集合写像 $A : U \to \mathcal{P}(X)$ が点 $\overline{\boldsymbol{u}} \in U$ のまわりで一様有界であり，さらに $\boldsymbol{u}^k \to \overline{\boldsymbol{u}}$, $\boldsymbol{x}^k \to \overline{\boldsymbol{x}}$ かつ $\boldsymbol{x}^k \in A(\boldsymbol{u}^k)$ $(k = 1, 2, \ldots)$ であるような任意の点列 $\{\boldsymbol{u}^k\} \subseteqq U$, $\{\boldsymbol{x}^k\} \subseteqq X$ に対して $\overline{\boldsymbol{x}} \in A(\overline{\boldsymbol{u}})$ が成立するとき，A は $\overline{\boldsymbol{u}}$ において**上半連続** (upper semicontinuous) であるという．また，$\boldsymbol{u}^k \to \overline{\boldsymbol{u}} \in U$ となる任意の点列 $\{\boldsymbol{u}^k\} \subseteqq U$ と $\overline{\boldsymbol{x}} \in A(\overline{\boldsymbol{u}})$ を満たす任意の点 $\overline{\boldsymbol{x}} \in X$ に対して，$\boldsymbol{x}^k \to \overline{\boldsymbol{x}}$ かつ $\boldsymbol{x}^k \in A(\boldsymbol{u}^k)$ $(k \geqq k_0)$ であるような整数 $k_0 > 0$ と点列 $\{\boldsymbol{x}^k\} \subseteqq X$ が存在するとき，A は $\overline{\boldsymbol{u}}$ において**下半連続** (lower semicontinuous) であるという*1)．さらに，A が $\overline{\boldsymbol{u}}$ において上半連続かつ下半連続であるとき，$\overline{\boldsymbol{u}}$ において**連続** (continuous) であるという．

グラフが閉集合であるような点-集合写像 $A : U \to \mathcal{P}(X)$ を**閉写像** (closed mapping) という．すなわち，A が閉写像であるための必要十分条件は，$\boldsymbol{u}^k \to \overline{\boldsymbol{u}}$, $\boldsymbol{x}^k \to \overline{\boldsymbol{x}}$ かつ $\boldsymbol{x}^k \in A(\boldsymbol{u}^k)$ $(k = 1, 2, \ldots)$ ならば $\overline{\boldsymbol{x}} \in A(\overline{\boldsymbol{u}})$ が成立することである．したがって，集合 $\cup_{u \in U} A(\boldsymbol{u})$ が有界であるような閉写像 A は任意の $\boldsymbol{u} \in U$ において上半連続である．

---

*1) 下半連続性の定義は一様有界性の条件は必要としない．

点-集合写像の半連続性は実数値関数の半連続性 (2.6 節参照) と明確に区別する必要がある．実際，実数値関数 $f : I\!R^n \to I\!R$ を $A(\boldsymbol{u}) = \{f(\boldsymbol{u})\}$ なる点-集合写像 $A : I\!R^n \to \mathcal{P}(I\!R)$ と見なして上の定義を適用すると，f が有界，すなわち $\sup_{u \in I\!R^n} |f(\boldsymbol{u})| < +\infty$ であれば，A の上半連続性と下半連続性はともに f の連続性を意味する．

例 2.29. 例 2.28 の点-集合写像 $A_i : I\!R \to \mathcal{P}(I\!R)$ $(i = 1, 2)$ を考える．A_1 は $u = 0$ において下半連続であるが上半連続ではなく，逆に A_2 は $u = 0$ において上半連続であるが下半連続ではない．さらに，A_1, A_2 はともに $u = 0$ 以外の点において連続である．

つぎの補題が示すように，上半連続な点-集合写像は，その値が唯一の要素からなるとき連続となる．

補題 2.5. 点-集合写像 $A : U \to \mathcal{P}(X)$ は $\overline{\boldsymbol{u}} \in U$ において上半連続であるとする．そのとき，$A(\overline{\boldsymbol{u}}) = \{\overline{\boldsymbol{x}}\}$ であれば，A は $\overline{\boldsymbol{u}}$ において連続である．

証明 A が $\overline{\boldsymbol{u}}$ において下半連続でないと仮定すれば，$\boldsymbol{u}^k \to \overline{\boldsymbol{u}}$, $\boldsymbol{x}^k \in A(\boldsymbol{u}^k)$ なる任意の点列 $\{\boldsymbol{u}^k\} \subseteq U$, $\{\boldsymbol{x}^k\} \subseteq X$ に対して

$$\liminf_{k \to \infty} \|\boldsymbol{x}^k - \overline{\boldsymbol{x}}\| > 0 \tag{2.91}$$

が成り立つ．A は $\overline{\boldsymbol{u}}$ のまわりで一様有界であるから，$\{\boldsymbol{x}^k\}$ は収束する部分列を含む．その任意の集積点を $\tilde{\boldsymbol{x}}$ とすれば，A の $\overline{\boldsymbol{u}}$ における上半連続性より $\tilde{\boldsymbol{x}} \in A(\overline{\boldsymbol{u}})$ が成り立つ．したがって，仮定より $\tilde{\boldsymbol{x}} = \overline{\boldsymbol{x}}$ となるが，式 (2.91) より $\tilde{\boldsymbol{x}} \neq \overline{\boldsymbol{x}}$ であるから，これは矛盾である．よって，A は $\overline{\boldsymbol{u}}$ において下半連続である． ■

関数 $g_i : I\!R^n \times U \to I\!R$ $(i = 1, \ldots, m)$ に対して，次式で定義される点-集合写像 $S : U \to \mathcal{P}(I\!R^n)$ は，特に最適化理論において重要な役割を演じる．

$$S(\boldsymbol{u}) = \{\boldsymbol{x} \in I\!R^n \mid g_i(\boldsymbol{x}, \boldsymbol{u}) \leq 0 \ (i = 1, \ldots, m)\} \tag{2.92}$$

定理 2.65. 式 (2.92) の点-集合写像 $S: U \to \mathcal{P}(I\!R^n)$ は $\overline{\boldsymbol{u}} \in U$ のまわりで一様有界であり，関数 $g_i : I\!R^n \times U \to I\!R$ $(i = 1, \ldots, m)$ は $I\!R^n \times \{\overline{\boldsymbol{u}}\}$ において下半連続[*1)]であるとする．そのとき S は $\overline{\boldsymbol{u}}$ において上半連続である．

証明 $\boldsymbol{u}^k \to \overline{\boldsymbol{u}}$ なる任意の点列 $\{\boldsymbol{u}^k\} \subseteqq U$ に対して，$\boldsymbol{x}^k \in S(\boldsymbol{u}^k)$ かつ $\boldsymbol{x}^k \to \overline{\boldsymbol{x}}$ ならば $\overline{\boldsymbol{x}} \in S(\overline{\boldsymbol{u}})$ となることを示せばよい．$\boldsymbol{x}^k \in S(\boldsymbol{u}^k)$ より

$$g_i(\boldsymbol{x}^k, \boldsymbol{u}^k) \leqq 0 \qquad (i = 1, \ldots, m)$$

であるが，任意の $\boldsymbol{x}$ に対して，g_i は $(\boldsymbol{x}, \overline{\boldsymbol{u}})$ において下半連続であるから

$$g_i(\overline{\boldsymbol{x}}, \overline{\boldsymbol{u}}) \leqq \liminf_{k \to \infty} g_i(\boldsymbol{x}^k, \boldsymbol{u}^k) \leqq 0 \qquad (i = 1, \ldots, m)$$

が成立する．よって $\overline{\boldsymbol{x}} \in S(\overline{\boldsymbol{u}})$ である． ■

定理 2.65 より，下半連続関数 $g_i : I\!R^n \times U \to I\!R$ $(i = 1, \ldots, m)$ とコンパクト集合 $\hat{X} \subseteqq I\!R^n$ に対して

$$\hat{S}(\boldsymbol{u}) = \hat{X} \cap \{\boldsymbol{x} \in I\!R^n \,|\, g_i(\boldsymbol{x}, \boldsymbol{u}) \leqq 0 \ (i = 1, \ldots, m)\}$$

によって定義される点-集合写像 $\hat{S}: U \to \mathcal{P}(\hat{X})$ は任意の $\boldsymbol{u}$ において上半連続となる．したがって，変数の領域をコンパクト集合に限定したとき，実数値関数の不等式によって与えられる点-集合写像については，通常，上半連続性が成立すると考えて差し支えない．これに対して，式 (2.92) の点-集合写像 S の下半連続性を保証するのは一般に必ずしも容易ではないが，つぎの定理が示すように，g_i がすべて凸関数の場合には，3.3 節で述べる Slater 条件を拡張した条件と一様有界性の仮定のもとで S は連続となる．

定理 2.66. 式 (2.92) の点-集合写像 $S: U \to \mathcal{P}(I\!R^n)$ は $\overline{\boldsymbol{u}} \in U$ のまわりで一様有界であり，関数 $g_i : I\!R^n \times U \to I\!R$ $(i = 1, \ldots, m)$ は $I\!R^n \times \{\overline{\boldsymbol{u}}\}$ において連続，かつ $\boldsymbol{u} \in U$ を任意に固定したとき $\boldsymbol{x}$ に関して凸関数であるとする．そのとき $g_i(\boldsymbol{x}^0, \overline{\boldsymbol{u}}) < 0$ $(i = 1, \ldots, m)$ を満たす $\boldsymbol{x}^0 \in I\!R^n$ が存在するならば，S は $\overline{\boldsymbol{u}}$ において連続である．

[*1)] これは実数値関数としての半連続性である．

証明　定理 2.65 より S は上半連続である．下半連続性を示すために，$\boldsymbol{u}^k \to \overline{\boldsymbol{u}}$ であるような点列 $\{\boldsymbol{u}^k\} \subseteqq U$ と点 $\overline{\boldsymbol{x}} \in S(\overline{\boldsymbol{u}})$ を任意に選ぶ．$g_i(\overline{\boldsymbol{x}}, \overline{\boldsymbol{u}}) < 0\ (i = 1, \ldots, m)$ であれば，g_i の連続性より，$\boldsymbol{x}^k \in S(\boldsymbol{u}^k)$ かつ $\boldsymbol{x}^k \to \overline{\boldsymbol{x}}$ であるような点列 $\{\boldsymbol{x}^k\}$ が存在するのは明らかであるから，以下では少なくとも一つの i に対して $g_i(\overline{\boldsymbol{x}}, \overline{\boldsymbol{u}}) = 0$ であると仮定する．関数 $g : I\!R^n \times U \to I\!R$ を

$$g(\boldsymbol{x}, \boldsymbol{u}) = \max\{g_i(\boldsymbol{x}, \boldsymbol{u}) \mid i = 1, \ldots, m\}$$

によって定義すれば，定理 2.27 より，$g(\cdot, \boldsymbol{u}) : I\!R^n \to I\!R$ は凸関数であり

$$S(\boldsymbol{u}) = \{\boldsymbol{x} \in I\!R^n \mid g(\boldsymbol{x}, \boldsymbol{u}) \leqq 0\}$$

と書ける．また，仮定より $g(\overline{\boldsymbol{x}}, \overline{\boldsymbol{u}}) = 0$ が成立する．ここで，$0 \leqq \alpha_k \leqq 1\ (k = 1, 2, \ldots)$ であるような数列 $\{\alpha_k\}$ を用いて，点列 $\{\boldsymbol{x}^k\}$ を

$$\boldsymbol{x}^k = (1 - \alpha_k)\overline{\boldsymbol{x}} + \alpha_k \boldsymbol{x}^0$$

によって定義すれば，関数 $g(\cdot, \boldsymbol{u}^k)$ が凸関数であることから

$$g(\boldsymbol{x}^k, \boldsymbol{u}^k) \leqq (1 - \alpha_k) g(\overline{\boldsymbol{x}}, \boldsymbol{u}^k) + \alpha_k g(\boldsymbol{x}^0, \boldsymbol{u}^k)$$

が成立する．特に

$$\alpha_k = \max\{0, g(\overline{\boldsymbol{x}}, \boldsymbol{u}^k)/[g(\overline{\boldsymbol{x}}, \boldsymbol{u}^k) - g(\boldsymbol{x}^0, \boldsymbol{u}^k)]\}$$

とおけば，$g(\boldsymbol{x}^0, \overline{\boldsymbol{u}}) < 0$, $g(\overline{\boldsymbol{x}}, \overline{\boldsymbol{u}}) = 0$ および g の連続性より，$k \to \infty$ のとき $\alpha_k \to 0$ すなわち $\boldsymbol{x}^k \to \overline{\boldsymbol{x}}$ となる．さらに，十分大きい k に対して $g(\boldsymbol{x}^k, \boldsymbol{u}^k) \leqq 0$ すなわち $\boldsymbol{x}^k \in S(\boldsymbol{u}^k)$ であるから，S は $\overline{\boldsymbol{u}}$ において下半連続である．　■

つぎの例が示すように，g の連続性だけでは S の連続性は保証できない．

例 2.30. つぎの a), b) の関数 $g : I\!R^n \times U \to I\!R$ は連続である．

a) $x \in I\!R$, $u \in U = [-1, 1] \subseteqq I\!R$ に対して

$$g(x, u) = x/(1 + x^2) - u/2$$

とすれば，式 (2.92) の点-集合写像 S は次式で与えられる．

$$S(u) = \begin{cases} \{x \in I\!R \mid x \leqq \alpha\} \cup \{x \in I\!R \mid \beta \leqq x\} & (0 < u \leqq 1) \\ \{x \in I\!R \mid x \leqq 0\} & (u = 0) \\ \{x \in I\!R \mid \beta \leqq x \leqq \alpha\} & (-1 \leqq u < 0) \end{cases}$$

ただし，$\alpha=(1-\sqrt{1-u^2})/u,\ \beta=(1+\sqrt{1-u^2})/u$ である．この写像 S は $u=0$ において下半連続であるが上半連続ではない．

b) $x\in\mathbb{R},\ u\in U=\mathbb{R}$ に対して

$$g(x,u)=\begin{cases} x^2-1-u & (x\leqq 1)\\ -u & (1<x\leqq 2)\\ x-2-u & (x>2)\end{cases}$$

とすれば，式 (2.92) の点-集合写像 S は次式で与えられる．

$$S(u)=\begin{cases}\emptyset & (u<-1)\\ \{x\in\mathbb{R}\mid -\sqrt{1+u}\leqq x\leqq\sqrt{1+u}\} & (-1\leqq u<0)\\ \{x\in\mathbb{R}\mid -\sqrt{1+u}\leqq x\leqq u+2\} & (u\geqq 0)\end{cases}$$

この写像 S は $u=0$ において上半連続であるが下半連続ではない．

2.13 単 調 写 像

$\mathbb{R}^n$ から $\mathbb{R}^n$ それ自身への点-集合写像 $A:\mathbb{R}^n\to\mathcal{P}(\mathbb{R}^n)$ と空でない凸集合 $S\subseteqq\mathbb{R}^n$ に対して

$$\boldsymbol{x},\boldsymbol{y}\in S,\ \boldsymbol{\xi}\in A(\boldsymbol{x}),\ \boldsymbol{\eta}\in A(\boldsymbol{y}) \quad\Longrightarrow\quad \langle\boldsymbol{x}-\boldsymbol{y},\boldsymbol{\xi}-\boldsymbol{\eta}\rangle\geqq 0 \qquad (2.93)$$

が成り立つとき，A は S において**単調** (monotone) であるといい

$$\boldsymbol{x},\boldsymbol{y}\in S,\ \boldsymbol{x}\neq\boldsymbol{y},\ \boldsymbol{\xi}\in A(\boldsymbol{x}),\ \boldsymbol{\eta}\in A(\boldsymbol{y}) \quad\Longrightarrow\quad \langle\boldsymbol{x}-\boldsymbol{y},\boldsymbol{\xi}-\boldsymbol{\eta}\rangle>0 \quad (2.94)$$

が成り立つとき S において**狭義単調** (strictly monotone) であるという．また，ある定数 $\sigma>0$ が存在して

$$\boldsymbol{x},\boldsymbol{y}\in S,\ \boldsymbol{\xi}\in A(\boldsymbol{x}),\ \boldsymbol{\eta}\in A(\boldsymbol{y}) \quad\Longrightarrow\quad \langle\boldsymbol{x}-\boldsymbol{y},\boldsymbol{\xi}-\boldsymbol{\eta}\rangle\geqq\sigma\|\boldsymbol{x}-\boldsymbol{y}\|^2 \quad (2.95)$$

が成り立つとき，A は S において**強単調** (strongly monotone) であるという．特に $S=\mathbb{R}^n$ のときは，それぞれ単に A は単調，狭義単調，強単調で

あるという．定義より明らかに，強単調写像は狭義単調であり，狭義単調写像は単調である．つぎの例が示すように，$n=1$ のときは，単調写像は単調非減少な (拡張) 実数値関数に対応する．

例 2.31. つぎの写像 $A_i : I\!R \to \mathcal{P}(I\!R)$ $(i=1,2,3)$ を考える (図 2.26).

$$A_1(x) = \begin{cases} \emptyset & (x<0) \\ (-\infty, 1] & (x=0) \\ \{1\} & (0<x\leqq 1) \\ \{x\} & (x>1) \end{cases}$$

$$A_2(x) = \begin{cases} \emptyset & (x<0) \\ (-\infty, 0] & (x=0) \\ \{x^2\} & (x>0) \end{cases} \qquad A_3(x) = \begin{cases} \emptyset & (x<0) \\ (-\infty, 0] & (x=0) \\ \{x\} & (x>0) \end{cases}$$

写像 A_1 は単調であるが，狭義単調ではない．写像 A_2 は狭義単調であるが，強単調ではない．写像 A_3 は強単調である．

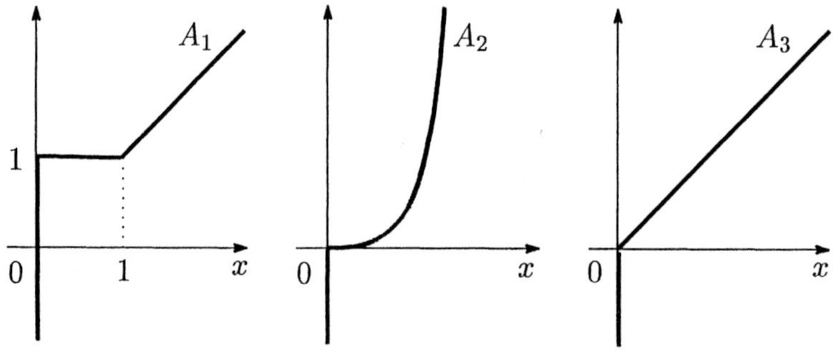

図 2.26　$n=1$ の単調，狭義単調，強単調写像の例

写像 $A : I\!R^n \to \mathcal{P}(I\!R^n)$ が点-点写像の場合，すなわち任意の $\boldsymbol{x} \in I\!R^n$ に対して $A(\boldsymbol{x})$ がちょうど一つの要素 $\boldsymbol{F}(\boldsymbol{x}) \in I\!R^n$ から成る場合には，式 (2.93), (2.94), (2.95) において $\langle \boldsymbol{x}-\boldsymbol{y}, \boldsymbol{\xi}-\boldsymbol{\eta} \rangle$ を $\langle \boldsymbol{x}-\boldsymbol{y}, \boldsymbol{F}(\boldsymbol{x})-\boldsymbol{F}(\boldsymbol{y}) \rangle$ で置き換え

たものをそれぞれ写像 $\boldsymbol{F}: \mathbb{R}^n \to \mathbb{R}^n$ に対する単調性，狭義単調性，強単調性の定義とすればよい．

行列 $\boldsymbol{M} \in \mathbb{R}^{n\times n}$ とベクトル $\boldsymbol{q} \in \mathbb{R}^n$ を用いて，アフィン写像 $\boldsymbol{F}: \mathbb{R}^n \to \mathbb{R}^n$ を

$$\boldsymbol{F}(\boldsymbol{x}) = \boldsymbol{M}\boldsymbol{x} + \boldsymbol{q}$$

によって定義する．ただし，行列 $\boldsymbol{M}$ は対称とは限らない．そのとき

$$\langle \boldsymbol{x}-\boldsymbol{y}, \boldsymbol{F}(\boldsymbol{x})-\boldsymbol{F}(\boldsymbol{y})\rangle = \langle \boldsymbol{x}-\boldsymbol{y}, \boldsymbol{M}(\boldsymbol{x}-\boldsymbol{y})\rangle$$

であるから，$\boldsymbol{F}$ が単調 (狭義単調) であるための必要十分条件は行列 $\boldsymbol{M}$ が半正定値 (正定値) となることである．特に

$$\langle \boldsymbol{x}-\boldsymbol{y}, \boldsymbol{M}(\boldsymbol{x}-\boldsymbol{y})\rangle = \langle \boldsymbol{x}-\boldsymbol{y}, \tfrac{1}{2}(\boldsymbol{M}+\boldsymbol{M}^\top)(\boldsymbol{x}-\boldsymbol{y})\rangle$$

であるから，$\boldsymbol{M}$ が正定値であれば対称行列 $\frac{1}{2}(\boldsymbol{M}+\boldsymbol{M}^\top)$ も正定値であり，その最小固有値を $\sigma > 0$ とすれば

$$\langle \boldsymbol{x}-\boldsymbol{y}, \tfrac{1}{2}(\boldsymbol{M}+\boldsymbol{M}^\top)(\boldsymbol{x}-\boldsymbol{y})\rangle \geqq \sigma\|\boldsymbol{x}-\boldsymbol{y}\|^2$$

が成り立つので，$\boldsymbol{F}$ は強単調である．すなわち，アフィン写像に対しては狭義単調性と強単調性は等価である．

つぎの定理は微分可能なベクトル値関数 $\boldsymbol{F}: \mathbb{R}^n \to \mathbb{R}^n$ の単調性に関連する Jacobi 行列 $\nabla\boldsymbol{F}(\boldsymbol{x})$ の性質を述べている．

定理 2.67. $\boldsymbol{F}: \mathbb{R}^n \to \mathbb{R}^n$ を連続的微分可能なベクトル値関数，$S \subseteqq \mathbb{R}^n$ を空でない開凸集合とする．そのとき，$\boldsymbol{F}$ が S において単調であるための必要十分条件は Jacobi 行列 $\nabla\boldsymbol{F}(\boldsymbol{x}) \in \mathbb{R}^{n\times n}$ がすべての $\boldsymbol{x} \in S$ において半正定値となることである．また，$\boldsymbol{F}$ が S において狭義単調であるための十分条件は $\nabla\boldsymbol{F}(\boldsymbol{x})$ がすべての $\boldsymbol{x} \in S$ において正定値となることである．さらに，$\boldsymbol{F}$ が S において強単調であるための必要十分条件はつぎの条件を満たす定数 $\sigma > 0$ が存在することである．

$$\langle \boldsymbol{d}, \nabla\boldsymbol{F}(\boldsymbol{x})\boldsymbol{d}\rangle \geqq \sigma\|\boldsymbol{d}\|^2 \qquad (\boldsymbol{x} \in S,\ \boldsymbol{d} \in \mathbb{R}^n) \tag{2.96}$$

証明 ある定数 $\sigma > 0$ に対して式 (2.96) が成立すると仮定する．そのとき，式 (2.28) より，任意の $\boldsymbol{x}, \boldsymbol{y} \in S$ に対して次式が成立する．

$$\begin{aligned}\langle \boldsymbol{F}(\boldsymbol{x}) - \boldsymbol{F}(\boldsymbol{y}), \boldsymbol{x} - \boldsymbol{y} \rangle &= \int_0^1 \langle \nabla \boldsymbol{F}(\tau \boldsymbol{x} + (1-\tau)\boldsymbol{y})^\top (\boldsymbol{x} - \boldsymbol{y}), \boldsymbol{x} - \boldsymbol{y} \rangle d\tau \\ &\geqq \sigma \|\boldsymbol{x} - \boldsymbol{y}\|^2 \end{aligned} \tag{2.97}$$

よって $\boldsymbol{F}$ は強単調である．上の議論において $\sigma = 0$ とすることにより，すべての $\boldsymbol{x}$ において $\nabla \boldsymbol{F}(\boldsymbol{x})$ が半正定値であるとき $\boldsymbol{F}$ は単調となることがいえる．$\boldsymbol{F}$ が強単調ならば，任意の $\boldsymbol{x} \in S, \boldsymbol{d} \in I\!R^n$ と十分小さい任意の $t \in I\!R$ に対して

$$\langle \boldsymbol{F}(\boldsymbol{x} + t\boldsymbol{d}) - \boldsymbol{F}(\boldsymbol{x}), t\boldsymbol{d} \rangle \geqq \sigma t^2 \|\boldsymbol{d}\|^2$$

を満たす $\sigma > 0$ が存在し，さらに

$$\boldsymbol{F}(\boldsymbol{x} + t\boldsymbol{d}) - \boldsymbol{F}(\boldsymbol{x}) = t \nabla \boldsymbol{F}(\boldsymbol{x})^\top \boldsymbol{d} + o(t)$$

であるから

$$t^2 \langle \nabla \boldsymbol{F}(\boldsymbol{x})^\top \boldsymbol{d}, \boldsymbol{d} \rangle + o(t^2) \geqq \sigma t^2 \|\boldsymbol{d}\|^2$$

を得る．ここで両辺を t^2 で割って $t \to 0$ とすれば

$$\langle \boldsymbol{d}, \nabla \boldsymbol{F}(\boldsymbol{x}) \boldsymbol{d} \rangle = \langle \nabla \boldsymbol{F}(\boldsymbol{x})^\top \boldsymbol{d}, \boldsymbol{d} \rangle \geqq \sigma \|\boldsymbol{d}\|^2$$

となり，式 (2.96) が成り立つ．$\boldsymbol{F}$ が単調のときには，上の議論において $\sigma = 0$ とすることにより $\nabla \boldsymbol{F}(\boldsymbol{x})$ の半正定値性が示せる．$\nabla \boldsymbol{F}(\boldsymbol{x})$ がすべての $\boldsymbol{x}$ に対して正定値であれば，$\boldsymbol{x} \neq \boldsymbol{y}$ なる任意の $\boldsymbol{x}, \boldsymbol{y} \in S$ に対して，式 (2.97) と同様

$$\langle \boldsymbol{F}(\boldsymbol{x}) - \boldsymbol{F}(\boldsymbol{y}), \boldsymbol{x} - \boldsymbol{y} \rangle = \int_0^1 \langle \nabla \boldsymbol{F}(\tau \boldsymbol{x} + (1-\tau)\boldsymbol{y})^\top (\boldsymbol{x} - \boldsymbol{y}), \boldsymbol{x} - \boldsymbol{y} \rangle d\tau > 0$$

が成立するので $\boldsymbol{F}$ は狭義単調である． ■

なお，$\nabla \boldsymbol{F}(\boldsymbol{x})$ がすべての $\boldsymbol{x}$ において正定値であることは $\boldsymbol{F}$ が狭義単調であるための必要条件ではない．例えば，$F(x) = x^3$ で定義される写像 $F : I\!R \to I\!R$ は狭義単調であるが，$\nabla F(0) = 0$ となるので正定値性の条件は満たされない．

任意の点 $\boldsymbol{x} \in I\!R^n$ に関数 $f : I\!R^n \to (-\infty, +\infty]$ の劣微分 $\partial f(\boldsymbol{x})$ を対応させる**劣微分写像** (subdifferential mapping) は最適化理論において重要な役割を演じる点-集合写像である．特に，つぎの定理に示すように，劣微分写像の単調性は関数の凸性と密接な関係がある．

定理 2.68. 真凸関数 $f : \mathbb{R}^n \to (-\infty, +\infty]$ の劣微分写像 $\partial f : \mathbb{R}^n \to \mathcal{P}(\mathbb{R}^n)$ は単調である．さらに，f が強凸関数 (狭義凸関数) であれば ∂f は強単調 (狭義単調) である．

証明 まず，f を強凸関数と仮定し，$\partial f(\boldsymbol{x}) \neq \emptyset$, $\partial f(\boldsymbol{y}) \neq \emptyset$ であるような任意の $\boldsymbol{x}, \boldsymbol{y} \in \mathrm{dom}\, f$ と $\alpha \in (0,1)$ を考える．そのとき，強凸関数の定義 (2.35) よりつぎの不等式が成り立つ．

$$[f((1-\alpha)\boldsymbol{x}+\alpha\boldsymbol{y}) - f(\boldsymbol{x})]/\alpha + \tfrac{1}{2}\sigma(1-\alpha)\|\boldsymbol{x}-\boldsymbol{y}\|^2 \leqq f(\boldsymbol{y}) - f(\boldsymbol{x}) \tag{2.98}$$

ここで $\alpha \to 0$ とすれば，定理 2.47 より，任意の $\boldsymbol{\xi} \in \partial f(\boldsymbol{x})$ に対して

$$\langle \boldsymbol{\xi}, \boldsymbol{y}-\boldsymbol{x} \rangle + \tfrac{1}{2}\sigma\|\boldsymbol{x}-\boldsymbol{y}\|^2 \leqq f(\boldsymbol{y}) - f(\boldsymbol{x})$$

が成り立つ．同様に，任意の $\boldsymbol{\eta} \in \partial f(\boldsymbol{y})$ に対して

$$\langle \boldsymbol{\eta}, \boldsymbol{x}-\boldsymbol{y} \rangle + \tfrac{1}{2}\sigma\|\boldsymbol{x}-\boldsymbol{y}\|^2 \leqq f(\boldsymbol{x}) - f(\boldsymbol{y})$$

が成り立つので，これら二つの不等式を組み合わせることにより

$$\langle \boldsymbol{\xi}-\boldsymbol{\eta}, \boldsymbol{x}-\boldsymbol{y} \rangle \geqq \sigma\|\boldsymbol{x}-\boldsymbol{y}\|^2$$

を得る．これは ∂f が強単調であることを表している．

上の証明において $\sigma = 0$ とおけば f が凸関数のとき ∂f が単調となることがいえる．また，f が狭義凸関数の場合には，式 (2.98) において，$\sigma = 0$ とおき，不等号 $\leqq$ を狭義の不等号 $<$ で置き換えたものが成立する．さらに，任意の $\alpha > 0$ に対して $[f((1-\alpha)\boldsymbol{x}+\alpha\boldsymbol{y}) - f(\boldsymbol{x})]/\alpha \geqq \langle \boldsymbol{\xi}, \boldsymbol{y}-\boldsymbol{x} \rangle$ であるから，$\alpha \to 0$ としたときの極限においても狭義の不等式が成立することに注意すれば，上と同様の議論により ∂f が狭義単調であることがいえる． ■

2.14 演 習 問 題

2.1 $S, T \subseteq \mathbb{R}^n$ を閉集合とし，特に S はコンパクトと仮定する．そのとき $S+T$ は閉集合であることを示せ．

2.2 上の問題 2.1 において，コンパクト性の仮定がないときには, 必ずしも $S+T$ が閉集合になるとは限らない．これを示す例をあげよ．

2.3 任意の凸集合 $S, T \subseteqq I\!R^n$ と任意の $\alpha, \beta \in I\!R$ に対して，$\alpha S + \beta T$ は凸集合になることを示せ．

2.4 点 $\boldsymbol{x}^1, \ldots, \boldsymbol{x}^m \in I\!R^n$ の凸包はそれらの点の凸結合全体の集合と一致することを示せ．

2.5 任意の集合 $S \subseteqq I\!R^n$ に対して，co cl $S \subseteqq$ cl co S が成り立つことを示せ．

2.6 二つの錐 $C, D \subseteqq I\!R^n$ の共通集合 $C \cap D$ および和集合 $C \cup D$ は錐であり，さらに C, D がともに凸錐ならば $C \cap D$ も凸錐であることを示せ．

2.7 錐 $C \subseteqq I\!R^n$ が凸錐であるための必要十分条件は，$\boldsymbol{x} \in C$, $\boldsymbol{y} \in C$ ならば $\boldsymbol{x} + \boldsymbol{y} \in C$ となることである．これを証明せよ．また，これを用いて，例 2.7 の錐 C_3 が凸錐であることを示せ．

2.8 空でない集合 $C \subseteqq I\!R^n$ が凸錐であるための必要十分条件は，$\boldsymbol{x} \in C$, $\boldsymbol{y} \in C$ であれば，任意の $\lambda \geqq 0, \mu \geqq 0$ に対して $\lambda\boldsymbol{x} + \mu\boldsymbol{y} \in C$ となることである．これを証明せよ．

2.9 定理 2.23 を証明せよ．

2.10 関数 $f : I\!R^n \to I\!R$ が凸関数であるための必要十分条件は，任意の $\boldsymbol{x}, \boldsymbol{y} \in I\!R^n$ に対して

$$g(\alpha) = \begin{cases} f((1-\alpha)\boldsymbol{x} + \alpha\boldsymbol{y}) & (0 \leqq \alpha \leqq 1 \text{ のとき}) \\ +\infty & (\text{それ以外のとき}) \end{cases}$$

で定義される関数 $g : I\!R \to (-\infty, +\infty]$ が真凸関数となることである．これを証明せよ．

2.11 関数 $f : I\!R^n \to I\!R$ は任意の点 $\boldsymbol{x} \in I\!R^n$ において任意の方向 $\boldsymbol{d} \in I\!R^n$ に関する方向微分係数 $f'(\boldsymbol{x}; \boldsymbol{d})$ をもつと仮定する．そのとき，f が凸関数であるための必要十分条件は

$$\begin{aligned} f(\boldsymbol{x}+\boldsymbol{d}) - f(\boldsymbol{x}) &\geqq f'(\boldsymbol{x}; \boldsymbol{d}) \\ f'(\boldsymbol{x}; \boldsymbol{d}) + f'(\boldsymbol{x}; -\boldsymbol{d}) &\geqq 0 \end{aligned} \qquad (\boldsymbol{x} \in I\!R^n,\ \boldsymbol{d} \in I\!R^n)$$

が成立することである．これを証明せよ．

2.12 例 2.10 の関数 f_i $(i = 1, \ldots, 6)$ が真凸関数であることを示せ．

2.13 定理 2.40 を証明せよ．なお，この定理の逆は真ではない．任意の $\alpha \in I\!R$ に対してレベル集合 $S_f(\alpha)$ が凸集合であるような関数 f を**準凸関数** (quasi-convex function) という[*1]．準凸関数であるが凸関数でない関数の例をあげよ．

2.14 微分可能な準凸関数 $f : I\!R^n \to I\!R$ に対して

$$f(\boldsymbol{y}) \leqq f(\boldsymbol{x}) \implies \langle \nabla f(\boldsymbol{x}), \boldsymbol{y} - \boldsymbol{x} \rangle \leqq 0$$

[*1] $-f$ が準凸関数のとき，f を**準凹関数** (quasi-concave function) という．

が成り立つことを示せ.

2.15 微分可能な関数 $f : \mathbb{R}^n \to \mathbb{R}$ に対して

$$\langle \nabla f(\boldsymbol{x}), \boldsymbol{y} - \boldsymbol{x} \rangle \geqq 0 \quad \Longrightarrow \quad f(\boldsymbol{y}) \geqq f(\boldsymbol{x})$$

が成り立つとき，f を**擬凸関数** (pseudo-convex function) という[*1]．微分可能な凸関数は擬凸関数であることと，擬凸関数は準凸関数であることを示せ.

2.16 原点 $\mathbf{0} \in \mathbb{R}^n$ を内部に含む凸集合 $S \subseteqq \mathbb{R}^n$ に対して，次式で定義される関数 m_S を S の **Minkowski 関数** (Minkowski function) と呼ぶ.

$$m_S(\boldsymbol{x}) = \inf\{\lambda \in \mathbb{R} \mid \boldsymbol{x}/\lambda \in S, \lambda > 0\}$$

関数 m_S は任意の点 $\boldsymbol{x} \in \mathbb{R}^n$ において有限値をとる正斉次凸関数であることを示せ.

2.17 例 2.12 の関数 f_i^* $(i = 1, \ldots, 6)$ が例 2.10 の凸関数 f_i $(i = 1, \ldots, 6)$ の共役関数であることを確かめよ．ただし，関数 f_2 においては $\alpha > 0$ とし，関数 f_6 においては $\boldsymbol{A} \succ \boldsymbol{O}$ とする.

2.18 $f : \mathbb{R}^n \to (-\infty, +\infty]$ を真凸関数とし，$\boldsymbol{x} \in \mathrm{dom}\, f$ とする．そのとき，$\partial f(\boldsymbol{x}) = \emptyset$ ならば，$f'(\boldsymbol{x}; \boldsymbol{d}) = -\infty$ であるようなベクトル $\boldsymbol{d} \in \mathbb{R}^n$ $(\|\boldsymbol{d}\| = 1)$ が存在することを示せ.（ヒント：定理 2.47 を利用する.）

2.19 つぎの点-集合写像 $A : \mathbb{R} \to \mathcal{P}(\mathbb{R}^2)$ の $u = 0$ における連続性を調べよ.

$$A(u) = \{\boldsymbol{x} \in \mathbb{R}^2 \mid x_1 + u x_2 = 0,\ x_1 = 0,\ -1 \leqq x_2 \leqq 1\}$$

2.20 関数 $g_i : \mathbb{R}^n \to \mathbb{R}$ $(i = 1, \ldots, m)$ に対して，二つの点-集合写像 $S : \mathbb{R}^m \to \mathcal{P}(\mathbb{R}^n)$ と $S_0 : \mathbb{R}^m \to \mathcal{P}(\mathbb{R}^n)$ を次式で定義する.

$$S(\boldsymbol{u}) = \{\boldsymbol{x} \in \mathbb{R}^n \mid g_i(\boldsymbol{x}) \leqq u_i\ (i = 1, \ldots, m)\}$$
$$S_0(\boldsymbol{u}) = \{\boldsymbol{x} \in \mathbb{R}^n \mid g_i(\boldsymbol{x}) < u_i\ (i = 1, \ldots, m)\}$$

g_i $(i = 1, \ldots, m)$ が凸関数のとき，$S_0(\boldsymbol{u}) \neq \emptyset$ ならば $\mathrm{cl}\, S_0(\boldsymbol{u}) = S(\boldsymbol{u})$ が成立することを示せ．g_i $(i = 1, \ldots, m)$ が準凸関数のときには，これは必ずしも成立するとは限らない．このことを示す例を与えよ.

2.21 関数 $f : \mathbb{R}^n \to \mathbb{R}$ が 2 回連続的微分可能ならば，f が (狭義) 凸関数であるための必要十分条件は $\nabla f : \mathbb{R}^n \to \mathbb{R}^n$ が (狭義) 単調写像となることである．これを証明せよ.

[*1] $-f$ が擬凸関数のとき，f を**擬凹関数** (pseudo-concave function) という.

3
最適性条件

この章では，主に非線形計画問題の実行可能解がその問題の最適解となるための必要条件と十分条件について述べる．まず，3.1 節において，集合の接錐を定義し，それを用いた最適性の必要条件を示す．つぎに，3.2 節において，不等式制約条件をもつ問題に対して，制約想定と呼ばれる仮定のもとで，代表的な最適性の必要条件である Karush-Kuhn-Tucker 条件 (KKT 条件) を導くとともに，3.3 節では各種の制約想定を比較検討する．さらに，3.4 節では KKT 条件とは少し異なる観点から Lagrange 関数の鞍点に基づく最適性条件を導き，3.5 節において目的関数と制約関数の Hesse 行列を用いた 2 次の最適性条件を考察する．3.6 節において不等式制約条件と等式制約条件をもつ一般的な問題に対する KKT 条件と制約想定について説明し，3.7 節では最適性条件の微分不可能な関数を含む問題に対する拡張について述べる．さらに，3.8 節において対称行列を変数とする半正定値計画問題に対する最適性条件を考察する．最適化問題において，係数の変化が最適解にどのような影響を及ぼすかを調べることは，理論的にも実際的にも重要である．3.9 節では，パラメータを含む非線形計画問題を考え，その最適解のパラメータに関する連続性について考察する．最後に 3.10 節において，非線形計画問題に対する感度分析の方法を解説する．

3.1 接錐と最適性条件

関数 $f : I\!R^n \to I\!R$ と集合 $S \subseteqq I\!R^n$ に対して，つぎの最適化問題を考える．

$$\begin{array}{ll} \text{目的関数：} & f(\boldsymbol{x}) \longrightarrow \text{最小} \\ \text{制約条件：} & \boldsymbol{x} \in S \end{array} \tag{3.1}$$

$S = I\!R^n$ のとき，この問題は制約なし最適化問題となる．なお，この章で取り扱う関数は，特に断らない限り，$\pm\infty$ の値をとらない実数値関数とする．

実行可能解 $\overline{\boldsymbol{x}} \in S$ に対して，ある $\varepsilon > 0$ が存在して

$$f(\boldsymbol{x}) \geqq f(\overline{\boldsymbol{x}}) \qquad (\boldsymbol{x} \in S \cap B(\overline{\boldsymbol{x}}, \varepsilon)) \tag{3.2}$$

が成立するとき，$\overline{\boldsymbol{x}}$ を問題 (3.1) の**局所的最適解** (local optimal solution) と呼ぶ．さらに，式 (3.2) において，$\boldsymbol{x} \neq \overline{\boldsymbol{x}}$ ならば $f(\boldsymbol{x}) > f(\overline{\boldsymbol{x}})$ が成り立つとき，$\overline{\boldsymbol{x}}$ を**狭義局所的最適解** (strict local optimal solution) という．また，ある $\varepsilon > 0$ に対して，球 $B(\overline{\boldsymbol{x}}, \varepsilon)$ の中に $\overline{\boldsymbol{x}}$ 以外の局所的最適解が存在しないならば，$\overline{\boldsymbol{x}}$ を**孤立局所的最適解** (isolated local optimal solution) という．狭義局所的最適解は，多くの場合，孤立局所的最適解となるが，つぎの例 3.1 や 3.5 節の例 3.10 に示すように，そうでない場合も例外的に存在する．

例 3.1. 問題 (3.1) において，$S = I\!R$ であり，$f : I\!R \to I\!R$ は次式で定義される関数とする．

$$f(x) = \begin{cases} -\frac{1}{2}x + 2^{-2k+1} & (2^{-2k} < x \leqq 2^{-2k+1}) \\ \frac{5}{2}x - 2^{-2k} & (2^{-2k-1} < x \leqq 2^{-2k}) \qquad (k = 0, \pm1, \pm2, \ldots) \\ -x & (x \leqq 0) \end{cases}$$

そのとき，$x = 2^{-2k-1}$ $(k = 0, \pm1, \pm2, \ldots)$ はすべて孤立局所的最適解となる．しかし，$x = 0$ は狭義局所的最適解（実は大域的最適解）であるが，そのいくらでも近くに局所的最適解が存在するので，孤立局所的最適解ではない (この関数のグラフを描いて確かめてみよ).

任意の $\varepsilon > 0$ に対して式 (3.2) が成立するとき，すなわち

$$f(\boldsymbol{x}) \geqq f(\overline{\boldsymbol{x}}) \qquad (\boldsymbol{x} \in S) \tag{3.3}$$

であるとき，$\overline{\boldsymbol{x}}$ を問題 (3.1) の**大域的最適解** (global optimal solution) あるいは単に**最適解** (optimal solution) と呼ぶ．大域的最適解は局所的最適解であるが，逆は必ずしも真ではない．しかしながら，つぎの定理が示すように，目的関数が凸関数で実行可能領域が凸集合であれば，逆もまた成立する．

定理 3.1. 問題 (3.1) において，$f : I\!R^n \to I\!R$ は凸関数，$S \subseteqq I\!R^n$ は空でない凸集合とする．そのとき，問題 (3.1) の任意の局所的最適解は大域的最適解である．さらに，最適解全体の集合は凸集合である．

証明 局所的最適解であるが大域的最適解でないような点 $\boldsymbol{x} \in S$ が存在すると仮定する．そのとき，$f(\boldsymbol{y}) < f(\boldsymbol{x})$ を満たす点 $\boldsymbol{y} \in S$ が存在するが，S は凸集合であるから，任意の $\alpha \in (0, 1)$ に対して $(1-\alpha)\boldsymbol{x} + \alpha\boldsymbol{y} \in S$ である．さらに，f は凸関数であるから次式が成り立つ．

$$f((1-\alpha)\boldsymbol{x} + \alpha\boldsymbol{y}) \leqq (1-\alpha)f(\boldsymbol{x}) + \alpha f(\boldsymbol{y}) < f(\boldsymbol{x})$$

ここで $\alpha \to 0$ とすれば，$\boldsymbol{x}$ の任意の近傍のなかに $\boldsymbol{x}$ より小さい目的関数値をもつ実行可能解が存在することがわかる．これは $\boldsymbol{x}$ が局所的最適解であることに矛盾する．

最適解が存在しないときは (空集合は凸集合であるから) 定理の後半は自明である．最適解が存在するとき，$\overline{\boldsymbol{x}}$ を任意の最適解とすれば，最適解の集合は f のレベル集合を用いて $S_f(f(\overline{\boldsymbol{x}})) \cap S$ と表されるので，定理の後半は定理 2.40 より従う． ■

定理 3.2. 問題 (3.1) において，$f : I\!R^n \to I\!R$ は狭義凸関数，$S \subseteqq I\!R^n$ は空でない閉凸集合とする．そのとき，問題 (3.1) の最適解は (存在すれば) 唯一である．さらに，f が強凸関数ならば，問題 (3.1) は唯一の最適解をもつ．

証明 問題 (3.1) は拡張実数値関数 $f + \delta_S$ を $I\!R^n$ 上で最小化する問題と等価であり，f が狭義 (強) 凸関数であれば，$f + \delta_S$ も狭義 (強) 凸関数である．よって，この定理の結果は，定理 2.42 より従う． ■

問題 (1.1) のように，制約条件がいくつかの不等式と等式によって表されているときには，それらの制約関数がそれぞれ凸関数と 1 次関数，すなわち問題が凸計画問題であれば定理 3.1 の仮定が満たされる (定理 2.40 参照)．しかし，凸計画問題でない問題には一般にいくつもの局所的最適解が存在するので，大域的最適解を実際に識別することは非常に困難である．したがって，凸性を仮定しない一般の問題においては，局所的最適解がもっぱら考察の対象となる．

集合 $S \subseteqq \mathbb{R}^n$ に属する点 $\overline{\boldsymbol{x}}$ に注目する．集合 S に含まれ，かつ $\overline{\boldsymbol{x}}$ に収束する点列 $\{\boldsymbol{x}^k\}$ を考えたとき，ある非負数列 $\{\alpha_k\}$ を用いて定義される点列 $\{\alpha_k(\boldsymbol{x}^k - \overline{\boldsymbol{x}})\}$ が収束し，その極限が $\boldsymbol{y} \in \mathbb{R}^n$ となるならば，$\boldsymbol{y}$ を集合 S の点 $\overline{\boldsymbol{x}}$ における**接ベクトル** (tangent vector) と呼ぶ．さらに，S の点 $\overline{\boldsymbol{x}}$ における接ベクトル全体の集合を $T_S(\overline{\boldsymbol{x}})$ と表し，集合 S の点 $\overline{\boldsymbol{x}}$ における**接錐** (tangent cone) と呼ぶ．すなわち

$$T_S(\overline{\boldsymbol{x}}) = \left\{ \boldsymbol{y} \in \mathbb{R}^n \;\middle|\; \lim_{k\to\infty} \alpha_k(\boldsymbol{x}^k - \overline{\boldsymbol{x}}) = \boldsymbol{y},\ \lim_{k\to\infty} \boldsymbol{x}^k = \overline{\boldsymbol{x}}, \right.$$
$$\left. \boldsymbol{x}^k \in S,\ \alpha_k \geqq 0\ (k = 1, 2, \ldots) \right\} \tag{3.4}$$

である．接錐 $T_S(\overline{\boldsymbol{x}})$ は，ある意味で，集合 S を点 $\overline{\boldsymbol{x}}$ において線形近似した集合とみなすことができる (図 3.1)．

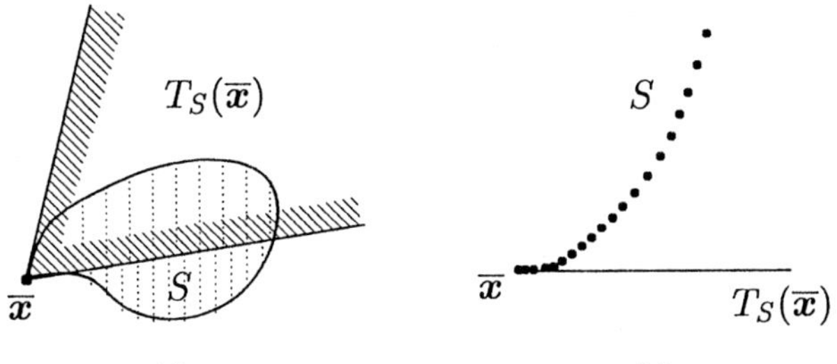

図 3.1 接錐 $T_S(\overline{\boldsymbol{x}})$ の例

補題 3.1. 任意の空でない集合 $S \subseteqq \mathbb{R}^n$ と点 $\overline{\boldsymbol{x}} \in S$ に対して，$T_S(\overline{\boldsymbol{x}})$ は空でない閉錐である．

証明 定義より，$T_S(\bar{\boldsymbol{x}})$ が錐であることは明らかである．また，常に $\mathbf{0} \in T_S(\bar{\boldsymbol{x}})$ であるから，$T_S(\bar{\boldsymbol{x}}) \neq \emptyset$ である．$T_S(\bar{\boldsymbol{x}})$ が閉集合であることを示すには，$\{\boldsymbol{y}^l\} \subseteqq T_S(\bar{\boldsymbol{x}})$ かつ $\lim_{l\to\infty} \boldsymbol{y}^l = \bar{\boldsymbol{y}}$ ならば $\bar{\boldsymbol{y}} \in T_S(\bar{\boldsymbol{x}})$ であることをいえばよい．各々の l に対して，$\boldsymbol{y}^l \in T_S(\bar{\boldsymbol{x}})$ であるから，接ベクトルの定義より，$\lim_{k\to\infty} \boldsymbol{x}^{l,k} = \bar{\boldsymbol{x}}$ を満たす点列 $\{\boldsymbol{x}^{l,k}\} \subseteqq S$ と非負数列 $\{\alpha_{l,k}\}$ が存在して $\lim_{k\to\infty} \alpha_{l,k}(\boldsymbol{x}^{l,k} - \bar{\boldsymbol{x}}) = \boldsymbol{y}^l$ が成り立つ．したがって，各々の l に対して，$\|\alpha_{l,k(l)}(\boldsymbol{x}^{l,k(l)} - \bar{\boldsymbol{x}}) - \boldsymbol{y}^l\| \leqq 1/l$ かつ $\|\boldsymbol{x}^{l,k(l)} - \bar{\boldsymbol{x}}\| \leqq 1/l$ を満たす $k(l)$ が存在する．そこで，$\boldsymbol{x}^l = \boldsymbol{x}^{l,k(l)}$, $\alpha_l = \alpha_{l,k(l)}$ とおけば，$\lim_{l\to\infty} \boldsymbol{x}^l = \bar{\boldsymbol{x}}$ かつ $\lim_{l\to\infty} \alpha_l(\boldsymbol{x}^l - \bar{\boldsymbol{x}}) = \bar{\boldsymbol{y}}$ が成り立つ．よって，$\bar{\boldsymbol{y}} \in T_S(\bar{\boldsymbol{x}})$ である． ■

S が凸集合のときには，つぎの補題に示すような接錐の表現が可能である．

補題 3.2. $S \subseteqq I\!R^n$ を空でない凸集合とし，点 $\bar{\boldsymbol{x}} \in S$ とする．cone $[S, \bar{\boldsymbol{x}}] = \{\boldsymbol{y} \in I\!R^n \mid \boldsymbol{y} = \beta(\boldsymbol{x} - \bar{\boldsymbol{x}})\ (\boldsymbol{x} \in S,\ \beta > 0)\} \subseteqq I\!R^n$ とおけば，次式が成立する．

$$T_S(\bar{x}) = \mathrm{cl\ cone}\,[S, \bar{\boldsymbol{x}}] \tag{3.5}$$

証明 まず，$T_S(\bar{\boldsymbol{x}}) \subseteqq$ cl cone $[S, \bar{\boldsymbol{x}}]$ を示す．任意の $\boldsymbol{y} \in T_S(\bar{\boldsymbol{x}})$ に対して，$\lim_{k\to\infty} \boldsymbol{x}^k = \bar{\boldsymbol{x}}$ かつ $\boldsymbol{y} = \lim_{k\to\infty} \alpha_k(\boldsymbol{x}^k - \bar{\boldsymbol{x}})$ を満たす点列 $\{\boldsymbol{x}^k\} \subseteqq S$ と非負数列 $\{\alpha_k\}$ が存在する．ところが，cone $[S, \bar{\boldsymbol{x}}]$ の定義より，$\{\alpha_k(\boldsymbol{x}^k - \bar{\boldsymbol{x}})\} \subseteqq$ cone $[S, \bar{\boldsymbol{x}}]$ が成り立つ．よって，$\boldsymbol{y} \in$ cl cone $[S, \bar{\boldsymbol{x}}]$ である．

つぎに，$T_S(\bar{\boldsymbol{x}}) \supseteqq$ cl cone $[S, \bar{\boldsymbol{x}}]$ を示す．補題 3.1 より，$T_S(\bar{\boldsymbol{x}})$ は閉集合であるから，任意の $\boldsymbol{y} \in$ cone $[S, \bar{\boldsymbol{x}}]$ が $T_S(\bar{\boldsymbol{x}})$ に属することをいえば十分である．定義より，$\boldsymbol{y} \in$ cone $[S, \bar{\boldsymbol{x}}]$ ならば，ある $\boldsymbol{x} \in S$ と $\beta > 0$ を用いて $\boldsymbol{y} = \beta(\boldsymbol{x} - \bar{\boldsymbol{x}})$ と書ける．$\gamma_k \to +\infty$ であるような任意の正数列 $\{\gamma_k\}$ を用いて，点列 $\{\boldsymbol{x}^k\}$ を $\boldsymbol{x}^k = \bar{\boldsymbol{x}} + (\boldsymbol{x} - \bar{\boldsymbol{x}})/\gamma_k$ によって定義すると，$\lim_{k\to\infty} \boldsymbol{x}^k = \bar{\boldsymbol{x}}$ かつ $\boldsymbol{y} = \beta\gamma_k(\boldsymbol{x}^k - \bar{\boldsymbol{x}})$ $(k = 1, 2, \ldots)$ であり，さらに S は凸集合であるから，ある正整数 k_0 が存在して，$\boldsymbol{x}^k \in S\ (k \geqq k_0)$ となる．よって，接錐の定義より，$\boldsymbol{y} \in T_S(\bar{\boldsymbol{x}})$ を得る． ■

接錐 $T_S(\bar{\boldsymbol{x}})$ の極錐 $T_S(\bar{\boldsymbol{x}})^*$ を $\bar{\boldsymbol{x}}$ における S の**法線錐** (normal cone) と呼び，$N_S(\bar{\boldsymbol{x}})$ と表す．すなわち

$$N_S(\bar{\boldsymbol{x}}) = \{\boldsymbol{z} \in I\!R^n \mid \langle \boldsymbol{z}, \boldsymbol{y} \rangle \leqq 0\ (\boldsymbol{y} \in T_S(\bar{\boldsymbol{x}}))\} \tag{3.6}$$

である．S が凸集合のときには，補題 3.2 より，法線錐は

$$N_S(\overline{\boldsymbol{x}}) = \{\boldsymbol{z} \in I\!R^n \mid \langle \boldsymbol{z}, \boldsymbol{x} - \overline{\boldsymbol{x}} \rangle \leqq 0 \ (\boldsymbol{x} \in S)\} \tag{3.7}$$

と表現できる．$N_S(\overline{\boldsymbol{x}})$ に属するベクトルを $\overline{\boldsymbol{x}}$ における S の**法線ベクトル** (normal vector) という．$N_S(\overline{\boldsymbol{x}})$ は空でない閉凸錐である．

つぎの定理は問題 (3.1) に対する最も基本的な最適性条件を与えている．

定理 3.3. 関数 $f : I\!R^n \to I\!R$ は点 $\overline{\boldsymbol{x}} \in S$ において微分可能とする．そのとき，$\overline{\boldsymbol{x}}$ が問題 (3.1) の局所的最適解ならば次式が成立する．

$$-\nabla f(\overline{\boldsymbol{x}}) \in N_S(\overline{\boldsymbol{x}}) \tag{3.8}$$

証明 任意の $\boldsymbol{y} \in T_S(\overline{\boldsymbol{x}})$ を選ぶ．接ベクトルの定義より，$\boldsymbol{x}^k \in S$ かつ $\boldsymbol{x}^k \to \overline{\boldsymbol{x}}$ なる点列 $\{\boldsymbol{x}^k\}$ と非負数列 $\{\alpha_k\}$ で $\alpha_k(\boldsymbol{x}^k - \overline{\boldsymbol{x}}) \to \boldsymbol{y}$ となるものが存在する．また，f の $\overline{\boldsymbol{x}}$ における微分可能性より

$$f(\boldsymbol{x}^k) - f(\overline{\boldsymbol{x}}) = \langle \nabla f(\overline{\boldsymbol{x}}), \boldsymbol{x}^k - \overline{\boldsymbol{x}} \rangle + o(\|\boldsymbol{x}^k - \overline{\boldsymbol{x}}\|) \tag{3.9}$$

と書けるが，$\overline{\boldsymbol{x}}$ が局所的最適解ならば十分大きい k に対して $f(\boldsymbol{x}^k) \geqq f(\overline{\boldsymbol{x}})$ であるから，式 (3.9) より

$$\langle \nabla f(\overline{\boldsymbol{x}}), \alpha_k(\boldsymbol{x}^k - \overline{\boldsymbol{x}}) \rangle + \frac{o(\|\boldsymbol{x}^k - \overline{\boldsymbol{x}}\|)}{\|\boldsymbol{x}^k - \overline{\boldsymbol{x}}\|} \cdot \alpha_k \|\boldsymbol{x}^k - \overline{\boldsymbol{x}}\| \geqq 0$$

が成立する．ここで $k \to \infty$ とすると，極限において

$$\langle \nabla f(\overline{\boldsymbol{x}}), \boldsymbol{y} \rangle + 0 \cdot \|\boldsymbol{y}\| \geqq 0$$

すなわち $\langle -\nabla f(\overline{\boldsymbol{x}}), \boldsymbol{y} \rangle \leqq 0$ を得る．ところで，$\boldsymbol{y} \in T_S(\overline{\boldsymbol{x}})$ は任意であったから，$-\nabla f(\overline{\boldsymbol{x}}) \in N_S(\overline{\boldsymbol{x}})$ が成り立つ． ■

図 3.2 は式 (3.8) を表している．つぎの例にみるように，式 (3.8) は $\overline{\boldsymbol{x}}$ が問題 (3.1) の局所的最適解であるための必要条件であるが十分条件ではない．式 (3.8) を満たす点を問題 (3.1) の**停留点** (stationary point) と呼ぶ．

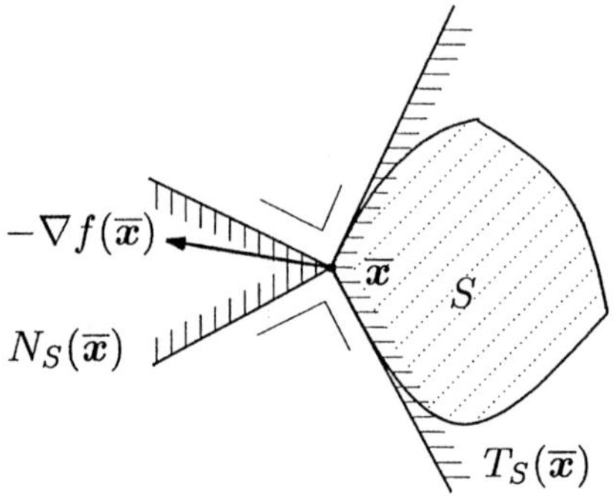

図 3.2　接錐と最適性の条件

例 3.2. 問題 (3.1) において, $S = \{\boldsymbol{x} \in I\!R^2 \,|\, x_1^2 - x_2 = 0\}$, $f(\boldsymbol{x}) = -x_2$ とする．そのとき，点 $\overline{\boldsymbol{x}} = (0,0)^\top$ において $T_S(\overline{\boldsymbol{x}}) = \{\boldsymbol{y} \in I\!R^2 \,|\, y_2 = 0\}$, $N_S(\overline{\boldsymbol{x}}) = \{\boldsymbol{z} \in I\!R^2 \,|\, z_1 = 0\}$, $\nabla f(\overline{\boldsymbol{x}}) = (0,-1)^\top$ であるから，$\overline{\boldsymbol{x}}$ は式 (3.8) を満足するが，明らかに $\overline{\boldsymbol{x}}$ はこの問題の局所的最適解ではない．

定理 3.4. $S \subseteq I\!R^n$ は空でない凸集合，$f : I\!R^n \to I\!R$ は点 $\overline{\boldsymbol{x}} \in S$ において微分可能な凸関数とする．そのとき，式 (3.8) は $\overline{\boldsymbol{x}}$ が問題 (3.1) の大域的最適解であるための必要十分条件である．

証明　必要性は定理 3.3 より明らかである．
　十分性は式 (3.7) と定理 2.29 よりただちにしたがう．　■

系 3.1. 集合 $S \subseteq I\!R^n$ の内部は空でなく，関数 $f : I\!R^n \to I\!R$ は点 $\overline{\boldsymbol{x}} \in \operatorname{int} S$ において微分可能とする．そのとき，$\overline{\boldsymbol{x}}$ が問題 (3.1) の局所的最適解ならば

$\nabla f(\overline{\boldsymbol{x}}) = \boldsymbol{0}$ が成立する．さらに，f が凸関数，S が凸集合ならば，$\nabla f(\overline{\boldsymbol{x}}) = \boldsymbol{0}$ は $\overline{\boldsymbol{x}}$ が問題 (3.1) の大域的最適解であるための必要十分条件である．

証明 $\overline{\boldsymbol{x}} \in \mathrm{int}\, S$ のとき $T_S(\overline{\boldsymbol{x}}) = I\!R^n$ であるから，$N_S(\overline{\boldsymbol{x}}) = \{\boldsymbol{0}\}$ となる．よって，式 (3.8) は $\nabla f(\overline{\boldsymbol{x}}) = \boldsymbol{0}$ に帰着される． ■

3.2 Karush-Kuhn-Tucker 条件

問題 (3.1) の実行可能領域 S が関数 $g_i : I\!R^n \to I\!R$ $(i = 1, \ldots, m)$ を用いて

$$S = \{\boldsymbol{x} \in I\!R^n \mid g_i(\boldsymbol{x}) \leqq 0 \ (i = 1, \ldots, m)\} \tag{3.10}$$

と表される場合を考える．そのとき，問題 (3.1) はつぎのように書ける．

$$\begin{aligned} &\text{目的関数：} \quad f(\boldsymbol{x}) \longrightarrow \text{最小} \\ &\text{制約条件：} \quad g_i(\boldsymbol{x}) \leqq 0 \quad (i = 1, \ldots, m) \end{aligned} \tag{3.11}$$

実行可能解 $\overline{\boldsymbol{x}}$ に対して，$g_i(\overline{\boldsymbol{x}}) = 0$ が成立している制約条件を $\overline{\boldsymbol{x}}$ における**有効制約条件** (active constraint) と呼び，その添字集合を $\mathcal{I}(\overline{\boldsymbol{x}}) = \{i \mid g_i(\overline{\boldsymbol{x}}) = 0\} \subseteqq \{1, 2, \ldots, m\}$ と表す．

前節では集合 S の点 $\overline{\boldsymbol{x}}$ における線形近似表現として接錐 $T_S(\overline{\boldsymbol{x}})$ を定義したが，S が式 (3.10) によって表され，さらに関数 g_i が $\overline{\boldsymbol{x}}$ において微分可能ならば，つぎのような別の線形近似表現を定義することができる．

$$C_S(\overline{\boldsymbol{x}}) = \{\boldsymbol{y} \in I\!R^n \mid \langle \nabla g_i(\overline{\boldsymbol{x}}), \boldsymbol{y} \rangle \leqq 0 \ (i \in \mathcal{I}(\overline{\boldsymbol{x}}))\} \tag{3.12}$$

すなわち，$C_S(\overline{\boldsymbol{x}})$ は点 $\overline{\boldsymbol{x}}$ における有効制約条件に対応する制約関数の勾配 $\nabla g_i(\overline{\boldsymbol{x}})$ $(i \in \mathcal{I}(\overline{\boldsymbol{x}}))$ と $90°$ 以上の角をなすベクトル全体の集合である．明らかに，$C_S(\overline{\boldsymbol{x}})$ は閉凸多面錐である (図 3.3)．$C_S(\overline{\boldsymbol{x}})$ を S の $\overline{\boldsymbol{x}}$ における**線形化錐** (linearizing cone) と呼ぶ．

接錐 $T_S(\overline{\boldsymbol{x}})$ が集合 S から直接定義されるのに対して，線形化錐 $C_S(\overline{\boldsymbol{x}})$ は集合 S を記述する関数 g_i に依存して定まる．したがって，つぎの例が示すように，両者は必ずしも一致するとは限らない．

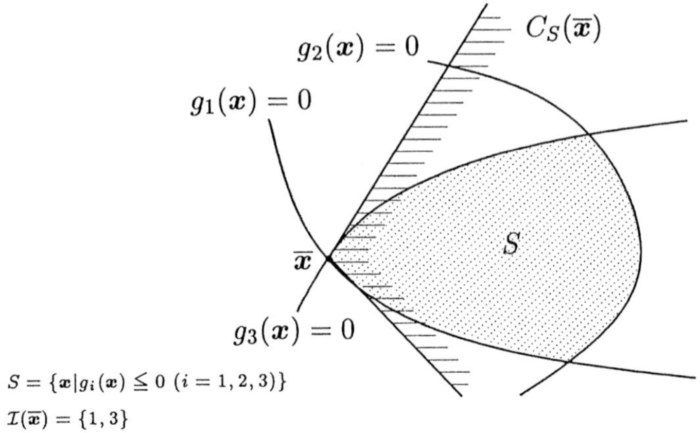

図 3.3 有効制約条件と線形化錐 $C_S(\overline{\boldsymbol{x}})$

例 3.3. $S = \{x \in I\!R \mid x \leqq 0\}$, $\overline{x} = 0$ とすれば，$T_S(\overline{x}) = C_S(\overline{x}) = \{y \in I\!R \mid y \leqq 0\}$ である．ここで，$S = \{x \in I\!R \mid x^3 \leqq 0\}$ としても集合 S の形状は変わらないので $T_S(\overline{x}) = \{y \in I\!R \mid y \leqq 0\}$ であるが，$C_S(\overline{x}) = I\!R$ となる．

このように $T_S(\overline{\boldsymbol{x}}) = C_S(\overline{\boldsymbol{x}})$ は必ずしも成立するとは限らないが，包含関係 $T_S(\overline{\boldsymbol{x}}) \subseteqq C_S(\overline{\boldsymbol{x}})$ は常に成立する．

補題 3.3. 式 (3.10) によって定義される空でない集合 $S \subseteqq I\!R^n$ と任意の点 $\overline{\boldsymbol{x}} \in S$ に対して $T_S(\overline{\boldsymbol{x}}) \subseteqq C_S(\overline{\boldsymbol{x}})$ が成立する．

証明 $\boldsymbol{y} \in T_S(\overline{\boldsymbol{x}})$ とすると，接ベクトルの定義より，$\alpha_k(\boldsymbol{x}^k - \overline{\boldsymbol{x}}) \to \boldsymbol{y}$ なる点列 $\{\boldsymbol{x}^k\} \subseteqq S$ と非負数列 $\{\alpha_k\}$ が存在する．$\boldsymbol{x}^k \in S$ であるから，すべての i に対して

$$g_i(\boldsymbol{x}^k) = g_i(\overline{\boldsymbol{x}}) + \langle \nabla g_i(\overline{\boldsymbol{x}}), \boldsymbol{x}^k - \overline{\boldsymbol{x}} \rangle + o(\|\boldsymbol{x}^k - \overline{\boldsymbol{x}}\|) \leqq 0 \quad (k = 1, 2, \ldots)$$

が成立する．特に，$i \in \mathcal{I}(\overline{\boldsymbol{x}})$ ならば $g_i(\overline{\boldsymbol{x}}) = 0$ であるから

$$\langle \nabla g_i(\overline{\boldsymbol{x}}), \boldsymbol{x}^k - \overline{\boldsymbol{x}} \rangle + o(\|\boldsymbol{x}^k - \overline{\boldsymbol{x}}\|) \leqq 0 \quad (k = 1, 2, \ldots)$$

となる．この左辺に α_k をかけて $k \to \infty$ の極限を考えると

$$\begin{aligned} &\alpha_k \langle \nabla g_i(\overline{\boldsymbol{x}}), \boldsymbol{x}^k - \overline{\boldsymbol{x}} \rangle + \alpha_k o(\|\boldsymbol{x}^k - \overline{\boldsymbol{x}}\|) \\ &= \langle \nabla g_i(\overline{\boldsymbol{x}}), \alpha_k(\boldsymbol{x}^k - \overline{\boldsymbol{x}}) \rangle + \frac{o(\|\boldsymbol{x}^k - \overline{\boldsymbol{x}}\|)}{\|\boldsymbol{x}^k - \overline{\boldsymbol{x}}\|} \cdot \|\alpha_k(\boldsymbol{x}^k - \overline{\boldsymbol{x}})\| \ \to\ \langle \nabla g_i(\overline{\boldsymbol{x}}), \boldsymbol{y} \rangle \end{aligned}$$

となる．よって，$\langle \nabla g_i(\bar{\boldsymbol{x}}), \boldsymbol{y} \rangle \leqq 0 \ (i \in \mathcal{I}(\bar{\boldsymbol{x}}))$，すなわち $\boldsymbol{y} \in C_S(\bar{\boldsymbol{x}})$ である． ■

問題 (3.11) に対して，次式で定義される関数 $L_0 : I\!R^{n+m} \to [-\infty, +\infty)$ を **Lagrange 関数** (Lagrangian) という．

$$L_0(\boldsymbol{x}, \boldsymbol{\lambda}) = \begin{cases} f(\boldsymbol{x}) + \sum_{i=1}^{m} \lambda_i g_i(\boldsymbol{x}) & (\boldsymbol{\lambda} \geqq \boldsymbol{0}) \\ -\infty & (\boldsymbol{\lambda} \not\geqq \boldsymbol{0}) \end{cases} \tag{3.13}$$

また，ベクトル $\boldsymbol{\lambda} = (\lambda_1, \ldots, \lambda_m)^\top \in I\!R^m$ を **Lagrange 乗数** (Lagrange multiplier) と呼ぶ．ここで，$\boldsymbol{\lambda} \not\geqq \boldsymbol{0}$ のとき $L_0(\boldsymbol{x}, \boldsymbol{\lambda}) = -\infty$ と定義したのは，第 4 章において双対問題を定義する際に都合がよいためである．

この節における最も重要な結果は，問題 (3.11) に対する最適性の必要条件を与えるつぎの定理である．

定理 3.5. 点 $\bar{\boldsymbol{x}}$ を問題 (3.11) の局所的最適解とし，目的関数 $f : I\!R^n \to I\!R$ と制約関数 $g_i : I\!R^n \to I\!R \ (i = 1, \ldots, m)$ は $\bar{\boldsymbol{x}}$ において微分可能とする．そのとき，$C_S(\bar{\boldsymbol{x}}) \subseteqq \mathrm{co}\ T_S(\bar{\boldsymbol{x}})$ であれば，次式を満足する Lagrange 乗数 $\bar{\boldsymbol{\lambda}} \in I\!R^m$ が存在する．

$$\begin{aligned} &\nabla_x L_0(\bar{\boldsymbol{x}}, \bar{\boldsymbol{\lambda}}) = \nabla f(\bar{\boldsymbol{x}}) + \sum_{i=1}^{m} \bar{\lambda}_i \nabla g_i(\bar{\boldsymbol{x}}) = \boldsymbol{0} \\ &\bar{\lambda}_i \geqq 0,\ g_i(\bar{\boldsymbol{x}}) \leqq 0,\ \bar{\lambda}_i g_i(\bar{\boldsymbol{x}}) = 0 \quad (i = 1, \ldots, m) \end{aligned} \tag{3.14}$$

証明 $\bar{\boldsymbol{x}}$ は局所的最適解であるから，定理 3.3 より，$-\nabla f(\bar{\boldsymbol{x}}) \in N_S(\bar{\boldsymbol{x}})$ が成り立つ．また，$C_S(\bar{\boldsymbol{x}}) \subseteqq \mathrm{co}\ T_S(\bar{\boldsymbol{x}})$ であれば，定理 2.12 より

$$C_S(\bar{\boldsymbol{x}})^* \supseteqq (\mathrm{co}\ T_S(\bar{\boldsymbol{x}}))^* = T_S(\bar{\boldsymbol{x}})^* = N_S(\bar{\boldsymbol{x}})$$

であるから，$-\nabla f(\bar{\boldsymbol{x}}) \in C_S(\bar{\boldsymbol{x}})^*$ が成立する．したがって，$C_S(\bar{\boldsymbol{x}})$ の定義 (3.12) と定理 2.15 より，次式を満たす $\bar{\lambda}_i \geqq 0 \ (i \in \mathcal{I}(\bar{\boldsymbol{x}}))$ が存在する．

$$-\nabla f(\bar{\boldsymbol{x}}) = \sum_{i \in \mathcal{I}(\bar{\boldsymbol{x}})} \bar{\lambda}_i \nabla g_i(\bar{\boldsymbol{x}})$$

よって，$\bar{\lambda}_i = 0 \ (i \notin \mathcal{I}(\bar{\boldsymbol{x}}))$ とおくことにより，式 (3.14) を得る． ■

例 3.4. つぎの問題を考える.

$$\begin{aligned} \text{目的関数：} \quad & f(\boldsymbol{x}) = -x_1 - x_2 \longrightarrow \text{最小} \\ \text{制約条件：} \quad & g_1(\boldsymbol{x}) = x_1^2 - x_2 \leqq 0 \\ & g_2(\boldsymbol{x}) = -x_1 \leqq 0 \\ & g_3(\boldsymbol{x}) = x_2 - 1 \leqq 0 \end{aligned}$$

この問題の最適解は $\overline{\boldsymbol{x}} = (1,1)^\top$ であり，有効制約条件の添字集合は $\mathcal{I}(\overline{\boldsymbol{x}}) = \{1,3\}$ である．そのとき，$T_S(\overline{\boldsymbol{x}}) = C_S(\overline{\boldsymbol{x}}) = \{\boldsymbol{y} \in I\!R^2 \mid 2y_1 - y_2 \leqq 0,\ y_2 \leqq 0\}$ となるので，$C_S(\overline{\boldsymbol{x}}) \subseteqq \operatorname{co} T_S(\overline{\boldsymbol{x}})$ は満たされる．また，$\nabla f(\overline{\boldsymbol{x}}) = (-1,-1)^\top$, $\nabla g_1(\overline{\boldsymbol{x}}) = (2,-1)^\top$, $\nabla g_3(\overline{\boldsymbol{x}}) = (0,1)^\top$ であるから，$\overline{\boldsymbol{\lambda}} = (1/2, 0, 3/2)^\top$ とすれば式 (3.14) が成立する (図 3.4).

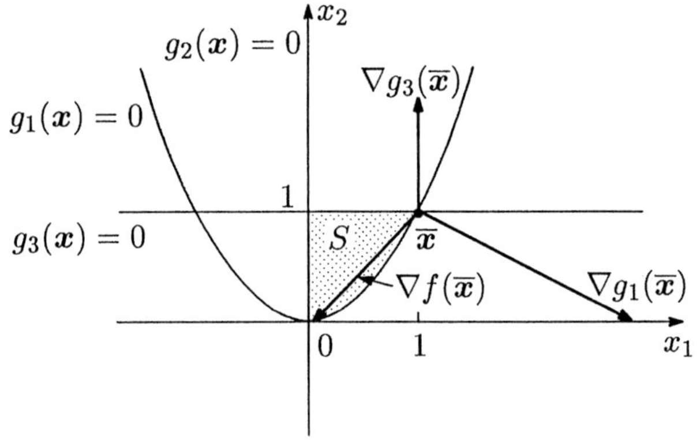

図 **3.4**　Karush-Kuhn-Tucker 条件 (例 3.4)

式 (3.14) は一般に **Karush-Kuhn-Tucker 条件** (Karush-Kuhn-Tucker conditions) あるいは **KKT 条件** (KKT conditions) と呼ばれる*1)．この条件は点 $\overline{\boldsymbol{x}}$ が問題 (3.11) の局所的最適解であるための必要条件であるが，つぎの例が示すように，十分条件ではない.

*1)　**Kuhn-Tucker 条件** (Kuhn-Tucker conditions) と呼ばれることもある.

例 3.5. つぎの問題を考える.

$$\begin{aligned} \text{目的関数：} \quad & f(\boldsymbol{x}) = -x_2 \longrightarrow \text{最小} \\ \text{制約条件：} \quad & g_1(\boldsymbol{x}) = -x_1^2 + x_2 \leqq 0 \\ & g_2(\boldsymbol{x}) = x_1^2 + x_2^2 - 1 \leqq 0 \end{aligned}$$

$\overline{\boldsymbol{x}} = (0,0)^\top$ とすると，$\mathcal{I}(\overline{\boldsymbol{x}}) = \{1\}$ であり，$T_S(\overline{\boldsymbol{x}}) = C_S(\overline{\boldsymbol{x}}) = \{\boldsymbol{y} \in I\!R^2 \mid y_2 \leqq 0\}$ となるので，$C_S(\overline{\boldsymbol{x}}) \subseteqq \mathrm{co}\, T_S(\overline{\boldsymbol{x}})$ は成り立っている．また，$\nabla f(\overline{\boldsymbol{x}}) = (0,-1)^\top$, $\nabla g_1(\overline{\boldsymbol{x}}) = (0,1)^\top$, であるから，$\overline{\boldsymbol{\lambda}} = (1,0)^\top$ とすれば式 (3.14) が成立する．しかし，点 $\overline{\boldsymbol{x}}$ はこの問題の局所的最適解ではない．

KKT 条件 (3.14) は，局所的最適解 $\overline{\boldsymbol{x}}$ における目的関数の勾配 $\nabla f(\overline{\boldsymbol{x}})$ に -1 をかけたベクトルが有効制約条件に対応する制約関数の勾配 $\nabla g_i(\overline{\boldsymbol{x}})$ $(i \in \mathcal{I}(\overline{\boldsymbol{x}}))$ によって張られる凸多面錐に含まれることを意味する (図 3.4)．特に，条件 $\overline{\lambda}_i g_i(\overline{\boldsymbol{x}}) = 0$ は，有効でない制約条件に対応する Lagrange 乗数 $\overline{\lambda}_i$ が 0 になることを示しており，**相補性条件** (complementarity condition) と呼ばれる．

定理 3.5 は，$C_S(\overline{\boldsymbol{x}}) \subseteqq \mathrm{co}\, T_S(\overline{\boldsymbol{x}})$ の仮定のもとで，KKT 条件が問題 (3.11) に対する最適性の必要条件であることを示している．このような仮定は，一般に**制約想定** (constraint qualification) と呼ばれ，KKT 条件が最適性の必要条件となるためには欠かすことのできないものである．次節において，さまざまな制約想定について詳しく述べる．

つぎの定理は，適当な凸性の仮定のもとで，KKT 条件が最適性の十分条件になることを示している．

定理 3.6. 問題 (3.11) において，目的関数 $f : I\!R^n \to I\!R$ と制約関数 $g_i : I\!R^n \to I\!R \quad (i = 1, \ldots, m)$ は微分可能な凸関数とする．そのとき，ある $\overline{\boldsymbol{x}} \in I\!R^n$ と $\overline{\boldsymbol{\lambda}} \in I\!R^m$ が式 (3.14) を満足するならば，$\overline{\boldsymbol{x}}$ は問題 (3.11) の大域的最適解である．

証明 $\overline{\boldsymbol{\lambda}}$ を固定して，関数 $\ell : I\!R^n \to I\!R$ を次式で定義する．

$$\ell(\boldsymbol{x}) = f(\boldsymbol{x}) + \sum_{i=1}^{m} \overline{\lambda}_i g_i(\boldsymbol{x})$$

f, g_i は凸関数，$\overline{\boldsymbol{\lambda}} \geqq \mathbf{0}$ であるから，定理 2.26 より，ℓ もまた凸関数である．式 (3.14) より $\nabla \ell(\overline{\boldsymbol{x}}) = \mathbf{0}$ が成り立つので，定理 3.4 の系より，関数 ℓ は $\overline{\boldsymbol{x}}$ において大域的に最小となる．すなわち，任意の $\boldsymbol{x} \in I\!R^n$ に対して次式が成立する．

$$f(\overline{\boldsymbol{x}}) + \sum_{i=1}^{m} \overline{\lambda}_i g_i(\overline{\boldsymbol{x}}) \leqq f(\boldsymbol{x}) + \sum_{i=1}^{m} \overline{\lambda}_i g_i(\boldsymbol{x})$$

ここで，$\overline{\lambda}_i g_i(\overline{\boldsymbol{x}}) = 0$ $(i = 1, \ldots, m)$ かつ $\overline{\boldsymbol{\lambda}} \geqq \mathbf{0}$ であるから，$g_i(\boldsymbol{x}) \leqq 0$ $(i = 1, \ldots, m)$ を満たす任意の $\boldsymbol{x}$ に対して $f(\overline{\boldsymbol{x}}) \leqq f(\boldsymbol{x})$ が成り立つ． ■

定理 3.5 と定理 3.6 より，問題 (3.11) が凸計画問題のときには，制約想定のもとで，KKT 条件 (3.14) は大域的最適性の必要十分条件となる．

3.3 制約想定

定理 3.5 では，制約想定 $C_S(\overline{\boldsymbol{x}}) \subseteqq \mathrm{co}\, T_S(\overline{\boldsymbol{x}})$ のもとで，KKT 条件が最適性の必要条件になることを示した．この節では，制約想定の役割について述べるとともに，KKT 条件が最適性の必要条件であることを保証する他のいくつかの制約想定を紹介し，それらの関係を明らかにする．

まず，制約想定なしで導かれる最適性の必要条件を示す．

定理 3.7. 点 $\overline{\boldsymbol{x}}$ を問題 (3.11) の局所的最適解とし，目的関数 $f : I\!R^n \to I\!R$ と制約関数 $g_i : I\!R^n \to I\!R$ $(i = 1, \ldots, m)$ は $\overline{\boldsymbol{x}}$ において微分可能とする．そのとき，次式を満足する $\overline{\lambda}_0, \overline{\lambda}_1, \ldots, \overline{\lambda}_m$ が存在する．

$$\begin{aligned}
&\overline{\lambda}_0 \nabla f(\overline{\boldsymbol{x}}) + \sum_{i=1}^{m} \overline{\lambda}_i \nabla g_i(\overline{\boldsymbol{x}}) = \mathbf{0} \\
&g_i(\overline{\boldsymbol{x}}) \leqq 0,\ \overline{\lambda}_i g_i(\overline{\boldsymbol{x}}) = 0 \quad (i = 1, \ldots, m) \\
&\overline{\lambda}_i \geqq 0 \quad (i = 0, 1, \ldots, m) \\
&(\overline{\lambda}_0, \overline{\lambda}_1, \ldots, \overline{\lambda}_m)^\top \neq (0, 0, \ldots, 0)^\top
\end{aligned} \tag{3.15}$$

証明 簡単のため $\mathcal{I}=\mathcal{I}(\overline{\boldsymbol{x}})$ と書き，集合 $Y \subseteqq I\!R^n$ を

$$Y=\{\boldsymbol{y}\in I\!R^n \mid \langle\nabla f(\overline{\boldsymbol{x}}),\boldsymbol{y}\rangle<0,\ \langle\nabla g_i(\overline{\boldsymbol{x}}),\boldsymbol{y}\rangle<0\ (i\in\mathcal{I})\}$$

と定義すれば，$Y=\emptyset$ となる．なぜなら，もしある $\boldsymbol{y}\in Y$ が存在すると仮定すれば，十分小さい $\alpha>0$ に対して，$f(\overline{\boldsymbol{x}}+\alpha\boldsymbol{y})<f(\overline{\boldsymbol{x}})$ かつ $g_i(\overline{\boldsymbol{x}}+\alpha\boldsymbol{y})<0\ (i=1,\ldots,m)$ が成立することが容易に示せるので，$\overline{\boldsymbol{x}}$ が局所的最適解であることに反するからである．ここで，凸錐 $C\subseteqq I\!R^{n+1}$ を次式で定義する．

$$\begin{aligned}
C &= \{(y_0,\boldsymbol{y})^\top\in I\!R^{n+1} \mid\ y_0+\langle\nabla f(\overline{\boldsymbol{x}}),\boldsymbol{y}\rangle\leqq 0,\\
&\qquad\qquad y_0+\langle\nabla g_i(\overline{\boldsymbol{x}}),\boldsymbol{y}\rangle\leqq 0\ (i\in\mathcal{I})\}\\
&= \{(y_0,\boldsymbol{y})^\top\in I\!R^{n+1} \mid\ \langle(1,\nabla f(\overline{\boldsymbol{x}}))^\top,(y_0,\boldsymbol{y})^\top\rangle\leqq 0,\\
&\qquad\qquad \langle(1,\nabla g_i(\overline{\boldsymbol{x}}))^\top,(y_0,\boldsymbol{y})^\top\rangle\leqq 0\ (i\in\mathcal{I})\}
\end{aligned}$$

そのとき，$Y=\emptyset$ であるから，任意の $(y_0,\boldsymbol{y})^\top\in C$ に対して $y_0\leqq 0$ が成り立つ．したがって $\langle(1,\boldsymbol{0})^\top,(y_0,\boldsymbol{y})^\top\rangle=y_0\leqq 0\ ((y_0,\boldsymbol{y})^\top\in C)$，すなわち $(1,\boldsymbol{0})^\top\in C^*$ が成り立つので，定理 2.15 より

$$\begin{aligned}
&\overline{\lambda}_0\nabla f(\overline{\boldsymbol{x}})+\sum_{i\in\mathcal{I}}\overline{\lambda}_i\nabla g_i(\overline{\boldsymbol{x}})=\boldsymbol{0}\\
&\overline{\lambda}_0+\sum_{i\in\mathcal{I}}\overline{\lambda}_i=1,\qquad \overline{\lambda}_i\geqq 0\quad (i\in\{0\}\cup\mathcal{I})
\end{aligned}$$

を満足する $\overline{\lambda}_i\ (i\in\{0\}\cup\mathcal{I})$ が存在する．よって，$i\notin\mathcal{I}$ に対して $\overline{\lambda}_i=0$ とおけば，$\overline{\lambda}_0,\overline{\lambda}_1,\ldots,\overline{\lambda}_m$ は式 (3.15) を満足する． ■

式 (3.15) は **Fritz John 条件** (Fritz John conditions) と呼ばれ，KKT 条件 (3.14) はこの特別な場合 ($\overline{\lambda}_0>0$) とみなすことができる．実際，式 (3.15) において $\overline{\lambda}_0>0$ ならば，$\overline{\lambda}_i\ (i=0,1,\ldots,m)$ を $\overline{\lambda}_i/\overline{\lambda}_0$ で置き換えることにより KKT 条件 (3.14) を導くことができる．KKT 条件および Fritz John 条件と制約想定の関係を見るために，つぎの例を考える．

例 3.6. つぎの問題を考える.

$$\begin{aligned}&\text{目的関数：}\quad f(\boldsymbol{x}) = x_1 - x_2 \longrightarrow \text{最小}\\ &\text{制約条件：}\quad g_1(\boldsymbol{x}) = -x_1^2 + x_2 \leqq 0\\ &\qquad\qquad\quad g_2(\boldsymbol{x}) = -x_2 \leqq 0\\ &\qquad\qquad\quad g_3(\boldsymbol{x}) = x_1 - 1 \leqq 0\\ &\qquad\qquad\quad g_4(\boldsymbol{x}) = -x_1^3 \leqq 0\end{aligned}$$

この問題の最適解は $(1,1)^\top \in I\!R^2$ と $(0,0)^\top \in I\!R^2$ の二つである (図 3.5).

a) $\overline{\boldsymbol{x}} = (1,1)^\top$ のとき, $\mathcal{I}(\overline{\boldsymbol{x}}) = \{1,3\}$, $T_S(\overline{\boldsymbol{x}}) = C_S(\overline{\boldsymbol{x}}) = \{\boldsymbol{y} \in I\!R^2 \mid -2y_1 + y_2 \leqq 0,\ y_1 \leqq 0\}$ であり, $\overline{\boldsymbol{\lambda}} = (1,0,1,0)^\top$ とすれば, KKT 条件 (3.14) が成立する.

b) $\overline{\boldsymbol{x}} = (0,0)^\top$ のとき, $\mathcal{I}(\overline{\boldsymbol{x}}) = \{1,2,4\}$, $T_S(\overline{\boldsymbol{x}}) = \{\boldsymbol{y} \in I\!R^2 \mid y_2 = 0,\ y_1 \geqq 0\}$, $C_S(\overline{\boldsymbol{x}}) = \{\boldsymbol{y} \in I\!R^2 \mid y_2 = 0\}$ であり, KKT 条件を満たす $\overline{\boldsymbol{\lambda}}$ は存在しない. しかし, $(\overline{\lambda}_0, \overline{\lambda}_1, \overline{\lambda}_2, \overline{\lambda}_3, \overline{\lambda}_4)^\top = (0,1,1,0,0)^\top$ とすれば Fritz John 条件 (3.15) は成立する.

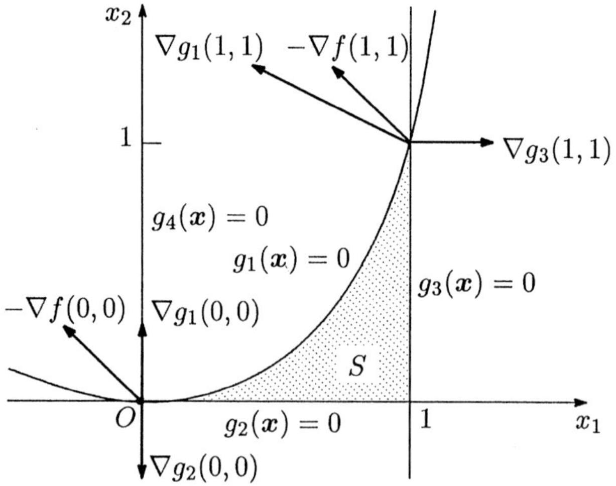

図 3.5 例 3.6 (勾配ベクトルの大きさは縮小されている.)

例 3.6 b) は，制約想定 $C_S(\overline{\boldsymbol{x}}) \subseteqq \mathrm{co}\, T_S(\overline{\boldsymbol{x}})$ が成立しないときには，Fritz John 条件が満たされる場合でも，$\overline{\lambda}_0 = 0$ となる可能性があることを示している．そして $\overline{\lambda}_0 = 0$ のとき，Fritz John 条件は目的関数に関する情報をまったく含まず，その結果，目的関数が何であっても Fritz John 条件が成立するという不自然な事態が生じることさえある．たとえば，等式制約条件 $h(\boldsymbol{x}) = 0$ を含む問題の場合，それを不等式制約条件のペア $h(\boldsymbol{x}) \leqq 0$, $-h(\boldsymbol{x}) \leqq 0$ で置き換えて問題 (3.11) の形に変換したとき，制約条件 $h(\boldsymbol{x}) \leqq 0$ と $-h(\boldsymbol{x}) \leqq 0$ に対応する Lagrange 乗数をどちらも 1 とおき，さらに $\overline{\lambda}_0$ を含む他のすべての Lagrange 乗数を 0 とおけば，任意の実行可能解に対して Fritz John 条件が (目的関数に関係なく) 成立する．このことから，Fritz John 条件が真に最適性条件としての意味をもつのは $\overline{\lambda}_0 > 0$ のとき，すなわち KKT 条件に帰着できるときであるといえる．そのために必要な仮定が制約想定に他ならない．

これまでに様々な制約想定が提案されているが，不等式制約条件のみを含む問題 (3.11) に対する代表的な制約想定として以下のようなものがある．

- **1 次独立制約想定** (linear independence constraint qualification)：ベクトル $\nabla g_i(\overline{\boldsymbol{x}})$ $(i \in \mathcal{I}(\overline{\boldsymbol{x}}))$ は 1 次独立である．
- **Slater 制約想定** (Slater's constraint qualification)：g_i $(i \in \mathcal{I}(\overline{\boldsymbol{x}}))$ は凸関数であり，$g_i(\boldsymbol{x}^0) < 0$ $(i = 1, \ldots, m)$ を満たす $\boldsymbol{x}^0$ が存在する．
- **Cottle 制約想定** (Cottle's constraint qualification)：$\langle \nabla g_i(\overline{\boldsymbol{x}}), \boldsymbol{y} \rangle < 0$ $(i \in \mathcal{I}(\overline{\boldsymbol{x}}))$ を満たすベクトル $\boldsymbol{y} \in I\!R^n$ が存在する．
- **Abadie 制約想定** (Abadie's constraint qualification)：$C_S(\overline{\boldsymbol{x}}) \subseteqq T_S(\overline{\boldsymbol{x}})$
- **Guignard 制約想定** (Guignard's constraint qualification)：$C_S(\overline{\boldsymbol{x}}) \subseteqq \mathrm{co}\, T_S(\overline{\boldsymbol{x}})$

最後の Guignard 制約想定は定理 3.5 で仮定した制約想定に他ならない．以下ではこれらの制約想定の関係を調べていこう．

まず，Cottle 制約想定に対する等価な表現を与える．

補題 3.4. Cottle 制約想定が成り立つための必要十分条件は

$$\sum_{i \in \mathcal{I}(\overline{x})} \lambda_i \nabla g_i(\overline{\boldsymbol{x}}) = \boldsymbol{0} \tag{3.16}$$

かつ $\lambda_i \geqq 0\ (i \in \mathcal{I}(\overline{\boldsymbol{x}}))$ ならば $\lambda_i = 0\ (i \in \mathcal{I}(\overline{\boldsymbol{x}}))$ となることである．

証明 必要性を示すため，Cottle 制約想定が成り立つとき，式 (3.16) を満たし，少なくとも一つの i に対して $\lambda_i > 0$ であるような $\lambda_i \geqq 0\ (i \in \mathcal{I}(\overline{\boldsymbol{x}}))$ が存在すると仮定する．そのとき，Cottle 制約想定に現れる $\boldsymbol{y}$ と式 (3.16) の左辺のベクトルの内積は負となるが，式 (3.16) の右辺は $\boldsymbol{0}$ であるから，これは矛盾である．

次に十分性を示すため，その対偶を考える．表記を簡単にするため，集合 $\mathcal{I}(\overline{\boldsymbol{x}})$ の要素数を $|\mathcal{I}|$，$\lambda_i\ (i \in \mathcal{I}(\overline{\boldsymbol{x}}))$ を成分とするベクトルを $\boldsymbol{\lambda}_{\mathcal{I}} \in I\!R^{|\mathcal{I}|}$，$\nabla g_i(\overline{\boldsymbol{x}})\ (i \in \mathcal{I}(\overline{\boldsymbol{x}}))$ を列とする $n \times |\mathcal{I}|$ 行列を $\boldsymbol{G}_{\mathcal{I}}$ と表す．Cottle 制約想定が成り立たないことは，集合 $A = \{\boldsymbol{z} \in I\!R^{|\mathcal{I}|} \mid \boldsymbol{z} = \boldsymbol{G}_{\mathcal{I}}^\top \boldsymbol{y}\ (\boldsymbol{y} \in I\!R^n)\}$ と集合 $B = \{\boldsymbol{z} \in I\!R^{|\mathcal{I}|} \mid \boldsymbol{z} < \boldsymbol{0}\}$ の共通集合が空集合であることを意味する．したがって，定理 2.11 より，集合 A と B の分離超平面が存在する．すなわち，あるベクトル $\boldsymbol{\lambda}_{\mathcal{I}} \in I\!R^{|\mathcal{I}|}\ (\boldsymbol{\lambda}_{\mathcal{I}} \neq \boldsymbol{0})$ に対して

$$\langle \boldsymbol{\lambda}_{\mathcal{I}}, \boldsymbol{G}_{\mathcal{I}}^\top \boldsymbol{y} \rangle \geqq \langle \boldsymbol{\lambda}_{\mathcal{I}}, \boldsymbol{z} \rangle \qquad (\boldsymbol{y} \in I\!R^n,\ \boldsymbol{z} < \boldsymbol{0}) \tag{3.17}$$

が成り立つ．不等式 (3.17) の左辺は $\langle \boldsymbol{G}_{\mathcal{I}} \boldsymbol{\lambda}_{\mathcal{I}}, \boldsymbol{y} \rangle$ に等しいので，右辺に $\boldsymbol{0}$ に限りなく近いベクトル $\boldsymbol{z}$ を代入することにより

$$\langle \boldsymbol{G}_{\mathcal{I}} \boldsymbol{\lambda}_{\mathcal{I}}, \boldsymbol{y} \rangle \geqq 0 \qquad (\boldsymbol{y} \in I\!R^n)$$

を得るが，これは次式が成り立つことを意味している．

$$\boldsymbol{G}_{\mathcal{I}} \boldsymbol{\lambda}_{\mathcal{I}} = \sum_{i \in \mathcal{I}(\overline{x})} \lambda_i \nabla g_i(\overline{\boldsymbol{x}}) = \boldsymbol{0}$$

また，$\langle \boldsymbol{\lambda}_{\mathcal{I}}, \tilde{\boldsymbol{z}} \rangle > 0$ であるような $\tilde{\boldsymbol{z}} < \boldsymbol{0}$ が存在すれば，すべての $\alpha > 0$ に対して $\alpha \tilde{\boldsymbol{z}} < \boldsymbol{0}$ であるから，式 (3.17) の右辺はいくらでも大きくできる．これは不可能であるから，すべての $\boldsymbol{z} < \boldsymbol{0}$ に対して $\langle \boldsymbol{\lambda}_{\mathcal{I}}, \boldsymbol{z} \rangle \leqq 0$，すなわち $\boldsymbol{\lambda}_{\mathcal{I}} \geqq \boldsymbol{0}$ である．ところが $\boldsymbol{\lambda}_{\mathcal{I}} \neq \boldsymbol{0}$ であったから，これは式 (3.16) と $\boldsymbol{\lambda}_{\mathcal{I}} \geqq \boldsymbol{0}$ が満たされても $\boldsymbol{\lambda}_{\mathcal{I}} = \boldsymbol{0}$ は成り立たないことを意味する．よって，対偶が示された． ■

補題 3.5. 1 次独立制約想定または Slater 制約想定が成立すれば，Cottle 制約想定が成立する．

証明 1次独立 ⇒ Cottle は補題 3.4 より明らかである．Slater ⇒ Cottle を示す．$\boldsymbol{x}^0$ を Slater 制約想定を満たす点とすれば，g_i $(i \in \mathcal{I}(\overline{\boldsymbol{x}}))$ は凸関数であるから，定理 2.29 より

$$\langle \nabla g_i(\overline{\boldsymbol{x}}), \boldsymbol{x}^0 - \overline{\boldsymbol{x}} \rangle \leqq g_i(\boldsymbol{x}^0) - g_i(\overline{\boldsymbol{x}}) < 0 \qquad (i \in \mathcal{I}(\overline{\boldsymbol{x}}))$$

が成り立つ．ここで $\boldsymbol{y} = \boldsymbol{x}^0 - \overline{\boldsymbol{x}}$ とおけば，Cottle 制約想定が成立する． ■

例 3.7. 1次独立制約想定や Cottle 制約想定が成立しても Slater 制約想定が成立するとは限らない．これは，前者の二つの制約想定では関数が凸であることを仮定していないことから明らかである．また，Slater 制約想定や Cottle 制約想定が成立しても1次独立制約想定が成立するとは限らない．これについては，例えば集合 $S = \{\boldsymbol{x} \in I\!R^2 \mid (x_1 - 1)^2 + (x_2 - 1)^2 - 2 \leqq 0, -x_1 \leqq 0, -x_2 \leqq 0\}$ と $\overline{\boldsymbol{x}} = (0,0)^\top$ を考えれば容易に反例が得られる．

補題 3.6. Cottle 制約想定が成立すれば Abadie 制約想定が成立し，Abadie 制約想定が成立すれば Guignard 制約想定が成立する．

証明 Abadie ⇒ Guignard は自明であるから，Cottle ⇒ Abadie のみを示す．

$$C_S^0(\overline{\boldsymbol{x}}) = \{\boldsymbol{y} \in I\!R^n \mid \langle \nabla g_i(\overline{\boldsymbol{x}}), \boldsymbol{y} \rangle < 0 \ (i \in \mathcal{I}(\overline{\boldsymbol{x}}))\}$$

とおけば，Cottle 制約想定は $C_S^0(\overline{\boldsymbol{x}}) \neq \emptyset$ を意味している．$C_S^0(\overline{\boldsymbol{x}}) \neq \emptyset$ ならば $\mathrm{cl}\, C_S^0(\overline{\boldsymbol{x}}) = C_S(\overline{\boldsymbol{x}})$ が成り立つ．よって，$T_S(\overline{\boldsymbol{x}})$ が閉集合であることに注意すれば，Abadie 制約想定が成り立つことをいうには，$C_S^0(\overline{\boldsymbol{x}}) \subseteqq T_S(\overline{\boldsymbol{x}})$ であることを示せば十分である．$\boldsymbol{y} \in C_S^0(\overline{\boldsymbol{x}})$ とする．そのとき，任意の $i \in \mathcal{I}(\overline{\boldsymbol{x}})$ に対して

$$g_i(\overline{\boldsymbol{x}} + \beta \boldsymbol{y}) = g_i(\overline{\boldsymbol{x}}) + \beta \langle \nabla g_i(\overline{\boldsymbol{x}}), \boldsymbol{y} \rangle + o(\beta) < 0$$

が十分小さいすべての $\beta > 0$ に対して成立する．また，$i \notin \mathcal{I}(\overline{\boldsymbol{x}})$ に対しても，g_i の連続性より，十分小さいすべての $\beta > 0$ に対して $g_i(\overline{\boldsymbol{x}} + \beta \boldsymbol{y}) < 0$ が成り立つ．これらの事実は $\boldsymbol{y} \in T_S(\overline{\boldsymbol{x}})$ であることを示している． ■

例 3.8. つぎの a), b) が示すように，補題 3.6 において逆は成立しない．

a) 集合 $S = \{\boldsymbol{x} \in I\!R^2 \mid x_1^3 - x_2 \leqq 0,\ -x_1^3 + x_2 \leqq 0\}$ と $\overline{\boldsymbol{x}} = (0,0)^\top$ に対して，Abadie 制約想定は成立するが Cottle 制約想定は成立しない．

b) 集合 $S = \{\boldsymbol{x} \in I\!R^2 \mid x_1 x_2 \leqq 0,\ -x_1 \leqq 0,\ -x_2 \leqq 0\}$ と $\overline{\boldsymbol{x}} = (0,0)^\top$ に対して $C_S(\overline{\boldsymbol{x}}) = \{\boldsymbol{y} \in I\!R^2 \mid y_1 \geqq 0,\ y_2 \geqq 0\}$ となる．また S は半直線 $\{\boldsymbol{x} \in I\!R^2 \mid x_1 \geqq 0,\ x_2 = 0\}$ と $\{\boldsymbol{x} \in I\!R^2 \mid x_1 = 0,\ x_2 \geqq 0\}$ の和集合であるから，$T_S(\overline{\boldsymbol{x}}) = \{\boldsymbol{y} \in I\!R^2 \mid y_1 \geqq 0,\ y_2 = 0\} \cup \{\boldsymbol{y} \in I\!R^2 \mid y_1 = 0,\ y_2 \geqq 0\}$ となり，Abadie 制約想定は成立しない．しかし，$\mathrm{co}\, T_S(\overline{\boldsymbol{x}}) = \{\boldsymbol{y} \in I\!R^2 \mid y_1 \geqq 0,\ y_2 \geqq 0\}$ であるから，Guignard 制約想定は成立する．

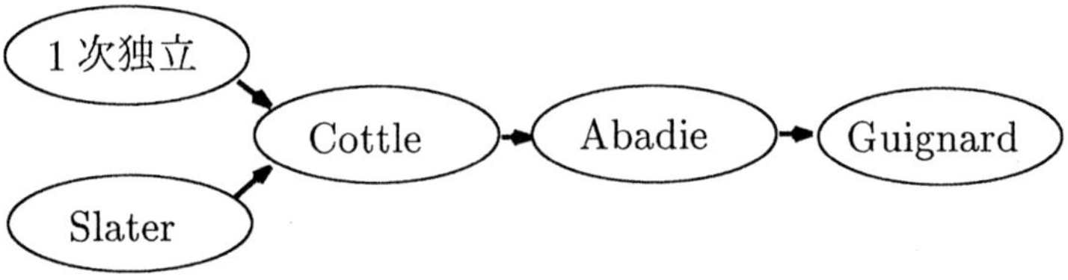

図 3.6　不等式制約条件に対する制約想定の関係

図 3.6 は補題 3.5 と補題 3.6 をまとめたものである．

定理 3.8. $\overline{\boldsymbol{x}}$ を問題 (3.11) の局所的最適解とし，目的関数 $f : I\!R^n \to I\!R$ と制約関数 $g_i : I\!R^n \to I\!R\ (i = 1, \ldots, m)$ は $\overline{\boldsymbol{x}}$ において微分可能と仮定する．そのとき，1 次独立，Slater, Cottle, Abadie, Guignard のいずれかの制約想定が成立するならば，KKT 条件 (3.14) を満たす Lagrange 乗数 $\overline{\boldsymbol{\lambda}} \in I\!R^m$ が存在する．

証明　補題 3.5 と補題 3.6 より，Guignard 制約想定の場合を考えれば十分であるが，これは定理 3.5 に他ならない．　■

補題 3.5 と補題 3.6 において，ここで考察した五つの制約想定のなかで Guignard 制約想定が最も弱い仮定であることを示した．これまでにこれら以外の制約想定も提案されているが，Guignard 制約想定より弱い制約想定は存在しないことが証明されている．したがって，理論的には Guignard 制約想定が最も良いということになるが，残念ながらこの制約想定を現実の問題に対して検証することは容易でなく，実用的ではない．そのため，実際には検証が比較的容易な 1 次独立制約想定，Slater 制約想定や Cottle 制約想定が用いられることが多い．さらに，つぎの定理に示すように，1 次独立制約想定や Cottle 制約想定は Lagrange 乗数に関する好ましい性質を保証する．

定理 3.9. $\bar{\boldsymbol{x}}$ を問題 (3.11) の局所的最適解とし，目的関数 $f : I\!R^n \to I\!R$ と制約関数 $g_i : I\!R^n \to I\!R \ (i = 1, \dots, m)$ は $\bar{\boldsymbol{x}}$ において微分可能と仮定する．そのとき，1 次独立制約想定が成立すれば，KKT 条件 (3.14) を満たす Lagrange 乗数 $\bar{\boldsymbol{\lambda}} \in I\!R^m$ は唯一である．また Cottle 制約想定が成立すれば，KKT 条件 (3.14) を満たす Lagrange 乗数 $\bar{\boldsymbol{\lambda}} \in I\!R^m$ の集合は有界である．

証明 定理 3.8 より，KKT 条件 (3.14) を満たす Lagrange 乗数 $\bar{\boldsymbol{\lambda}}$ が存在し，$i \notin \mathcal{I}(\bar{\boldsymbol{x}})$ に対しては $\bar{\lambda}_i = 0$，$i \in \mathcal{I}(\bar{\boldsymbol{x}})$ に対しては

$$\nabla f(\bar{\boldsymbol{x}}) + \sum_{i \in \mathcal{I}(\bar{x})} \bar{\lambda}_i \nabla g_i(\bar{\boldsymbol{x}}) = \mathbf{0} \tag{3.18}$$

が成り立つ．$\nabla g_i(\bar{\boldsymbol{x}}) \ (i \in \mathcal{I}(\bar{\boldsymbol{x}}))$ が 1 次独立であれば，式 (3.18) を満たす $\bar{\lambda}_i \ (i \in \mathcal{I}(\bar{\boldsymbol{x}}))$ は明らかに唯一である．つぎに，Cottle 制約想定が成り立つと仮定し，式 (3.18) を満たす点 $\bar{\boldsymbol{\lambda}}_{\mathcal{I}}$ の集合を $\bar{\Lambda} \subseteq I\!R^{|\mathcal{I}|}$ と表す．ただし，$\bar{\boldsymbol{\lambda}}_{\mathcal{I}}$ は $\bar{\lambda}_i \ (i \in \mathcal{I}(\bar{\boldsymbol{x}}))$ を成分とするベクトルである．以下，$\bar{\boldsymbol{\lambda}}_{\mathcal{I}}^k \geqq \mathbf{0}$ かつ $\|\bar{\boldsymbol{\lambda}}_{\mathcal{I}}^k\| \to +\infty$ となる点列 $\{\bar{\boldsymbol{\lambda}}_{\mathcal{I}}^k\} \subseteq \bar{\Lambda}$ が存在すると仮定し，矛盾を導く．式 (3.18) に $\bar{\boldsymbol{\lambda}}_{\mathcal{I}} = \bar{\boldsymbol{\lambda}}_{\mathcal{I}}^k$ を代入してその両辺を $\|\bar{\boldsymbol{\lambda}}_{\mathcal{I}}^k\|$ で割り，$k \to \infty$ としたときの極限を考える．点列 $\{\bar{\boldsymbol{\lambda}}_{\mathcal{I}}^k / \|\bar{\boldsymbol{\lambda}}_{\mathcal{I}}^k\|\}$ は有界であるから，収束する部分列を含む．そこで，その任意の集積点を $\hat{\boldsymbol{\lambda}}_{\mathcal{I}}$ とすれば，式 (3.18) より

$$\sum_{i \in \mathcal{I}(\bar{x})} \hat{\lambda}_i \nabla g_i(\bar{\boldsymbol{x}}) = \mathbf{0}$$

が成り立つ．ところが，$\hat{\boldsymbol{\lambda}}_{\mathcal{I}} \geqq \mathbf{0}$ かつ $\|\hat{\boldsymbol{\lambda}}_{\mathcal{I}}\| = 1$ であるから，補題 3.4 より，これは Cottle 制約想定に矛盾する．■

3.4 鞍 点 定 理

この節では，問題 (3.11) の目的関数 f と制約関数 g_i $(i=1,\ldots,m)$ に対して微分可能性のかわりに凸性を仮定することにより，Lagrange 関数の鞍点を用いた最適性条件を導く．この条件は，関数が微分可能であれば，3.2 節で得られた KKT 条件と等価になる．

式 (3.13) によって定義された Lagrange 関数 $L_0 : I\!R^{n+m} \to [-\infty, +\infty]$ に対して，次式を満たす $\bar{\boldsymbol{x}} \in I\!R^n, \bar{\boldsymbol{\lambda}} \in I\!R^m$ が存在するとき，$(\bar{\boldsymbol{x}}, \bar{\boldsymbol{\lambda}})^\top \in I\!R^{n+m}$ を関数 L_0 の**鞍点** (saddle point) と呼ぶ．

$$L_0(\bar{\boldsymbol{x}}, \boldsymbol{\lambda}) \leqq L_0(\bar{\boldsymbol{x}}, \bar{\boldsymbol{\lambda}}) \leqq L_0(\boldsymbol{x}, \bar{\boldsymbol{\lambda}}) \quad (\boldsymbol{x} \in I\!R^n, \boldsymbol{\lambda} \in I\!R^m) \tag{3.19}$$

式 (3.19) は，$\boldsymbol{x}$ を $\bar{\boldsymbol{x}}$ に固定して $L_0(\bar{\boldsymbol{x}}, \boldsymbol{\lambda})$ を $\boldsymbol{\lambda}$ の関数と見なしたとき $\boldsymbol{\lambda} = \bar{\boldsymbol{\lambda}}$ で最大となり，$\boldsymbol{\lambda}$ を $\bar{\boldsymbol{\lambda}}$ に固定して $L_0(\boldsymbol{x}, \bar{\boldsymbol{\lambda}})$ を $\boldsymbol{x}$ の関数と見なしたとき $\boldsymbol{x} = \bar{\boldsymbol{x}}$ で最小となることを意味している．

つぎの定理は，Lagrange 関数の鞍点を用いて凸計画問題に対する最適性条件を与えたものであり，**鞍点定理** (saddle point theorem) と呼ばれる．

定理 3.10. 問題 (3.11) において，目的関数 $f : I\!R^n \to I\!R$ と制約関数 $g_i : I\!R^n \to I\!R$ $(i=1,\ldots,m)$ は凸関数であり，$g_i(\boldsymbol{x}^0) < 0$ $(i=1,\ldots,m)$ を満たす $\boldsymbol{x}^0$ が存在すると仮定する (Slater 制約想定)．そのとき，$\bar{\boldsymbol{x}} \in I\!R^n$ が最適解であるための必要十分条件は，$(\bar{\boldsymbol{x}}, \bar{\boldsymbol{\lambda}})^\top \in I\!R^{n+m}$ が Lagrange 関数 L_0 の鞍点となるようなベクトル $\bar{\boldsymbol{\lambda}} \geqq \boldsymbol{0}$ が存在することである．

証明　まず十分性を証明する．$(\bar{\boldsymbol{x}}, \bar{\boldsymbol{\lambda}})^\top \in I\!R^{n+m}$ を Lagrange 関数 L_0 の鞍点とすれば，式 (3.13) と式 (3.19) より，つぎの不等式が成り立つ．

$$\sum_{i=1}^{m} \lambda_i g_i(\bar{\boldsymbol{x}}) \leqq \sum_{i=1}^{m} \bar{\lambda}_i g_i(\bar{\boldsymbol{x}}) \qquad (\boldsymbol{\lambda} \geqq \boldsymbol{0}) \tag{3.20}$$

$$f(\bar{\boldsymbol{x}}) + \sum_{i=1}^{m} \bar{\lambda}_i g_i(\bar{\boldsymbol{x}}) \leqq f(\boldsymbol{x}) + \sum_{i=1}^{m} \bar{\lambda}_i g_i(\boldsymbol{x}) \qquad (\boldsymbol{x} \in I\!R^n) \tag{3.21}$$

式 (3.20) より，$g_i(\overline{\boldsymbol{x}}) \leqq 0\ (i=1,\ldots,m)$ であり，さらに $g_i(\overline{\boldsymbol{x}})<0$ ならば $\overline{\lambda}_i=0$ であるから，$\overline{\lambda}_i g_i(\overline{\boldsymbol{x}})=0\ (i=1,\ldots,m)$ となる．よって，式 (3.21) より，$g_i(\boldsymbol{x}) \leqq 0$ $(i=1,\ldots,m)$ を満たす任意の $\boldsymbol{x}$ に対して $f(\overline{\boldsymbol{x}}) \leqq f(\boldsymbol{x})$ が成立する[*1]．

つぎに必要性を証明する．$I\!R^{m+1}$ の部分集合 A,B を次式で定義する．

$$A=\{(z_0,\boldsymbol{z})^\top \in I\!R^{m+1} \mid z_0 \geqq f(\boldsymbol{x}),\ z_i \geqq g_i(\boldsymbol{x})\,(i=1,\ldots,m;\ \boldsymbol{x}\in I\!R^n)\}$$
$$B=\{(z_0,\boldsymbol{z})^\top \in I\!R^{m+1} \mid z_0 < f(\overline{\boldsymbol{x}}),\ z_i<0\,(i=1,\ldots,m)\}$$

ただし，$\boldsymbol{z}=(z_1,\ldots,z_m)^\top$ である．いま，$\overline{\boldsymbol{x}}$ を (大域的) 最適解とすると $A\cap B=\emptyset$ となるが (図 3.7)，f と $g_i\ (i=1,\ldots,m)$ は凸関数であるから A は凸集合であり，明らかに B も凸集合であるから，分離定理 2.11 より

$$\overline{\lambda}_0 z_0+\langle\overline{\boldsymbol{\lambda}},\boldsymbol{z}\rangle \geqq \overline{\lambda}_0 z_0'+\langle\overline{\boldsymbol{\lambda}},\boldsymbol{z}'\rangle \quad ((z_0,\boldsymbol{z})^\top\in A,\ (z_0',\boldsymbol{z}')^\top\in B) \tag{3.22}$$

を満たすベクトル $(\overline{\lambda}_0,\overline{\boldsymbol{\lambda}})^\top=(\overline{\lambda}_0,\overline{\lambda}_1,\ldots,\overline{\lambda}_m)^\top \neq \boldsymbol{0}\in I\!R^{m+1}$ が存在する．さらに，B の定義より，z_0' および $\boldsymbol{z}'$ の要素はいくらでも小さく選べるので，式 (3.22) が成り立つためには $\overline{\lambda}_0 \geqq 0$ かつ $\overline{\boldsymbol{\lambda}} \geqq \boldsymbol{0}$ でなければならない．

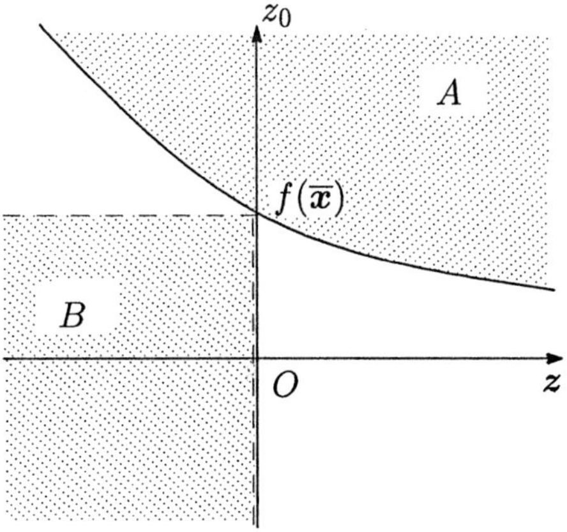

図 3.7 集合 A,B (定理 3.10 の証明)

つぎに，任意の $\boldsymbol{x}\in I\!R^n$ と $\varepsilon>0$ を選び，$(z_0,\boldsymbol{z})^\top=(f(\boldsymbol{x}),g_1(\boldsymbol{x}),\ldots,g_m(\boldsymbol{x}))^\top$，$(z_0',\boldsymbol{z}')^\top=(f(\overline{\boldsymbol{x}})-\varepsilon,-\varepsilon,\ldots,-\varepsilon)^\top$ とおく．そのとき，集合 A,B の定義より

[*1] 十分性の証明には，関数の凸性や制約想定は不要である．

$(z_0, \boldsymbol{z})^\top \in A$, $(z_0', \boldsymbol{z}')^\top \in B$ であるから，式 (3.22) より

$$\overline{\lambda}_0 f(\boldsymbol{x}) + \sum_{i=1}^{m} \overline{\lambda}_i g_i(\boldsymbol{x}) \geqq \overline{\lambda}_0 f(\overline{\boldsymbol{x}}) - \varepsilon \sum_{i=0}^{m} \overline{\lambda}_i$$

が成立する．ところが，$\varepsilon > 0$ は任意であったから，この不等式より

$$\overline{\lambda}_0 f(\boldsymbol{x}) + \sum_{i=1}^{m} \overline{\lambda}_i g_i(\boldsymbol{x}) \geqq \overline{\lambda}_0 f(\overline{\boldsymbol{x}}) \tag{3.23}$$

を得る．ここで $\overline{\lambda}_0 = 0$ と仮定すると，任意の $\boldsymbol{x}$ に対して $\sum_{i=1}^{m} \overline{\lambda}_i g_i(\boldsymbol{x}) \geqq 0$ が成立しなければならないが，$\overline{\boldsymbol{\lambda}} \geqq \boldsymbol{0}$ かつ $\overline{\boldsymbol{\lambda}} \neq \boldsymbol{0}$ であることと Slater 制約想定より，これは不可能である．よって $\overline{\lambda}_0 > 0$ である．以下，一般性を失うことなく $\overline{\lambda}_0 = 1$ とする．そのとき，式 (3.23) は

$$f(\boldsymbol{x}) + \sum_{i=1}^{m} \overline{\lambda}_i g_i(\boldsymbol{x}) \geqq f(\overline{\boldsymbol{x}}) \tag{3.24}$$

となるので，$\boldsymbol{x} = \overline{\boldsymbol{x}}$ とおくと $\sum_{i=1}^{m} \overline{\lambda}_i g_i(\overline{\boldsymbol{x}}) \geqq 0$ を得る．ところが，$\overline{\lambda}_i \geqq 0$ かつ $g_i(\overline{\boldsymbol{x}}) \leqq 0$ であるから，結局

$$\sum_{i=1}^{m} \overline{\lambda}_i g_i(\overline{\boldsymbol{x}}) = 0 \tag{3.25}$$

が成り立つ．したがって，式 (3.24), (3.25) より

$$f(\boldsymbol{x}) + \sum_{i=1}^{m} \overline{\lambda}_i g_i(\boldsymbol{x}) \geqq f(\overline{\boldsymbol{x}}) + \sum_{i=1}^{m} \overline{\lambda}_i g_i(\overline{\boldsymbol{x}}) \qquad (\boldsymbol{x} \in \mathbb{R}^n)$$

を得る．これは式 (3.19) の右側の不等式を表している．

つぎに式 (3.19) の左側の不等式を示す．$\boldsymbol{\lambda} \ngeqq \boldsymbol{0}$ のときは L_0 の定義 (3.13) より明らかであるから，$\boldsymbol{\lambda} \geqq \boldsymbol{0}$ と仮定する．そのとき，$g_i(\overline{\boldsymbol{x}}) \leqq 0$ と式 (3.25) より

$$\sum_{i=1}^{m} \lambda_i g_i(\overline{\boldsymbol{x}}) \leqq 0 = \sum_{i=1}^{m} \overline{\lambda}_i g_i(\overline{\boldsymbol{x}})$$

であるから，式 (3.19) の左側の不等式

$$f(\overline{\boldsymbol{x}}) + \sum_{i=1}^{m} \lambda_i g_i(\overline{\boldsymbol{x}}) \leqq f(\overline{\boldsymbol{x}}) + \sum_{i=1}^{m} \overline{\lambda}_i g_i(\overline{\boldsymbol{x}}) \qquad (\boldsymbol{\lambda} \geqq \boldsymbol{0})$$

を得る． ■

定理 3.10 より，微分可能な凸計画問題に対する KKT 条件と鞍点条件の等価性が得られる．

系 3.2. 問題 (3.11) において，定理 3.10 の仮定が満たされ，さらに関数 f と g_i $(i=1,\ldots,m)$ は微分可能であるとする．そのとき，$\overline{\boldsymbol{x}} \in I\!R^n$ と $\overline{\boldsymbol{\lambda}} \in I\!R^m$ が KKT 条件 (3.14) を満たすための必要十分条件は $(\overline{\boldsymbol{x}}, \overline{\boldsymbol{\lambda}})^\top \in I\!R^{n+m}$ が Lagrange 関数 L_0 の鞍点となることである．

3.5　2 次の最適性条件

この節では問題 (3.11) に対する **2 次の最適性条件** (second-order optimality conditions)，すなわち目的関数と制約関数の 2 次の微分を用いた最適性条件を考察する．特に，ここで重要な役割を演じるのは Lagrange 関数 L_0 の $\boldsymbol{x}$ に関する Hesse 行列

$$\nabla_x^2 L_0(\boldsymbol{x}, \boldsymbol{\lambda}) = \nabla^2 f(\boldsymbol{x}) + \sum_{i=1}^m \lambda_i \nabla^2 g_i(\boldsymbol{x})$$

である．これに対して KKT 条件や Fritz John 条件は関数の 1 次の微分のみを用いて表現されているので，**1 次の最適性条件** (first-order optimality conditions) と呼ばれる．

2 次の最適性条件を考えるときには，一般に 1 次の最適性条件が成り立つことを前提とするので，以下では，ある $\overline{\boldsymbol{x}} \in I\!R^n$ と $\overline{\boldsymbol{\lambda}} \in I\!R^m$ に対して KKT 条件 (3.14) が成立すると仮定して話を進めていこう．点 $\overline{\boldsymbol{x}}$ における有効制約条件の添字集合を $\mathcal{I} = \{i \,|\, g_i(\overline{\boldsymbol{x}}) = 0\}$ と表し，さらに Lagrange 乗数 $\overline{\boldsymbol{\lambda}}$ を用いて新たな添字集合 $\tilde{\mathcal{I}} = \{i \,|\, \overline{\lambda}_i > 0\}$ を定義する．そのとき，KKT 条件 (3.14) の相補性条件 $\overline{\lambda}_i g_i(\overline{\boldsymbol{x}}) = 0$ $(i=1,\ldots,m)$ より，包含関係 $\tilde{\mathcal{I}} \subseteq \mathcal{I}$ が常に成立する．特に $\tilde{\mathcal{I}} = \mathcal{I}$ であるとき，**狭義相補性** (strict complementarity) が成り立つという．狭義相補性は，$i=1,\ldots,m$ のそれぞれに対して $g_i(\overline{\boldsymbol{x}}) = 0 < \overline{\lambda}_i$ または $g_i(\overline{\boldsymbol{x}}) < 0 = \overline{\lambda}_i$ が成立することを意味している．

添字集合 $\tilde{\mathcal{I}}$ を用いて，問題 (3.11) の実行可能領域 $S=\{\boldsymbol{x}\in I\!R^n \mid g_i(\boldsymbol{x})\leqq 0\ (i=1,\ldots,m)\}$ の部分集合

$$\tilde{S}=S\cap\{\boldsymbol{x}\in I\!R^n \mid g_i(\boldsymbol{x})=0\ (i\in\tilde{\mathcal{I}})\}$$

を定義し，集合 $\tilde{S}$ の $\overline{\boldsymbol{x}}$ における接錐を $T_{\tilde{S}}(\overline{\boldsymbol{x}})$ と表す．一方

$$\begin{aligned} C_{\tilde{S}}(\overline{\boldsymbol{x}})=\{\boldsymbol{y}\in I\!R^n \mid &\langle\nabla g_i(\overline{\boldsymbol{x}}),\boldsymbol{y}\rangle=0\ (i\in\tilde{\mathcal{I}}),\\ &\langle\nabla g_i(\overline{\boldsymbol{x}}),\boldsymbol{y}\rangle\leqq 0\ (i\in\mathcal{I},\ i\notin\tilde{\mathcal{I}})\}\end{aligned}$$

によって定義される集合 $C_{\tilde{S}}(\overline{\boldsymbol{x}})$ は閉凸多面錐であり，S の $\overline{\boldsymbol{x}}$ における線形化錐 $C_S(\overline{\boldsymbol{x}})=\{\boldsymbol{y}\in I\!R^n \mid \langle\nabla g_i(\overline{\boldsymbol{x}}),\boldsymbol{y}\rangle\leqq 0\,(i\in\mathcal{I})\}$ の部分集合である．特に，狭義相補性が成り立つときには，$C_{\tilde{S}}(\overline{\boldsymbol{x}})$ は部分空間になる．

以上の準備のもとで，**2 次の必要条件** (second-order necessary conditions) を述べる．

定理 3.11. $\overline{\boldsymbol{x}}\in I\!R^n$ を問題 (3.11) の局所的最適解，$\overline{\boldsymbol{\lambda}}\in I\!R^m$ を KKT 条件 (3.14) を満足する Lagrange 乗数とし，目的関数 $f: I\!R^n\to I\!R$ と制約関数 $g_i: I\!R^n\to I\!R\ (i=1,\ldots,m)$ は $\overline{\boldsymbol{x}}$ において 2 回微分可能とする．そのとき，$C_{\tilde{S}}(\overline{\boldsymbol{x}})\subseteqq T_{\tilde{S}}(\overline{\boldsymbol{x}})$ であれば，つぎの不等式が成立する．

$$\langle\boldsymbol{y},\nabla_x^2 L_0(\overline{\boldsymbol{x}},\overline{\boldsymbol{\lambda}})\boldsymbol{y}\rangle\geqq 0 \qquad (\boldsymbol{y}\in C_{\tilde{S}}(\overline{\boldsymbol{x}})) \tag{3.26}$$

証明　ベクトル $\boldsymbol{y}\in C_{\tilde{S}}(\overline{\boldsymbol{x}})$ を任意に選ぶ．そのとき，仮定 $C_{\tilde{S}}(\overline{\boldsymbol{x}})\subseteqq T_{\tilde{S}}(\overline{\boldsymbol{x}})$ より $\boldsymbol{y}\in T_{\tilde{S}}(\overline{\boldsymbol{x}})$ となるから，接錐の定義より，$\alpha_k(\boldsymbol{x}^k-\overline{\boldsymbol{x}})\to\boldsymbol{y}$ かつ $\boldsymbol{x}^k\to\overline{\boldsymbol{x}}$ であるような点列 $\{\boldsymbol{x}^k\}\subseteqq\tilde{S}$ と非負数列 $\{\alpha_k\}$ が存在する．仮定より関数 $L_0(\cdot,\overline{\boldsymbol{\lambda}}): I\!R^n\to I\!R$ は $\overline{\boldsymbol{x}}$ において 2 回微分可能であるから

$$\begin{aligned} L_0(\boldsymbol{x}^k,\overline{\boldsymbol{\lambda}})&=L_0(\overline{\boldsymbol{x}},\overline{\boldsymbol{\lambda}})+\langle\nabla_x L_0(\overline{\boldsymbol{x}},\overline{\boldsymbol{\lambda}}),\boldsymbol{x}^k-\overline{\boldsymbol{x}}\rangle\\ &\quad+\tfrac{1}{2}\langle\boldsymbol{x}^k-\overline{\boldsymbol{x}},\nabla_x^2 L_0(\overline{\boldsymbol{x}},\overline{\boldsymbol{\lambda}})(\boldsymbol{x}^k-\overline{\boldsymbol{x}})\rangle+o(\|\boldsymbol{x}^k-\overline{\boldsymbol{x}}\|^2)\end{aligned} \tag{3.27}$$

と書ける．$\boldsymbol{x}^k\in\tilde{S}$ より $g_i(\boldsymbol{x}^k)=0\ (i\in\tilde{\mathcal{I}})$ であり，さらに $\overline{\lambda}_i=0\ (i\notin\tilde{\mathcal{I}})$ であるから，$\overline{\lambda}_i g_i(\boldsymbol{x}^k)=0\ (i=1,\ldots,m)$ となる．よって

$$L_0(\boldsymbol{x}^k,\overline{\boldsymbol{\lambda}})=f(\boldsymbol{x}^k)+\sum_{i=1}^{m}\overline{\lambda}_i g_i(\boldsymbol{x}^k)=f(\boldsymbol{x}^k)$$

を得る．また式 (3.14) より，$\nabla_x L_0(\overline{\boldsymbol{x}}, \overline{\boldsymbol{\lambda}}) = \boldsymbol{0}$, $\overline{\lambda}_i g_i(\overline{\boldsymbol{x}}) = 0$ $(i = 1, \ldots, m)$ であるから，結局，式 (3.27) は

$$f(\boldsymbol{x}^k) = f(\overline{\boldsymbol{x}}) + \tfrac{1}{2}\langle \boldsymbol{x}^k - \overline{\boldsymbol{x}}, \nabla_x^2 L_0(\overline{\boldsymbol{x}}, \overline{\boldsymbol{\lambda}})(\boldsymbol{x}^k - \overline{\boldsymbol{x}})\rangle + o(\|\boldsymbol{x}^k - \overline{\boldsymbol{x}}\|^2) \qquad (3.28)$$

となる．さらに，$\boldsymbol{x}^k \in S$, $\boldsymbol{x}^k \to \overline{\boldsymbol{x}}$ より，十分大きい k に対して $f(\boldsymbol{x}^k) \geqq f(\overline{\boldsymbol{x}})$ が成立するので，式 (3.28) より

$$\tfrac{1}{2}\langle \boldsymbol{x}^k - \overline{\boldsymbol{x}}, \nabla_x^2 L_0(\overline{\boldsymbol{x}}, \overline{\boldsymbol{\lambda}})(\boldsymbol{x}^k - \overline{\boldsymbol{x}})\rangle + o(\|\boldsymbol{x}^k - \overline{\boldsymbol{x}}\|^2) \geqq 0$$

を得る．この両辺に $2\alpha_k^2$ をかけて $k \to \infty$ とすれば，$\alpha_k(\boldsymbol{x}^k - \overline{\boldsymbol{x}}) \to \boldsymbol{y}$ より

$$\langle \boldsymbol{y}, \nabla_x^2 L_0(\overline{\boldsymbol{x}}, \overline{\boldsymbol{\lambda}})\boldsymbol{y}\rangle \geqq 0$$

となり，不等式 (3.26) が得られる． ■

この定理では $C_{\tilde{S}}(\overline{\boldsymbol{x}}) \subseteqq T_{\tilde{S}}(\overline{\boldsymbol{x}})$ を仮定したが，$C_{\tilde{S}}(\overline{\boldsymbol{x}})$ は集合 $\tilde{S}$ の $\overline{\boldsymbol{x}}$ における線形化錐と見なせるので，この仮定は実行可能領域を $\tilde{S}$ に限定したときの Abadie 制約想定に相当するものであるといえる．しかし，つぎの例が示すように，この仮定は KKT 条件に対する制約想定，例えば Abadie 制約想定 $C_S(\overline{\boldsymbol{x}}) \subseteqq T_S(\overline{\boldsymbol{x}})$ とは一般に無関係である．

例 3.9. つぎの問題を考える．

$$\begin{aligned} \text{目的関数：}\quad & f(\boldsymbol{x}) = x_2 \longrightarrow \text{最小} \\ \text{制約条件：}\quad & g_1(\boldsymbol{x}) = x_1^6 - x_2^3 \leqq 0 \\ & g_2(\boldsymbol{x}) = -x_1^2 - (x_2+1)^2 + 1 \leqq 0 \end{aligned}$$

最適解は $\overline{\boldsymbol{x}} = (0,0)^\top$ であり，$\nabla g_1(\overline{\boldsymbol{x}}) = (0,0)^\top$, $\nabla g_2(\overline{\boldsymbol{x}}) = (0,-2)^\top$ である．また $\mathcal{I} = \{1,2\}$ であるから，$C_S(\overline{\boldsymbol{x}}) = T_S(\overline{\boldsymbol{x}}) = \{\boldsymbol{y} \in I\!R^2 \mid y_2 \geqq 0\}$ となり，Abadie 制約想定 $C_S(\overline{\boldsymbol{x}}) \subseteqq T_S(\overline{\boldsymbol{x}})$ は成立する．一方，KKT 条件を満たす Lagrange 乗数は $\overline{\boldsymbol{\lambda}} = (\alpha, 1/2)^\top$ と表せる．ただし，α は任意の非負の実数である．よって，$\tilde{\mathcal{I}} = \{2\}$ または $\tilde{\mathcal{I}} = \{1,2\}$ であるが，どちらの場合も $\tilde{S} = \{\boldsymbol{x} \in I\!R^2 \mid \boldsymbol{x} = \boldsymbol{0}\}$, $T_{\tilde{S}}(\overline{\boldsymbol{x}}) = \{\boldsymbol{y} \in I\!R^2 \mid \boldsymbol{y} = \boldsymbol{0}\}$, $C_{\tilde{S}}(\overline{\boldsymbol{x}}) = \{\boldsymbol{y} \in I\!R^2 \mid y_2 = 0\}$ となるので，$C_{\tilde{S}}(\overline{\boldsymbol{x}}) \subseteqq T_{\tilde{S}}(\overline{\boldsymbol{x}})$ は成立しない．

この例とは逆に，$C_{\tilde{S}}(\bar{\boldsymbol{x}}) \subseteqq T_{\tilde{S}}(\bar{\boldsymbol{x}})$ は成立するが，$C_S(\bar{\boldsymbol{x}}) \subseteqq T_S(\bar{\boldsymbol{x}})$ は成り立たないような問題も存在するので (演習問題 3.7)，前者を後者のような KKT 条件に対する制約想定と区別して，**2 次の制約想定** (second-order constraint qualification) と呼ぶ．2 次の制約想定を実際に検証することは必ずしも容易ではないが，つぎの定理が示すように，3.3 節で述べた 1 次独立制約想定が成り立つときには 2 次の制約想定も成立する．すなわち，1 次独立制約想定は検証が容易であるだけでなく，1 次および 2 次の最適性の必要条件に対して用いることができるという好ましい性質をもっている．

定理 3.12. 関数 $g_i : I\!R^n \to I\!R$ $(i = 1, \ldots, m)$ は点 $\bar{\boldsymbol{x}}$ において連続的微分可能とする．そのとき，$\nabla g_i(\bar{\boldsymbol{x}})$ $(i \in \mathcal{I})$ が 1 次独立ならば $C_{\tilde{S}}(\bar{\boldsymbol{x}}) \subseteqq T_{\tilde{S}}(\bar{\boldsymbol{x}})$ が成立する．

証明　任意の $\boldsymbol{y} \in C_{\tilde{S}}(\bar{\boldsymbol{x}})$ に対して，$\boldsymbol{x}(0) = \bar{\boldsymbol{x}}$, $\boldsymbol{x}'(0) = \boldsymbol{y}$ であり[*1)]，ある $\bar{\theta} > 0$ に対して $\boldsymbol{x}(\theta) \in \tilde{S}$ $(\theta \in [0, \bar{\theta}])$ を満たす曲線 $\boldsymbol{x}(\cdot) : I\!R \to I\!R^n$ が存在することを示す．そのとき $\theta_k \to 0$ なる正数列 $\{\theta_k\}$ に対して，$\boldsymbol{x}^k = \boldsymbol{x}(\theta_k)$, $\alpha_k = 1/\theta_k$ とおけば，$\boldsymbol{x}^k \to \bar{\boldsymbol{x}}$ かつ $\alpha_k(\boldsymbol{x}^k - \bar{\boldsymbol{x}}) \to \boldsymbol{y}$ が成り立つので，$\boldsymbol{y} \in T_{\tilde{S}}(\bar{\boldsymbol{x}})$ となる．

$\boldsymbol{y} \in C_{\tilde{S}}(\bar{\boldsymbol{x}})$ と仮定する．$\mathcal{I}_0 = \{i \in \mathcal{I} \,|\, \langle \nabla g_i(\bar{\boldsymbol{x}}), \boldsymbol{y} \rangle = 0\}$ とおくと，$C_{\tilde{S}}(\bar{\boldsymbol{x}})$ の定義より $\tilde{\mathcal{I}} \subseteqq \mathcal{I}_0$ が成り立つ．いま，$\nabla g_i(\boldsymbol{x})$ $(i \in \mathcal{I}_0)$ を列とする $n \times |\mathcal{I}_0|$ 行列を $\boldsymbol{G}(\boldsymbol{x})$ と表すと，$\mathcal{I}_0$ の定義より $\boldsymbol{G}(\bar{\boldsymbol{x}})^\top \boldsymbol{y} = \boldsymbol{0}$ であり，$\nabla g_i(\bar{\boldsymbol{x}})$ $(i \in \mathcal{I})$ の 1 次独立性，$\nabla g_i(\cdot)$ の連続性，および $\mathcal{I}_0 \subseteqq \mathcal{I}$ より，$\|\boldsymbol{x} - \bar{\boldsymbol{x}}\|$ が十分小さいとき行列 $\boldsymbol{G}(\boldsymbol{x})^\top \boldsymbol{G}(\boldsymbol{x})$ は逆行列をもつ．そこで，$n \times n$ 行列 $\boldsymbol{P}(\boldsymbol{x})$ を

$$\boldsymbol{P}(\boldsymbol{x}) = \boldsymbol{I} - \boldsymbol{G}(\boldsymbol{x})[\boldsymbol{G}(\boldsymbol{x})^\top \boldsymbol{G}(\boldsymbol{x})]^{-1} \boldsymbol{G}(\boldsymbol{x})^\top$$

と定義すると[*2)]，$\boldsymbol{P}(\bar{\boldsymbol{x}})\boldsymbol{y} = \boldsymbol{y}$ が成り立つ．ここで微分方程式

$$\boldsymbol{x}'(\theta) = \boldsymbol{P}(\boldsymbol{x}(\theta))\boldsymbol{y}, \qquad \boldsymbol{x}(0) = \bar{\boldsymbol{x}}$$

を考えると，この微分方程式はある $\bar{\theta} > 0$ に対して解 $\boldsymbol{x}(\theta)$ $(\theta \in [0, \bar{\theta}])$ をもつ．以下では，この $\boldsymbol{x}(\theta)$ が証明の最初のパラグラフで述べた性質をもつことを示す．

---

*1)　$\boldsymbol{x}'(\theta)$ はベクトル $(x_1'(\theta), \ldots, x_n'(\theta))^\top \in I\!R^n$ を表す．

*2)　任意の $\boldsymbol{z} \in I\!R^n$ に対して，$\boldsymbol{P}(\boldsymbol{x})\boldsymbol{z}$ は $\nabla g_i(\boldsymbol{x})$ $(i \in \mathcal{I}_0)$ によって張られる部分空間の直交補空間 M に含まれる．行列 $\boldsymbol{P}(\boldsymbol{x})$ を部分空間 M への**射影行列** (projection matrix) と呼ぶ．

定義より $\boldsymbol{x}(0) = \overline{\boldsymbol{x}}$, $\boldsymbol{x}'(0) = \boldsymbol{P}(\overline{\boldsymbol{x}})\boldsymbol{y} = \boldsymbol{y}$ であるから，十分小さい $\theta > 0$ に対して $\boldsymbol{x}(\theta) \in \tilde{S}$ となることをいえばよい．$i \notin \mathcal{I}$ のときは，$g_i(\overline{\boldsymbol{x}}) < 0$ であるから，明らかに，十分小さい θ に対して $g_i(\boldsymbol{x}(\theta)) < 0$ が成り立つ．$i \in \mathcal{I}$ かつ $i \notin \mathcal{I}_0$ のときは，$g_i(\overline{\boldsymbol{x}}) = 0$ かつ $\langle \nabla g_i(\overline{\boldsymbol{x}}), \boldsymbol{y} \rangle < 0$ であるから，十分小さい θ に対してやはり $g_i(\boldsymbol{x}(\theta)) < 0$ となる．最後に，$i \in \mathcal{I}_0$ のときは，平均値定理 2.19 より，ある $\tau \in (0,1)$ に対して

$$\begin{aligned} g_i(\boldsymbol{x}(\theta)) &= g_i(\boldsymbol{x}(0)) + \theta \frac{d g_i(\boldsymbol{x}(\tau\theta))}{d\theta} \\ &= g_i(\overline{\boldsymbol{x}}) + \theta \langle \nabla g_i(\boldsymbol{x}(\tau\theta)), \boldsymbol{x}'(\tau\theta) \rangle \end{aligned}$$

が成立し，$\boldsymbol{x}'(\tau\theta) = \boldsymbol{P}(\boldsymbol{x}(\tau\theta))\boldsymbol{y}$ は $\nabla g_i(\boldsymbol{x}(\tau\theta))$ と直交するから，$g_i(\boldsymbol{x}(\theta)) = 0$ である．$\tilde{\mathcal{I}} \subseteqq \mathcal{I}_0$ であったから，これは十分小さい $\theta > 0$ に対して $\boldsymbol{x}(\theta) \in \tilde{S}$ が成り立つことを示している．　■

つぎに **2 次の十分条件** (second-order sufficient conditions) について考察する．ここでは定理 3.6 のように関数の凸性を仮定しないので，得られる結果は局所的である．しかし，この十分条件は特に最適解を計算するための数値解法を議論するときなどにしばしば重要な役割を演じる．

定理 3.13. 問題 (3.11) の目的関数 $f : \mathbb{R}^n \to \mathbb{R}$ と制約関数 $g_i : \mathbb{R}^n \to \mathbb{R}$ $(i = 1, \ldots, m)$ は $\overline{\boldsymbol{x}} \in \mathbb{R}^n$ において 2 回微分可能とする．そのとき，$\overline{\boldsymbol{x}}$ と $\overline{\boldsymbol{\lambda}} \in \mathbb{R}^m$ が KKT 条件 (3.14) を満たし，さらに

$$\langle \boldsymbol{y}, \nabla_x^2 L_0(\overline{\boldsymbol{x}}, \overline{\boldsymbol{\lambda}})\boldsymbol{y} \rangle > 0 \qquad (\boldsymbol{y} \in C_{\tilde{S}}(\overline{\boldsymbol{x}}),\ \boldsymbol{y} \neq \boldsymbol{0}) \tag{3.29}$$

が成り立つならば，$\overline{\boldsymbol{x}}$ は問題 (3.11) の狭義局所的最適解である．

証明　$\overline{\boldsymbol{x}}$ が狭義局所的最適解でないと仮定すれば，$f(\boldsymbol{x}^k) \leqq f(\overline{\boldsymbol{x}})$ $(k = 1, 2, \ldots)$ かつ $\boldsymbol{x}^k \to \overline{\boldsymbol{x}}$ であるような点列 $\{\boldsymbol{x}^k\} \subseteqq S$ が存在する．ここで $\theta_k = \|\boldsymbol{x}^k - \overline{\boldsymbol{x}}\|$, $\boldsymbol{y}^k = (\boldsymbol{x}^k - \overline{\boldsymbol{x}})/\theta_k$ とおくと，$\|\boldsymbol{y}^k\| = 1$ であるから，点列 $\{\boldsymbol{y}^k\}$ は収束する部分列を含み，任意の集積点 $\boldsymbol{y}$ は $\|\boldsymbol{y}\| = 1$ を満たす．一般性を失うことなく，$\boldsymbol{y}^k \to \boldsymbol{y}$ と仮定し，$f(\boldsymbol{x}^k) - f(\overline{\boldsymbol{x}}) \leqq 0$ と $g_i(\boldsymbol{x}^k) - g_i(\overline{\boldsymbol{x}}) \leqq 0$ $(i \in \mathcal{I})$ の各々の両辺に θ_k^{-1} をかけて $k \to \infty$ としたときの極限を考えると

$$\langle \nabla f(\overline{\boldsymbol{x}}), \boldsymbol{y} \rangle \leqq 0, \qquad \langle \nabla g_i(\overline{\boldsymbol{x}}), \boldsymbol{y} \rangle \leqq 0 \quad (i \in \mathcal{I})$$

が得られる．ここで，$\langle \nabla g_i(\overline{\boldsymbol{x}}), \boldsymbol{y} \rangle < 0$ であるような $i \in \tilde{\mathcal{I}}$ ($\subseteqq \mathcal{I}$) が存在すると仮定すれば，$\tilde{\mathcal{I}}$ の定義と KKT 条件 (3.14) より

$$\langle \nabla f(\overline{\boldsymbol{x}}), \boldsymbol{y} \rangle = -\sum_{i \in \tilde{\mathcal{I}}} \overline{\lambda}_i \langle \nabla g_i(\overline{\boldsymbol{x}}), \boldsymbol{y} \rangle > 0$$

となり，上の不等式 $\langle \nabla f(\overline{\boldsymbol{x}}), \boldsymbol{y} \rangle \leqq 0$ に矛盾する．よって

$$\langle \nabla g_i(\overline{\boldsymbol{x}}), \boldsymbol{y} \rangle = 0 \qquad (i \in \tilde{\mathcal{I}})$$

でなければならない．これは $\boldsymbol{y} \in C_{\tilde{S}}(\overline{\boldsymbol{x}})$ を意味している．

一方，$\overline{\lambda}_i \geqq 0$, $g_i(\boldsymbol{x}^k) \leqq g_i(\overline{\boldsymbol{x}}) = 0$ $(i \in \mathcal{I})$ と $f(\boldsymbol{x}^k) \leqq f(\overline{\boldsymbol{x}})$ より

$$L_0(\boldsymbol{x}^k, \overline{\boldsymbol{\lambda}}) = f(\boldsymbol{x}^k) + \sum_{i \in \mathcal{I}} \overline{\lambda}_i g_i(\boldsymbol{x}^k) \leqq f(\overline{\boldsymbol{x}}) = L_0(\overline{\boldsymbol{x}}, \overline{\boldsymbol{\lambda}})$$

であるから

$$\begin{aligned} L_0(\boldsymbol{x}^k, \overline{\boldsymbol{\lambda}}) - L_0(\overline{\boldsymbol{x}}, \overline{\boldsymbol{\lambda}}) &= \theta_k \langle \nabla_x L_0(\overline{\boldsymbol{x}}, \overline{\boldsymbol{\lambda}}), \boldsymbol{y}^k \rangle + \tfrac{1}{2}\theta_k^2 \langle \boldsymbol{y}^k, \nabla_x^2 L_0(\overline{\boldsymbol{x}}, \overline{\boldsymbol{\lambda}}) \boldsymbol{y}^k \rangle \\ &\quad + o(\theta_k^2 \|\boldsymbol{y}^k\|^2) \ \leqq \ 0 \end{aligned}$$

が成立する．さらに KKT 条件 (3.14) より $\nabla_x L_0(\overline{\boldsymbol{x}}, \overline{\boldsymbol{\lambda}}) = \boldsymbol{0}$ であるから，上の不等式の両辺に θ_k^{-2} をかけて $k \to \infty$ としたときの極限を考えると

$$\langle \boldsymbol{y}, \nabla_x^2 L_0(\overline{\boldsymbol{x}}, \overline{\boldsymbol{\lambda}}) \boldsymbol{y} \rangle \leqq 0$$

を得る．ところが $\boldsymbol{y} \in C_{\tilde{S}}(\overline{\boldsymbol{x}})$ かつ $\|\boldsymbol{y}\| = 1$ であったから，これは式 (3.29) に反する．よって，$\overline{\boldsymbol{x}}$ は狭義局所的最適解でなければならない．■

系 3.3. 定理 3.13 の仮定が満たされているとし，集合 $D_{\tilde{S}}(\overline{\boldsymbol{x}})$ を

$$D_{\tilde{S}}(\overline{\boldsymbol{x}}) = \{\boldsymbol{y} \in I\!R^n \mid \langle \nabla g_i(\overline{\boldsymbol{x}}), \boldsymbol{y} \rangle = 0 \ (i \in \tilde{\mathcal{I}})\}$$

と定義する．そのとき

$$\langle \boldsymbol{y}, \nabla_x^2 L_0(\overline{\boldsymbol{x}}, \overline{\boldsymbol{\lambda}}) \boldsymbol{y} \rangle > 0 \qquad (\boldsymbol{y} \in D_{\tilde{S}}(\overline{\boldsymbol{x}}),\ \boldsymbol{y} \neq \boldsymbol{0}) \tag{3.30}$$

が成り立つならば，$\overline{\boldsymbol{x}}$ は問題 (3.11) の狭義局所的最適解である．

証明　$C_{\tilde{S}}(\bar{\boldsymbol{x}}) \subseteqq D_{\tilde{S}}(\bar{\boldsymbol{x}})$ であるから，式 (3.30) が成り立てば式 (3.29) も成立する．よって，この系の結果は定理 3.13 より従う．　■

式 (3.30) は式 (3.29) に比べて少し強い十分条件である．しかし $D_{\tilde{S}}(\bar{\boldsymbol{x}})$ が部分空間になることから，式 (3.30) はより取り扱いやすいため，実際によく用いられる．いうまでもなく，狭義相補性 $\mathcal{I} = \tilde{\mathcal{I}}$ が成り立つときには，式 (3.29) と式 (3.30) は等価である．

なお，つぎの例が示すように，定理 3.13 の仮定のもとでは $\bar{\boldsymbol{x}}$ が孤立局所的最適解になることは保証されない．

例 3.10. つぎの問題を考える．

$$
\begin{aligned}
\text{目的関数：}\quad & x^2 \longrightarrow \text{最小} \\
\text{制約条件：}\quad & g(x) \leqq 0 \\
& x^2 - 1 \leqq 0
\end{aligned}
$$

ただし，関数 $g : I\!R \to I\!R$ は次式で定義される．

$$
g(x) = \begin{cases} x^6 \sin \dfrac{1}{|x|} & (x \neq 0) \\ 0 & (x = 0) \end{cases}
$$

この関数は微分可能であり，特に $\nabla g(0) = 0$ である．容易に確かめられるように，$\bar{x} = 0$ および $\bar{\boldsymbol{\lambda}} = (\alpha, 0)^\top$ (ただし $\alpha \geqq 0$ は任意) に対して KKT 条件が成立する．さらに，$C_{\tilde{S}}(\bar{x}) = I\!R$ であり，$\nabla^2 f(\bar{x}) = 2$, $\nabla^2 g(\bar{x}) = 0$ より $\nabla_x^2 L_0(\bar{x}, \bar{\boldsymbol{\lambda}}) = 2 > 0$ となるから，2 次の十分条件が成立する．よって，$\bar{x} = 0$ は狭義局所的最適解であるが，この問題の実行可能領域は

$$
S = \bigcup_{k=1}^{\infty} \left\{ x \in I\!R \;\middle|\; \frac{1}{2k\pi} \leqq |x| \leqq \frac{1}{(2k-1)\pi} \right\} \cup \{0\}
$$

であるから，集合 $\{1/(2k\pi) \,|\, k = \pm 1, \pm 2, \pm 3, \ldots\}$ に属する点はすべて局所的最適解であり，それらは $\bar{x} = 0$ のいくらでも近くに存在するので，$\bar{x} = 0$ は孤立局所的最適解ではない．

2 次の必要条件 (3.26) や十分条件 (3.29), (3.30) は Lagrange 関数の $\boldsymbol{x}$ に関する Hesse 行列 $\nabla_x^2 L_0(\overline{\boldsymbol{x}}, \overline{\boldsymbol{\lambda}})$ がある種の限定された半正定値性あるいは正定値性を有することを意味している．特に，$\nabla_x^2 L_0(\overline{\boldsymbol{x}}, \overline{\boldsymbol{\lambda}})$ が半正定値であれば式 (3.26) が，正定値であれば式 (3.29) や式 (3.30) が成立する．しかし，つぎの例が示すように，$\nabla_x^2 L_0(\overline{\boldsymbol{x}}, \overline{\boldsymbol{\lambda}})$ が半正定値あるいは正定値でなくても，2 次の最適性条件はしばしば成立する．

例 3.11. つぎの問題を考える．

$$\begin{aligned} \text{目的関数：}\quad & f(\boldsymbol{x}) = -2x_1 x_2^2 \longrightarrow \text{最小} \\ \text{制約条件：}\quad & g_1(\boldsymbol{x}) = \tfrac{1}{2}x_1^2 + x_2^2 - \tfrac{3}{2} \leqq 0 \\ & g_2(\boldsymbol{x}) = -x_1 \leqq 0 \end{aligned}$$

$\overline{\boldsymbol{x}} = (1,1)^\top$ と $\overline{\boldsymbol{\lambda}} = (2,0)^\top$ が KKT 条件を満たすことは容易に確かめられる．特に $\mathcal{I} = \tilde{\mathcal{I}} = \{1\}$ であり，狭義相補性が成立している．$\nabla g_1(\overline{\boldsymbol{x}}) = (1,2)^\top$ であるから，$C_{\tilde{S}}(\overline{\boldsymbol{x}}) = \{\boldsymbol{y} \in I\!R^2 \mid \langle \nabla g_1(\overline{\boldsymbol{x}}), \boldsymbol{y} \rangle = 0\} = \{\boldsymbol{y} \in I\!R^2 \mid y_1 + 2y_2 = 0\}$ となる．また， Lagrange 関数の Hesse 行列は

$$\nabla_x^2 L_0(\overline{\boldsymbol{x}}, \overline{\boldsymbol{\lambda}}) = \begin{bmatrix} 2 & -4 \\ -4 & 0 \end{bmatrix}$$

であり，正定値でも半正定値でもない．しかし，$C_{\tilde{S}}(\overline{\boldsymbol{x}})$ に属する任意のベクトルは $\boldsymbol{y} = (2t, -t)^\top$ $(t \in I\!R)$ と表されるので

$$\langle \boldsymbol{y}, \nabla_x^2 L_0(\overline{\boldsymbol{x}}, \overline{\boldsymbol{\lambda}})\boldsymbol{y} \rangle = 2y_1^2 - 8y_1y_2 = 24t^2 \geqq 0 \qquad (\boldsymbol{y} \in C_{\tilde{S}}(\overline{\boldsymbol{x}}))$$

となり，式 (3.26) と式 (3.29) が成り立つ．さらに，定理 3.13 より，$\overline{\boldsymbol{x}}$ は狭義局所的最適解である．

3.6　等式・不等式制約条件をもつ問題

この節では，これまでに得られた不等式制約条件のみをもつ問題に関する結果を，つぎの等式制約条件も含む問題に対して拡張する．

$$\begin{aligned} &\text{目的関数：} && f(\boldsymbol{x}) \longrightarrow \text{最小} \\ &\text{制約条件：} && g_i(\boldsymbol{x}) \leqq 0 \quad (i = 1, \ldots, m) \\ & && h_j(\boldsymbol{x}) = 0 \quad (j = 1, \ldots, l) \end{aligned} \tag{3.31}$$

これまでと同様，実行可能領域を $S = \{\boldsymbol{x} \in \mathbb{R}^n \mid g_i(\boldsymbol{x}) \leqq 0\,(i = 1, \ldots, m),\ h_j(\boldsymbol{x}) = 0\,(j = 1, \ldots, l)\}$，$\overline{\boldsymbol{x}}$ における S の接錐を $T_S(\overline{\boldsymbol{x}})$ と表し，線形化錐を

$$\begin{aligned} C_S(\overline{\boldsymbol{x}}) = \{\boldsymbol{y} \in \mathbb{R}^n \mid & \langle \nabla g_i(\overline{\boldsymbol{x}}), \boldsymbol{y} \rangle \leqq 0 \ (i \in \mathcal{I}), \\ & \langle \nabla h_j(\overline{\boldsymbol{x}}), \boldsymbol{y} \rangle = 0 \ (j = 1, \ldots, l)\} \end{aligned}$$

によって定義する．ただし，$\mathcal{I}$ は $\overline{\boldsymbol{x}}$ における有効不等式制約条件の添字集合 $\mathcal{I}(\overline{\boldsymbol{x}}) = \{i \mid g_i(\overline{\boldsymbol{x}}) = 0\} \subseteqq \{1, \ldots, m\}$ を表す．さらに，問題 (3.31) に対する Lagrange 関数 $L_0 : \mathbb{R}^{n+m+l} \to [-\infty, +\infty)$ を次式で定義する．

$$L_0(\boldsymbol{x}, \boldsymbol{\lambda}, \boldsymbol{\mu}) = \begin{cases} f(\boldsymbol{x}) + \displaystyle\sum_{i=1}^{m} \lambda_i g_i(\boldsymbol{x}) + \sum_{j=1}^{l} \mu_j h_j(\boldsymbol{x}) & (\boldsymbol{\lambda} \geqq \boldsymbol{0}) \\ -\infty & (\boldsymbol{\lambda} \not\geqq \boldsymbol{0}) \end{cases}$$

ただし，$\boldsymbol{\lambda} = (\lambda_1, \ldots, \lambda_m)^\top$，$\boldsymbol{\mu} = (\mu_1, \ldots, \mu_l)^\top$ である．

つぎの定理は，不等式制約条件の問題に対する最適性の必要条件を与えた定理 3.5 を問題 (3.31) に拡張したものである．

定理 3.14. 点 $\overline{\boldsymbol{x}}$ を問題 (3.31) の局所的最適解とし，目的関数 $f : \mathbb{R}^n \to \mathbb{R}$ と制約関数 $g_i : \mathbb{R}^n \to \mathbb{R}\ (i = 1, \ldots, m)$, $h_j : \mathbb{R}^n \to \mathbb{R}\ (j = 1, \ldots, l)$ は $\overline{\boldsymbol{x}}$ において微分可能とする．そのとき，$C_S(\overline{\boldsymbol{x}}) \subseteqq \mathrm{co}\, T_S(\overline{\boldsymbol{x}})$ であれば，次式を

満足する Lagrange 乗数 $\overline{\boldsymbol{\lambda}} \in I\!R^m$, $\overline{\boldsymbol{\mu}} \in I\!R^l$ が存在する.

$$\begin{aligned}
&\nabla_x L_0(\overline{\boldsymbol{x}}, \overline{\boldsymbol{\lambda}}, \overline{\boldsymbol{\mu}}) = \nabla f(\overline{\boldsymbol{x}}) + \sum_{i=1}^{m} \overline{\lambda}_i \nabla g_i(\overline{\boldsymbol{x}}) + \sum_{j=1}^{l} \overline{\mu}_j \nabla h_j(\overline{\boldsymbol{x}}) = \mathbf{0} \\
&\overline{\lambda}_i \geqq 0,\ g_i(\overline{\boldsymbol{x}}) \leqq 0,\ \overline{\lambda}_i g_i(\overline{\boldsymbol{x}}) = 0 \quad (i = 1, \ldots, m) \\
&h_j(\overline{\boldsymbol{x}}) = 0 \quad (j = 1, \ldots, l)
\end{aligned} \tag{3.32}$$

証明 定理 3.5 の証明と同様，$\overline{\boldsymbol{x}}$ が局所的最適解で，$C_S(\overline{\boldsymbol{x}}) \subseteqq \mathrm{co}\ T_S(\overline{\boldsymbol{x}})$ であれば，$-\nabla f(\overline{\boldsymbol{x}}) \in C_S(\overline{\boldsymbol{x}})^*$ が成立するので，定理 2.15 の系より

$$-\nabla f(\overline{\boldsymbol{x}}) = \sum_{i \in \mathcal{I}} \overline{\lambda}_i \nabla g_i(\overline{\boldsymbol{x}}) + \sum_{j=1}^{l} \overline{\mu}_j \nabla h_j(\overline{\boldsymbol{x}})$$

を満たす $\overline{\lambda}_i \geqq 0\ (i \in \mathcal{I})$ と $\overline{\mu}_j\ (j = 1, \ldots, l)$ が存在する．よって $\overline{\lambda}_i = 0\ (i \notin \mathcal{I})$ とおけば，式 (3.32) が得られる． ■

式 (3.32) を問題 (3.31) に対する **Karush-Kuhn-Tucker 条件** (Karush-Kuhn-Tucker conditions) あるいは **KKT 条件**と呼ぶ．条件 $C_S(\overline{\boldsymbol{x}}) \subseteqq \mathrm{co}\ T_S(\overline{\boldsymbol{x}})$ は問題 (3.11) に対する Guignard 制約想定を一般化したものである．KKT 条件 (3.32) が最適性の必要条件になることを保証する制約想定には，この他にも以下のようなものがある．

- **1 次独立制約想定** (linear independence constraint qualification)：h_j $(j = 1, \ldots, l)$ は $\overline{\boldsymbol{x}}$ において連続的微分可能であり，さらにベクトル $\nabla g_i(\overline{\boldsymbol{x}})\ (i \in \mathcal{I})$, $\nabla h_j(\overline{\boldsymbol{x}})\ (j = 1, \ldots, l)$ は 1 次独立である．
- **Slater 制約想定** (Slater's constraint qualification)：$g_i\ (i \in \mathcal{I})$ は凸関数，$h_j\ (j = 1, \ldots, l)$ はアフィン関数であり，$g_i(\boldsymbol{x}^0) < 0\ (i = 1, \ldots, m)$ かつ $h_j(\boldsymbol{x}^0) = 0\ (j = 1, \ldots, l)$ を満たす $\boldsymbol{x}^0$ が存在する．
- **Mangasarian-Fromovitz (M-F) 制約想定** (Mangasarian-Fromovitz constraint qualification)：$h_j\ (j = 1, \ldots, l)$ は $\overline{\boldsymbol{x}}$ において連続的微分可能，$\nabla h_j(\overline{\boldsymbol{x}})\ (j = 1, \ldots, l)$ は 1 次独立であり，$\langle \nabla g_i(\overline{\boldsymbol{x}}), \boldsymbol{y} \rangle < 0\ (i \in \mathcal{I})$ かつ $\langle \nabla h_j(\overline{\boldsymbol{x}}), \boldsymbol{y} \rangle = 0\ (j = 1, \ldots, l)$ を満たす $\boldsymbol{y} \in I\!R^n$ が存在する．
- **Abadie 制約想定** (Abadie's constraint qualification)：$C_S(\overline{\boldsymbol{x}}) \subseteqq T_S(\overline{\boldsymbol{x}})$

- **Guignard 制約想定** (Guignard's constraint qualification) : $C_S(\overline{\boldsymbol{x}}) \subseteqq \mathrm{co}\ T_S(\overline{\boldsymbol{x}})$

これらの制約想定は 3.3 節で述べた不等式制約条件に対するいくつかの制約想定を等式・不等式制約条件に拡張したものである．特に，Mangasarian-Fromovitz 制約想定は Cottle 制約想定に対応している．

補題 3.7. 1 次独立制約想定または Slater 制約想定が成り立てば，M-F 制約想定が成立する．

証明 演習問題 3.8. ■

補題 3.8. M-F 制約想定が成り立てば Abadie 制約想定が成立し，Abadie 制約想定が成り立てば Guignard 制約想定が成立する．

証明 後半は明らかであるから，前半のみを示す．

$$C_S^0(\overline{\boldsymbol{x}}) = \{\boldsymbol{y} \in I\!R^n \mid \langle \nabla g_i(\overline{\boldsymbol{x}}), \boldsymbol{y} \rangle < 0\,(i \in \mathcal{I}),\ \langle \nabla h_j(\overline{\boldsymbol{x}}), \boldsymbol{y} \rangle = 0\,(j = 1, \ldots, l)\}$$

とおく．M-F 制約想定が成り立てば $C_S^0(\overline{\boldsymbol{x}}) \neq \emptyset$ である．$C_S^0(\overline{\boldsymbol{x}}) \neq \emptyset$ ならば $\mathrm{cl}\ C_S^0(\overline{\boldsymbol{x}}) = C_S(\overline{\boldsymbol{x}})$ であり，接錐 $T_S(\overline{\boldsymbol{x}})$ は閉集合であるから，Abadie 制約想定が成立することをいうには，$C_S^0(\overline{\boldsymbol{x}}) \subseteqq T_S(\overline{\boldsymbol{x}})$ を示せばよい．そのためには，任意の $\boldsymbol{y} \in C_S^0(\overline{\boldsymbol{x}})$ に対して，$\boldsymbol{x}(0) = \overline{\boldsymbol{x}}$, $\boldsymbol{x}'(0) = \boldsymbol{y}$ かつ，ある $\overline{\theta} > 0$ に対して $\boldsymbol{x}(\theta) \in S$ $(\theta \in [0, \overline{\theta}])$ を満たす曲線 $\boldsymbol{x}(\cdot) : I\!R \to I\!R^n$ が存在することを示せば十分である．

$\boldsymbol{y} \in C_S^0(\overline{\boldsymbol{x}})$ と仮定する．いま，$\nabla h_j(\boldsymbol{x})$ $(j = 1, \ldots, l)$ を列とする $n \times l$ 行列を $\boldsymbol{H}(\boldsymbol{x})$ と表すと，$C_S^0(\overline{\boldsymbol{x}})$ の定義より $\boldsymbol{H}(\overline{\boldsymbol{x}})^\top \boldsymbol{y} = \boldsymbol{0}$ であり，$\nabla h_j(\overline{\boldsymbol{x}})$ $(j = 1, \ldots, l)$ の 1 次独立性および $\nabla h_j(\cdot)$ の連続性より，$\|\boldsymbol{x} - \overline{\boldsymbol{x}}\|$ が十分小さいとき行列 $\boldsymbol{H}(\boldsymbol{x})^\top \boldsymbol{H}(\boldsymbol{x})$ は逆行列をもつ．そこで，$n \times n$ 行列 (射影行列) $\boldsymbol{P}(\boldsymbol{x})$ を

$$\boldsymbol{P}(\boldsymbol{x}) = \boldsymbol{I} - \boldsymbol{H}(\boldsymbol{x})[\boldsymbol{H}(\boldsymbol{x})^\top \boldsymbol{H}(\boldsymbol{x})]^{-1} \boldsymbol{H}(\boldsymbol{x})^\top$$

と定義すると，$\boldsymbol{P}(\overline{\boldsymbol{x}})\boldsymbol{y} = \boldsymbol{y}$ が成立する．ここで微分方程式

$$\boldsymbol{x}'(\theta) = \boldsymbol{P}(\boldsymbol{x}(\theta))\boldsymbol{y}, \qquad \boldsymbol{x}(0) = \overline{\boldsymbol{x}}$$

を考えると，この微分方程式はある $\overline{\theta} > 0$ に対して解 $\boldsymbol{x}(\theta)$ $(\theta \in [0, \overline{\theta}])$ をもつ．この $\boldsymbol{x}(\theta)$ が上に述べた性質をもつことを示そう．

定義より $\boldsymbol{x}(0) = \overline{\boldsymbol{x}}$, $\boldsymbol{x}'(0) = \boldsymbol{P}(\overline{\boldsymbol{x}})\boldsymbol{y} = \boldsymbol{y}$ であるから，十分小さい $\theta > 0$ に対して $\boldsymbol{x}(\theta) \in S$ となることをいえばよい．不等式制約条件については，$i \notin \mathcal{I}$ ならば，θ が十分小さいとき $g_i(\boldsymbol{x}(\theta)) < 0$ であり，$i \in \mathcal{I}$ ならば，$g_i(\overline{\boldsymbol{x}}) = 0$ かつ

$$\left.\frac{dg_i(\boldsymbol{x}(\theta))}{d\theta}\right|_{\theta=0} = \langle \nabla g_i(\overline{\boldsymbol{x}}), \boldsymbol{y} \rangle < 0$$

であるから，十分小さい θ に対して $g_i(\boldsymbol{x}(\theta)) < 0$ が成立する．等式制約条件については，平均値定理 2.19 より，ある $\tau \in (0,1)$ に対して

$$\begin{aligned} h_j(\boldsymbol{x}(\theta)) &= h_j(\boldsymbol{x}(0)) + \theta \frac{dh_j(\boldsymbol{x}(\tau\theta))}{d\theta} \\ &= h_j(\overline{\boldsymbol{x}}) + \theta \langle \nabla h_j(\boldsymbol{x}(\tau\theta)), \boldsymbol{x}'(\tau\theta) \rangle \end{aligned}$$

が成立し，$\boldsymbol{x}'(\tau\theta) = \boldsymbol{P}(\boldsymbol{x}(\tau\theta))\boldsymbol{y}$ は $\nabla h_j(\boldsymbol{x}(\tau\theta))$ と直交するので，$h_j(\boldsymbol{x}(\theta)) = h_j(\overline{\boldsymbol{x}}) = 0$ $(\theta \in [0, \overline{\theta}])$ が成り立つ．よって，十分小さい $\theta > 0$ に対して $\boldsymbol{x}(\theta) \in S$ となる． ■

図 3.8 は等式・不等式制約条件に対する制約想定の関係を示している．

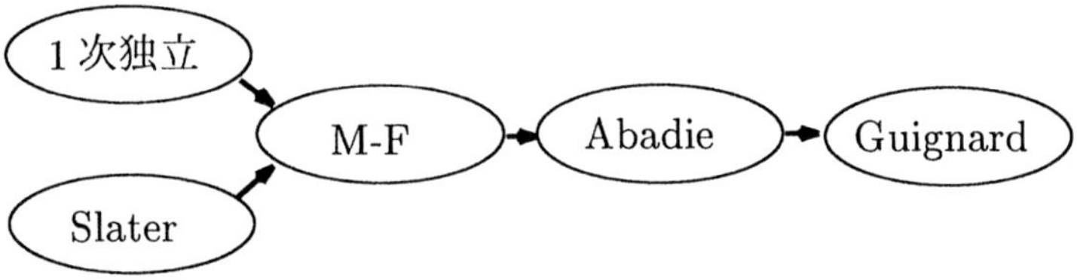

図 3.8 等式・不等式制約条件に対する制約想定の関係

定理 3.15. $\overline{\boldsymbol{x}}$ を問題 (3.31) の局所的最適解とし，目的関数 $f : \mathbb{R}^n \to \mathbb{R}$ と制約関数 $g_i : \mathbb{R}^n \to \mathbb{R}$ $(i = 1, \ldots, m)$ および $h_j : \mathbb{R}^n \to \mathbb{R}$ $(j = 1, \ldots, l)$ は $\overline{\boldsymbol{x}}$ において微分可能と仮定する．そのとき，1 次独立，Slater, M-F, Abadie, Guignard のいずれかの制約想定が成立するならば，KKT 条件 (3.32) を満たす Lagrange 乗数 $\overline{\boldsymbol{\lambda}} \in \mathbb{R}^m$, $\overline{\boldsymbol{\mu}} \in \mathbb{R}^l$ が存在する．

証明 定理 3.14 と補題 3.7，補題 3.8 より明らかである． ■

KKT 条件を満たす Lagrange 乗数の一意性や有界性に関して，不等式制約条件のみを含む問題に対する結果 (定理 3.9) が自然に拡張できる．

定理 3.16. $\bar{\boldsymbol{x}}$ を問題 (3.31) の局所的最適解とし，目的関数 $f : I\!R^n \to I\!R$ と制約関数 $g_i : I\!R^n \to I\!R$ $(i = 1, \ldots, m)$ および $h_j : I\!R^n \to I\!R$ $(j = 1, \ldots, l)$ は $\bar{\boldsymbol{x}}$ において微分可能と仮定する．そのとき，1 次独立制約想定が成立すれば，KKT 条件 (3.32) を満たす Lagrange 乗数 $\bar{\boldsymbol{\lambda}} \in I\!R^m$, $\bar{\boldsymbol{\mu}} \in I\!R^l$ は唯一である．また M-F 制約想定が成立するならば，KKT 条件 (3.32) を満たす Lagrange 乗数 $\bar{\boldsymbol{\lambda}} \in I\!R^m$, $\bar{\boldsymbol{\mu}} \in I\!R^l$ の集合は有界である．

証明 定理 3.9 と同様に証明できる．特に，Cottle 制約想定に対する補題 3.4 が M-F 制約想定に対して拡張できることを利用する (演習問題 3.9)． ■

つぎの定理は，問題 (3.31) が凸計画問題のとき，KKT 条件 (3.32) は最適性の十分条件になることを示しており，定理 3.6 を一般化したものである．

定理 3.17. 問題 (3.31) において，目的関数 $f : I\!R^n \to I\!R$ と不等式制約関数 $g_i : I\!R^n \to I\!R$ $(i = 1, \ldots, m)$ は微分可能な凸関数，等式制約関数 $h_j : I\!R^n \to I\!R$ $(j = 1, \ldots, l)$ はアフィン関数とする．そのとき，ある $\bar{\boldsymbol{x}} \in I\!R^n$, $\bar{\boldsymbol{\lambda}} \in I\!R^m$, $\bar{\boldsymbol{\mu}} \in I\!R^l$ が KKT 条件 (3.32) を満たすならば，$\bar{\boldsymbol{x}}$ は問題 (3.31) の大域的最適解である．

証明 定理 3.6 と同様に証明できるので省略する． ■

前節で述べた 2 次の最適性条件に関する結果は，問題 (3.31) に対して自然に拡張することができる．以下では，ある $\bar{\boldsymbol{x}} \in I\!R^n$, $\bar{\boldsymbol{\lambda}} \in I\!R^m$, $\bar{\boldsymbol{\mu}} \in I\!R^l$ に対して KKT 条件 (3.32) が成立すると仮定し，添字集合 $\{i \,|\, \bar{\lambda}_i > 0\}$ を $\tilde{\mathcal{I}}$ と表す．相補性条件より $\tilde{\mathcal{I}} \subseteq \mathcal{I}$ である．また，$T_{\tilde{S}}(\bar{\boldsymbol{x}})$ を集合 $\tilde{S} = S \cap \{\boldsymbol{x} \in I\!R^n \,|\, g_i(\boldsymbol{x}) = 0 \ (i \in \tilde{\mathcal{I}})\}$ の $\bar{\boldsymbol{x}}$ における接錐，$C_{\tilde{S}}(\bar{\boldsymbol{x}})$ を次式で定義され

る閉凸多面錐とする.

$$C_{\tilde{S}}(\overline{\boldsymbol{x}}) = \{\boldsymbol{y} \in I\!R^n \mid \langle \nabla g_i(\overline{\boldsymbol{x}}), \boldsymbol{y} \rangle = 0 \ (i \in \tilde{\mathcal{I}}),$$
$$\langle \nabla g_i(\overline{\boldsymbol{x}}), \boldsymbol{y} \rangle \leqq 0 \ (i \in \mathcal{I},\ i \notin \tilde{\mathcal{I}}),$$
$$\langle \nabla h_j(\overline{\boldsymbol{x}}), \boldsymbol{y} \rangle = 0 \ (j = 1, \ldots, l)\}$$

つぎの二つの定理はそれぞれ 3.5 節の定理 3.11 と定理 3.13 を拡張したものである. 証明はそれらの定理と同様であるから省略する.

定理 3.18. $\overline{\boldsymbol{x}} \in I\!R^n$ を問題 (3.31) の局所的最適解, $\overline{\boldsymbol{\lambda}} \in I\!R^m$ と $\overline{\boldsymbol{\mu}} \in I\!R^l$ を KKT 条件 (3.32) を満足する Lagrange 乗数とし, 目的関数 $f : I\!R^n \to I\!R$ と制約関数 $g_i : I\!R^n \to I\!R \ (i = 1, \ldots, m)$, $h_j : I\!R^n \to I\!R \ (j = 1, \ldots, l)$ は $\overline{\boldsymbol{x}}$ において 2 回微分可能とする. そのとき, $C_{\tilde{S}}(\overline{\boldsymbol{x}}) \subsetneqq T_{\tilde{S}}(\overline{\boldsymbol{x}})$ であれば次式が成立する.

$$\langle \boldsymbol{y}, \nabla_x^2 L_0(\overline{\boldsymbol{x}}, \overline{\boldsymbol{\lambda}}, \overline{\boldsymbol{\mu}}) \boldsymbol{y} \rangle \geqq 0 \qquad (\boldsymbol{y} \in C_{\tilde{S}}(\overline{\boldsymbol{x}}))$$

定理 3.19. 問題 (3.31) の目的関数 $f : I\!R^n \to I\!R$ と制約関数 $g_i : I\!R^n \to I\!R$ $(i = 1, \ldots, m)$, $h_j : I\!R^n \to I\!R \ (j = 1, \ldots, l)$ は $\overline{\boldsymbol{x}} \in I\!R^n$ において 2 回微分可能とする. そのとき, $\overline{\boldsymbol{x}}$ と $\overline{\boldsymbol{\lambda}} \in I\!R^m, \overline{\boldsymbol{\mu}} \in I\!R^l$ が KKT 条件 (3.32) を満たし, さらに

$$\langle \boldsymbol{y}, \nabla_x^2 L_0(\overline{\boldsymbol{x}}, \overline{\boldsymbol{\lambda}}, \overline{\boldsymbol{\mu}}) \boldsymbol{y} \rangle > 0 \qquad (\boldsymbol{y} \in C_{\tilde{S}}(\overline{\boldsymbol{x}}),\ \boldsymbol{y} \neq \boldsymbol{0})$$

が成り立つならば, $\overline{\boldsymbol{x}}$ は問題 (3.31) の狭義局所的最適解である.

定理 3.18 の制約想定 $C_{\tilde{S}}(\overline{\boldsymbol{x}}) \subsetneqq T_{\tilde{S}}(\overline{\boldsymbol{x}})$ は 1 次独立制約想定で置き換えることができる. また, 定理 3.19 の結果は, $C_{\tilde{S}}(\overline{\boldsymbol{x}})$ を

$$D_{\tilde{S}}(\overline{\boldsymbol{x}}) = \{\boldsymbol{y} \in I\!R^n \mid \langle \nabla g_i(\overline{\boldsymbol{x}}), \boldsymbol{y} \rangle = 0 \ (i \in \tilde{\mathcal{I}}),$$
$$\langle \nabla h_j(\overline{\boldsymbol{x}}), \boldsymbol{y} \rangle = 0 \ (j = 1, \ldots, l)\}$$

で定義される集合 $D_{\tilde{S}}(\overline{\boldsymbol{x}})$ で置き換えても成立する.

問題 (3.31) に現れる等式制約条件 $h_j(\boldsymbol{x}) = 0$ は二つの不等式 $h_j(\boldsymbol{x}) \leqq 0$, $-h_j(\boldsymbol{x}) \leqq 0$ で置き換えられるので, $2l$ 個の関数 $g_{m+j} \ (j = 1, \ldots, 2l)$ を

新たに $g_{m+j}=h_j$, $g_{m+l+j}=-h_j$ $(j=1,\ldots,l)$ によって定義すれば，問題 (3.31) はつぎの不等式制約条件のみを含む問題に変換できる．

$$
\begin{aligned}
&\text{目的関数：}\quad f(\boldsymbol{x}) \longrightarrow \text{最小}\\
&\text{制約条件：}\quad g_i(\boldsymbol{x}) \leqq 0 \quad (i=1,\ldots,m+2l)
\end{aligned}
\tag{3.33}
$$

問題 (3.33) は問題 (3.31) と等価であるが，3.2–3.4 節で得られた不等式制約問題に対する結果を問題 (3.33) に対して適用するには少し注意が必要である．例えば，問題 (3.33) の任意の実行可能解 $\boldsymbol{x}\in S$ において，制約条件 $g_i(\boldsymbol{x})\leqq 0$ $(i=m+1,\ldots,m+2l)$ は有効制約条件となるので，1 次独立制約想定や Cottle 制約想定は決して成り立たない．また，明らかに Slater 制約想定も成立しない．したがって，問題 (3.33) に対しては，それらの制約想定は無意味である．ただし，実行可能領域 S の線形化錐 $C_S(\overline{\boldsymbol{x}})$ はこのような問題の変換に関して不変であるから，Abadie 制約想定と Guignard 制約想定は問題 (3.33) に対しても有効である．

3.7　微分不可能な最適化問題

この節では，微分可能でない関数を含む非線形計画問題に対して，3.2 節の結果を，2.11 節で定義した Clarke 劣微分を用いて拡張する．凸関数の場合には，Clarke 劣微分は 2.10 節で定義した劣微分に帰着する．まず，つぎの制約なし最適化問題を考える．

$$
\text{目的関数：}\quad f(\boldsymbol{x}) \longrightarrow \text{最小} \tag{3.34}
$$

ここで，$f:\mathbb{R}^n\to\mathbb{R}$ である．つぎの定理は，f が微分可能な場合に対する結果 (定理 3.4 の系) の自然な拡張になっている．

定理 3.20. 関数 $f:\mathbb{R}^n\to\mathbb{R}$ は局所 Lipschitz 連続とする．そのとき，$\overline{\boldsymbol{x}}\in\mathbb{R}^n$ が問題 (3.34) の局所的最適解ならば $\mathbf{0}\in\partial f(\overline{\boldsymbol{x}})$ が成立する．さらに，f が凸関数ならば，$\mathbf{0}\in\partial f(\overline{\boldsymbol{x}})$ は $\overline{\boldsymbol{x}}$ が問題 (3.34) の大域的最適解であるための必要十分条件である．

証明 $\overline{\boldsymbol{x}} \in I\!R^n$ が問題 (3.34) の局所的最適解ならば，一般化方向微分係数の定義 (2.74) より次式が任意の $\boldsymbol{d} \in I\!R^n$ に対して成立する．

$$\begin{aligned} f^\circ(\overline{\boldsymbol{x}};\boldsymbol{d}) &= \limsup_{\substack{\boldsymbol{y}\to\overline{\boldsymbol{x}}\\ t\searrow 0}} [f(\boldsymbol{y}+t\boldsymbol{d}) - f(\boldsymbol{y})]/t \\ &\geqq \limsup_{t\searrow 0} [f(\overline{\boldsymbol{x}}+t\boldsymbol{d}) - f(\overline{\boldsymbol{x}})]/t \ \geqq\ 0 \end{aligned}$$

式 (2.77) より，これは $\boldsymbol{0} \in \partial f(\overline{\boldsymbol{x}})$ であることを示している．特に，f が凸関数であれば，凸関数の劣勾配の定義 (2.58) より，$\boldsymbol{0} \in \partial f(\overline{\boldsymbol{x}})$ は次式と等価である．

$$f(\boldsymbol{x}) - f(\overline{\boldsymbol{x}}) \ \geqq\ \langle \boldsymbol{0}, \boldsymbol{x} - \overline{\boldsymbol{x}} \rangle \ =\ 0 \qquad (\boldsymbol{x} \in I\!R^n)$$

これは $\overline{\boldsymbol{x}}$ が問題 (3.34) の大域的最適解であることを表している． ■

つぎに，不等式制約条件をもつ最適化問題

$$\begin{array}{ll} \text{目的関数：} & f(\boldsymbol{x}) \longrightarrow \text{最小} \\ \text{制約条件：} & g_i(\boldsymbol{x}) \leqq 0 \quad (i = 1,\ldots,m) \end{array} \tag{3.35}$$

に対して，**Karush-Kuhn-Tucker 条件** (Karush-Kuhn-Tucker conditions) を拡張しよう．そのため，問題 (3.35) の局所的最適解 $\overline{\boldsymbol{x}}$ に対して，$\boldsymbol{u} = (u_1,\ldots,u_m)^\top$ を変数とする関数 $\phi : I\!R^m \to [-\infty, +\infty]$ を次式によって定義する．ただし，$\varepsilon > 0$ は適当な定数である．

$$\phi(\boldsymbol{u}) = \inf\{f(\boldsymbol{x}) \mid g_i(\boldsymbol{x}) \leqq u_i \ (i = 1,\ldots,m),\ \boldsymbol{x} \in B(\overline{\boldsymbol{x}}, \varepsilon)\} \tag{3.36}$$

定理 3.21. 関数 $f : I\!R^n \to I\!R$ と $g_i : I\!R^n \to I\!R$ $(i = 1,\ldots,m)$ は局所 Lipschitz 連続とする．$\overline{\boldsymbol{x}} \in I\!R^n$ を問題 (3.35) の局所的最適解とし，十分小さい $\varepsilon > 0$ に対して関数 ϕ を式 (3.36) によって定義する．そのとき，ある $\gamma > 0$ に対して

$$\liminf_{\boldsymbol{u}\to 0}\ [\phi(\boldsymbol{u}) - \phi(\boldsymbol{0})]/\|\boldsymbol{u}\| \geqq -\gamma \tag{3.37}$$

が成り立つならば，次式を満足する Lagrange 乗数 $\overline{\boldsymbol{\lambda}} \in I\!R^m$ が存在する．

$$\begin{aligned} &\boldsymbol{0} \in \partial f(\overline{\boldsymbol{x}}) + \sum_{i=1}^{m} \overline{\lambda}_i \partial g_i(\overline{\boldsymbol{x}}) \\ &\overline{\lambda}_i \geqq 0,\ g_i(\overline{\boldsymbol{x}}) \leqq 0,\ \overline{\lambda}_i g_i(\overline{\boldsymbol{x}}) = 0 \quad (i = 1,\ldots,m) \end{aligned} \tag{3.38}$$

証明 まず，定数 $M > 0$ を十分大きく選べば，$\overline{\boldsymbol{x}}$ はつぎの関数 $p_M : \mathbb{R}^n \to \mathbb{R}$ の局所的最小点になることを背理法を用いて示す[*1]．

$$p_M(\boldsymbol{x}) = f(\boldsymbol{x}) + M \sum_{i=1}^{m} g_i^+(\boldsymbol{x}) \tag{3.39}$$

ただし，$g_i^+ : \mathbb{R}^n \to [0, \infty)$ は次式によって定義される関数である．

$$g_i^+(\boldsymbol{x}) = \max\{0, g_i(\boldsymbol{x})\} \tag{3.40}$$

$g_i^+(\overline{\boldsymbol{x}}) = 0\ (i = 1, \ldots, m)$ であるから，$\overline{\boldsymbol{x}}$ が関数 p_M の局所的最小点となるような定数 $M > 0$ が存在しないと仮定すると，すべての $k = 1, 2, \ldots$ に対して

$$f(\boldsymbol{x}^k) + k \sum_{i=1}^{m} g_i^+(\boldsymbol{x}^k) < f(\overline{\boldsymbol{x}}) \tag{3.41}$$

を満たし，$\overline{\boldsymbol{x}}$ に収束する点列 $\{\boldsymbol{x}^k\}$ が存在する．ここで，点列 $\{\boldsymbol{u}^k\} \subseteqq \mathbb{R}^m$ を $u_i^k = g_i^+(\boldsymbol{x}^k)\ (i = 1, \ldots, m)$ によって定義すれば

$$\|\boldsymbol{u}^k\| \leqq \sum_{i=1}^{m} |u_i^k| = \sum_{i=1}^{m} g_i^+(\boldsymbol{x}^k)$$

であるから，$k \to +\infty$ のとき $\boldsymbol{u}^k \to \boldsymbol{0}$ となる．また，関数 ϕ の定義 (3.36) より，十分大きい k に対して $\phi(\boldsymbol{u}^k) \leqq f(\boldsymbol{x}^k)$ が成り立ち，さらに $\phi(\boldsymbol{0}) = f(\overline{\boldsymbol{x}})$ であるから，式 (3.41) は

$$\phi(\boldsymbol{u}^k) + k\|\boldsymbol{u}^k\| < \phi(\boldsymbol{0})$$

が十分大きい k に対して成り立つことを意味する．したがって，$k \to +\infty$ のとき

$$[\phi(\boldsymbol{u}^k) - \phi(\boldsymbol{0})]/\|\boldsymbol{u}^k\| \to -\infty$$

となるが，これは式 (3.37) に矛盾する．

よって，十分大きい定数 $M > 0$ に対して，$\overline{\boldsymbol{x}}$ は関数 p_M の局所的最小点となるので，定理 3.20 より

$$\boldsymbol{0} \in \partial p_M(\overline{\boldsymbol{x}}) \tag{3.42}$$

が成立する．また，式 (3.39) と定理 2.60 より

$$\partial p_M(\overline{\boldsymbol{x}}) \subseteqq \partial f(\overline{\boldsymbol{x}}) + M \sum_{i=1}^{m} \partial g_i^+(\overline{\boldsymbol{x}}) \tag{3.43}$$

---

*1) これは，制約つき最適化問題 (3.35) が p_M を目的関数とする制約なし最適化問題に帰着できることを意味している．このように，制約つき問題を制約なし問題に変換するために用いられる関数を**ペナルティ関数** (penalty function) と呼ぶ．

となるが，式 (3.40) に定理 2.61 を適用すれば，$i \in \mathcal{I}(\overline{\boldsymbol{x}}) = \{i \mid g_i(\overline{\boldsymbol{x}}) = 0\}$ のとき

$$\begin{aligned}\partial g_i^+(\overline{\boldsymbol{x}}) &\subseteqq \mathrm{co}\,\{\mathbf{0}, \partial g_i(\overline{\boldsymbol{x}})\}\\ &= \{\mu_i \boldsymbol{\xi}^i \in I\!R^n \mid 0 \leqq \mu_i \leqq 1,\ \boldsymbol{\xi}^i \in \partial g_i(\overline{\boldsymbol{x}})\}\end{aligned}$$

であり，$i \notin \mathcal{I}(\overline{\boldsymbol{x}})$ のとき

$$\partial g_i^+(\overline{\boldsymbol{x}}) = \{\mathbf{0}\}$$

であるから，式 (3.42) と式 (3.43) より

$$\mathbf{0} = \boldsymbol{\xi}^0 + M \sum_{i \in \mathcal{I}(\overline{\boldsymbol{x}})} \mu_i \boldsymbol{\xi}^i$$

を満たす $\boldsymbol{\xi}^0 \in \partial f(\overline{\boldsymbol{x}})$ と $\boldsymbol{\xi}^i \in \partial g_i(\overline{\boldsymbol{x}}),\ 0 \leqq \mu_i \leqq 1\ (i \in \mathcal{I}(\overline{\boldsymbol{x}}))$ が存在する．ここで，$\overline{\lambda}_i = M\mu_i\ (i \in \mathcal{I}(\overline{\boldsymbol{x}}))$ および $\overline{\lambda}_i = 0\ (i \notin \mathcal{I}(\overline{\boldsymbol{x}}))$ とおけば，式 (3.38) を得る． ■

定理 3.21 の条件 (3.37) は，制約条件の右辺の定数を微小変化させたとき，それによって引き起こされる目的関数の最小値の変化量が，右辺の定数の変化に比例する量で押さえられることを意味しており，問題 (3.35) に対する**平穏性** (calmness) 条件と呼ばれる．平穏性条件は，一般化された KKT 条件 (3.38) が最適性の必要条件であることを保証する一種の制約想定である．

例 3.12. つぎの問題を考える．

$$\begin{aligned}&\text{目的関数：} && f(x) = -x^2 + 2x + |x| \longrightarrow \text{最小}\\ &\text{制約条件：} && g_1(x) = -x \leqq 0\\ & && g_2(x) = x - 1 \leqq 0\end{aligned}$$

この問題の最適解は $\overline{x} = 0$ であり，関数 ϕ は $\|\boldsymbol{u}\|$ が十分小さいとき

$$\phi(\boldsymbol{u}) = \begin{cases} -u_1^2 - u_1 & (u_1 \geqq 0)\\ -u_1^2 - 3u_1 & (u_1 < 0)\end{cases}$$

と表されるから，平穏性条件 (3.37) は任意の $\gamma \geqq 1$ によって満たされる．したがって，定理 3.21 より，KKT 条件 (3.38) を満足する Lagrange 乗数 $\overline{\boldsymbol{\lambda}} = (\overline{\lambda}_1, \overline{\lambda}_2)^\top$ が存在する．実際

$$\partial f(0) = \{\xi \in I\!R \mid 1 \leqq \xi \leqq 3\}, \quad \partial g_1(0) = \{-1\}, \quad \partial g_2(0) = \{1\}$$

であるから，KKT 条件 (3.38) は $1 \leqq \overline{\lambda}_1 \leqq 3$ であるような任意の $\overline{\lambda}_1$ と $\overline{\lambda}_2 = 0$ に対して成立する．

例 3.13. つぎの問題を考える．

$$
\begin{aligned}
\text{目的関数：}\quad & f(x) = x \longrightarrow \text{最小} \\
\text{制約条件：}\quad & g_1(x) = -x^3 \leqq 0 \\
& g_2(x) = x - 1 \leqq 0
\end{aligned}
$$

この問題の最適解は $\overline{x} = 0$ であり，関数 ϕ は $\|\boldsymbol{u}\|$ が十分小さいとき $\phi(\boldsymbol{u}) = -u_1^{1/3}$ と表される．このとき

$$
\liminf_{u \to 0} \, [\phi(\boldsymbol{u}) - \phi(\boldsymbol{0})]/\|\boldsymbol{u}\| = \liminf_{u \to 0} \, -u_1^{1/3}/(u_1^2 + u_2^2)^{1/2} = -\infty
$$

となるので，平穏性条件 (3.37) は満たされない．さらに，KKT 条件 (3.38) を満たす Lagrange 乗数が存在しないことも容易に確かめられる．

以下では，通常の不等式制約条件の他に制約条件 $\boldsymbol{x} \in C$ を含む，つぎの凸計画問題に対して KKT 条件の拡張を試みる．

$$
\begin{aligned}
\text{目的関数：}\quad & f(\boldsymbol{x}) \longrightarrow \text{最小} \\
\text{制約条件：}\quad & g_i(\boldsymbol{x}) \leqq 0 \quad (i = 1, \ldots, m) \\
& \boldsymbol{x} \in C
\end{aligned}
\tag{3.44}
$$

ここで，$f : I\!R^n \to I\!R$ と $g_i : I\!R^n \to I\!R$ $(i = 1, \ldots, m)$ は凸関数，$C \subseteqq I\!R^n$ は空でない閉凸集合とする．さらに，問題 (3.44) に対して，式 (3.36) を修正した関数 $\phi_0 : I\!R^m \to [-\infty, +\infty]$ を次式によって定義する*1)．

$$
\phi_0(\boldsymbol{u}) = \inf\{f(\boldsymbol{x}) \mid g_i(\boldsymbol{x}) \leqq u_i \ (i = 1, \ldots, m), \ \boldsymbol{x} \in C\} \tag{3.45}
$$

凸計画問題 (3.44) に対して，関数 ϕ_0 は凸関数となり，平穏性条件 (3.37) は

$$
\phi_0(\boldsymbol{u}) - \phi_0(\boldsymbol{0}) \geqq -\gamma \|\boldsymbol{u}\| \qquad (\boldsymbol{u} \in I\!R^m)
$$

*1) 式 (3.36) の関数 ϕ は問題 (3.37) の特定の局所的最適解 $\overline{\boldsymbol{x}}$ に依存して定義されていたが，ここで考察する問題 (3.44) は凸計画問題であるから，関数 ϕ_0 に対しては式 (3.45) のように大域的な定義が可能である．

と等価であることが示せる．よって，定理 2.48 より，この条件は関数 ϕ_0 が $\boldsymbol{u}=\boldsymbol{0}$ において劣勾配をもつことと等価である．特に，問題 (3.44) に最適解 $\overline{\boldsymbol{x}}$ が存在し，さらに (一般化された) Slater 制約想定

$$\{\boldsymbol{x}\in I\!R^n \mid g_i(\boldsymbol{x})<0\ (i=1,\ldots,m)\}\cap C\neq\emptyset \tag{3.46}$$

が成り立つときには，$\boldsymbol{0}\in\operatorname{int}\operatorname{dom}\phi_0$ であることがいえるので，定理 2.48 より $\partial\phi_0(\boldsymbol{0})\neq\emptyset$ となることが保証される．

定理 3.22. 関数 $f:I\!R^n\to I\!R$ と $g_i:I\!R^n\to I\!R\ (i=1,\ldots,m)$ は凸関数，$C\subseteqq I\!R^n$ は空でない閉凸集合とする．$\overline{\boldsymbol{x}}\in I\!R^n$ を問題 (3.44) の最適解とし，関数 ϕ_0 を式 (3.45) によって定義する．そのとき，$\partial\phi_0(\boldsymbol{0})\neq\emptyset$ であれば，次式を満足する Lagrange 乗数 $\overline{\boldsymbol{\lambda}}\in I\!R^m$ が存在する．

$$\begin{aligned}&\boldsymbol{0}\in\partial f(\overline{\boldsymbol{x}})+\sum_{i=1}^m\overline{\lambda}_i\partial g_i(\overline{\boldsymbol{x}})+N_C(\overline{\boldsymbol{x}})\\&\overline{\lambda}_i\geqq 0,\ g_i(\overline{\boldsymbol{x}})\leqq 0,\ \overline{\lambda}_i g_i(\overline{\boldsymbol{x}})=0\quad(i=1,\ldots,m)\end{aligned}\tag{3.47}$$

ただし，$N_C(\overline{\boldsymbol{x}})$ は集合 C の $\overline{\boldsymbol{x}}$ における法線錐である．特に，Slater 制約想定 (3.46) が成り立つならば，式 (3.47) を満たす $\overline{\boldsymbol{\lambda}}\in I\!R^m$ が存在する．

証明 定理 3.21 の証明とほとんど同様の手順で証明できるので，概略のみを示す．凸関数 $p_M:I\!R^n\to(-\infty,+\infty]$ を次式により定義する．

$$p_M(\boldsymbol{x})=f(\boldsymbol{x})+M\sum_{i=1}^m g_i^+(\boldsymbol{x})+\delta_C(\boldsymbol{x})$$

ここで，$\delta_C:I\!R^n\to(-\infty,+\infty]$ は集合 C の標示関数である．そのとき，定理 3.21 の証明に現れる式 (3.42) と同様，十分大きい定数 $M>0$ に対して

$$\boldsymbol{0}\in\partial p_M(\overline{\boldsymbol{x}})$$

が成り立つことがいえる．ここで，定理 2.51 より

$$\partial p_M(\boldsymbol{x})=\partial f(\boldsymbol{x})+M\sum_{i=1}^m\partial g_i^+(\boldsymbol{x})+\partial\delta_C(\boldsymbol{x})$$

と表せることと，標示関数と劣勾配の定義，および凸集合の法線錐の表す式 (3.7) より，任意の $\boldsymbol{x} \in C$ に対して

$$\partial\delta_C(\boldsymbol{x}) = \{\boldsymbol{z} \in I\!R^n \mid \langle \boldsymbol{z}, \boldsymbol{x}' - \boldsymbol{x}\rangle \leqq 0 \ (\boldsymbol{x}' \in C)\} = N_C(\boldsymbol{x})$$

であることに注意すれば，式 (3.47) が成立することがいえる． ■

最後に，凸計画問題に対して KKT 条件 (3.38) は最適性の十分条件になることを示す．なお，十分性に関しては，微分可能な場合と同様，制約想定は必要としない．

定理 3.23. 問題 (3.44) において，目的関数 $f : I\!R^n \to I\!R$ および制約関数 $g_i : I\!R^n \to I\!R \ (i = 1, \ldots, m)$ は凸関数，$C \subseteqq I\!R^n$ は空でない閉凸集合とする．そのとき，ある $\overline{\boldsymbol{x}} \in I\!R^n$ と $\overline{\boldsymbol{\lambda}} \in I\!R^m$ が式 (3.47) を満足するならば，$\overline{\boldsymbol{x}}$ は問題 (3.44) の大域的最適解である．

証明 与えられた $\overline{\boldsymbol{\lambda}} \geqq \boldsymbol{0}$ に対して，凸関数 $\ell : I\!R^n \to (-\infty, +\infty]$ を

$$\ell(\boldsymbol{x}) = f(\boldsymbol{x}) + \sum_{i=1}^{m} \overline{\lambda}_i g_i(\boldsymbol{x}) + \delta_C(\boldsymbol{x})$$

によって定義すれば，定理 2.51 より

$$\partial\ell(\boldsymbol{x}) = \partial f(\boldsymbol{x}) + \sum_{i=1}^{m} \overline{\lambda}_i \partial g_i(\boldsymbol{x}) + \partial\delta_C(\boldsymbol{x})$$

が成立するので，定理 3.6 の場合と同様の議論を用いて証明できる． ■

3.8 半正定値計画問題

これまで取り扱ってきた問題では変数は n 次元ベクトルによって表されていたが，この節では次式で表されるような $n \times n$ 対称行列 $\boldsymbol{X} \in \mathcal{S}^n$ を変

数とする問題に対する最適性条件を考察する．

$$
\begin{aligned}
&\text{目的関数：} \quad \mathrm{tr}\,[\boldsymbol{A}_0\boldsymbol{X}] \longrightarrow \text{最小} \\
&\text{制約条件：} \quad b_i - \mathrm{tr}\,[\boldsymbol{A}_i\boldsymbol{X}] \leqq 0 \quad (i = 1, \ldots, m) \\
&\qquad\qquad\quad \boldsymbol{X} \succeq \boldsymbol{O}, \ \boldsymbol{X} \in \mathcal{S}^n
\end{aligned} \tag{3.48}
$$

ここで，$\boldsymbol{A}_i \in \mathcal{S}^n$ $(i = 0, 1, \ldots, m)$, $b_i \in I\!R$ $(i = 1, \ldots, m)$ であり，$\boldsymbol{X} \succeq \boldsymbol{O}$ は行列 $\boldsymbol{X}$ が半正定値であることを表す．このように行列の半正定値条件を制約条件に含む数理計画問題を，一般に**半正定値計画問題** (semidefinite programming problem) と呼ぶ．

$\boldsymbol{A} = [a_{jk}] \in \mathcal{S}^n$, $\boldsymbol{X} = [x_{jk}] \in \mathcal{S}^n$ とし，行列の対称性を考慮すると

$$
\mathrm{tr}\,[\boldsymbol{A}\boldsymbol{X}] = \sum_{j=1}^{n}\sum_{k=1}^{n} a_{jk}x_{jk}
$$

と書ける．n 次元ベクトル $\boldsymbol{a} = (a_1, \ldots, a_n)^\top$ と $\boldsymbol{x} = (x_1, \ldots, x_n)^\top$ の内積 $\langle \boldsymbol{a}, \boldsymbol{x} \rangle = \sum_{j=1}^n a_j x_j$ との類似性に着目して，行列 $\boldsymbol{A} \in \mathcal{S}^n$ と $\boldsymbol{X} \in \mathcal{S}^n$ の内積を次式によって定義する．

$$
\langle \boldsymbol{A}, \boldsymbol{X} \rangle = \mathrm{tr}\,[\boldsymbol{A}\boldsymbol{X}]
$$

そのとき，問題 (3.48) はつぎのように書き換えることができる．

$$
\begin{aligned}
&\text{目的関数：} \quad \langle \boldsymbol{A}_0, \boldsymbol{X} \rangle \longrightarrow \text{最小} \\
&\text{制約条件：} \quad b_i - \langle \boldsymbol{A}_i, \boldsymbol{X} \rangle \leqq 0 \quad (i = 1, \ldots, m) \\
&\qquad\qquad\quad \boldsymbol{X} \succeq \boldsymbol{O}, \ \boldsymbol{X} \in \mathcal{S}^n
\end{aligned} \tag{3.49}
$$

この問題は一見すると線形計画問題に類似しているが，半正定値条件 $\boldsymbol{X} \succeq \boldsymbol{O}$ は有限個の線形不等式では表現できないので，線形計画問題ではない．しかし，$\boldsymbol{X} \succeq \boldsymbol{O}$ によって定められる領域は半正定値行列の錐と呼ばれる閉凸錐になるので (2.5 節参照)，問題 (3.49) は凸計画問題である．そこで，目的関数 $f : \mathcal{S}^n \to I\!R$ と制約関数 $g_i : \mathcal{S}^n \to I\!R$ $(i = 1, \ldots, m)$ を

$$
\begin{aligned}
f(\boldsymbol{X}) &= \langle \boldsymbol{A}_0, \boldsymbol{X} \rangle \\
g_i(\boldsymbol{X}) &= b_i - \langle \boldsymbol{A}_i, \boldsymbol{X} \rangle \quad (i = 1, \ldots, m)
\end{aligned}
$$

と定義し，半正定値行列の錐を

$$C = \{\boldsymbol{X} \in \mathcal{S}^n \mid \boldsymbol{X} \succeq \boldsymbol{O}\} \tag{3.50}$$

とおけば，問題 (3.49) は問題 (3.44) の形に表すことができる．よって，定理 3.22 を用いて，問題 (3.49) に対する最適性条件を導くことができる*1)．まず，つぎの補題を示す．

補題 3.9. 式 (3.50) で定義される閉凸錐 $C \subsetneqq \mathcal{S}^n$ の $\overline{\boldsymbol{X}} \in C$ における法線錐 $N_C(\overline{\boldsymbol{X}})$ は次式によって与えられる．

$$N_C(\overline{\boldsymbol{X}}) = \{-\Xi \in \mathcal{S}^n \mid \langle \Xi, \overline{\boldsymbol{X}} \rangle = 0,\ \Xi \succeq \boldsymbol{O}\} \tag{3.51}$$

証明 まず，任意の $\Xi \in -N_C(\overline{\boldsymbol{X}})$ に対して $\Xi \succeq \boldsymbol{O}$ が成り立つことを示す．いま，$\Xi \not\succeq \boldsymbol{O}$ と仮定すれば，Ξ は少なくとも一つの負の固有値をもつ．そこで，直交行列 $\boldsymbol{Q}$ を用いて $\Xi = \boldsymbol{Q}^\top \mathbf{diag}\,[\xi_1, \ldots, \xi_n]\boldsymbol{Q}$ と対角化し，一般性を失うことなく，$\xi_1 < 0$ とする．法線錐の定義より

$$\langle -\Xi, \boldsymbol{X} - \overline{\boldsymbol{X}} \rangle \leqq 0 \qquad (\boldsymbol{X} \succeq \boldsymbol{O})$$

すなわち次式が成立する．

$$\langle \Xi, \overline{\boldsymbol{X}} \rangle \leqq \langle \Xi, \boldsymbol{X} \rangle \qquad (\boldsymbol{X} \succeq \boldsymbol{O}) \tag{3.52}$$

ここで，$\boldsymbol{X} = \boldsymbol{Q}^\top \mathbf{diag}\,[t, 0, \ldots, 0]\boldsymbol{Q}$ $(t > 0)$ とおけば，$\boldsymbol{X} \succeq \boldsymbol{O}$ であり

$$\begin{aligned}
\langle \Xi, \boldsymbol{X} \rangle &= \mathrm{tr}\left[\boldsymbol{Q}^\top \mathbf{diag}\,[\xi_1, \ldots, \xi_n]\mathbf{diag}\,[t, 0, \ldots, 0]\boldsymbol{Q}\right] \\
&= \mathrm{tr}\left[\boldsymbol{Q}\boldsymbol{Q}^\top \mathbf{diag}\,[\xi_1, \ldots, \xi_n]\mathbf{diag}\,[t, 0, \ldots, 0]\right] \\
&= t\xi_1 \ < \ 0
\end{aligned}$$

であるから，$t \to \infty$ とすれば $\langle \Xi, \boldsymbol{X} \rangle \to -\infty$ となる．一方，式 (3.52) は任意の $t > 0$ に対応する $\boldsymbol{X}$ に対して成立しなければならないので，これは矛盾である．よって $\Xi \succeq \boldsymbol{O}$ である．さらに，式 (3.52) において，$\boldsymbol{X} = 2\overline{\boldsymbol{X}}$ および $\boldsymbol{X} = \frac{1}{2}\overline{\boldsymbol{X}}$ とお

*1) 定理 3.22 では n 次元ベクトル $\boldsymbol{x}$ を変数とする問題を取り扱っているが，変数が n 次対称行列に変わっても，実質的に同じ結果が成立する．

くことにより，$\langle \Xi, \overline{X} \rangle = 0$ が成立することは容易に確かめられる．以上の議論により，$N_C(\overline{X})$ が式 (3.51) の右辺の集合に含まれることがいえた．

半正定値行列の積のトレースは非負であるから (2.1 節参照)，$\langle \Xi, \overline{X} \rangle = 0$ かつ $\Xi \succeq O$ を満たす任意の $\Xi \in \mathcal{S}^n$ に対して式 (3.52) が成立する．よって，式 (3.51) の右辺の集合は $N_C(\overline{X})$ に含まれる． ■

つぎの定理は半正定値計画問題 (3.49) に対する KKT 条件を与えている．

定理 3.24. 問題 (3.49) において Slater 制約想定

$$\{\boldsymbol{X} \in \mathcal{S}^n \,|\, b_i - \langle \boldsymbol{A}_i, \boldsymbol{X} \rangle < 0 \, (i = 1, \ldots, m)\} \cap \{\boldsymbol{X} \in \mathcal{S}^n \,|\, \boldsymbol{X} \succeq \boldsymbol{O}\} \neq \emptyset$$

が成り立つと仮定する．そのとき，$\overline{\boldsymbol{X}} \in \mathcal{S}^n$ が問題 (3.49) の最適解であれば，次式を満足する Lagrange 乗数 $\overline{\boldsymbol{\lambda}} \in I\!R^m$ と $\overline{\Xi} \in \mathcal{S}^n$ が存在する．

$$\begin{aligned}
&\boldsymbol{A}_0 - \sum_{i=1}^{m} \overline{\lambda}_i \boldsymbol{A}_i = \overline{\Xi} \\
&\overline{\lambda}_i \geqq 0, \ b_i - \langle \boldsymbol{A}_i, \overline{\boldsymbol{X}} \rangle \leqq 0, \ \overline{\lambda}_i (b_i - \langle \boldsymbol{A}_i, \overline{\boldsymbol{X}} \rangle) = 0 \qquad (i = 1, \ldots, m) \\
&\overline{\boldsymbol{X}} \succeq \boldsymbol{O}, \ \overline{\Xi} \succeq \boldsymbol{O}, \ \langle \overline{\boldsymbol{X}}, \overline{\Xi} \rangle = 0
\end{aligned}$$

証明 $\nabla f(\boldsymbol{X}) = \boldsymbol{A}_0, \nabla g_i(\boldsymbol{X}) = -\boldsymbol{A}_i \ (i = 1, \ldots, m)$ であるから，本定理は定理 3.22 と補題 3.9 より従う． ■

集合 $\{\boldsymbol{X} \in \mathcal{S}^n \,|\, b_i - \langle \boldsymbol{A}_i, \boldsymbol{X} \rangle < 0 \, (i = 1, \ldots, m)\}$ が空でないならば，定理 3.24 で仮定した Slater 制約想定はつぎの条件と等価である．

$$\{\boldsymbol{X} \in \mathcal{S}^n \,|\, b_i - \langle \boldsymbol{A}_i, \boldsymbol{X} \rangle \leqq 0 \, (i = 1, \ldots, m)\} \cap \{\boldsymbol{X} \in \mathcal{S}^n \,|\, \boldsymbol{X} \succ \boldsymbol{O}\} \neq \emptyset$$

この条件は等式制約条件の場合にも自然に拡張できるので，実際によく用いられる．つぎの定理は等式制約条件をもつ半正定値計画問題

$$\begin{aligned}
\text{目的関数：} \quad & \langle \boldsymbol{A}_0, \boldsymbol{X} \rangle \longrightarrow \text{最小} \\
\text{制約条件：} \quad & b_i - \langle \boldsymbol{A}_i, \boldsymbol{X} \rangle = 0 \quad (i = 1, \ldots, m) \\
& \boldsymbol{X} \succeq \boldsymbol{O}, \ \boldsymbol{X} \in \mathcal{S}^n
\end{aligned} \tag{3.53}$$

に対する KKT 条件を与えている．

定理 3.25. 問題 (3.53) において条件

$$\{\boldsymbol{X} \in \mathcal{S}^n \mid b_i - \langle \boldsymbol{A}_i, \boldsymbol{X} \rangle = 0\,(i=1,\ldots,m)\} \cap \{\boldsymbol{X} \in \mathcal{S}^n \mid \boldsymbol{X} \succ \boldsymbol{O}\} \neq \emptyset$$

が成り立つと仮定する[*1)]．そのとき，$\overline{\boldsymbol{X}} \in \mathcal{S}^n$ が問題 (3.53) の最適解であれば，次式を満足する Lagrange 乗数 $\overline{\boldsymbol{\lambda}} \in I\!R^m$ と $\overline{\boldsymbol{\Xi}} \in \mathcal{S}^n$ が存在する．

$$\begin{aligned} & \boldsymbol{A}_0 - \sum_{i=1}^{m} \overline{\lambda}_i \boldsymbol{A}_i = \overline{\boldsymbol{\Xi}} \\ & b_i - \langle \boldsymbol{A}_i, \overline{\boldsymbol{X}} \rangle = 0 \qquad (i=1,\ldots,m) \\ & \overline{\boldsymbol{X}} \succeq \boldsymbol{O},\ \overline{\boldsymbol{\Xi}} \succeq \boldsymbol{O},\ \langle \overline{\boldsymbol{X}}, \overline{\boldsymbol{\Xi}} \rangle = 0 \end{aligned} \tag{3.54}$$

証明 演習問題 4.11. ■

半正定値計画問題は凸計画問題であるから，定理 3.23 より，定理 3.24 あるいは定理 3.25 に示された KKT 条件は最適性の十分条件になる．

3.9 最適解の連続性

パラメータ $\boldsymbol{u} \in U \subseteqq I\!R^p$ を含む最適化問題を考える．

$$\begin{aligned} &\text{目的関数：}\quad f(\boldsymbol{x}, \boldsymbol{u}) \longrightarrow \text{最小} \\ &\text{制約条件：}\quad \boldsymbol{x} \in S(\boldsymbol{u}) \end{aligned} \tag{3.55}$$

ここで，$f : I\!R^n \times U \to I\!R$ であり，$S : U \to \mathcal{P}(I\!R^n)$ は**制約写像** (constraint mapping) と呼ばれる点-集合写像である．問題 (3.55) は，パラメータ $\boldsymbol{u}$ をある値に固定して，目的関数を変数 $\boldsymbol{x}$ に関して最小化することを意味している．このようなパラメータを含む最適化問題を**パラメトリック最適化問題** (parametric optimization problem) という．

問題 (3.55) の実行可能領域 $S(\boldsymbol{u})$ は通常，式 (2.92) のようにパラメータを含む関数の不等式や等式で与えられることが多いが，この節では集合 $S(\boldsymbol{u})$ がどのように定義されているかは特に問題にしない．

---

*1) この条件が満たされるとき，問題は**狭義実行可能** (strictly feasible) であるという．

問題 (3.55) に対して，関数 $\phi : U \to [-\infty, +\infty]$ と点-集合写像 $\Phi : U \to \mathcal{P}(\mathbb{R}^n)$ をつぎのように定義する．

$$\phi(\boldsymbol{u}) = \inf\{f(\boldsymbol{x}, \boldsymbol{u}) \mid \boldsymbol{x} \in S(\boldsymbol{u})\} \tag{3.56}$$

$$\Phi(\boldsymbol{u}) = \{\boldsymbol{x} \in S(\boldsymbol{u}) \mid \phi(\boldsymbol{u}) = f(\boldsymbol{x}, \boldsymbol{u})\} \tag{3.57}$$

ただし，$S(\boldsymbol{u}) = \emptyset$ ならば $\phi(\boldsymbol{u}) = +\infty$ とする．式 (3.56), (3.57) で定義される ϕ と Φ をそれぞれ問題 (3.55) の**最適値関数** (optimal value function), **最適解写像** (optimal set mapping) と呼ぶ．最適値関数および最適解写像の連続性を調べることが**安定性理論** (stability theory) の中心的な課題である．

定理 3.26. 問題 (3.55) の制約写像 $S : U \to \mathcal{P}(\mathbb{R}^n)$ は $\overline{\boldsymbol{u}} \in U$ において上半連続であり，目的関数 $f : \mathbb{R}^n \times U \to \mathbb{R}$ は $S(\overline{\boldsymbol{u}}) \times \{\overline{\boldsymbol{u}}\}$ において下半連続であるとする．そのとき，$S(\overline{\boldsymbol{u}}) \neq \emptyset$ かつ $\phi(\overline{\boldsymbol{u}}) > -\infty$ ならば，最適値関数 ϕ は $\overline{\boldsymbol{u}}$ において下半連続である．

証明 $\boldsymbol{u}^k \to \overline{\boldsymbol{u}}$ なる任意の点列 $\{\boldsymbol{u}^k\} \subseteq U$ に対して $\phi(\overline{\boldsymbol{u}}) \leqq \liminf_{k\to\infty} \phi(\boldsymbol{u}^k)$ が成り立つことを示す．$S(\boldsymbol{u}^k) = \emptyset$ であれば $\phi(\boldsymbol{u}^k) = +\infty$ であるから，すべての k に対して $S(\boldsymbol{u}^k) \neq \emptyset$ と仮定しても一般性を失わない．

まず，$\phi(\boldsymbol{u}^k) = -\infty$ となるような k は高々有限個しか存在しないことを示す．いま仮に $\phi(\boldsymbol{u}^k) = -\infty$ となる k が無限個あるとすると，それらの k に対して

$$f(\boldsymbol{x}^k, \boldsymbol{u}^k) \leqq -k \tag{3.58}$$

を満たす $\boldsymbol{x}^k \in S(\boldsymbol{u}^k)$ が存在しなければならない．ところで，S の一様有界性より $\{\boldsymbol{x}^k\}$ は収束する部分列を含むので，一般性を失うことなく，ある $\overline{\boldsymbol{x}}$ に対して $\boldsymbol{x}^k \to \overline{\boldsymbol{x}}$ と仮定できる．さらに，S の $\overline{\boldsymbol{u}}$ における上半連続性より $\overline{\boldsymbol{x}} \in S(\overline{\boldsymbol{u}})$ が成り立つ．ところが，f は $(\overline{\boldsymbol{x}}, \overline{\boldsymbol{u}})$ において下半連続であるから，式 (3.58) より

$$f(\overline{\boldsymbol{x}}, \overline{\boldsymbol{u}}) \leqq \liminf_{k\to\infty} f(\boldsymbol{x}^k, \boldsymbol{u}^k) = -\infty$$

となり，$f(\overline{\boldsymbol{x}}, \overline{\boldsymbol{u}}) \geqq \phi(\overline{\boldsymbol{u}}) > -\infty$ に反する．よって，$\phi(\boldsymbol{u}^k) = -\infty$ となる k は高々有限個であり，すべての $k \geqq \overline{k}$ に対して $\phi(\boldsymbol{u}^k) > -\infty$ であるような $\overline{k}$ が存在する．

最適値関数 ϕ の定義より，$k \geqq \overline{k}$ のとき，任意の $\varepsilon > 0$ に対して

$$f(\boldsymbol{x}^k, \boldsymbol{u}^k) \leqq \phi(\boldsymbol{u}^k) + \varepsilon \tag{3.59}$$

を満たす $\boldsymbol{x}^k \in S(\boldsymbol{u}^k)$ が存在する．S の一様有界性と上半連続性より，一般性を失うことなく，$\boldsymbol{x}^k \to \overline{\boldsymbol{x}} \in S(\overline{\boldsymbol{u}})$ と仮定できるので，f の下半連続性と式 (3.59) より

$$\phi(\overline{\boldsymbol{u}}) \leqq f(\overline{\boldsymbol{x}}, \overline{\boldsymbol{u}}) \leqq \liminf_{k\to\infty} f(\boldsymbol{x}^k, \boldsymbol{u}^k) \leqq \liminf_{k\to\infty} \phi(\boldsymbol{u}^k) + \varepsilon$$

が成り立つ．ところで $\varepsilon > 0$ は任意であったから，この不等式は ϕ が $\overline{\boldsymbol{u}}$ において下半連続であることを意味している． ■

定理 3.27. 問題 (3.55) の制約写像 $S : U \to \mathcal{P}(I\!R^n)$ は $\overline{\boldsymbol{u}} \in U$ において下半連続であり，目的関数 $f : I\!R^n \times U \to I\!R$ は $S(\overline{\boldsymbol{u}}) \times \{\overline{\boldsymbol{u}}\}$ において上半連続であるとする．そのとき，$S(\overline{\boldsymbol{u}}) \neq \emptyset$ かつ $\phi(\overline{\boldsymbol{u}}) > -\infty$ ならば，最適値関数 ϕ は $\overline{\boldsymbol{u}}$ において上半連続である．

証明 $\boldsymbol{u}^k \to \overline{\boldsymbol{u}}$ なる点列 $\{\boldsymbol{u}^k\} \subseteqq U$ と $\varepsilon > 0$ を任意に選ぶ．いま

$$f(\overline{\boldsymbol{x}}, \overline{\boldsymbol{u}}) \leqq \phi(\overline{\boldsymbol{u}}) + \varepsilon \tag{3.60}$$

を満たす $\overline{\boldsymbol{x}} \in S(\overline{\boldsymbol{u}})$ を考えると，S の下半連続性より，$\boldsymbol{x}^k \in S(\boldsymbol{u}^k)$ かつ $\boldsymbol{x}^k \to \overline{\boldsymbol{x}}$ なる点列 $\{\boldsymbol{x}^k\}$ が存在する．このとき，f の上半連続性より

$$f(\overline{\boldsymbol{x}}, \overline{\boldsymbol{u}}) \geqq \limsup_{k\to\infty} f(\boldsymbol{x}^k, \boldsymbol{u}^k) \geqq \limsup_{k\to\infty} \phi(\boldsymbol{u}^k) \tag{3.61}$$

が成立するが，$\varepsilon > 0$ は任意であったから，式 (3.60), (3.61) は ϕ が $\overline{\boldsymbol{u}}$ において上半連続であることを示している． ■

定理 3.26 と定理 3.27 よりただちにつぎの定理が得られる．証明は省略する．

定理 3.28. 問題 (3.55) の制約写像 $S : U \to \mathcal{P}(I\!R^n)$ は $\overline{\boldsymbol{u}} \in U$ において連続であり，目的関数 $f : I\!R^n \times U \to I\!R$ は $S(\overline{\boldsymbol{u}}) \times \{\overline{\boldsymbol{u}}\}$ において連続であるとする．そのとき，$S(\overline{\boldsymbol{u}}) \neq \emptyset$ かつ $\phi(\overline{\boldsymbol{u}}) > -\infty$ ならば，最適値関数 ϕ は $\overline{\boldsymbol{u}}$ において連続である．

つぎの例は，特に制約写像の不連続性が最適値関数の連続性にどのような影響を及ぼすかを示したものである．

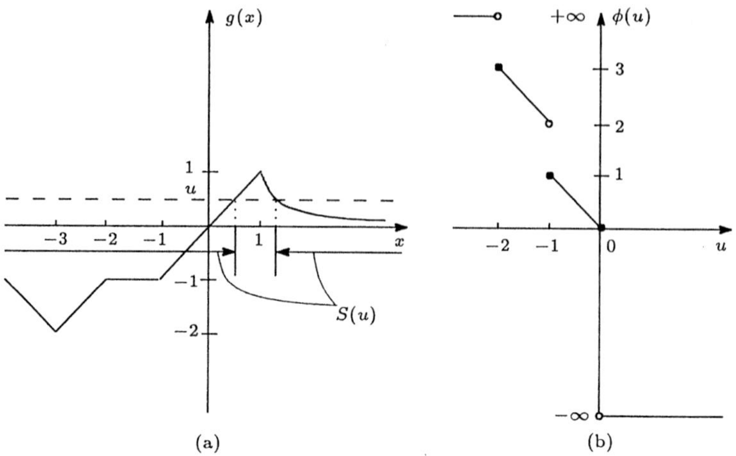

図 3.9　例 3.14 の制約写像 $S(u)$ と最適値関数 $\phi(u)$

例 3.14. $x \in I\!R$, $u \in I\!R$ として，つぎの問題を考える．

$$
\begin{aligned}
&\text{目的関数：} \quad -x \longrightarrow \text{最小} \\
&\text{制約条件：} \quad g(x) \leqq u
\end{aligned}
$$

ただし，関数 $g : I\!R \to I\!R$ は次式で与えられる (図 3.9 (a))．

$$
g(x) = \begin{cases} -x-5 & (x \leqq -3) \\ x+1 & (-3 < x \leqq -2) \\ -1 & (-2 < x \leqq -1) \\ x & (-1 < x \leqq 1) \\ 1/x & (x \geqq 1) \end{cases}
$$

そのとき，$S(u) = \{x \in I\!R \,|\, g(x) \leqq u\}$ は

$$
S(u) = \begin{cases} [-u-5, +\infty) & (u \geqq 1) \\ [-u-5, u] \cup [1/u, +\infty) & (0 < u < 1) \\ [-u-5, u] & (-1 \leqq u \leqq 0) \\ [-u-5, u-1] & (-2 \leqq u < -1) \\ \emptyset & (u < -2) \end{cases}
$$

となるから，$S : I\!R \to \mathcal{P}(I\!R)$ は $u = 0$ において上半連続ではなく，$u = -1$ において下半連続ではない．そのとき，最適値関数 $\phi : I\!R \to [-\infty, +\infty]$ は

$$\phi(u) = \begin{cases} -\infty & (u > 0) \\ -u & (-1 \leqq u \leqq 0) \\ -u + 1 & (-2 \leqq u < -1) \\ +\infty & (u < -2) \end{cases}$$

となり，$u = 0$ において下半連続ではなく，$u = -1$ において上半連続ではない (図 3.9 (b))．

つぎの定理は最適解写像が上半連続となるための十分条件を与えている．

定理 3.29. 問題 (3.55) の制約写像 $S : U \to \mathcal{P}(I\!R^n)$ は $\overline{\boldsymbol{u}} \in U$ において連続であり，目的関数 $f : I\!R^n \times U \to I\!R$ は $S(\overline{\boldsymbol{u}}) \times \{\overline{\boldsymbol{u}}\}$ において連続であるとする．そのとき，$\Phi(\overline{\boldsymbol{u}}) \neq \emptyset$ ならば，最適解写像 $\Phi : U \to \mathcal{P}(I\!R^n)$ は $\overline{\boldsymbol{u}}$ において上半連続である．

証明 任意の $\boldsymbol{u}$ に対して $\Phi(\boldsymbol{u}) \subseteqq S(\boldsymbol{u})$ であるから，S の上半連続性より，Φ は $\overline{\boldsymbol{u}}$ のまわりで一様有界である．$\boldsymbol{u}^k \to \overline{\boldsymbol{u}}$, $\boldsymbol{x}^k \in \Phi(\boldsymbol{u}^k)$ かつ $\boldsymbol{x}^k \to \overline{\boldsymbol{x}}$ であるような任意の点列 $\{\boldsymbol{u}^k\} \subseteqq U$, $\{\boldsymbol{x}^k\} \subseteqq I\!R^n$ を考える．定理 3.28 より最適値関数 ϕ は $\overline{\boldsymbol{u}}$ において連続であり，仮定より f は $(\overline{\boldsymbol{x}}, \overline{\boldsymbol{u}})$ において連続であるから

$$\phi(\overline{\boldsymbol{u}}) = \lim_{k \to \infty} \phi(\boldsymbol{u}^k) = \lim_{k \to \infty} f(\boldsymbol{x}^k, \boldsymbol{u}^k) = f(\overline{\boldsymbol{x}}, \overline{\boldsymbol{u}})$$

が成り立つ．また S の連続性より $\overline{\boldsymbol{x}} \in S(\overline{\boldsymbol{u}})$ であるから，これは $\overline{\boldsymbol{x}} \in \Phi(\overline{\boldsymbol{u}})$ であることを意味している．よって Φ は $\overline{\boldsymbol{u}}$ において上半連続である． ■

つぎの例に見るように，定理 3.29 の仮定のもとで最適解写像 Φ は必ずしも $\overline{\boldsymbol{u}}$ において連続であるとは限らない．

例 3.15. $\boldsymbol{x} \in I\!R^2, u \in U = (-1, +\infty)$ として，つぎの問題を考える．

目的関数： $f(\boldsymbol{x}, u) = -(1+u)x_1 - x_2 \longrightarrow$ 最小

制約条件： $x_1 + x_2 \leqq 1,\ x_1 \geqq 0,\ x_2 \geqq 0$

定理 3.29 の仮定は任意の $\overline{u} \in U$ に対して満たされる．しかし

$$\Phi(u) = \begin{cases} \{\boldsymbol{x} \in I\!R^2 \,|\, x_1 = 0, x_2 = 1\} & (-1 < u < 0) \\ \{\boldsymbol{x} \in I\!R^2 \,|\, x_1 + x_2 = 1, x_1 \geqq 0, x_2 \geqq 0\} & (u = 0) \\ \{\boldsymbol{x} \in I\!R^2 \,|\, x_1 = 1, x_2 = 0\} & (u > 0) \end{cases}$$

であるから，$\Phi : U \to \mathcal{P}(I\!R^2)$ は $\overline{u} = 0$ において上半連続であるが，下半連続ではない．

最適解写像の連続性を保証するには，つぎの定理に示すような強い仮定が必要である．

定理 3.30. 問題 (3.55) の制約写像 $S : U \to \mathcal{P}(I\!R^n)$ は $\overline{\boldsymbol{u}} \in U$ において連続であり，目的関数 $f : I\!R^n \times U \to I\!R$ は $S(\overline{\boldsymbol{u}}) \times \{\overline{\boldsymbol{u}}\}$ において連続であるとする．さらに，問題 (3.55) が $\boldsymbol{u} = \overline{\boldsymbol{u}}$ に対して唯一の最適解 $\overline{\boldsymbol{x}}$ をもつならば，最適解写像 $\Phi : U \to \mathcal{P}(I\!R^n)$ は $\overline{\boldsymbol{u}}$ において連続である．

証明 定理 3.29 より Φ は $\overline{\boldsymbol{u}}$ において上半連続であり，仮定より $\Phi(\overline{\boldsymbol{u}}) = \{\overline{\boldsymbol{x}}\}$ であるから，補題 2.5 より Φ は $\overline{\boldsymbol{u}}$ において連続となる． ■

3.10 感 度 分 析

前節ではパラメトリック最適化問題における最適解の連続性を議論したが，この節では最適解や最適値関数のパラメータ $\boldsymbol{u}$ に関する変化率を評価する方法について考察する．このような定量的な評価手法は一般に**感度分析** (sensitivity analysis) と呼ばれる．

まず，目的関数のみがパラメータ $\boldsymbol{u} \in U$ を含む問題を考察する．

$$\begin{array}{ll} \text{目的関数：} & f(\boldsymbol{x}, \boldsymbol{u}) \longrightarrow \text{最小} \\ \text{制約条件：} & \boldsymbol{x} \in S \end{array} \qquad (3.62)$$

ここで，関数 $f : I\!R^n \times U \to I\!R$ は連続であり，$\nabla_u f(\cdot, \cdot)$ が存在して $I\!R^n \times U$ において連続であると仮定する．さらに，実行可能領域 $S \subseteqq I\!R^n$ は空でない閉

集合とする．また，パラメータの集合 U は $I\!R^p$ の開部分集合とし，問題 (3.62) に対する最適値関数 $\phi : U \to [-\infty, +\infty]$ と最適解写像 $\Phi : U \to \mathcal{P}(I\!R^n)$ を，式 (3.56) と (3.57) と同様，次式によって定義する．

$$\phi(\boldsymbol{u}) = \inf\{f(\boldsymbol{x}, \boldsymbol{u}) \,|\, \boldsymbol{x} \in S\} \tag{3.63}$$

$$\Phi(\boldsymbol{u}) = \{\boldsymbol{x} \in S \,|\, \phi(\boldsymbol{u}) = f(\boldsymbol{x}, \boldsymbol{u})\} \tag{3.64}$$

そのとき，つぎの定理が成立する．

定理 3.31. 問題 (3.62) の最適値関数 ϕ と最適値写像 Φ をそれぞれ式 (3.63) と式 (3.64) によって定義する．そのとき，ある $\boldsymbol{u} \in U$ に対して，Φ が $\boldsymbol{u}$ のまわりで一様有界かつ値が空集合でないならば，最適値関数 ϕ は点 $\boldsymbol{u}$ において任意のベクトル $\boldsymbol{d} \in I\!R^p$ に関する方向微分係数 $\phi'(\boldsymbol{u}; \boldsymbol{d})$ をもち，それは次式によって与えられる．

$$\phi'(\boldsymbol{u}; \boldsymbol{d}) = \inf\{\langle \nabla_u f(\boldsymbol{x}, \boldsymbol{u}), \boldsymbol{d} \rangle \,|\, \boldsymbol{x} \in \Phi(\boldsymbol{u})\} \tag{3.65}$$

さらに，$\Phi(\boldsymbol{u})$ が唯一の要素からなるとき，すなわち $\Phi(\boldsymbol{u}) = \{\boldsymbol{x}(\boldsymbol{u})\}$ のとき関数 ϕ は $\boldsymbol{u}$ において連続的微分可能であり，次式が成り立つ．

$$\nabla \phi(\boldsymbol{u}) = \nabla_u f(\boldsymbol{x}(\boldsymbol{u}), \boldsymbol{u}) \tag{3.66}$$

証明 $\boldsymbol{d} \in I\!R^p$ を任意のベクトルとする．そのとき，$\Phi(\boldsymbol{u})$ の定義より，十分小さい $t > 0$ に対して

$$\phi(\boldsymbol{u} + t\boldsymbol{d}) - \phi(\boldsymbol{u}) \leqq f(\boldsymbol{x}, \boldsymbol{u} + t\boldsymbol{d}) - f(\boldsymbol{x}, \boldsymbol{u}) \qquad (\boldsymbol{x} \in \Phi(\boldsymbol{u}))$$

が成り立つ．ここで，両辺を $t > 0$ で割って $t \to 0$ とすることにより次式を得る．

$$\limsup_{t \searrow 0} [\phi(\boldsymbol{u} + t\boldsymbol{d}) - \phi(\boldsymbol{u})]/t \leqq \inf\{\langle \nabla_u f(\boldsymbol{x}, \boldsymbol{u}), \boldsymbol{d} \rangle \,|\, \boldsymbol{x} \in \Phi(\boldsymbol{u})\} \tag{3.67}$$

一方，$\boldsymbol{u}(t) = \boldsymbol{u} + t\boldsymbol{d}$ とおき，$\boldsymbol{x}^t$ を $\Phi(\boldsymbol{u}(t))$ に属する任意のベクトルとすれば

$$\phi(\boldsymbol{u} + t\boldsymbol{d}) - \phi(\boldsymbol{u}) \geqq f(\boldsymbol{x}^t, \boldsymbol{u}(t)) - f(\boldsymbol{x}^t, \boldsymbol{u}) \tag{3.68}$$

が成り立つ．また，平均値定理 (定理 2.19) より，ある $t_1 \in (0,t)$ に対して

$$f(\boldsymbol{x}^t, \boldsymbol{u}(t)) - f(\boldsymbol{x}^t, \boldsymbol{u}) = \langle \nabla_u f(\boldsymbol{x}^t, \boldsymbol{u}(t_1)), t\boldsymbol{d} \rangle$$

が成り立つので，式 (3.68) より

$$[\phi(\boldsymbol{u}+t\boldsymbol{d}) - \phi(\boldsymbol{u})]/t \geqq \langle \nabla_u f(\boldsymbol{x}^t, \boldsymbol{u}(t_1)), \boldsymbol{d} \rangle \qquad (\boldsymbol{x}^t \in \Phi(\boldsymbol{u}(t)))$$

を得る．また，Φ に対する一様有界性の仮定より，問題 (3.62) の実行可能領域 S は有界と仮定しても一般性を失わないので，定理 3.29 より，最適解写像 Φ は上半連続である．よって，$t \to 0$ すなわち $\boldsymbol{u}(t) \to \boldsymbol{u}$ としたとき，$\{\boldsymbol{x}^t\}$ は集積点をもち，その任意の集積点は $\Phi(\boldsymbol{u})$ に含まれるので，上の不等式より次式が成立する．

$$\liminf_{t \searrow 0} [\phi(\boldsymbol{u}+t\boldsymbol{d}) - \phi(\boldsymbol{u})]/t \geqq \inf\{\langle \nabla_u f(\boldsymbol{x}, \boldsymbol{u}), \boldsymbol{d} \rangle \mid \boldsymbol{x} \in \Phi(\boldsymbol{u})\} \qquad (3.69)$$

式 (3.67), (3.69) は式 (3.65) が成り立つことを示している．

最後に，$\Phi(\boldsymbol{u}) = \{\boldsymbol{x}(\boldsymbol{u})\}$ のときは，式 (3.65) より

$$\phi'(\boldsymbol{u}; \boldsymbol{d}) = \langle \nabla_u f(\boldsymbol{x}(\boldsymbol{u}), \boldsymbol{u}), \boldsymbol{d} \rangle \qquad (\boldsymbol{d} \in I\!R^n)$$

であるから，式 (3.66) が成立する*1)．また，定理 3.30 より，$\boldsymbol{x}(\cdot)$ は連続であるから，$\nabla\phi(\boldsymbol{u}) = \nabla_u f(\boldsymbol{x}(\boldsymbol{u}), \boldsymbol{u})$ は $\boldsymbol{u}$ に関して連続である． ■

つぎに目的関数と制約関数がともにパラメータ $\boldsymbol{u}$ を含む問題を考える．

$$\begin{aligned} &\text{目的関数：} \quad f(\boldsymbol{x}, \boldsymbol{u}) \longrightarrow \text{最小} \\ &\text{制約条件：} \quad g_i(\boldsymbol{x}, \boldsymbol{u}) \leqq 0 \quad (i = 1, \ldots, m) \end{aligned} \qquad (3.70)$$

目的関数 $f : I\!R^n \times U \to I\!R$ と制約関数 $g_i : I\!R^n \times U \to I\!R$ $(i = 1, \ldots, m)$ はいずれも $I\!R^n \times U$ において 2 回連続的微分可能と仮定し，問題 (3.70) に対する Lagrange 関数 $L_0 : I\!R^n \times I\!R^m \times U \to I\!R$ を次式によって定義する*2)．

$$L_0(\boldsymbol{x}, \boldsymbol{\lambda}, \boldsymbol{u}) = f(\boldsymbol{x}, \boldsymbol{u}) + \sum_{i=1}^{m} \lambda_i g_i(\boldsymbol{x}, \boldsymbol{u})$$

以下では，ある $\overline{\boldsymbol{u}} \in U$ に対する問題 (3.70) の局所的最適解 $\overline{\boldsymbol{x}}$ において，つぎの三つの条件が満たされていると仮定する．

---

*1) これは ϕ が Gateaux 微分可能であることを示している．Gateaux 微分可能性は 2.6 節において定義した (Fréchet) 微分可能性より少し弱い概念である．

*2) この節で取り扱う Lagrange 関数 L_0 は，3.2 節の式 (3.13) で定義した Lagrange 関数とは異なり，$\boldsymbol{\lambda} \ngeqq \boldsymbol{0}$ においても有限値をとるものとする．

a) **2 次の十分条件**: KKT 条件

$$\nabla_x L_0(\overline{\boldsymbol{x}}, \overline{\boldsymbol{\lambda}}, \overline{\boldsymbol{u}}) = \nabla_x f(\overline{\boldsymbol{x}}, \overline{\boldsymbol{u}}) + \sum_{i=1}^{m} \overline{\lambda}_i \nabla_x g_i(\overline{\boldsymbol{x}}, \overline{\boldsymbol{u}}) = \boldsymbol{0}$$
$$\overline{\lambda}_i \geqq 0,\ g_i(\overline{\boldsymbol{x}}, \overline{\boldsymbol{u}}) \leqq 0,\ \overline{\lambda}_i g_i(\overline{\boldsymbol{x}}, \overline{\boldsymbol{u}}) = 0 \quad (i = 1, \ldots, m)$$

を満たす Lagrange 乗数 $\overline{\boldsymbol{\lambda}} \in I\!R^m$ が存在し，さらに

$$\mathcal{I} = \{i \mid g_i(\overline{\boldsymbol{x}}, \overline{\boldsymbol{u}}) = 0\}, \quad \tilde{\mathcal{I}} = \{i \mid \overline{\lambda}_i > 0\}$$

$$C_{\tilde{S}}(\overline{\boldsymbol{x}}, \overline{\boldsymbol{u}}) = \{\boldsymbol{y} \in I\!R^n \mid \langle \nabla_x g_i(\overline{\boldsymbol{x}}, \overline{\boldsymbol{u}}), \boldsymbol{y} \rangle = 0\ (i \in \tilde{\mathcal{I}}),$$
$$\langle \nabla_x g_i(\overline{\boldsymbol{x}}, \overline{\boldsymbol{u}}), \boldsymbol{y} \rangle \leqq 0\ (i \in \mathcal{I},\ i \notin \tilde{\mathcal{I}})\}$$

に対して次式が成立する．

$$\langle \boldsymbol{y}, \nabla_x^2 L_0(\overline{\boldsymbol{x}}, \overline{\boldsymbol{\lambda}}, \overline{\boldsymbol{u}}) \boldsymbol{y} \rangle > 0 \qquad (\boldsymbol{y} \in C_{\tilde{S}}(\overline{\boldsymbol{x}}, \overline{\boldsymbol{u}}),\ \boldsymbol{y} \neq \boldsymbol{0}) \tag{3.71}$$

b) **1 次独立制約想定**: ベクトル $\nabla_x g_i(\overline{\boldsymbol{x}}, \overline{\boldsymbol{u}})$ $(i \in \mathcal{I})$ は 1 次独立である．

c) **狭義相補性**: $\mathcal{I} = \tilde{\mathcal{I}}$，すなわち $g_i(\overline{\boldsymbol{x}}, \overline{\boldsymbol{u}}) = 0$ ならば $\overline{\lambda}_i > 0$ である．

つぎの補題の結果は感度分析において重要な役割を演じるが，各種の非線形最適化アルゴリズムの収束性を議論するときにもしばしば用いられる．

補題 3.10. 問題 (3.70) において 2 次の十分条件，1 次独立制約想定，狭義相補性が成立するならば，次式によって定義される $(n+m) \times (n+m)$ 行列 $\overline{\boldsymbol{M}}$ は正則である．

$$\overline{\boldsymbol{M}} = \begin{bmatrix} \nabla_x^2 L_0(\overline{\boldsymbol{x}}, \overline{\boldsymbol{\lambda}}, \overline{\boldsymbol{u}}) & \nabla_x g_1(\overline{\boldsymbol{x}}, \overline{\boldsymbol{u}}) & \cdots & \nabla_x g_m(\overline{\boldsymbol{x}}, \overline{\boldsymbol{u}}) \\ \overline{\lambda}_1 \nabla_x g_1(\overline{\boldsymbol{x}}, \overline{\boldsymbol{u}})^\top & g_1(\overline{\boldsymbol{x}}, \overline{\boldsymbol{u}}) & & \Large 0 \\ \vdots & & \ddots & \\ \overline{\lambda}_m \nabla_x g_m(\overline{\boldsymbol{x}}, \overline{\boldsymbol{u}})^\top & \Large 0 & & g_m(\overline{\boldsymbol{x}}, \overline{\boldsymbol{u}}) \end{bmatrix} \tag{3.72}$$

証明 $\boldsymbol{v} \in I\!R^n$, $\boldsymbol{w} \in I\!R^m$ に関する 1 次方程式

$$\overline{\boldsymbol{M}} \begin{pmatrix} \boldsymbol{v} \\ \boldsymbol{w} \end{pmatrix} = \boldsymbol{0} \tag{3.73}$$

すなわち

$$\nabla_x^2 L_0(\overline{\boldsymbol{x}}, \overline{\boldsymbol{\lambda}}, \overline{\boldsymbol{u}})\boldsymbol{v} + \sum_{i=1}^{m} w_i \nabla_x g_i(\overline{\boldsymbol{x}}, \overline{\boldsymbol{u}}) = \boldsymbol{0} \tag{3.74}$$

$$\overline{\lambda}_i \langle \nabla_x g_i(\overline{\boldsymbol{x}}, \overline{\boldsymbol{u}}), \boldsymbol{v} \rangle + w_i g_i(\overline{\boldsymbol{x}}, \overline{\boldsymbol{u}}) = 0 \quad (i = 1, \ldots, m) \tag{3.75}$$

の解が $\boldsymbol{v} = \boldsymbol{0}$, $\boldsymbol{w} = \boldsymbol{0}$ だけであることを示せばよい.

まず，狭義相補性と式 (3.75) より次式を得る.

$$\begin{aligned} w_i &= 0 \quad (i \notin \mathcal{I}) \\ \langle \nabla_x g_i(\overline{\boldsymbol{x}}, \overline{\boldsymbol{u}}), \boldsymbol{v} \rangle &= 0 \quad (i \in \mathcal{I}) \end{aligned} \tag{3.76}$$

式 (3.73) の両辺に左からベクトル $(\boldsymbol{v}^\top, \boldsymbol{w}^\top)$ をかけると，式 (3.76) より

$$\begin{aligned} (\boldsymbol{v}^\top, \boldsymbol{w}^\top)\, \overline{\boldsymbol{M}} \begin{pmatrix} \boldsymbol{v} \\ \boldsymbol{w} \end{pmatrix} &= \langle \boldsymbol{v}, \nabla_x^2 L_0(\overline{\boldsymbol{x}}, \overline{\boldsymbol{\lambda}}, \overline{\boldsymbol{u}})\boldsymbol{v} \rangle + \sum_{i=1}^{m} w_i \overline{\lambda}_i \langle \nabla_x g_i(\overline{\boldsymbol{x}}, \overline{\boldsymbol{u}}), \boldsymbol{v} \rangle \\ &\quad + \sum_{i=1}^{m} w_i \langle \boldsymbol{v}, \nabla_x g_i(\overline{\boldsymbol{x}}, \overline{\boldsymbol{u}}) \rangle + \sum_{i=1}^{m} w_i^2 g_i(\overline{\boldsymbol{x}}, \overline{\boldsymbol{u}}) \\ &= \langle \boldsymbol{v}, \nabla_x^2 L_0(\overline{\boldsymbol{x}}, \overline{\boldsymbol{\lambda}}, \overline{\boldsymbol{u}})\boldsymbol{v} \rangle \;=\; 0 \end{aligned} \tag{3.77}$$

となる．また，式 (3.76) より $\langle \nabla_x g_i(\overline{\boldsymbol{x}}, \overline{\boldsymbol{u}}), \boldsymbol{v} \rangle = 0$ $(i \in \mathcal{I})$ であり，さらに狭義相補性より $\mathcal{I} = \tilde{\mathcal{I}}$ であるから，ベクトル $\boldsymbol{v}$ は $C_{\tilde{S}}(\overline{\boldsymbol{x}}, \overline{\boldsymbol{u}})$ に属する．よって，2 次の十分条件 (3.71) および式 (3.77) より，$\boldsymbol{v} = \boldsymbol{0}$ でなければならない.

つぎに，$\boldsymbol{v} = \boldsymbol{0}$ を式 (3.74) に代入すると，式 (3.76) より

$$\sum_{i \in \mathcal{I}} w_i \nabla_x g_i(\overline{\boldsymbol{x}}, \overline{\boldsymbol{u}}) = \boldsymbol{0}$$

となるが，1 次独立制約想定より，これは $w_i = 0$ $(i \in \mathcal{I})$ を意味する．これと式 (3.76) を合わせて $\boldsymbol{w} = \boldsymbol{0}$ を得る. ■

この補題を用いて，感度分析における基本定理を証明する.

定理 3.32. 問題 (3.70) は $\overline{\boldsymbol{u}} \in U \subseteqq I\!R^p$ に対して，2 次の十分条件，1 次独立制約想定，および狭義相補性を満たす局所的最適解 $\overline{\boldsymbol{x}} \in I\!R^n$ とそれに対応する Lagrange 乗数 $\overline{\boldsymbol{\lambda}} \in I\!R^m$ をもつと仮定する．そのとき，$\overline{\boldsymbol{u}}$ の適当な近傍 $\Omega \subseteqq U$ において，$\boldsymbol{x}(\overline{\boldsymbol{u}}) = \overline{\boldsymbol{x}}$ かつ $\boldsymbol{\lambda}(\overline{\boldsymbol{u}}) = \overline{\boldsymbol{\lambda}}$ であるような連続的微分

可能関数 $\boldsymbol{x}(\cdot):\Omega\to I\!R^n$ と $\boldsymbol{\lambda}(\cdot):\Omega\to I\!R^m$ が存在する．さらに，任意の $\boldsymbol{u}\in\Omega$ において，$\boldsymbol{x}(\boldsymbol{u})$ と $\boldsymbol{\lambda}(\boldsymbol{u})$ は問題 (3.70) の 2 次の十分条件，1 次独立制約想定，および狭義相補性を満足する．

証明 つぎの連立方程式を考える．

$$\begin{aligned}&\nabla_x L_0(\boldsymbol{x},\boldsymbol{\lambda},\boldsymbol{u})=\mathbf{0}\\&\lambda_i g_i(\boldsymbol{x},\boldsymbol{u})=0\qquad(i=1,\ldots,m)\end{aligned}\tag{3.78}$$

式 (3.78) の左辺を $I\!R^{n+m+p}$ から $I\!R^{n+m}$ への関数とみると，式 (3.72) の行列 $\overline{\boldsymbol{M}}$ は，その関数の $(\boldsymbol{x},\boldsymbol{\lambda})$ に関する Jacobi 行列を $(\overline{\boldsymbol{x}},\overline{\boldsymbol{\lambda}},\overline{\boldsymbol{u}})$ において評価したものになっている．補題 3.10 より，行列 $\overline{\boldsymbol{M}}$ は正則であるから，式 (3.78) に陰関数定理 2.21 を適用することにより，$\boldsymbol{x}(\overline{\boldsymbol{u}})=\overline{\boldsymbol{x}}$, $\boldsymbol{\lambda}(\overline{\boldsymbol{u}})=\overline{\boldsymbol{\lambda}}$，かつ $\overline{\boldsymbol{u}}$ の適当な近傍 $\Omega\subsetneqq U$ に含まれる任意の点 $\boldsymbol{u}$ において

$$\begin{aligned}&\nabla_x L_0(\boldsymbol{x}(\boldsymbol{u}),\boldsymbol{\lambda}(\boldsymbol{u}),\boldsymbol{u})=\mathbf{0}\\&\lambda_i(\boldsymbol{u})g_i(\boldsymbol{x}(\boldsymbol{u}),\boldsymbol{u})=0\qquad(i=1,\ldots,m)\end{aligned}\tag{3.79}$$

を満たす連続的微分可能関数 $\boldsymbol{x}(\cdot):\Omega\to I\!R^n$ と $\boldsymbol{\lambda}(\cdot):\Omega\to I\!R^m$ が存在することがいえる．さらに，関数はすべて連続であるから，$\mathcal{I}(\boldsymbol{u})=\{i\,|\,g_i(\boldsymbol{x}(\boldsymbol{u}),\boldsymbol{u})=0\}$, $\tilde{\mathcal{I}}(\boldsymbol{u})=\{i\,|\,\lambda_i(\boldsymbol{u})>0\}$ と定義すれば，$\mathcal{I}(\boldsymbol{u})=\tilde{\mathcal{I}}(\boldsymbol{u})=\mathcal{I}=\tilde{\mathcal{I}}$ と

$$\langle\boldsymbol{y},\nabla_x^2 L_0(\boldsymbol{x}(\boldsymbol{u}),\boldsymbol{\lambda}(\boldsymbol{u}),\boldsymbol{u})\boldsymbol{y}\rangle>0\qquad(\boldsymbol{y}\in C_{\tilde{S}}(\boldsymbol{x}(\boldsymbol{u}),\boldsymbol{u}),\ \boldsymbol{y}\neq\mathbf{0})$$

および $\nabla_x g_i(\boldsymbol{x}(\boldsymbol{u}),\boldsymbol{u})$ $(i\in\mathcal{I})$ の 1 次独立性がすべての $\boldsymbol{u}\in\Omega$ に対して成り立つように近傍 Ω を十分小さく選ぶことができる．よって，$(\boldsymbol{x}(\boldsymbol{u}),\boldsymbol{\lambda}(\boldsymbol{u}))$ $(\boldsymbol{u}\in\Omega)$ は問題 (3.70) に対する 2 次の十分条件，1 次独立制約想定，狭義相補性を満足する． ■

定理 3.32 は三つの基本的な条件のもとで，パラメータが微小に変化しても，局所的最適解とそれに対応する Lagrange 乗数が局所的に一意に存在し，さらにそれらの値が滑らかに変化することを示している．定理 3.32 を証明するために用いられた道具は古典的な陰関数定理であり，その証明には上記の三つの条件は欠かすことができない．ただし，それらをより弱い適当な条件で置き換えても，局所的最適解の一意的存在とパラメータの変化に関する連続性を示すことは可能である．しかし，そのためにはかなり複雑な議論が必要となるので，本書ではこれ以上立ち入らない (Robinson (1982) 参照)．

つぎに問題 (3.70) の最適値関数の変化率について考える．なお，ここでは局所的最適解を考察の対象としているので，関数 ϕ はある特定の局所的最適解 $\overline{\boldsymbol{x}}$ に対応する目的関数値を表すものとし，次式によって定義する．

$$\phi(\boldsymbol{u}) = \inf\{f(\boldsymbol{x},\boldsymbol{u}) \mid g_i(\boldsymbol{x},\boldsymbol{u}) \leq 0 \ (i=1,\ldots,m),\ \boldsymbol{x} \in B(\overline{\boldsymbol{x}},\varepsilon)\}$$

ただし，$\varepsilon > 0$ は十分小さい定数である．

まず，定理 3.32 より，つぎの定理が得られる．

定理 3.33. 定理 3.32 の仮定が満たされるとき，$\overline{\boldsymbol{u}}$ の適当な近傍 $\Omega \subseteqq U$ に含まれる任意の $\boldsymbol{u}$ において次式が成立する．

$$\begin{aligned}\nabla\phi(\boldsymbol{u}) &= \nabla_u L_0(\boldsymbol{x}(\boldsymbol{u}),\boldsymbol{\lambda}(\boldsymbol{u}),\boldsymbol{u}) \\ &= \nabla_u f(\boldsymbol{x}(\boldsymbol{u}),\boldsymbol{u}) + \sum_{i=1}^{m} \lambda_i(\boldsymbol{u})\nabla_u g_i(\boldsymbol{x}(\boldsymbol{u}),\boldsymbol{u}) \qquad (3.80)\end{aligned}$$

ここで，$\boldsymbol{x}(\boldsymbol{u}), \boldsymbol{\lambda}(\boldsymbol{u})$ は $\boldsymbol{u} \in \Omega$ に対する問題 (3.70) の局所的最適解とそれに対応する Lagrange 乗数である．

証明 定理 3.32 より $\phi(\boldsymbol{u}) = f(\boldsymbol{x}(\boldsymbol{u}),\boldsymbol{u})$ $(\boldsymbol{u} \in \Omega)$ であり，相補性条件より $\lambda_i(\boldsymbol{u})g_i(\boldsymbol{x}(\boldsymbol{u}),\boldsymbol{u}) = 0$ $(i=1,\ldots,m)$ が成立するので

$$\phi(\boldsymbol{u}) = L_0(\boldsymbol{x}(\boldsymbol{u}),\boldsymbol{\lambda}(\boldsymbol{u}),\boldsymbol{u}) \qquad (\boldsymbol{u} \in \Omega)$$

が成り立つ．これを $\boldsymbol{u}$ で微分することにより次式を得る．

$$\begin{aligned}\nabla\phi(\boldsymbol{u}) = {}& \nabla\boldsymbol{x}(\boldsymbol{u})\nabla_x L_0(\boldsymbol{x}(\boldsymbol{u}),\boldsymbol{\lambda}(\boldsymbol{u}),\boldsymbol{u}) + \nabla\boldsymbol{\lambda}(\boldsymbol{u})\nabla_\lambda L_0(\boldsymbol{x}(\boldsymbol{u}),\boldsymbol{\lambda}(\boldsymbol{u}),\boldsymbol{u}) \\ &+ \nabla_u L_0(\boldsymbol{x}(\boldsymbol{u}),\boldsymbol{\lambda}(\boldsymbol{u}),\boldsymbol{u}) \qquad (3.81)\end{aligned}$$

ただし，$\nabla\boldsymbol{x}(\boldsymbol{u}) = [\partial x_j(\boldsymbol{u})/\partial u_s] \in I\!R^{p\times n}$, $\nabla\boldsymbol{\lambda}(\boldsymbol{u}) = [\partial\lambda_i(\boldsymbol{u})/\partial u_s] \in I\!R^{p\times m}$ である．また，KKT 条件より

$$\nabla_x L_0(\boldsymbol{x}(\boldsymbol{u}),\boldsymbol{\lambda}(\boldsymbol{u}),\boldsymbol{u}) = \boldsymbol{0} \qquad (3.82)$$

であり，狭義相補性条件より

$$\begin{aligned}\nabla\lambda_i(\boldsymbol{u}) &= \boldsymbol{0} \quad (i \notin \mathcal{I}) \\ \nabla_{\lambda_i} L_0(\boldsymbol{x}(\boldsymbol{u}),\boldsymbol{\lambda}(\boldsymbol{u}),\boldsymbol{u}) &= g_i(\boldsymbol{x}(\boldsymbol{u}),\boldsymbol{u}) = 0 \quad (i \in \mathcal{I})\end{aligned}$$

であるから

$$\nabla \boldsymbol{\lambda}(\boldsymbol{u}) \nabla_\lambda L_0(\boldsymbol{x}(\boldsymbol{u}), \boldsymbol{\lambda}(\boldsymbol{u}), \boldsymbol{u}) = \sum_{i=1}^{m} \nabla \lambda_i(\boldsymbol{u}) \nabla_{\lambda_i} L_0(\boldsymbol{x}(\boldsymbol{u}), \boldsymbol{\lambda}(\boldsymbol{u}), \boldsymbol{u}) = \boldsymbol{0} \quad (3.83)$$

が成り立つ．よって，式 (3.81), (3.82), (3.83) より

$$\nabla \phi(\boldsymbol{u}) = \nabla_u L_0(\boldsymbol{x}(\boldsymbol{u}), \boldsymbol{\lambda}(\boldsymbol{u}), \boldsymbol{u})$$

が成立する． ■

問題 (3.70) が，つぎの問題のように，制約条件の右辺のみにパラメータを含むときには $\nabla \phi(\boldsymbol{u})$ は簡単に表現できる．

$$\begin{aligned} &\text{目的関数：} \quad f(\boldsymbol{x}) \longrightarrow \text{最小} \\ &\text{制約条件：} \quad g_i(\boldsymbol{x}) \leqq u_i \quad (i = 1, \ldots, m) \end{aligned} \quad (3.84)$$

目的関数 $f : I\!R^n \to I\!R$ と制約関数 $g_i : I\!R^n \to I\!R$ $(i = 1, \ldots, m)$ は 2 回連続的微分可能と仮定する．問題 (3.84) の最適値関数を特に $\phi_0 : U \to [-\infty, +\infty]$ と表せば，定理 3.32 より，つぎの定理を得る．

定理 3.34. 問題 (3.84) において定理 3.32 の仮定が満たされるとき，$\overline{\boldsymbol{u}}$ の適当な近傍 $\Omega \subseteqq U$ に含まれる任意の $\boldsymbol{u}$ において次式が成立する．

$$\nabla \phi_0(\boldsymbol{u}) = -\boldsymbol{\lambda}(\boldsymbol{u}) \quad (3.85)$$

証明 $g_i(\boldsymbol{x}, \boldsymbol{u}) = g_i(\boldsymbol{x}) - u_i$ $(i = 1, \ldots, m)$ とおくと，$\nabla_u g_i(\boldsymbol{x}, \boldsymbol{u}) = -\boldsymbol{e}^i$ と表せる．ただし，$\boldsymbol{e}^i$ は第 i 成分のみが 1 で他は 0 である単位ベクトルである．したがって，式 (3.85) は式 (3.80) よりただちに従う． ■

式 (3.85) は感度分析において重要な意味をもっている．いま，$\overline{\boldsymbol{x}} \in I\!R^n$ と $\overline{\boldsymbol{\lambda}} \in I\!R^m$ をそれぞれ $\boldsymbol{u} = \overline{\boldsymbol{u}}$ に対する問題 (3.84) の局所的最適解とそれに対応する Lagrange 乗数とし，$\boldsymbol{u}$ が $\overline{\boldsymbol{u}}$ から微小量 $\Delta \boldsymbol{u} = (\Delta u_1, \ldots, \Delta u_m)^\top$ だけ変化して $\overline{\boldsymbol{u}} + \Delta \boldsymbol{u}$ となったとする．そのとき，式 (3.85) より問題 (3.84)

の最小値は近似的に

$$\begin{aligned}\phi_0(\overline{\boldsymbol{u}}+\Delta\boldsymbol{u}) &\approx \phi_0(\overline{\boldsymbol{u}}) - \langle\overline{\boldsymbol{\lambda}}, \Delta\boldsymbol{u}\rangle \\ &= \phi_0(\overline{\boldsymbol{u}}) - \sum_{i=1}^{m}\overline{\lambda}_i\Delta u_i \end{aligned} \tag{3.86}$$

と表される．式 (3.86) は，有効でない制約条件に対しては $\overline{\lambda}_i = 0$ であるから，制約条件式の右辺 u_i が多少変化しても問題の最小値は影響を受けないが，有効制約条件については，$\overline{\lambda}_i$ の値が大きいものほど右辺 u_i を増減させたときに最小値に与える影響が大きいことを表している．

上に述べた事柄を，例を用いて説明しよう．問題 (3.84) を，原料の使用可能量に関する制約条件のもとで総生産費用を最小化する生産計画問題を定式化したものとする．ここで，$\boldsymbol{x} \in I\!R^n$ は生産活動のレベルを表すベクトル，$f(\boldsymbol{x})$ と $g_i(\boldsymbol{x})$ $(i=1,\ldots,m)$ はそれぞれ生産活動レベルが $\boldsymbol{x}$ のときの総生産費用および実際に使用される第 i 原料の量であり，u_i は第 i 原料の使用可能量である．そのとき，$\overline{\boldsymbol{x}}$ は原料の使用可能量を $\overline{\boldsymbol{u}} = (\overline{u}_1,\ldots,\overline{u}_m)^\top$ としたときの最適生産活動であり，式 (3.86) は第 i 原料の使用可能量を $\overline{u}_i$ から 1 単位だけ増加させることにより，最適総生産費用を $\overline{\lambda}_i$ だけ削減できることを示している．また，ある制約条件が最適解において有効でない，すなわち $g_i(\overline{\boldsymbol{x}}) < \overline{u}_i$ であるということは，その原料の一部が使用されていないことを意味しており，そのとき相補性条件より $\overline{\lambda}_i = 0$ であるから，その原料の使用可能量 $\overline{u}_i$ を少し変化させても最適総生産費用はまったく変わらない．以上の考察から，$\overline{\lambda}_i$ は第 i 原料のこの問題における価値を表すと考えられるので，しばしば第 i 原料の**潜在価格** (shadow price) と呼ばれる．潜在価格は通常その原料の市場価格とは一致しない．したがって，生産計画をたてる際には，現在の $\overline{\boldsymbol{u}}$ に対して問題を解いて得られる潜在価格 $\overline{\boldsymbol{\lambda}}$ を実際の市場価格と比較して，さらに最適総生産費用が改善されるように原料の使用可能量 $\boldsymbol{u}$ の再調整を行うという方策が効果的である．

例 3.16. パラメータ $\boldsymbol{u} = (u_1, u_2, u_3)^\top$ を含むつぎの問題を考える．

$$\begin{aligned} \text{目的関数：}\quad & x_1 - x_2 \longrightarrow \text{最小} \\ \text{制約条件：}\quad & x_1^2 + x_2^2 - 1 \leqq u_1 \\ & -x_1 \leqq u_2 \\ & -x_2 \leqq u_3 \end{aligned}$$

$\overline{\boldsymbol{u}} = \boldsymbol{0}$ のとき，この問題の最適解は $\overline{\boldsymbol{x}} = (0,1)^\top$ であり，対応する Lagrange 乗数は $\overline{\boldsymbol{\lambda}} = (1/2, 1, 0)^\top$ である．さらに，定理 3.32 の条件はすべて満たされるので，式 (3.85) より $\nabla\phi_0(\overline{\boldsymbol{u}}) = (-1/2, -1, 0)^\top$ となる．

3.11 演 習 問 題

3.1 空でない凸集合 $S \subseteqq I\!R^n$ と任意の点 $\overline{\boldsymbol{x}} \in S$ に対して，接錐 $T_S(\overline{\boldsymbol{x}})$ は閉凸錐であることを示せ．

3.2 つぎの線形計画問題に対する KKT 条件を導け．

$$\begin{aligned} \text{目的関数：}\quad & \langle \boldsymbol{c}, \boldsymbol{x} \rangle \longrightarrow \text{最小} \\ \text{制約条件：}\quad & \boldsymbol{A}\boldsymbol{x} \leqq \boldsymbol{b}, \quad \boldsymbol{x} \geqq \boldsymbol{0} \end{aligned}$$

3.3 つぎの 2 次計画問題に対する KKT 条件を導け．行列 $\boldsymbol{Q}$ は対称とする．

$$\begin{aligned} \text{目的関数：}\quad & \langle \boldsymbol{c}, \boldsymbol{x} \rangle + \tfrac{1}{2}\langle \boldsymbol{x}, \boldsymbol{Q}\boldsymbol{x} \rangle \longrightarrow \text{最小} \\ \text{制約条件：}\quad & \boldsymbol{A}\boldsymbol{x} = \boldsymbol{b}, \quad \boldsymbol{x} \geqq \boldsymbol{0} \end{aligned}$$

3.4 問題 (3.11) において，f は微分可能な擬凸関数，g_i $(i = 1, \ldots, m)$ は微分可能な準凸関数とする．そのとき KKT 条件 (3.14) は点 $\overline{\boldsymbol{x}}$ が大域的最適解であるための十分条件であることを示せ．

3.5 問題 (3.11) において，関数 g_i $(i \in \mathcal{I}(\overline{\boldsymbol{x}}))$ は $\overline{\boldsymbol{x}}$ において微分可能であり

$$\langle \nabla g_i(\overline{\boldsymbol{x}}), \boldsymbol{y} \rangle < 0 \qquad (i \in \mathcal{I}(\overline{\boldsymbol{x}}))$$

を満たす任意のベクトル $\boldsymbol{y}$ に対して，つぎの三つの条件 a), b), c) を満たす関数 $\boldsymbol{x}(\cdot) : I\!R \to I\!R^n$ が存在するならば*1) Abadie 制約想定が成立することを示せ．

*1) この条件は **Kuhn-Tucker 制約想定** (Kuhn-Tucker constraint qualification) と呼ばれる．

a) $\boldsymbol{x}(0) = \overline{\boldsymbol{x}}$

b) $g_i(\boldsymbol{x}(\theta)) \leqq 0 \quad (\theta \in [0,1];\ i = 1, \ldots, m)$

c) $\boldsymbol{x}(\cdot)$ は $\theta = 0$ において微分可能であり，ある定数 $\alpha > 0$ に対して $\boldsymbol{x}'(0) = \alpha \boldsymbol{y}$ が成り立つ．

3.6 問題 (3.11) において，$g_i\ (i \in \mathcal{I}(\overline{\boldsymbol{x}}))$ のなかでアフィン関数であるようなものの全体の添字集合を $\mathcal{J}(\overline{\boldsymbol{x}})$ と表す．そのとき

$$\langle \nabla g_i(\overline{\boldsymbol{x}}), \boldsymbol{z} \rangle \leqq 0 \quad (i \in \mathcal{J}(\overline{\boldsymbol{x}}))$$
$$\langle \nabla g_i(\overline{\boldsymbol{x}}), \boldsymbol{z} \rangle < 0 \quad (i \in \mathcal{I}(\overline{\boldsymbol{x}}),\ i \notin \mathcal{J}(\overline{\boldsymbol{x}}))$$

を満たす $\boldsymbol{z}$ が存在するならば Abadie 制約想定が成り立つことを示せ*1)．

3.7 つぎの問題を考える．

$$\begin{aligned} &\text{目的関数：} && f(\boldsymbol{x}) = x_1 \longrightarrow \text{最小} \\ &\text{制約条件：} && g_1(\boldsymbol{x}) = x_1^2 + (x_2 - 1)^2 - 1 \leqq 0 \\ &&& g_2(\boldsymbol{x}) = x_1^2 + (x_2 + 1)^2 - 1 \leqq 0 \\ &&& g_3(\boldsymbol{x}) = -x_1 \leqq 0 \end{aligned}$$

この問題の最適解 $\overline{\boldsymbol{x}} = (0,0)^\top$ において，2 次の制約想定 $C_{\tilde{S}}(\overline{\boldsymbol{x}}) \subseteqq T_{\tilde{S}}(\overline{\boldsymbol{x}})$ は成立するが，(1 次の) Abadie 制約想定 $C_S(\overline{\boldsymbol{x}}) \subseteqq T_S(\overline{\boldsymbol{x}})$ は成立しないことを確かめよ．

3.8 補題 3.7 を証明せよ．

3.9 Mangasarian-Fromovitz 制約想定はつぎの条件と等価であることを示せ：$h_j\ (j = 1, \ldots, l)$ は $\overline{\boldsymbol{x}}$ において連続的微分可能，$\nabla h_j(\overline{\boldsymbol{x}})\ (j = 1, \ldots, l)$ は 1 次独立であり，さらに $\sum_{i \in \mathcal{I}} \lambda_i \nabla g_i(\overline{\boldsymbol{x}}) + \sum_{j=1}^{l} \mu_j \nabla h_j(\overline{\boldsymbol{x}}) = \boldsymbol{0}$ かつ $\lambda_i \geqq 0\ (i \in \mathcal{I})$ ならば $\lambda_i = 0\ (i \in \mathcal{I})$, $\mu_j = 0\ (j = 1, \ldots, l)$ が成立する．

3.10 問題 (3.34) において目的関数 $f : I\!R^n \to I\!R$ が

$$f(\boldsymbol{x}) = \max \{ \langle \boldsymbol{a}^i, \boldsymbol{x} \rangle + \alpha_i \mid i = 1, \ldots, m \}$$

によって定義されるとき，点 $\overline{\boldsymbol{x}}$ が問題 (3.34) の大域的最適解となるための必要十分条件はどのように表されるか．ただし，$\boldsymbol{a}^i \in I\!R^n$, $\alpha_i \in I\!R\ (i = 1, \ldots, m)$ である．

3.11 関数 $f : I\!R^n \to I\!R$ は局所 Lipschitz 連続であるとする．そのとき，$\overline{\boldsymbol{x}} = \boldsymbol{0}$ が問題

$$\begin{aligned} &\text{目的関数：} && f(\boldsymbol{x}) \longrightarrow \text{最小} \\ &\text{制約条件：} && \boldsymbol{x} \geqq \boldsymbol{0} \end{aligned}$$

---

*1) したがって，$g_i\ (i \in \mathcal{I}(\overline{\boldsymbol{x}}))$ がすべてアフィン関数であれば制約想定は無条件に成立する．

の局所的最適解であれば次式が成り立つことを示せ．

$$\partial f(\mathbf{0}) \cap \{\boldsymbol{\xi} \in \mathbb{R}^n \mid \boldsymbol{\xi} \geqq \mathbf{0}\} \neq \emptyset$$

3.12 問題

$$\begin{array}{ll} \text{目的関数：} & \max\{e^x, -x^2 - 2x + 1\} \longrightarrow \text{最小} \\ \text{制約条件：} & x \geqq 0 \end{array}$$

の最適解を求め，KKT 条件 (3.38) を満足する Lagrange 乗数 $\bar{\lambda}$ の範囲を示せ．

3.13 つぎの n 次対称行列 $\boldsymbol{X}$ を変数とする問題を考える．

$$\begin{array}{ll} \text{目的関数：} & \frac{1}{2}\langle \boldsymbol{X}, \boldsymbol{X} \rangle \longrightarrow \text{最小} \\ \text{制約条件：} & \langle \boldsymbol{A}, \boldsymbol{X} \rangle \geqq b, \quad \boldsymbol{X} \in \mathcal{S}^n \end{array}$$

ただし $\boldsymbol{A} \in \mathcal{S}^n$ は定数行列，$b \in \mathbb{R}$ は定数である．この問題に対する KKT 条件を用いて最適解を求めよ．

3.14 n 次対称行列 $\boldsymbol{X}$ を変数とするつぎの問題を考える．

$$\begin{array}{ll} \text{目的関数：} & \frac{1}{2}\langle \boldsymbol{X} - \boldsymbol{C}, \boldsymbol{X} - \boldsymbol{C} \rangle \longrightarrow \text{最小} \\ \text{制約条件：} & \boldsymbol{X} \succeq \boldsymbol{O}, \quad \boldsymbol{X} \in \mathcal{S}^n \end{array}$$

ただし $\boldsymbol{C} \in \mathcal{S}^n$ は $\boldsymbol{C} \not\succeq \boldsymbol{O}$ であるような定数行列とする．この問題に対する KKT 条件を書け．

3.15 例 3.15 の問題に対して，最適値関数 $\phi_0 : \mathbb{R} \to [-\infty, +\infty]$ の連続性と半連続性を調べよ．

3.16 パラメータ $u \in \mathbb{R}$ を含む 2 次計画問題

$$\begin{array}{ll} \text{目的関数：} & (x_1 - 2)^2 + (x_2 - 2)^2 \longrightarrow \text{最小} \\ \text{制約条件：} & ux_1 + x_2 = 1 \\ & 2ux_1 + x_2 = 1 \\ & -1 \leqq x_1 \leqq 1,\ 0 \leqq x_2 \leqq 2 \end{array}$$

の最適値関数 $\phi : \mathbb{R} \to [-\infty, +\infty]$ および最適解写像 $\Phi : \mathbb{R} \to \mathcal{P}(\mathbb{R}^2)$ の $u = 0$ における連続性と半連続性を調べよ．

3.17 パラメータ $\boldsymbol{u} \in \mathbb{R}^2$ を含む問題

$$\begin{array}{ll} \text{目的関数：} & -x_1 - u_1 x_2 \longrightarrow \text{最小} \\ \text{制約条件：} & x_1^2 + x_2^2 \leqq 1 - u_2 \end{array}$$

の最適値関数 $\phi : \mathbb{R}^2 \to [-\infty, +\infty]$ に対して，$\boldsymbol{u} = (1, 0)^\top$ および $\boldsymbol{u} = (0, 0)^\top$ における $\phi(\boldsymbol{u})$ と $\nabla\phi(\boldsymbol{u})$ の値を計算せよ．

4
双対性理論

線形計画における双対定理の重要性については改めていうまでもないが，非線形計画においても最適解を計算するアルゴリズムの設計などにおいて双対性理論はきわめて有用である．この章の目的は，一般的な非線形計画問題に対して双対問題を定義し，その性質を調べることである．まず，4.1 節でミニマックス問題とその鞍点について考察したあと，4.2 節と 4.3 節において非線形計画問題に対する Lagrange 双対性について述べる．さらに 4.4 節において Lagrange 双対性を一般化した双対性理論を説明する．4.5 節では，凸計画問題に対する Fenchel 双対性について考察し，最後に 4.6 節において半正定値計画問題に対する双対性を解説する．

4.1 ミニマックス問題と鞍点

Y と Z をそれぞれ $\mathbb{R}^n$ と $\mathbb{R}^m$ の空でない部分集合とし，$Y \times Z$ を定義域とする関数 $K : Y \times Z \to [-\infty, +\infty]$ に対して，二つの関数 $\eta : Y \to [-\infty, +\infty]$ と $\zeta : Z \to [-\infty, +\infty]$ を次式で定義する．

$$\eta(\boldsymbol{y}) = \sup\{K(\boldsymbol{y}, \boldsymbol{z}) \mid \boldsymbol{z} \in Z\}$$
$$\zeta(\boldsymbol{z}) = \inf\{K(\boldsymbol{y}, \boldsymbol{z}) \mid \boldsymbol{y} \in Y\}$$

この節の目的はつぎの二つの問題の関係を調べることである．

$$\begin{array}{ll} \text{目的関数：} & \eta(\boldsymbol{y}) \longrightarrow \text{最小} \\ \text{制約条件：} & \boldsymbol{y} \in Y \end{array} \qquad (4.1)$$

$$\begin{array}{ll} \text{目的関数：} & \zeta(\boldsymbol{z}) \longrightarrow \text{最大} \\ \text{制約条件：} & \boldsymbol{z} \in Z \end{array} \tag{4.2}$$

問題 (4.1) は，まず $\boldsymbol{y}$ を固定して $K(\boldsymbol{y},\boldsymbol{z})$ を $\boldsymbol{z}$ に関して最大化し，つぎにその最大値を $\boldsymbol{y}$ の関数と見て $\boldsymbol{y}$ に関する最小化を行う問題であり，問題 (4.2) はその手順を前後させたものである．つぎの補題は問題 (4.1) の最小値が決して問題 (4.2) の最大値より小さくならないことを示している．

補題 4.1. 任意の $\boldsymbol{y} \in Y$ と $\boldsymbol{z} \in Z$ に対して $\zeta(\boldsymbol{z}) \leqq \eta(\boldsymbol{y})$ が成立する．さらに $\sup\{\zeta(\boldsymbol{z}) \mid \boldsymbol{z} \in Z\} \leqq \inf\{\eta(\boldsymbol{y}) \mid \boldsymbol{y} \in Y\}$ である．

証明　関数 η と ζ の定義より，任意の $\boldsymbol{y} \in Y$ と $\boldsymbol{z} \in Z$ に対して

$$\zeta(\boldsymbol{z}) \leqq K(\boldsymbol{y},\boldsymbol{z}) \leqq \eta(\boldsymbol{y})$$

が成り立つ．補題の結果はこの不等式からただちに得られる．　■

点 $(\overline{\boldsymbol{y}},\overline{\boldsymbol{z}}) \in Y \times Z$ が

$$K(\overline{\boldsymbol{y}},\boldsymbol{z}) \leqq K(\overline{\boldsymbol{y}},\overline{\boldsymbol{z}}) \leqq K(\boldsymbol{y},\overline{\boldsymbol{z}}) \qquad (\boldsymbol{y} \in Y,\ \boldsymbol{z} \in Z) \tag{4.3}$$

を満たすとき，$(\overline{\boldsymbol{y}},\overline{\boldsymbol{z}})$ を関数 K の**鞍点** (saddle point) と呼ぶ (3.4 節参照)．つぎの定理は，K の鞍点と問題 (4.1) および問題 (4.2) の最適解の等価性を示している．

定理 4.1. 点 $(\overline{\boldsymbol{y}},\overline{\boldsymbol{z}}) \in Y \times Z$ が関数 $K : Y \times Z \to [-\infty,+\infty]$ の鞍点であるための必要十分条件は $\overline{\boldsymbol{y}} \in Y$ と $\overline{\boldsymbol{z}} \in Z$ が

$$\eta(\overline{\boldsymbol{y}}) = \inf\{\eta(\boldsymbol{y}) \mid \boldsymbol{y} \in Y\} = \sup\{\zeta(\boldsymbol{z}) \mid \boldsymbol{z} \in Z\} = \zeta(\overline{\boldsymbol{z}}) \tag{4.4}$$

を満たすことである．

証明　$(\overline{\boldsymbol{y}},\overline{\boldsymbol{z}})$ を K の鞍点とすれば，式 (4.3) より

$$\eta(\overline{\boldsymbol{y}}) = \sup\{K(\overline{\boldsymbol{y}},\boldsymbol{z}) \mid \boldsymbol{z} \in Z\} = K(\overline{\boldsymbol{y}},\overline{\boldsymbol{z}}) = \inf\{K(\boldsymbol{y},\overline{\boldsymbol{z}}) \mid \boldsymbol{y} \in Y\} = \zeta(\overline{\boldsymbol{z}})$$

であるから

$$\inf\{\eta(\boldsymbol{y}) \mid \boldsymbol{y} \in Y\} \leqq \eta(\overline{\boldsymbol{y}}) = \zeta(\overline{\boldsymbol{z}}) \leqq \sup\{\zeta(\boldsymbol{z}) \mid \boldsymbol{z} \in Z\}$$

となる．ところが，補題 4.1 より

$$\inf\{\eta(\boldsymbol{y}) \mid \boldsymbol{y} \in Y\} \geqq \sup\{\zeta(\boldsymbol{z}) \mid \boldsymbol{z} \in Z\}$$

であるから，式 (4.4) が成立する．つぎに逆を証明しよう．明らかに

$$\eta(\overline{\boldsymbol{y}}) = \sup\{K(\overline{\boldsymbol{y}}, \boldsymbol{z}) \mid \boldsymbol{z} \in Z\} \geqq K(\overline{\boldsymbol{y}}, \overline{\boldsymbol{z}}) \geqq \inf\{K(\boldsymbol{y}, \overline{\boldsymbol{z}}) \mid \boldsymbol{y} \in Y\} = \zeta(\overline{\boldsymbol{z}})$$

であるから，式 (4.4) より次式を得る．

$$\sup\{K(\overline{\boldsymbol{y}}, \boldsymbol{z}) \mid \boldsymbol{z} \in Z\} = K(\overline{\boldsymbol{y}}, \overline{\boldsymbol{z}}) = \inf\{K(\boldsymbol{y}, \overline{\boldsymbol{z}}) \mid \boldsymbol{y} \in Y\}$$

よって $(\overline{\boldsymbol{y}}, \overline{\boldsymbol{z}}) \in Y \times Z$ は $K : Y \times Z \to [-\infty, +\infty]$ の鞍点である． ■

定理 4.1 より，関数 K が鞍点をもてば問題 (4.1) と問題 (4.2) はともに最適解をもつことが保証される．鞍点の存在に関する問題は特にゲーム理論における重要な課題であり，これまでさまざまな鞍点の存在条件が調べられているが，ここでは最も基本的な存在定理を証明なしで述べる．この定理は von Neumann の**ミニマックス定理** (minimax theorem) と呼ばれる[*1)]．

定理 4.2. Y と Z はそれぞれ $I\!R^n$ と $I\!R^m$ の空でないコンパクト凸集合，K は $Y \times Z$ を定義域とする実数値関数とする．$\boldsymbol{z} \in Z$ を任意に固定したとき関数 $K(\cdot, \boldsymbol{z}) : Y \to I\!R$ は下半連続な凸関数であり，$\boldsymbol{y} \in Y$ を任意に固定したとき関数 $K(\boldsymbol{y}, \cdot) : Z \to I\!R$ は上半連続な凹関数であると仮定する．そのとき，K は鞍点 $(\overline{\boldsymbol{y}}, \overline{\boldsymbol{z}}) \in Y \times Z$ をもつ．

証明 Berge (1959) 参照． ■

---

*1) 定理 4.2 は凸関数を準凸関数，凹関数を準凹関数と置き換えても成立する．これは Sion のミニマックス定理と呼ばれる (Berge (1959) 参照)．

4.2 Lagrange 双対問題

つぎの非線形計画問題を考える.

$$
\begin{aligned}
&\text{目的関数：}\quad f(\boldsymbol{x}) \longrightarrow \text{最小} \\
&\text{制約条件：}\quad g_i(\boldsymbol{x}) \leqq 0 \quad (i=1,\ldots,m)
\end{aligned}
\tag{4.5}
$$

ただし $f : I\!R^n \to I\!R$, $g_i : I\!R^n \to I\!R$ $(i=1,\ldots,m)$ である. 問題 (4.5) に対する Lagrange 関数 $L_0 : I\!R^{n+m} \to [-\infty,+\infty)$ を式 (3.13) と同様

$$
L_0(\boldsymbol{x},\boldsymbol{\lambda}) = \begin{cases} f(\boldsymbol{x}) + \displaystyle\sum_{i=1}^{m} \lambda_i g_i(\boldsymbol{x}) & (\boldsymbol{\lambda} \geqq \mathbf{0}) \\ -\infty & (\boldsymbol{\lambda} \not\geqq \mathbf{0}) \end{cases} \tag{4.6}
$$

と定義し, さらに L_0 を用いて関数 $\theta : I\!R^n \to (-\infty,+\infty]$ と $\omega_0 : I\!R^m \to [-\infty,+\infty)$ をそれぞれ

$$
\theta(\boldsymbol{x}) = \sup\{L_0(\boldsymbol{x},\boldsymbol{\lambda}) \mid \boldsymbol{\lambda} \in I\!R^m\} \tag{4.7}
$$

$$
\omega_0(\boldsymbol{\lambda}) = \inf\{L_0(\boldsymbol{x},\boldsymbol{\lambda}) \mid \boldsymbol{x} \in I\!R^n\} \tag{4.8}
$$

によって定義する. いま, 問題 (4.5) の実行可能領域を

$$
S = \{\boldsymbol{x} \in I\!R^n \mid g_i(\boldsymbol{x}) \leqq 0 \ (i=1,\ldots,m)\}
$$

と表せば, Lagrange 関数 L_0 の定義より

$$
\theta(\boldsymbol{x}) = f(\boldsymbol{x}) + \delta_S(\boldsymbol{x}) \tag{4.9}
$$

が成り立つ. ここで δ_S は集合 S の標示関数 (2.9 節参照) である. したがって, 問題 (4.5) はつぎの見かけ上制約のない問題と等価である.

$$
\text{(P)} \qquad \text{目的関数：}\quad \theta(\boldsymbol{x}) \longrightarrow \text{最小}
$$

そこで, 以下では問題 (4.5) を問題 (P) と呼ぶことにする.

つぎに，式 (4.8) によって定義される関数 ω_0 を最大化する問題

$$(\mathrm{D}_0) \qquad 目的関数：\ \omega_0(\boldsymbol{\lambda}) \longrightarrow 最大$$

を考える．問題 (D_0) も見かけ上は制約のない問題であるが，Lagrange 関数 L_0 の定義より $\boldsymbol{\lambda} \not\geqq \mathbf{0}$ のときは $\omega_0(\boldsymbol{\lambda}) = -\infty$ となるから，実質的には $\boldsymbol{\lambda} \geqq \mathbf{0}$ という制約条件を含んでいる．問題 (D_0) を問題 (P) に対する **Lagrange 双対問題** (Lagrangian dual problem) あるいは単に**双対問題** (dual problem) という．これに対して問題 (P) を**主問題** (primal problem) と呼ぶ．

つぎの補題は，主問題 (P) とは無関係に，双対問題 (D_0) が常に凹関数の最大化問題になることを示している．

補題 4.2. 双対問題 (D_0) の目的関数 $\omega_0 : I\!R^m \to [-\infty, +\infty)$ は上半連続な凹関数である．

証明　$\boldsymbol{x} \in I\!R^n$ を任意に固定したとき，$L_0(\boldsymbol{x}, \cdot) : I\!R^m \to [-\infty, +\infty)$ は上半連続な凹関数であるから，下半連続性と上半連続性，凸と凹，および sup と inf の対応関係に注意すれば，関数 ω_0 の定義 (4.8) と定理 2.18，定理 2.27 より，ω_0 が閉凹関数になることがわかる．　■

例 4.1. つぎの線形計画問題を考える．

$$\begin{aligned} &目的関数：\ \langle \boldsymbol{c}, \boldsymbol{x} \rangle \longrightarrow 最小 \\ &制約条件：\ \boldsymbol{A}\boldsymbol{x} \geqq \boldsymbol{b} \end{aligned}$$

この問題に対する Lagrange 関数は

$$L_0(\boldsymbol{x}, \boldsymbol{\lambda}) = \begin{cases} \langle \boldsymbol{c}, \boldsymbol{x} \rangle + \langle \boldsymbol{\lambda}, \boldsymbol{b} - \boldsymbol{A}\boldsymbol{x} \rangle & (\boldsymbol{\lambda} \geqq \mathbf{0}) \\ -\infty & (\boldsymbol{\lambda} \not\geqq \mathbf{0}) \end{cases}$$

である．双対問題の目的関数は $\boldsymbol{\lambda} \geqq \mathbf{0}$ のとき

$$\begin{aligned} \omega_0(\boldsymbol{\lambda}) &= \inf\{\langle \boldsymbol{c}, \boldsymbol{x} \rangle + \langle \boldsymbol{\lambda}, \boldsymbol{b} - \boldsymbol{A}\boldsymbol{x} \rangle \mid \boldsymbol{x} \in I\!R^n\} \\ &= \langle \boldsymbol{\lambda}, \boldsymbol{b} \rangle + \inf\{\langle \boldsymbol{c} - \boldsymbol{A}^\top \boldsymbol{\lambda}, \boldsymbol{x} \rangle \mid \boldsymbol{x} \in I\!R^n\} \\ &= \begin{cases} \langle \boldsymbol{\lambda}, \boldsymbol{b} \rangle & (\boldsymbol{c} - \boldsymbol{A}^\top \boldsymbol{\lambda} = \mathbf{0}) \\ -\infty & (\boldsymbol{c} - \boldsymbol{A}^\top \boldsymbol{\lambda} \neq \mathbf{0}) \end{cases} \end{aligned}$$

であり，$\boldsymbol{\lambda} \ngeq \mathbf{0}$ のとき $\omega_0(\boldsymbol{\lambda}) = -\infty$ であるから，双対問題 (D_0) はつぎのように表すことができる．

$$\begin{aligned} &\text{目的関数：} \quad \langle \boldsymbol{b}, \boldsymbol{\lambda} \rangle \longrightarrow \text{最大} \\ &\text{制約条件：} \quad \boldsymbol{A}^\top \boldsymbol{\lambda} = \boldsymbol{c},\ \boldsymbol{\lambda} \geqq \mathbf{0} \end{aligned}$$

表記を簡単にするため，以下の記号を導入する．

$$\inf(\mathrm{P}) = \inf\{\theta(\boldsymbol{x}) \mid \boldsymbol{x} \in I\!R^n\}$$

$$\sup(\mathrm{D}_0) = \sup\{\omega_0(\boldsymbol{\lambda}) \mid \boldsymbol{\lambda} \in I\!R^m\}$$

さらに，$-\infty < \theta(\overline{\boldsymbol{x}}) = \inf(\mathrm{P}) < +\infty$ であるような $\overline{\boldsymbol{x}} \in I\!R^n$ が存在するときには，$\inf(\mathrm{P})$ のかわりに $\min(\mathrm{P})$ と書き，$-\infty < \omega_0(\overline{\boldsymbol{\lambda}}) = \sup(\mathrm{D}_0) < +\infty$ であるような $\overline{\boldsymbol{\lambda}} \in I\!R^m$ が存在するときには，$\sup(\mathrm{D}_0)$ のかわりに $\max(\mathrm{D}_0)$ と書くことにする．

問題 (P) が凸計画問題であり，Slater 制約想定が満たされるならば，$\overline{\boldsymbol{x}}$ が問題 (P) の大域的最適解であるための必要十分条件は Lagrange 関数 L_0 に対して鞍点条件 (3.19) を満たす $\overline{\boldsymbol{\lambda}}$ が存在することである (定理 3.10)．つぎの定理は，そのような $\overline{\boldsymbol{\lambda}}$ が双対問題 (D_0) の最適解に他ならないことを示している．なお，この定理では主問題が凸計画問題であることや制約想定が成り立つことは仮定されていない．

定理 4.3. $\overline{\boldsymbol{\lambda}} \geqq 0$ なる点 $(\overline{\boldsymbol{x}}, \overline{\boldsymbol{\lambda}})^\top \in I\!R^{n+m}$ が Lagrange 関数 L_0 の鞍点であるための必要十分条件は $\theta(\overline{\boldsymbol{x}}) = \min(\mathrm{P}) = \max(\mathrm{D}_0) = \omega_0(\overline{\boldsymbol{\lambda}})$ が成り立つことである．

証明 定理 4.1 より明らかである． ■

系 4.1. 問題 (P) において，目的関数 $f : I\!R^n \to I\!R$ と制約関数 $g_i : I\!R^n \to I\!R$ $(i = 1, \ldots, m)$ は微分可能な凸関数とする．そのとき，$\overline{\boldsymbol{x}} \in I\!R^n$ と $\overline{\boldsymbol{\lambda}} \in I\!R^m$

に対して $-\infty < \theta(\bar{\boldsymbol{x}}) = \omega_0(\bar{\boldsymbol{\lambda}}) < +\infty$ が成立するための必要十分条件は $\bar{\boldsymbol{x}}$ と $\bar{\boldsymbol{\lambda}}$ が KKT 条件 (3.14) を満足することである．

証明 定理 3.10 の系と定理 4.3 より従う． ■

つぎの定理は，双対問題 (D_0) の最適解を用いて主問題 (P) の最適解を特徴づけるものである．

定理 4.4. 双対問題 (D_0) は最適解をもち，$-\infty < \max\ (\mathrm{D}_0) < +\infty$ が成り立つとする．そのとき，問題 (D_0) の任意の最適解 $\bar{\boldsymbol{\lambda}} \in I\!R^m$ に対して

$$L_0(\bar{\boldsymbol{x}}, \bar{\boldsymbol{\lambda}}) = \min\{L_0(\boldsymbol{x}, \bar{\boldsymbol{\lambda}}) \mid \boldsymbol{x} \in I\!R^n\}$$

$$\bar{\lambda}_i g_i(\bar{\boldsymbol{x}}) = 0, \quad g_i(\bar{\boldsymbol{x}}) \leqq 0 \qquad (i = 1, \ldots, m)$$

を満たす $\bar{\boldsymbol{x}} \in I\!R^n$ は主問題 (P) の最適解である．

証明 仮定より，$\bar{\boldsymbol{x}}$ は主問題 (P) の実行可能解であり，さらに

$$f(\bar{\boldsymbol{x}}) \leqq f(\boldsymbol{x}) + \sum_{i=1}^{m} \bar{\lambda}_i g_i(\boldsymbol{x}) \qquad (\boldsymbol{x} \in I\!R^n) \tag{4.10}$$

が成り立つ．また，$\bar{\boldsymbol{\lambda}} \geqq \boldsymbol{0}$ であるから，問題 (P) の任意の実行可能解 $\boldsymbol{x}$ に対して $\bar{\lambda}_i g_i(\boldsymbol{x}) \leqq 0\ (i = 1, \ldots, m)$ となる．よって，式 (4.10) より，問題 (P) の任意の実行可能解 $\boldsymbol{x}$ に対して $f(\bar{\boldsymbol{x}}) \leqq f(\boldsymbol{x})$ が成立する． ■

4.3 Lagrange 双対性

この節では，主問題と双対問題のあいだに**双対性** (duality) と呼ばれる関係 $\inf\ (\mathrm{P}) = \sup\ (\mathrm{D}_0)$ が成立するための条件や双対問題に最適解が存在するための条件について考察する．

問題 (P) に関連して，つぎのパラメトリック最適化問題を考える．

$$\begin{array}{ll} \text{目的関数：} & f(\boldsymbol{x}) \longrightarrow \text{最小} \\ \text{制約条件：} & g_i(\boldsymbol{x}) \leqq u_i \quad (i = 1, \ldots, m) \end{array} \tag{4.11}$$

パラメータのベクトルを $\boldsymbol{u} = (u_1, \ldots, u_m)^\top \in I\!R^m$ と表し，問題 (4.11) の制約写像 $S : I\!R^m \to \mathcal{P}(I\!R^n)$ と最適値関数 $\phi_0 : I\!R^m \to [-\infty, +\infty]$ をそれぞれ次式によって定義する．

$$S(\boldsymbol{u}) = \{\boldsymbol{x} \in I\!R^n \mid g_i(\boldsymbol{x}) \leqq u_i \ (i = 1, \ldots, m)\} \tag{4.12}$$

$$\phi_0(\boldsymbol{u}) = \inf\{f(\boldsymbol{x}) \mid \boldsymbol{x} \in S(\boldsymbol{u})\} \tag{4.13}$$

特に，$S(\boldsymbol{u}) = \emptyset$ のときは $\phi_0(\boldsymbol{u}) = +\infty$ とする．つぎの補題は最適値関数 ϕ_0 の基本的な性質を述べている．

補題 4.3. 問題 (4.11) の最適値関数 $\phi_0 : I\!R^m \to [-\infty, +\infty]$ は非増加関数である．さらに，目的関数 $f : I\!R^n \to I\!R$ と制約関数 $g_i : I\!R^n \to I\!R$ $(i = 1, \ldots, m)$ がすべて凸関数ならば，ϕ_0 は凸関数である．

証明 式 (4.12) より，$u_i \leqq v_i$ $(i = 1, \ldots, m)$ ならば $S(\boldsymbol{u}) \subseteqq S(\boldsymbol{v})$ であるから，ϕ_0 の定義 (4.13) より $\phi_0(\boldsymbol{u}) \geqq \phi_0(\boldsymbol{v})$，すなわち ϕ_0 は非増加である．補題の後半については，任意の $(\boldsymbol{u}^k, \mu_k)^\top \in \text{epi}\ \phi_0$ $(k = 1, 2)$ と $\alpha \in (0, 1)$ に対して，$\boldsymbol{u}^\alpha = (1-\alpha)\boldsymbol{u}^1 + \alpha \boldsymbol{u}^2$, $\mu_\alpha = (1-\alpha)\mu_1 + \alpha\mu_2$ とおいたとき $(\boldsymbol{u}^\alpha, \mu_\alpha) \in \text{epi}\ \phi_0$ となることを示せばよい．$(\boldsymbol{u}^k, \mu_k)^\top \in \text{epi}\ \phi_0$ $(k = 1, 2)$ より，任意の $\varepsilon > 0$ に対して，$f(\boldsymbol{x}^k) \leqq \mu_k + \varepsilon$ および $g_i(\boldsymbol{x}^k) \leqq u_i^k$ $(i = 1, \ldots, m)$ を満たす $\boldsymbol{x}^k \in I\!R^n$ $(k = 1, 2)$ が存在する．さらに，f と g_i は凸関数であるから，$\boldsymbol{x}^\alpha = (1-\alpha)\boldsymbol{x}^1 + \alpha\boldsymbol{x}^2$ とおけば

$$\begin{aligned} f(\boldsymbol{x}^\alpha) &\leqq (1-\alpha) f(\boldsymbol{x}^1) + \alpha f(\boldsymbol{x}^2) \leqq \mu_\alpha + \varepsilon \\ g_i(\boldsymbol{x}^\alpha) &\leqq (1-\alpha) g_i(\boldsymbol{x}^1) + \alpha g_i(\boldsymbol{x}^2) \leqq u_i^\alpha \qquad (i = 1, \ldots, m) \end{aligned}$$

が成立する．よって $\phi_0(\boldsymbol{u}^\alpha) \leqq f(\boldsymbol{x}^\alpha) \leqq \mu_\alpha + \varepsilon$ である．ところが $\varepsilon > 0$ は任意であったから，$(\boldsymbol{u}^\alpha, \mu_\alpha) \in \text{epi}\ \phi_0$ が成り立つ． ■

つぎに，関数 $F_0 : I\!R^{n+m} \to (-\infty, +\infty]$ を

$$F_0(\boldsymbol{x}, \boldsymbol{u}) = \begin{cases} f(\boldsymbol{x}) & (\boldsymbol{x} \in S(\boldsymbol{u})) \\ +\infty & (\boldsymbol{x} \notin S(\boldsymbol{u})) \end{cases} \tag{4.14}$$

によって定義する．明らかに，問題 (4.11) は，$\boldsymbol{u}$ を固定して F_0 を $\boldsymbol{x}$ に関して最小化する問題と等価であるから

$$\phi_0(\boldsymbol{u}) = \inf\{F_0(\boldsymbol{x},\boldsymbol{u}) \mid \boldsymbol{x} \in I\!R^n\} \tag{4.15}$$

が成立する．また $\boldsymbol{u} = \boldsymbol{0}$ のとき問題 (4.11) は問題 (4.5) と一致するから，式 (4.9) と式 (4.14) より，つぎの関係が成立する．

$$F_0(\boldsymbol{x},\boldsymbol{0}) = \theta(\boldsymbol{x}) \tag{4.16}$$

$$\inf(\mathrm{P}) \;=\; \phi_0(\boldsymbol{0}) = \inf\{F_0(\boldsymbol{x},\boldsymbol{0}) \mid \boldsymbol{x} \in I\!R^n\} \tag{4.17}$$

補題 4.4. 任意に固定した $\boldsymbol{x} \in I\!R^n$ に対して，$F_0(\boldsymbol{x},\cdot) : I\!R^m \to (-\infty,+\infty]$ は下半連続な凸関数である．さらに，$f : I\!R^n \to I\!R$ と $g_i : I\!R^n \to I\!R$ $(i = 1,\ldots,m)$ が凸関数ならば，$F_0 : I\!R^{n+m} \to (-\infty,+\infty]$ は下半連続な凸関数である．

証明 補題の前半は epi $F_0(\boldsymbol{x},\cdot) \subseteqq I\!R^{m+1}$ が閉凸集合であること，後半は epi $F_0 \subseteqq I\!R^{n+m+1}$ が閉凸集合であることをいえばよい (演習問題 4.5). ■

以上の準備のもとで，主問題 (P) と双対問題 (D_0) の関係を調べていこう．つぎの定理は，一般に**弱双対定理** (weak duality theorem) と呼ばれている．

定理 4.5. 主問題 (P) と双対問題 (D_0) に対してつぎの関係が成立する．

$$\inf(\mathrm{P}) \geqq \sup(\mathrm{D}_0)$$

証明 関数 θ と ω_0 の定義および補題 4.1 よりただちに従う． ■

定理 4.5 は，任意の $\boldsymbol{x} \in I\!R^n$ と $\boldsymbol{\lambda} \in I\!R^m$ に対して，つぎの関係が常に成立することを意味している．

$$\theta(\boldsymbol{x}) \geqq \omega_0(\boldsymbol{\lambda}), \quad \inf(\mathrm{P}) \geqq \omega_0(\boldsymbol{\lambda}), \quad \theta(\boldsymbol{x}) \geqq \sup(\mathrm{D}_0) \tag{4.18}$$

式 (4.18) は単純であるが，実際上きわめて有用である．例えば，$\omega_0(\boldsymbol{\lambda}) > -\infty$ であるような任意の $\boldsymbol{\lambda}$ に対して $\omega_0(\boldsymbol{\lambda})$ を計算すれば*1)，それが主問題の最小値 inf (P) の一つの下界値を与えることが保証される．また，十分小さい $\varepsilon > 0$ に対して $\theta(\boldsymbol{x}) - \omega_0(\boldsymbol{\lambda}) < \varepsilon$ であるような $\boldsymbol{x}$ と $\boldsymbol{\lambda}$ を見つけることができれば，それらの $\boldsymbol{x}$ と $\boldsymbol{\lambda}$ はそれぞれ主問題 (P) と双対問題 (D_0) の良い近似解になっていると考えられる．この考え方は，双対問題 (D_0) の目的関数 ω_0 が比較的容易に計算できるような問題において，主問題 (P) の近似最適解を評価するためにしばしば用いられる．

例 4.2. 問題 (4.5) において，目的関数 $f : \mathbb{R}^n \to \mathbb{R}$ と制約関数 $g_i : \mathbb{R}^n \to \mathbb{R}$ $(i = 1, \ldots, m)$ は微分可能な凸関数であり，次式で定義される集合 $\hat{S} \subsetneqq \mathbb{R}^n$ は空でないと仮定する．

$$\hat{S} = \{\boldsymbol{x} \in \mathbb{R}^n \mid g_i(\boldsymbol{x}) < 0 \ (i = 1, \ldots, m)\}$$

そのとき，次式によって定義される関数 $\gamma_t : \mathbb{R}^n \to (-\infty, +\infty]$ を問題 (4.5) に対する**障壁関数** (barrier function) という．

$$\gamma_t(\boldsymbol{x}) = \begin{cases} f(\boldsymbol{x}) - t\displaystyle\sum_{i=1}^{m} \log(-g_i(\boldsymbol{x})) & (\boldsymbol{x} \in \hat{S}) \\ +\infty & (\boldsymbol{x} \notin \hat{S}) \end{cases} \tag{4.19}$$

ただし，$t > 0$ はパラメータである．$\hat{S} = \mathrm{dom}\,\gamma_t$ は問題 (4.5) の実行可能領域の内部を表す開凸集合であり，点 $\boldsymbol{x}$ が実行可能領域の内部から境界に近づくとき $\gamma_t(\boldsymbol{x})$ の値は $+\infty$ に発散する．ここで，問題

$$\begin{array}{ll} \text{目的関数：} & \gamma_t(\boldsymbol{x}) \longrightarrow \text{最小} \\ \text{制約条件：} & \boldsymbol{x} \in \hat{S} \end{array} \tag{4.20}$$

を考えると，上に述べた性質より，この問題は実質的に制約なし問題とみなすことができる．さらに，その最適解を $\boldsymbol{x}^t$ とすると定理 3.4 の系より

$$\mathbf{0} = \nabla\gamma_t(\boldsymbol{x}^t)$$

*1) $\omega_0(\boldsymbol{\lambda}) > -\infty$ であるような $\boldsymbol{\lambda}$ は双対問題 (D_0) の実質的な実行可能解である (例 4.1 参照).

$$= \nabla f(\boldsymbol{x}^t) - t\sum_{i=1}^{m} \frac{1}{g_i(\boldsymbol{x}^t)} \nabla g_i(\boldsymbol{x}^t)$$

であるから，$\lambda_i^t = -t/g_i(\boldsymbol{x}^t)$ $(i = 1, \ldots, m)$ とおけば次式を得る．

$$\nabla f(\boldsymbol{x}^t) + \sum_{i=1}^{m} \lambda_i^t \nabla g_i(\boldsymbol{x}^t) = \boldsymbol{0} \tag{4.21}$$

ところが，f と g_i $(i = 1, \ldots, m)$ は凸関数であり，$\boldsymbol{\lambda}^t = (\lambda_1^t, \ldots, \lambda_m^t)^\top > \boldsymbol{0}$ であるから，Lagrange 関数 L_0 の定義 (4.6) より，式 (4.21) は $L_0(\cdot, \boldsymbol{\lambda}^t)$ が点 $\boldsymbol{x}^t$ において最小になることを意味している．したがって，式 (4.8) より

$$\begin{aligned} \omega_0(\boldsymbol{\lambda}^t) &= L_0(\boldsymbol{x}^t, \boldsymbol{\lambda}^t) \\ &= f(\boldsymbol{x}^t) + \sum_{i=1}^{m} \lambda_i^t g_i(\boldsymbol{x}^t) \\ &= f(\boldsymbol{x}^t) - mt \end{aligned} \tag{4.22}$$

が成り立つ．ここで，最後の等式は $\lambda_i^t = -t/g_i(\boldsymbol{x}^t)$ $(i = 1, \ldots, m)$ より得られる．よって，問題 (4.5) の目的関数の最小値を inf (P) とすれば，式 (4.18), (4.22) より次式を得る．

$$\inf(\mathrm{P}) \geqq f(\boldsymbol{x}^t) - mt \tag{4.23}$$

これは，問題 (4.20) の最適解 $\boldsymbol{x}^t$ によって inf (P) の下界値が明示的に評価できることを示している．また，明らかに $f(\boldsymbol{x}^t) \geqq \inf(\mathrm{P})$ であるから，式 (4.23) より，$t \to 0$ のとき $f(\boldsymbol{x}^t)$ は inf (P) に収束する．

以下では，主問題 (P) と双対問題 (D_0) のあいだにより強い双対性が成立するための条件について考察する．つぎの補題は，式 (4.6) で定義される Lagrange 関数 L_0 と式 (4.14) で定義される関数 F_0 の関係を示している．

補題 4.5. Lagrange 関数 $L_0 : I\!R^{n+m} \to [-\infty, +\infty)$ と関数 $F_0 : I\!R^{n+m} \to (-\infty, +\infty]$ のあいだにつぎの関係が成立する．

$$L_0(\boldsymbol{x}, \boldsymbol{\lambda}) = \inf\{F_0(\boldsymbol{x}, \boldsymbol{u}) + \langle \boldsymbol{\lambda}, \boldsymbol{u} \rangle \mid \boldsymbol{u} \in I\!R^m\} \tag{4.24}$$

$$F_0(\boldsymbol{x}, \boldsymbol{u}) = \sup\{L_0(\boldsymbol{x}, \boldsymbol{\lambda}) - \langle \boldsymbol{\lambda}, \boldsymbol{u} \rangle \mid \boldsymbol{\lambda} \in I\!R^m\} \tag{4.25}$$

証明 集合 $S(\boldsymbol{u})$ の定義 (4.12) を考慮すれば，関数 L_0 と F_0 の定義 (4.6), (4.14) よりただちに従う． ■

2.8 節において凸関数の共役関数を定義し，その性質を調べた．ここではそれを一般の非線形関数 $\psi : I\!R^n \to [-\infty, +\infty]$ に対して拡張し，その共役関数を式 (2.42) と同様，次式により定義する．

$$\psi^*(\boldsymbol{\xi}) = \sup\{\langle \boldsymbol{x}, \boldsymbol{\xi}\rangle - \psi(\boldsymbol{x}) \,|\, \boldsymbol{x} \in I\!R^n\}$$

また，関数 ψ に対して epi $\hat{g}$ = cl co epi ψ を満たす関数 $\hat{g} : I\!R^n \to [-\infty, +\infty]$ を ψ の**閉凸包** (closed convex hull) と呼び cl co ψ と表す．

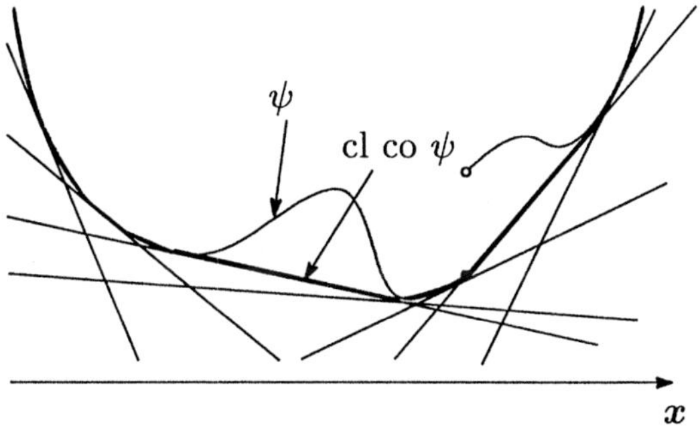

図 4.1 非凸関数 ψ の閉凸包 cl co ψ

つぎの補題は，定理 2.38 と定理 2.39 を拡張したものであり，非凸関数の共役関数や閉凸包が，凸関数の共役関数や閉包と同様の性質をもつことを示している (図 4.1)．

補題 4.6. 関数 $\psi : I\!R^n \to (-\infty, +\infty]$ の閉凸包 cl coψ は閉真凸関数であるとする．そのとき，共役関数 $\psi^* : I\!R^n \to (-\infty, +\infty]$ は閉真凸関数であり，閉凸包 cl co$\psi : I\!R^n \to (-\infty, +\infty]$ は次式によって表される．

$$\text{cl co } \psi(\boldsymbol{x}) = \sup\{h(\boldsymbol{x}) \,|\, h \in \mathcal{L}[\psi]\}$$

ただし，$\mathcal{L}[\psi]$ は任意の点 $\boldsymbol{x}$ において $\psi(\boldsymbol{x}) \geq h(\boldsymbol{x})$ であるようなアフィン関

数 $h : I\!R^n \to I\!R$ 全体の集合を表す．さらに，ψ の双共役関数を ψ^{**} とすれば，$\psi^{**} = \mathrm{cl}\ \mathrm{co}\,\psi$ が成立する．

証明 定理 2.38 および定理 2.39 と同様の方法で示すことができる． ■

つぎの補題は，双対問題 (D_0) の目的関数 ω_0 が主問題 (P) の最適値関数 ϕ_0 と実質的に共役な関係にあることを示している．

補題 4.7. 任意の $\boldsymbol{\lambda} \in I\!R^m$ に対してつぎの関係が成立する．

$$\omega_0(\boldsymbol{\lambda}) = -\phi_0^*(-\boldsymbol{\lambda})$$

証明 式 (4.8), (4.15), (4.24) より

$$\begin{aligned}\omega_0(\boldsymbol{\lambda}) &= \inf\{L_0(\boldsymbol{x}, \boldsymbol{\lambda}) \mid \boldsymbol{x} \in I\!R^n\} \\ &= \inf\{F_0(\boldsymbol{x}, \boldsymbol{u}) + \langle \boldsymbol{\lambda}, \boldsymbol{u} \rangle \mid \boldsymbol{x} \in I\!R^n, \boldsymbol{u} \in I\!R^m\} \\ &= \inf\{\phi_0(\boldsymbol{u}) + \langle \boldsymbol{\lambda}, \boldsymbol{u} \rangle \mid \boldsymbol{u} \in I\!R^m\} \ = \ -\phi_0^*(-\boldsymbol{\lambda})\end{aligned}$$

を得る． ■

つぎの補題は双対問題 (D_0) の最大値が主問題 (P) の最適値関数を用いて表されることを示したものである．

補題 4.8. 双対問題 (D_0) の最大値に対して次式が成立する．

$$\sup(\mathrm{D}_0) = \phi_0^{**}(\mathbf{0})$$

証明 補題 4.7 より

$$\begin{aligned}\sup(\mathrm{D}_0) &= \sup\{\omega_0(\boldsymbol{\lambda}) \mid \boldsymbol{\lambda} \in I\!R^m\} \\ &= \sup\{\langle -\boldsymbol{\lambda}, \mathbf{0} \rangle - \phi_0^*(-\boldsymbol{\lambda}) \mid \boldsymbol{\lambda} \in I\!R^m\} \ = \ \phi_0^{**}(\mathbf{0})\end{aligned}$$

が成り立つ． ■

以上の結果より，つぎの**双対定理** (duality theorem) を得る．

定理 4.6. 主問題 (P) と双対問題 (D_0) に対して

$$\inf(\mathrm{P}) = \sup(\mathrm{D}_0)$$

が成り立つための必要十分条件は $\phi_0(\mathbf{0}) = \phi_0^{**}(\mathbf{0})$ が成立することである．特に ϕ_0 が閉真凸関数であればこの条件は満たされる．

証明 前半は補題 4.8 と式 (4.17) より，後半は定理 2.39 より得られる． ■

定理 4.6 は非常に一般的な結果であり，inf (P) や sup (D_0) の有限性や最適解の存在については何も述べていない．主問題 (P) に関しては，例えば目的関数が連続で実行可能領域が空でないコンパクト集合であれば，最適解の存在が保証される．以下では，双対問題 (D_0) が有限な最適解をもつための条件について考える．

定理 4.7. 双対問題 (D_0) に最適解が存在して

$$\inf(\mathrm{P}) = \max(\mathrm{D}_0)$$

となるための必要十分条件は，inf (P) が有限で

$$\phi_0(\boldsymbol{u}) \geq \phi_0(\mathbf{0}) - \langle \overline{\boldsymbol{\lambda}}, \boldsymbol{u} \rangle \qquad (\boldsymbol{u} \in I\!R^m) \tag{4.26}$$

を満たす $\overline{\boldsymbol{\lambda}} \in I\!R^m$ が存在することである．さらに，そのとき $\overline{\boldsymbol{\lambda}}$ は双対問題 (D_0) の最適解である．また，ϕ_0 が真凸関数であれば，上の条件は $\partial\phi_0(\mathbf{0}) \neq \emptyset$ と等価であり，つぎの関係が成立する．

$$-\partial\phi_0(\mathbf{0}) = \{\overline{\boldsymbol{\lambda}} \in I\!R^m \mid \omega_0(\overline{\boldsymbol{\lambda}}) = \max(\mathrm{D}_0)\}$$

証明 式 (4.26) は

$$\phi_0(\mathbf{0}) = \min\{\phi_0(\boldsymbol{u}) + \langle \overline{\boldsymbol{\lambda}}, \boldsymbol{u} \rangle \mid \boldsymbol{u} \in I\!R^m\} = -\phi_0^*(-\overline{\boldsymbol{\lambda}})$$

と等価である．補題 4.7 と式 (4.17) より，これは

$$\inf(\mathrm{P}) = \omega_0(\overline{\boldsymbol{\lambda}})$$

と等価であり，定理 4.5 より，さらにこれは $\overline{\boldsymbol{\lambda}}$ が双対問題 (D_0) の最適解で $\inf\,(\mathrm{P}) = \max\,(\mathrm{D}_0)$ となることと等価である．定理の最後の部分は劣勾配の定義よりただちに従う． ■

系 4.2. 主問題 (P) において，$f : I\!R^n \to I\!R$ と $g_i : I\!R^n \to I\!R \ (i = 1, \ldots, m)$ は微分可能な凸関数とする．そのとき $\overline{\boldsymbol{x}} \in I\!R^n$ と $\overline{\boldsymbol{\lambda}} \in I\!R^m$ が問題 (P) に対する KKT 条件 (3.14) を満たすための必要十分条件は $\overline{\boldsymbol{x}}$ が問題 (P) の最適解であり，さらに式 (4.26) が成立することである．

証明 定理 4.3 の系 (系 4.1) と定理 4.7 よりただちに従う． ■

式 (4.26) は，関数 ϕ_0 のエピグラフ epi ϕ_0 が点 $(\mathbf{0}, \phi_0(\mathbf{0}))^\top \in I\!R^{m+1}$ において垂直でない支持超平面をもつことを意味している．つぎの二つの例はそれぞれ双対性が成立する例と成立しない例を示している．

例 4.3. 主問題 (P) としてつぎの問題を考える．

$$\begin{aligned} &\text{目的関数：} \quad f(x) \longrightarrow \text{最小} \\ &\text{制約条件：} \quad x \leqq 0 \quad (x \in I\!R) \end{aligned}$$

ただし $f : I\!R \to I\!R$ は次式で定義される関数である．

$$f(x) = \begin{cases} (x-1)^2 & (x \leqq 2) \\ -x+3 & (x > 2) \end{cases}$$

この問題に対する最適値関数 $\phi_0 : I\!R \to I\!R$ は次式で与えられる．

$$\phi_0(u) = \begin{cases} (u-1)^2 & (u \leqq 1) \\ 0 & (1 < u \leqq 3) \\ -u+3 & (u > 3) \end{cases}$$

そのとき cl co ϕ は

$$\mathrm{cl}\;\mathrm{co}\,\phi_0(u) = \begin{cases} (u-1)^2 & (u \leqq 1/2) \\ -u+3/4 & (u > 1/2) \end{cases}$$

であるから (図 4.2)

$$\phi_0(0) = \mathrm{cl\ co}\,\phi_0(0) = 1$$

となり，補題 4.6 と定理 4.6 より inf (P) = sup (D_0) が成立する．また

$$\phi_0(u) \geqq \phi_0(0) - 2u \qquad (u \in I\!R)$$

が成立するから，定理 4.7 より，$\lambda = 2$ は双対問題 (D_0) の最適解である．実際，式 (4.8) より，双対問題 (D_0) の目的関数 $\omega_0 : I\!R \to [-\infty, +\infty)$ は

$$\omega_0(\lambda) = \begin{cases} -\lambda^2/4 + \lambda & (\lambda \geqq 1) \\ -\infty & (\lambda < 1) \end{cases}$$

となるので，$\omega_0(\lambda)$ は $\lambda = 2$ において最大となることが確かめられる．

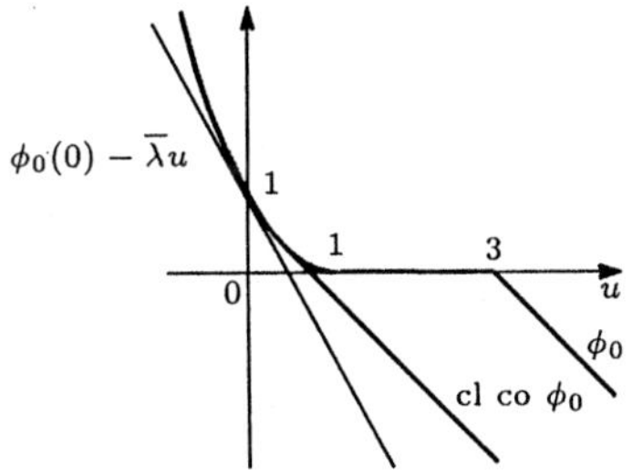

図 4.2 例 4.3

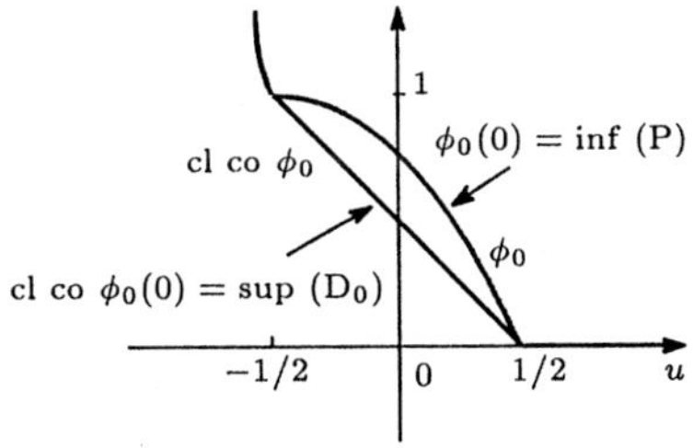

図 4.3 例 4.4

例 4.4. 主問題 (P) としてつぎの問題を考える．

$$\begin{array}{ll} \text{目的関数：} & f(x) \longrightarrow \text{最小} \\ \text{制約条件：} & x \leqq 0 \quad (x \in I\!R) \end{array}$$

ただし $f : I\!R \to I\!R$ は次式で定義される関数である．

$$f(x) = \begin{cases} -x^2 - x + 3/4 & (|x| \leqq 1/2) \\ x^2 - x + 1/4 & (|x| > 1/2) \end{cases}$$

この問題に対する最適値関数 $\phi_0 : I\!R \to I\!R$ とその閉凸包 cl co ϕ は

$$\phi_0(u) = \begin{cases} u^2 - u + 1/4 & (u < -1/2) \\ -u^2 - u + 3/4 & (|u| \leqq 1/2) \\ 0 & (u > 1/2) \end{cases}$$

$$\mathrm{cl\ co}\,\phi_0(u) = \begin{cases} u^2 - u + 1/4 & (u < -1/2) \\ -u + 1/2 & (|u| \leqq 1/2) \\ 0 & (u > 1/2) \end{cases}$$

であるから (図 4.3)

$$\inf\,(\mathrm{P}) = 3/4 > 1/2 = \sup\,(\mathrm{D}_0)$$

となり，双対性は成立しない．

例 4.4 のように inf (P) > sup (D_0) となるとき，**双対性ギャップ** (duality gap) が存在するという．最適値関数 ϕ_0 が凸関数でないときは，例 4.3 のように inf (P) = sup (D_0) が成り立つ場合もあるが，一般には双対性ギャップが存在する．

補題 4.3 より，問題 (P) において目的関数 f と制約関数 g_i $(i = 1, \ldots, m)$ が凸関数のときには，最適値関数 ϕ_0 も凸関数となる．そのとき定理 4.7 より，$\partial\phi_0(\mathbf{0}) \neq \emptyset$ であれば双対問題 (D_0) は最適解をもち inf (P) = max (D_0) が成立する．ところが定理 2.48 より，凸関数 ϕ_0 が $\boldsymbol{u} = \mathbf{0}$ において劣勾配をもつための必要十分条件は，$\phi_0(\mathbf{0})$ が有限であり，さらに

$$\phi_0(\boldsymbol{u}) - \phi_0(\mathbf{0}) \geqq -\gamma\|\boldsymbol{u}\| \qquad (\boldsymbol{u} \in I\!R^m) \tag{4.27}$$

を満たす $\gamma > 0$ が存在することである．特に，$\phi_0(\mathbf{0})$ が有限であり，さらに Slater 条件

$$g_i(\boldsymbol{x}^0) < 0 \qquad (i = 1, \ldots, m) \tag{4.28}$$

を満たす $\boldsymbol{x}^0 \in I\!R^n$ が存在するとき $\mathbf{0} \in \mathrm{int\ dom}\,\phi_0$ となるので，定理 2.48 より $\partial\phi_0(\mathbf{0}) \neq \emptyset$ が成り立つ．

以上の議論をまとめると，凸計画問題に対するつぎの双対定理が得られる．

定理 4.8. 主問題 (P) において目的関数 f と制約関数 g_i $(i=1,\ldots,m)$ はすべて凸関数であるとする．そのとき，双対問題 (D_0) に最適解が存在して

$$\inf(\mathrm{P}) = \max(\mathrm{D}_0)$$

が成立するための必要十分条件は，$\phi_0(\mathbf{0})$ が有限で，問題 (P) の最適値関数 ϕ_0 に対して式 (4.27) を満たす $\gamma > 0$ が存在することである．特に，$\phi_0(\mathbf{0})$ が有限で Slater 条件 (4.28) を満たす $\boldsymbol{x}^0 \in I\!R^n$ が存在するならば，この条件は成立する．

凸計画問題の場合，定理 4.8 の条件は決して厳しいものではないので，双対性ギャップが存在する可能性は少ない．実際，凸計画問題において双対性ギャップが存在するのは，つぎのような特殊な場合である．

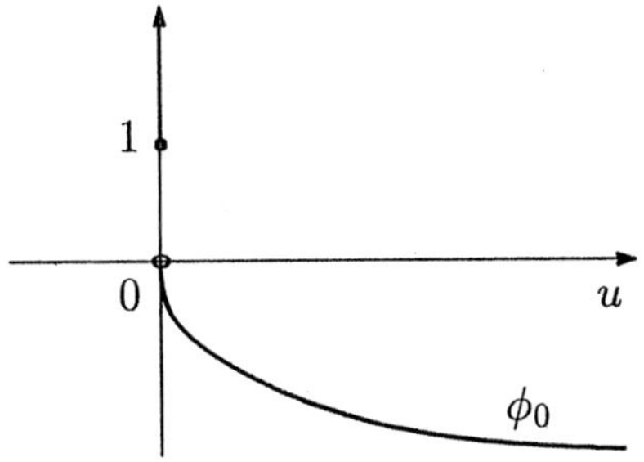

図 4.4　例 4.5

例 4.5. 主問題 (P) としてつぎの問題を考える．

$$\begin{array}{ll} \text{目的関数：} & f(x) \longrightarrow \text{最小} \\ \text{制約条件：} & x \leqq 0 \quad (x \in I\!R) \end{array}$$

ただし $f : I\!R \to (-\infty, +\infty]$ は次式で定義される関数である．

$$f(x) = \begin{cases} -\sqrt{x} & (x > 0) \\ 1 & (x = 0) \\ +\infty & (x < 0) \end{cases}$$

この問題に対する最適値関数 $\phi_0 : I\!R \to (-\infty, +\infty]$ は次式で与えられる．

$$\phi_0(u) = \begin{cases} -\sqrt{u} & (u > 0) \\ 1 & (u = 0) \\ +\infty & (u < 0) \end{cases}$$

であり (図 4.4)，双対問題 (D_0) の目的関数 $\omega_0 : I\!R \to [-\infty, +\infty)$ は

$$\omega_0(\lambda) = \begin{cases} -\dfrac{1}{4\lambda} & (\lambda > 0) \\ -\infty & (\lambda \leqq 0) \end{cases}$$

となるから

$$\inf(\mathrm{P}) = 1 > 0 = \sup(\mathrm{D}_0)$$

となり，双対性ギャップが存在する．

例 4.6. 例 4.5 の問題において，目的関数 f を

$$f(x) = \begin{cases} -\sqrt{x} & (x \geqq 0) \\ +\infty & (x < 0) \end{cases}$$

と変更する．そのとき，双対問題 (D_0) の目的関数 ω_0 は変わらないが，最適値関数 ϕ_0 は

$$\phi_0(u) = \begin{cases} -\sqrt{u} & (u \geqq 0) \\ +\infty & (u < 0) \end{cases}$$

となる．よって，双対性

$$\inf(\mathrm{P}) = 0 = \sup(\mathrm{D}_0)$$

は成立するが，$\partial\phi_0(0) = \emptyset$ であるから双対問題 (D_0) は最適解をもたない．

最後に式 (4.26) の意味を考察して，この節をしめくくろう．主問題 (P) として，3. 10 節でとりあげた原料の使用可能量に関する制約条件のもとで総生産費用を最小化する問題を考える．この生産計画問題に対して，パラメトリッ

ク計画問題 (4.11) は第 i 原料を u_i だけ売ったり $(u_i < 0)$，買ったり $(u_i > 0)$ することによって原料に関する制約条件を $g_i(\boldsymbol{x}) \leqq u_i\ (i = 1, \ldots, m)$ としたときの最小生産費用を求める問題と見なすことができる．ここで，第 i 原料の価格を λ_i とすれば，原料の売買による収入も勘定に入れた正味の生産費用，すなわち純生産費用の最小値は

$$\phi_0(\boldsymbol{u}) + \sum_{i=1}^{m} \lambda_i u_i$$

と表される．したがって，不等式 (4.26) は価格 $\overline{\boldsymbol{\lambda}} = (\overline{\lambda}_1, \ldots, \overline{\lambda}_m)^\top$ のもとで原料をどのように売買して生産を行っても，純生産費用の最小値を現在の値より小さくできないことを意味している．このことから，式 (4.26) を満たす $\overline{\boldsymbol{\lambda}}$ すなわち双対問題 (D_0) の最適解はしばしば**均衡価格** (equilibrium price) と呼ばれる．特に，関数 ϕ_0 が $\boldsymbol{u} = \boldsymbol{0}$ において微分可能ならば，式 (4.26) は $\overline{\boldsymbol{\lambda}} = -\nabla\phi_0(\boldsymbol{0})$ を意味し，定理 3.34 の式 (3.85) と一致する．よって，$\overline{\boldsymbol{\lambda}}$ は 3.10 節で述べた原料の潜在価格と見なすこともできる．

4.4 Lagrange 双対性の拡張

前節において指摘したように，主問題 (P) が凸計画問題でないときには，Lagrange 双対問題 (D_0) に対して双対性ギャップが存在する可能性が大きい．この節では，Lagrange 関数の定義を拡張することにより新たな双対問題を構成するとともに，その双対問題を用いれば広いクラスの非凸計画問題に対して双対性ギャップを解消できることを示す．

主問題 (P) に対して，$\boldsymbol{x} \in I\!R^n$ を任意に固定したとき $F(\boldsymbol{x}, \cdot) : I\!R^M \to (-\infty, +\infty]$ が閉真凸関数となり，さらに

$$F(\boldsymbol{x}, \boldsymbol{0}) = \theta(\boldsymbol{x}) \qquad (\boldsymbol{x} \in I\!R^n) \tag{4.29}$$

を満たすような関数 $F : I\!R^{n+M} \to (-\infty, +\infty]$ を考える．ただし，M はパラメータの次元であり，前節までのパラメータ $\boldsymbol{u}$ の次元 m とは必ずしも同じではないが，簡単のため，この節でもパラメータは $\boldsymbol{u}$ と表すことにする．

例 4.7. $M = m$ とし，式 (4.14) の関数 $F_0 : \mathbb{R}^{n+m} \to (-\infty, +\infty]$ を考える．$q(\mathbf{0}) = 0$ であるような閉真凸関数 $q : \mathbb{R}^m \to (-\infty, +\infty]$ を用いて，関数 $F : \mathbb{R}^{n+m} \to (-\infty, +\infty]$ を次式によって定義する．

$$F(\boldsymbol{x}, \boldsymbol{u}) = F_0(\boldsymbol{x}, \boldsymbol{u}) + q(\boldsymbol{u}) \tag{4.30}$$

そのとき，式 (4.16) と補題 4.4 より，関数 F は上述の性質を満足する．

式 (4.29) より

$$\inf(\mathrm{P}) = \inf\{\theta(\boldsymbol{x}) \mid \boldsymbol{x} \in \mathbb{R}^n\} = \inf\{F(\boldsymbol{x}, \mathbf{0}) \mid \boldsymbol{x} \in \mathbb{R}^n\}$$

であるから，問題 (P) はパラメトリック計画問題

$$\text{目的関数：} \quad F(\boldsymbol{x}, \boldsymbol{u}) \longrightarrow \text{最小} \tag{4.31}$$

に埋め込まれている．問題 (4.31) に対する最適値関数 $\phi : \mathbb{R}^M \to [-\infty, +\infty]$ を次式によって定義する．

$$\phi(\boldsymbol{u}) = \inf\{F(\boldsymbol{x}, \boldsymbol{u}) \mid \boldsymbol{x} \in \mathbb{R}^n\} \tag{4.32}$$

補題 4.9. $F : \mathbb{R}^{n+M} \to (-\infty, +\infty]$ が凸関数ならば $\phi : \mathbb{R}^M \to [-\infty, +\infty]$ も凸関数である．

証明　任意の $(\boldsymbol{u}^k, \mu_k)^\top \in \operatorname{epi}\phi$ $(k = 1, 2)$ と $\alpha \in (0, 1)$ に対して $\boldsymbol{u}^\alpha = (1-\alpha)\boldsymbol{u}^1 + \alpha\boldsymbol{u}^2$, $\mu_\alpha = (1-\alpha)\mu_1 + \alpha\mu_2$ とおけば $(\boldsymbol{u}^\alpha, \mu_\alpha)^\top \in \operatorname{epi}\phi$ が成り立つことを示す．$\phi(\boldsymbol{u}^k) \leqq \mu_k$ $(k = 1, 2)$ であるから，式 (4.32) より任意の $\varepsilon > 0$ に対して $F(\boldsymbol{x}^k, \boldsymbol{u}^k) \leqq \mu_k + \varepsilon$ $(k = 1, 2)$ を満たす $\boldsymbol{x}^k \in \mathbb{R}^n$ $(k = 1, 2)$ が存在する．そこで $\boldsymbol{x}^\alpha = (1-\alpha)\boldsymbol{x}^1 + \alpha\boldsymbol{x}^2$ とおけば，F は凸関数であるから次式が成り立つ．

$$\begin{aligned}\phi(\boldsymbol{u}^\alpha) \leqq F(\boldsymbol{x}^\alpha, \boldsymbol{u}^\alpha) &\leqq (1-\alpha)F(\boldsymbol{x}^1, \boldsymbol{u}^1) + \alpha F(\boldsymbol{x}^2, \boldsymbol{u}^2) \\ &\leqq (1-\alpha)\mu_1 + \alpha\mu_2 + \varepsilon = \mu_\alpha + \varepsilon\end{aligned}$$

$\varepsilon > 0$ は任意であるから，これは $(\boldsymbol{u}^\alpha, \mu_\alpha)^\top \in \operatorname{epi}\phi$ を意味している．■

Lagrange 関数 L_0 と関数 F_0 のあいだに式 (4.24) の関係が成立することに着目して，関数 F を用いて**拡張 Lagrange 関数** (extended Lagrangian) $L : \mathbb{R}^{n+M} \to [-\infty, +\infty]$ を次式によって定義する.

$$L(\boldsymbol{x}, \boldsymbol{\lambda}) = \inf\{F(\boldsymbol{x}, \boldsymbol{u}) + \langle \boldsymbol{\lambda}, \boldsymbol{u} \rangle \mid \boldsymbol{u} \in \mathbb{R}^M\} \tag{4.33}$$

仮定より $F(\boldsymbol{x}, \cdot) : \mathbb{R}^M \to (-\infty, +\infty]$ は閉凸関数であるから，つぎの式 (4.25) と同様の関係が成立する.

$$F(\boldsymbol{x}, \boldsymbol{u}) = \sup\{L(\boldsymbol{x}, \boldsymbol{\lambda}) - \langle \boldsymbol{\lambda}, \boldsymbol{u} \rangle \mid \boldsymbol{\lambda} \in \mathbb{R}^M\}$$

補題 4.10. 拡張 Lagrange 関数 $L : \mathbb{R}^{n+M} \to [-\infty, +\infty]$ において，$\boldsymbol{x} \in \mathbb{R}^n$ を任意に固定したとき関数 $L(\boldsymbol{x}, \cdot) : \mathbb{R}^M \to [-\infty, +\infty]$ は上半連続な凹関数である．さらに $F : \mathbb{R}^{n+M} \to (-\infty, +\infty]$ が凸関数ならば，$\boldsymbol{\lambda} \in \mathbb{R}^M$ を任意に固定したとき関数 $L(\cdot, \boldsymbol{\lambda}) : \mathbb{R}^n \to [-\infty, +\infty]$ は凸関数である.

証明 $\boldsymbol{x}$ を固定すれば $F(\boldsymbol{x}, \boldsymbol{u}) + \langle \boldsymbol{\lambda}, \boldsymbol{u} \rangle$ は $\boldsymbol{\lambda}$ に関して上半連続な凹関数であるから，式 (4.33) と定理 2.18，定理 2.27 より $L(\boldsymbol{x}, \boldsymbol{\lambda})$ は $\boldsymbol{\lambda}$ に関して上半連続な凹関数である．つぎに，F を凸関数とすると $F(\boldsymbol{x}, \boldsymbol{u}) + \langle \boldsymbol{\lambda}, \boldsymbol{u} \rangle$ は $(\boldsymbol{x}, \boldsymbol{u})$ に関して凸関数である．そのとき，$L(\cdot, \boldsymbol{\lambda})$ が凸関数であることは補題 4.9 の証明と同様の方法で示すことができる. ■

4.2 節において Lagrange 関数 L_0 を用いて双対問題 (D_0) を定義したように，関数 $\omega : \mathbb{R}^M \to [-\infty, +\infty]$ を

$$\omega(\boldsymbol{\lambda}) = \inf\{L(\boldsymbol{x}, \boldsymbol{\lambda}) \mid \boldsymbol{x} \in \mathbb{R}^n\} \tag{4.34}$$

で定義し，これを用いて**双対問題** (dual problem) を次式で定義する.

$$(\mathrm{D}) \qquad \text{目的関数：} \ \omega(\boldsymbol{\lambda}) \longrightarrow \text{最大}$$

補題 4.11. 双対問題 (D) の目的関数 $\omega : \mathbb{R}^M \to [-\infty, +\infty]$ は上半連続な凹関数であり，最適値関数 $\phi : \mathbb{R}^M \to [-\infty, +\infty]$ に対して次の関係が成立する.

$$\omega(\boldsymbol{\lambda}) = -\phi^*(-\boldsymbol{\lambda}) \qquad (\boldsymbol{\lambda} \in \mathbb{R}^M)$$

証明 補題 4.10 より $L(\boldsymbol{x},\cdot)$ は上半連続な凹関数であるから，前半は補題 4.2 と同様に証明できる．後半も，式 (4.32) と式 (4.33) を用いることにより補題 4.7 と同様に証明できる． ■

補題 4.12. 主問題 (P) の最小値と双対問題 (D) の最大値に対して次式が成立する．

$$\inf(\mathrm{P}) = \phi(\mathbf{0})$$
$$\sup(\mathrm{D}) = \phi^{**}(\mathbf{0})$$

証明 補題 4.11 よりただちに従う． ■

以下に述べる定理 4.9 – 4.12 はそれぞれ前節の定理 4.5 – 4.8 を，拡張 Lagrange 関数 L に基づいて定義される双対問題 (D) に対して一般化したものである．これらの定理は，補題 4.9，補題 4.11，補題 4.12 を用いて，前定理とほとんど同じ方法で証明できるので，ここでは証明を省略する．

定理 4.9. 主問題 (P) と双対問題 (D) に対してつぎの関係が成立する．

$$\inf(\mathrm{P}) \geqq \sup(\mathrm{D})$$

定理 4.10. 主問題 (P) と双対問題 (D) に対して

$$\inf(\mathrm{P}) = \sup(\mathrm{D})$$

が成り立つための必要十分条件は $\phi(\mathbf{0}) = \phi^{**}(\mathbf{0})$ が成立することである．特に ϕ が閉真凸関数であればこの条件は満たされる．

定理 4.11. 双対問題 (D) に最適解が存在して

$$\inf(\mathrm{P}) = \max(\mathrm{D})$$

となるための必要十分条件は，$\inf(\mathrm{P})$ が有限で

$$\phi(\boldsymbol{u}) \geqq \phi(\mathbf{0}) - \langle\overline{\boldsymbol{\lambda}}, \boldsymbol{u}\rangle \qquad (\boldsymbol{u} \in I\!R^M) \tag{4.35}$$

を満たす $\overline{\boldsymbol{\lambda}} \in I\!\!R^M$ が存在することである．さらに，そのとき $\overline{\boldsymbol{\lambda}}$ は双対問題 (D) の最適解である．また，ϕ が真凸関数であれば，上の条件は $\partial\phi(\mathbf{0}) \neq \emptyset$ と等価であり，つぎの関係が成立する．

$$-\partial\phi(\mathbf{0}) = \{\overline{\boldsymbol{\lambda}} \in I\!\!R^M \mid \omega(\overline{\boldsymbol{\lambda}}) = \max(\mathrm{D})\}$$

定理 4.12. 関数 $F : I\!\!R^{n+M} \to (-\infty, +\infty]$ は凸関数であるとする．そのとき，双対問題 (D) に最適解が存在して

$$\inf(\mathrm{P}) = \max(\mathrm{D})$$

が成立するための必要十分条件は inf (P) が有限で，最適値関数 ϕ に対して

$$\phi(\boldsymbol{u}) - \phi(\mathbf{0}) \geqq -\gamma\|\boldsymbol{u}\| \qquad (\boldsymbol{u} \in I\!\!R^M)$$

を満たす $\gamma > 0$ が存在することである．特に，inf (P) が有限で $\mathbf{0} \in \mathrm{ri\ dom}\,\phi$ ならば，この条件は成立する．

関数 F に対する仮定は式 (4.29) が成り立つことと $F(\boldsymbol{x}, \boldsymbol{u})$ が $\boldsymbol{u}$ に関して閉真凸関数であることだけであるから，関数 F の選び方に応じて，さまざまな双対問題を構成することができる．特に，関数 F をうまく選べば，たとえ通常の Lagrange 双対問題 (D_0) に対して双対性が成立しなくても，双対問題 (D) を考えることにより双対性ギャップを解消できる可能性がある．以下では，そのような双対問題を構成する具体的な方法について述べる．

$r > 0$ を与えられた定数とし，式 (4.14) の関数 $F_0 : I\!\!R^{n+m} \to (-\infty, +\infty]$ を用いて，関数 $F_r : I\!\!R^{n+m} \to (-\infty, +\infty]$ を次式によって定義する．

$$F_r(\boldsymbol{x}, \boldsymbol{u}) = F_0(\boldsymbol{x}, \boldsymbol{u}) + r\|\boldsymbol{u}\|^2 \tag{4.36}$$

関数 F_r は例 4.7 の式 (4.30) で定義された関数 F の特別な場合であり，双対問題を構成するために満たすべき性質をすべてもっている．式 (4.33) より，この関数に対応する拡張 Lagrange 関数 $L_r : I\!\!R^{n+m} \to I\!\!R$ はつぎのよ

うに表される (演習問題 4.9).

$$L_r(\boldsymbol{x},\boldsymbol{\lambda}) = f(\boldsymbol{x}) + \sum_{i=1}^{m} \vartheta_r(\lambda_i, g_i(\boldsymbol{x})) \tag{4.37}$$

ここで，関数 $\vartheta_r : I\!R^2 \to I\!R$ は次式で与えられる.

$$\vartheta_r(\alpha,\beta) = \begin{cases} \alpha\beta + r\beta^2 & (\beta \geqq -\alpha/(2r)) \\ -\alpha^2/(4r) & (\beta < -\alpha/(2r)) \end{cases} \tag{4.38}$$

この拡張 Lagrange 関数 L_r を用いて関数 $\omega_r : I\!R^m \to [-\infty, +\infty)$ を

$$\omega_r(\boldsymbol{\lambda}) = \inf\{L_r(\boldsymbol{x},\boldsymbol{\lambda}) \mid \boldsymbol{x} \in I\!R^n\} \tag{4.39}$$

によって定義すれば，双対問題はつぎのように表される.

$$(\mathrm{D}_r) \qquad \text{目的関数：} \quad \omega_r(\boldsymbol{\lambda}) \longrightarrow \text{最大}$$

定理 4.11 を双対問題 (D_r) に適用することにより，つぎの定理を得る.

定理 4.13. 双対問題 (D_r) に最適解が存在して

$$\inf(\mathrm{P}) = \max(\mathrm{D}_r)$$

となるための必要十分条件は，$\inf(\mathrm{P})$ が有限であり，式 (4.13) で定義される最適値関数 ϕ_0 に対して次式を満たす $\overline{\boldsymbol{\lambda}} \in I\!R^m$ が存在することである.

$$\phi_0(\boldsymbol{u}) \geqq \phi_0(\boldsymbol{0}) - \langle \overline{\boldsymbol{\lambda}}, \boldsymbol{u} \rangle - r\|\boldsymbol{u}\|^2 \qquad (\boldsymbol{u} \in I\!R^m) \tag{4.40}$$

さらに，式 (4.40) を満たす $\overline{\boldsymbol{\lambda}}$ は双対問題 (D_r) の最適解である.

証明 式 (4.35) が式 (4.40) に帰着されることを示せば十分である．関数 $\phi_r : I\!R^m \to [-\infty, +\infty]$ を

$$\phi_r(\boldsymbol{u}) = \inf\{F_r(\boldsymbol{x},\boldsymbol{u}) \mid \boldsymbol{x} \in I\!R^n\}$$

によって定義すると

$$\begin{aligned} \phi_r(\boldsymbol{u}) &= \inf\{F_0(\boldsymbol{x},\boldsymbol{u}) + r\|\boldsymbol{u}\|^2 \mid \boldsymbol{x} \in I\!R^n\} \\ &= \phi_0(\boldsymbol{u}) + r\|\boldsymbol{u}\|^2 \end{aligned}$$

であるから，$\phi = \phi_r$ を式 (4.35) に代入すれば式 (4.40) を得る．　■

この定理の重要性は，双対問題 (D_r) に対する双対性の条件を，式 (4.13) で定義される最適値関数 ϕ_0 を用いて表している点にある．ここで，式 (4.40) を Lagrange 双対問題 (D_0) に関する条件 (4.26) と比較しよう．定理 4.7 の後に述べたように，式 (4.26) は関数 ϕ_0 のエピグラフ epi ϕ_0 が点 $(\mathbf{0}, \phi_0(\mathbf{0}))^\top$ において垂直でない支持超平面をもつことを表している．これに対して，式 (4.40) は epi ϕ_0 を点 $(\mathbf{0}, \phi_0(\mathbf{0}))^\top$ において支持するような垂直な主軸をもつ放物型 2 次超曲面が存在することを意味している (図 4.5)．r を大きくすれば 2 次超曲面の曲率は大きくなるから，r が大きい超曲面のほうが epi ϕ_0 を支持できる可能性が高くなる．したがって，通常の Lagrange 双対問題 (D_0) において双対性ギャップが存在しても，r を十分大きくとることにより双対問題 (D_r) において双対性ギャップを解消できる場合は少なくない．

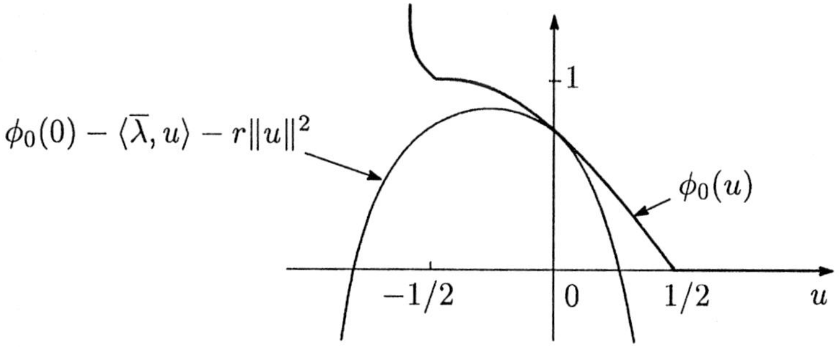

図 4.5　双対性のギャップの解消 (例 4.8)

例 4.8. 例 4.4 の問題を考える．

$$\phi_0(u) = \begin{cases} u^2 - u + 1/4 & (u < -1/2) \\ -u^2 - u + 3/4 & (|u| < 1/2) \\ 0 & (u > 1/2) \end{cases}$$

であるから，式 (4.26) を満たす $\overline{\lambda}$ は存在しない．しかし，$r \geqq 1$ とすれば，

式 (4.40) は $\bar{\lambda}=1$ によって満たされる (図 4.5). したがって, 双対問題 (D_r) は $r \geqq 1$ のとき最適解 $\bar{\lambda}=1$ をもち

$$\min(\mathrm{P}) = 3/4 = \max(\mathrm{D_r})$$

が成立する. 実際, $r=2$ の場合を考えると, 式 (4.37) - (4.39) より, 双対問題 (D_2) の目的関数は

$$\omega_2(\lambda) = \begin{cases} -\lambda^2/8 & (\lambda < -2) \\ \lambda/2 + 1/2 & (-2 \leqq \lambda < 0) \\ -(\lambda-1)^2/4 + 3/4 & (0 \leqq \lambda < 2) \\ -\lambda/2 + 3/2 & (2 \leqq \lambda < 4) \\ -(\lambda-1)^2/12 + 1/4 & (\lambda \geqq 4) \end{cases}$$

となるので, $\lambda = 1$ のとき $\omega_2(\lambda)$ は最大になり, 最大値は 3/4 となる.

最後に, 主問題 (P) と双対問題 (D_r) に双対性が成立するための十分条件を与える定理を証明なしで述べる. この定理は, 適当な条件のもとで, 問題 (P) に対する KKT 条件を満足する Lagrange 乗数 $\boldsymbol{\lambda}$ が, 十分大きい $r>0$ に対して双対問題 (D_r) の最適解になることを主張している.

定理 4.14. 問題 (P) において目的関数 f と制約関数 $g_i\ (i=1,\ldots,m)$ は 2 回連続的微分可能であり, 2 次の十分条件を満たす唯一の最適解 $\bar{\boldsymbol{x}} \in I\!R^n$ をもつとする. 任意の $\alpha \in I\!R$ と $\boldsymbol{u} \in I\!R^m$ に対してレベル集合 $\{\boldsymbol{x} \in I\!R^n \mid f(\boldsymbol{x}) \leqq \alpha, g_i(\boldsymbol{x}) \leqq u_i\ (i=1,\ldots,m)\}$ はコンパクトで, 関数

$$L_r(\boldsymbol{x}, \boldsymbol{0}) = f(\boldsymbol{x}) + r\sum_{i=1}^{m}[\max\{0, g_i(\boldsymbol{x})\}]^2$$

は十分大きい $r>0$ に対して下に有界と仮定する. そのとき

$$\min(\mathrm{P}) = \max(\mathrm{D}_r)$$

が成立し, KKT 条件 (3.14) を満足する $\bar{\boldsymbol{\lambda}} \in I\!R^m$ は双対問題 (D_r) の最適解となる.

証明 Rockafellar (1974a) 参照. ■

4.5 Fenchel 双対性

前節までの議論においては，主問題 (P) の目的関数 θ は式 (4.9) によって定義されていたが，これは必ずしも本質的なことではなく，定理 4.9 – 4.12 の結果は任意の関数 $\theta : \mathbb{R}^n \to (-\infty, +\infty]$ を主問題 (P) の目的関数と考えても成立する．このことは，前節の双対性理論が，問題 (4.5) のような不等式制約条件をもつ問題だけでなく，さまざまな問題に対して適用可能であることを示唆している．この節では主問題 (P) の目的関数が次式で与えられる場合を考察する．

$$\theta(\boldsymbol{x}) = f(\boldsymbol{x}) + g(\boldsymbol{A}\boldsymbol{x})$$

ただし，$f : \mathbb{R}^n \to (-\infty, +\infty]$ と $g : \mathbb{R}^m \to (-\infty, +\infty]$ は閉真凸関数，$\boldsymbol{A}$ は $m \times n$ 行列とする．すなわち，主問題はつぎの閉真凸関数の最小化問題である．

$$(\mathrm{P_F}) \qquad \text{目的関数：} \quad f(\boldsymbol{x}) + g(\boldsymbol{A}\boldsymbol{x}) \longrightarrow \text{最小}$$

この問題の双対問題を導くために，関数 $F : \mathbb{R}^{n+m} \to (-\infty, +\infty]$ を

$$F(\boldsymbol{x}, \boldsymbol{u}) = f(\boldsymbol{x}) + g(\boldsymbol{A}\boldsymbol{x} + \boldsymbol{u}) \tag{4.41}$$

によって定義する．明らかに F は閉真凸関数であり

$$F(\boldsymbol{x}, \boldsymbol{0}) = \theta(\boldsymbol{x}) \qquad (\boldsymbol{x} \in \mathbb{R}^n)$$

を満たす．さらに，関数 $\phi : \mathbb{R}^m \to [-\infty, +\infty]$ を

$$\phi(\boldsymbol{u}) = \inf\{F(\boldsymbol{x}, \boldsymbol{u}) \mid \boldsymbol{x} \in \mathbb{R}^n\}$$

によって定義すれば次式が成立する．

$$\inf(\mathrm{P_F}) = \phi(\boldsymbol{0})$$

式 (4.33) と式 (4.41) より，拡張 Lagrange 関数 $L : I\!R^{n+m} \to [-\infty, +\infty]$ は

$$L(\boldsymbol{x}, \boldsymbol{\lambda}) = \inf\{f(\boldsymbol{x}) + g(\boldsymbol{A}\boldsymbol{x} + \boldsymbol{u}) + \langle \boldsymbol{\lambda}, \boldsymbol{u} \rangle \mid \boldsymbol{u} \in I\!R^m\}$$
$$= f(\boldsymbol{x}) - g^*(-\boldsymbol{\lambda}) - \langle \boldsymbol{\lambda}, \boldsymbol{A}\boldsymbol{x} \rangle$$

と表される．したがって，式 (4.34) より，双対問題の目的関数 $\omega : I\!R^m \to [-\infty, +\infty)$ は次式で定義される閉凹関数として与えられる．

$$\omega(\boldsymbol{\lambda}) = \inf\{f(\boldsymbol{x}) - g^*(-\boldsymbol{\lambda}) - \langle \boldsymbol{\lambda}, \boldsymbol{A}\boldsymbol{x} \rangle \mid \boldsymbol{x} \in I\!R^n\}$$
$$= -f^*(\boldsymbol{A}^\top \boldsymbol{\lambda}) - g^*(-\boldsymbol{\lambda})$$

閉真凹関数 ω を最大化する問題

$$(\mathrm{D_F}) \qquad \text{目的関数：} \quad -f^*(\boldsymbol{A}^\top \boldsymbol{\lambda}) - g^*(-\boldsymbol{\lambda}) \longrightarrow \text{最大}$$

を問題 $(\mathrm{P_F})$ に対する **Fenchel 双対問題** (Fenchel's dual problem) と呼ぶ．明らかに，問題 $(\mathrm{D_F})$ はつぎの閉真凸関数を最小化する問題と等価である．

$$\text{目的関数：} \quad f^*(\boldsymbol{A}^\top \boldsymbol{\lambda}) + g^*(-\boldsymbol{\lambda}) \longrightarrow \text{最小}$$

式 (4.41) によって定義される関数 F は凸関数であるから，主問題 $(\mathrm{P_F})$ と双対問題 $(\mathrm{D_F})$ に対して定理 4.12 が成立する．つぎの定理は Fenchel 双対問題に対して双対性の成立を保証する十分条件を与えている．

定理 4.15. 主問題 $(\mathrm{P_F})$ において，$\inf\,(\mathrm{P_F})$ は有限であり，さらに

$$\mathrm{ri}\,\mathrm{dom}\,g \cap \boldsymbol{A}\,\mathrm{ri}\,\mathrm{dom}\,f \neq \emptyset \tag{4.42}$$

であれば，双対問題 $(\mathrm{D_F})$ に最適解が存在して，つぎの関係が成立する．

$$\inf\,(\mathrm{P_F}) = \max\,(\mathrm{D_F})$$

証明 与えられた $\boldsymbol{u}$ に対して $\phi(\boldsymbol{u}) < +\infty$ となるための必要十分条件は $\{\boldsymbol{x} \in I\!R^n \mid f(\boldsymbol{x}) < +\infty,\ g(\boldsymbol{A}\boldsymbol{x} + \boldsymbol{u}) < +\infty\} \neq \emptyset$ であり，後者の条件は $\boldsymbol{A}\boldsymbol{x} + \boldsymbol{u} = \boldsymbol{y}$ を満たす $\boldsymbol{x} \in \mathrm{dom}\,f$ と $\boldsymbol{y} \in \mathrm{dom}\,g$ が存在することと等価であるから

$$\mathrm{dom}\,\phi = \mathrm{dom}\,g - \boldsymbol{A}\,\mathrm{dom}\,f \tag{4.43}$$

が成り立つ．また，式 (4.43) と定理 2.5 より

$$\mathrm{ri\ dom}\ \phi = \mathrm{ri\ dom}\ g - \boldsymbol{A}\,\mathrm{ri\ dom}\ f$$

が成り立つので，式 (4.42) は

$$\mathbf{0} \in \mathrm{ri\ dom}\ \phi \tag{4.44}$$

と等価である．ϕ は真凸関数であるから，定理 2.48 より，式 (4.44) が成り立つならば，式 (4.35) を満たす $\overline{\boldsymbol{\lambda}} \in I\!R^m$ が存在する．したがって，定理 4.11 より，双対問題 $(\mathrm{D_F})$ は最適解をもち，$\inf(\mathrm{P_F}) = \max(\mathrm{D_F})$ が成立する． ■

例 4.9. つぎの問題を考える．

$$\begin{array}{ll} \text{目的関数：} & f(\boldsymbol{x}) \longrightarrow \text{最小} \\ \text{制約条件：} & \boldsymbol{A}\boldsymbol{x} \in C \end{array}$$

ただし，$f : I\!R^n \to (-\infty, +\infty]$ は閉真凸関数，$C \subseteqq I\!R^m$ は空でない閉凸錐，$\boldsymbol{A}$ は $m \times n$ 行列である．閉真凸関数 $g : I\!R^m \to (-\infty, +\infty]$ を

$$g(\boldsymbol{y}) = \begin{cases} 0 & (\boldsymbol{y} \in C) \\ +\infty & (\boldsymbol{y} \notin C) \end{cases}$$

によって定義すると，上の問題は $(\mathrm{P_F})$ の形に表される．ところで，凸関数 g の共役関数 g^* は C の極錐 $C^* = \{\boldsymbol{\lambda} \in I\!R^m \mid \langle \boldsymbol{\lambda}, \boldsymbol{y} \rangle \leqq 0\,(\boldsymbol{y} \in C)\}$ を用いて

$$g^*(\boldsymbol{\lambda}) = \begin{cases} 0 & (\boldsymbol{\lambda} \in C^*) \\ +\infty & (\boldsymbol{\lambda} \notin C^*) \end{cases}$$

と表すことができるから，双対問題 $(\mathrm{D_F})$ は最小化問題

$$\begin{array}{ll} \text{目的関数：} & f^*(\boldsymbol{A}^\top \boldsymbol{\lambda}) \longrightarrow \text{最小} \\ \text{制約条件：} & -\boldsymbol{\lambda} \in C^* \end{array}$$

と等価である．さらに，定理 4.15 より，$\inf\{f(\boldsymbol{x}) \mid \boldsymbol{A}\boldsymbol{x} \in C\}$ が有限であり $\mathrm{ri}\ C \cap \boldsymbol{A}\,\mathrm{ri\ dom}\ f \neq \emptyset$ ならば

$$\inf\{f(\boldsymbol{x}) \mid \boldsymbol{A}\boldsymbol{x} \in C\} = -\min\{f^*(\boldsymbol{A}^\top \boldsymbol{\lambda}) \mid \boldsymbol{\lambda} \in -C^*\} = -f^*(\boldsymbol{A}^\top \overline{\boldsymbol{\lambda}})$$

を満たす $\overline{\boldsymbol{\lambda}} \in -C^*$ が存在する．

例 4.1 において得られた線形計画問題に対する Lagrange 双対問題を Fenchel 双対問題の考え方を用いて導くことができる.

例 4.10. つぎの線形計画問題を考える.

$$\begin{aligned}&\text{目的関数：}\ \langle \boldsymbol{c}, \boldsymbol{x} \rangle \longrightarrow \text{最小}\\ &\text{制約条件：}\ \boldsymbol{A}\boldsymbol{x} \geqq \boldsymbol{b}\end{aligned}$$

凸関数 f と g を

$$f(\boldsymbol{x}) = \langle \boldsymbol{c}, \boldsymbol{x} \rangle$$

$$g(\boldsymbol{y}) = \begin{cases} 0 & (\boldsymbol{y} \geqq \boldsymbol{b}) \\ +\infty & (\boldsymbol{y} \ngeqq \boldsymbol{b}) \end{cases}$$

によって定義すれば，上の線形計画問題は問題 $(\mathrm{P_F})$ の形に表される．関数 f と g の共役関数はそれぞれ

$$f^*(\boldsymbol{\mu}) = \begin{cases} 0 & (\boldsymbol{\mu} = \boldsymbol{c}) \\ +\infty & (\boldsymbol{\mu} \neq \boldsymbol{c}) \end{cases}$$

$$g^*(-\boldsymbol{\lambda}) = \begin{cases} -\langle \boldsymbol{b}, \boldsymbol{\lambda} \rangle & (\boldsymbol{\lambda} \geqq \boldsymbol{0}) \\ +\infty & (\boldsymbol{\lambda} \ngeqq \boldsymbol{0}) \end{cases}$$

となるから，双対問題 $(\mathrm{D_F})$ はつぎの線形計画問題に帰着される.

$$\begin{aligned}&\text{目的関数：}\ \langle \boldsymbol{b}, \boldsymbol{\lambda} \rangle \longrightarrow \text{最大}\\ &\text{制約条件：}\ \boldsymbol{A}^\top \boldsymbol{\lambda} = \boldsymbol{c},\ \boldsymbol{\lambda} \geqq \boldsymbol{0}\end{aligned}$$

4.6 半正定値計画問題の双対性

この節では，前節の結果を一般化することにより，半正定値計画問題に対する双対定理を導く．n 次実対称行列の空間 $\mathcal{S}^n$ において定義された拡張実数値関数 f はそのエピグラフ $\mathrm{epi}\, f = \{(\boldsymbol{X}, \mu) \in \mathcal{S}^n \times I\!R \mid f(\boldsymbol{X}) \leqq \mu\}$ が凸集合であるとき凸関数であるという．$\mathcal{S}^n$ 上の凸関数に対しても，$I\!R^n$ 上の

凸関数に対する様々な概念が自然に拡張できる*1)．特に，$\mathcal{S}^n$ における内積を $\langle \Xi, \boldsymbol{X} \rangle = \mathrm{tr}\,[\Xi \boldsymbol{X}]$ と定義し，真凸関数 $f : \mathcal{S}^n \to (-\infty, +\infty]$ に対する共役関数 $f^* : \mathcal{S}^n \to (-\infty, +\infty]$ を

$$f^*(\Xi) = \sup\{\langle \Xi, \boldsymbol{X} \rangle - f(\boldsymbol{X}) \mid \boldsymbol{X} \in \mathcal{S}^n\}$$

によって定義すると，$\mathbb{R}^n$ の場合と同様，f^* は $\mathcal{S}^n$ 上の閉真凸関数となる．

いま，真凸関数 $f : \mathcal{S}^n \to (-\infty, +\infty]$, $g : \mathbb{R}^m \to (-\infty, +\infty]$ および線形写像 $\boldsymbol{A} : \mathcal{S}^n \to \mathbb{R}^m$ に対して定義される問題

$$\text{目的関数：} \quad f(\boldsymbol{X}) + g(\boldsymbol{A}[\boldsymbol{X}]) \longrightarrow \text{最小} \tag{4.45}$$

を主問題とすると，その Fenchel 双対問題は次式によって与えられる．

$$\text{目的関数：} \quad -f^*(\boldsymbol{A}^*[\boldsymbol{\lambda}]) - g^*(-\boldsymbol{\lambda}) \longrightarrow \text{最大} \tag{4.46}$$

ただし，$\boldsymbol{A}^* : \mathbb{R}^m \to \mathcal{S}^n$ は $\langle \boldsymbol{A}^*[\boldsymbol{\lambda}], \boldsymbol{X} \rangle = \langle \boldsymbol{\lambda}, \boldsymbol{A}[\boldsymbol{X}] \rangle$ で定義される $\boldsymbol{A}$ の随伴写像である．ここで，$\langle \boldsymbol{A}^*[\boldsymbol{\lambda}], \boldsymbol{X} \rangle$ は $\mathcal{S}^n$ における内積，$\langle \boldsymbol{\lambda}, \boldsymbol{A}[\boldsymbol{X}] \rangle$ は $\mathbb{R}^m$ における内積である．主問題 (4.45) は $\mathcal{S}^n$ における凸関数の最小化問題，双対問題 (4.46) は $\mathbb{R}^m$ における凹関数の最大化問題であるが，これらの問題に対しても前節の Fenchel 双対定理 (定理 4.15) が適用できる．

具体例として，つぎの半正定値計画問題を考える．

$$
\begin{array}{lll}
(\mathrm{P_S}) & \text{目的関数：} & \langle \boldsymbol{A}_0, \boldsymbol{X} \rangle \longrightarrow \text{最小} \\
& \text{制約条件：} & b_i - \langle \boldsymbol{A}_i, \boldsymbol{X} \rangle = 0 \quad (i = 1, \ldots, m) \\
& & \boldsymbol{X} \succeq \boldsymbol{O}, \ \boldsymbol{X} \in \mathcal{S}^n
\end{array}
$$

凸関数 $f : \mathcal{S}^n \to (-\infty, +\infty]$ と $g : \mathbb{R}^m \to (-\infty, +\infty]$ を

$$f(\boldsymbol{X}) = \begin{cases} \langle \boldsymbol{A}_0, \boldsymbol{X} \rangle & (\boldsymbol{X} \succeq \boldsymbol{O}) \\ +\infty & (\boldsymbol{X} \not\succeq \boldsymbol{O}) \end{cases}$$

$$g(\boldsymbol{y}) = \begin{cases} 0 & (\boldsymbol{y} = \boldsymbol{b}) \\ +\infty & (\boldsymbol{y} \neq \boldsymbol{b}) \end{cases}$$

*1) より正確にいえば，$\mathbb{R}^n$ や $\mathcal{S}^n$ を特別な場合として含むベクトル空間において，凸解析の理論を展開することができる．

で定義し，線形写像 $\boldsymbol{A} : \mathcal{S}^n \to \mathbb{R}^m$ を $\boldsymbol{A}[\boldsymbol{X}] = (\langle \boldsymbol{A}_1, \boldsymbol{X}\rangle, \ldots, \langle \boldsymbol{A}_m, \boldsymbol{X}\rangle)^\top$ によって定義すると，問題 $(\mathrm{P_S})$ は問題 (4.45) の形に表される．さらに，f と g の共役関数はそれぞれ

$$f^*(\Xi) = \begin{cases} 0 & (\boldsymbol{A}_0 - \Xi \succeq \boldsymbol{O}) \\ +\infty & (\boldsymbol{A}_0 - \Xi \not\succeq \boldsymbol{O}) \end{cases}$$
$$g^*(\boldsymbol{\lambda}) = \langle \boldsymbol{b}, \boldsymbol{\lambda} \rangle$$

で与えられ，随伴写像の定義より

$$\boldsymbol{A}^*[\boldsymbol{\lambda}] = \sum_{i=1}^m \boldsymbol{A}_i \lambda_i$$

であるから，双対問題 (4.46) はつぎのように表される．

$$(\mathrm{D_S}) \quad \text{目的関数：} \quad \sum_{i=1}^m b_i \lambda_i \longrightarrow \text{最大}$$
$$\text{制約条件：} \quad \boldsymbol{A}_0 - \sum_{i=1}^m \boldsymbol{A}_i \lambda_i \succeq \boldsymbol{O}$$
$$\boldsymbol{\lambda} \in \mathbb{R}^m$$

この問題は，さらにつぎのように表すこともできる．

$$\text{目的関数：} \quad \sum_{i=1}^m b_i \lambda_i \longrightarrow \text{最大}$$
$$\text{制約条件：} \quad \sum_{i=1}^m \boldsymbol{A}_i \lambda_i + \Xi = \boldsymbol{A}_0$$
$$\Xi \succeq \boldsymbol{O},\ \boldsymbol{\lambda} \in \mathbb{R}^m$$

以下では，主問題 $(\mathrm{P_S})$ と双対問題 $(\mathrm{D_S})$ のあいだに双対性が成立するための条件を考察する．$b_i - \langle \boldsymbol{A}_i, \boldsymbol{X}\rangle = 0$ $(i = 1, \ldots, m)$ かつ $\boldsymbol{X} \succ \boldsymbol{O}$ を満たす $\boldsymbol{X} \in \mathcal{S}^n$ を主問題 $(\mathrm{P_S})$ の**狭義実行可能解** (strictly feasible solution) といい，$\boldsymbol{A}_0 - \sum_{i=1}^m \boldsymbol{A}_i \lambda_i \succ \boldsymbol{O}$ を満たす $\boldsymbol{\lambda} \in \mathbb{R}^m$ を双対問題 $(\mathrm{D_S})$ の狭義実行可能解と呼ぶ．

定理 4.16. 主問題 $(\mathrm{P_S})$ に狭義実行可能解が存在し，$\inf(\mathrm{P_S})$ が有限であれば，双対問題 $(\mathrm{D_S})$ に最適解が存在して，つぎの関係が成立する．

$$\inf\ (\mathrm{P_S}) = \max\ (\mathrm{D_S})$$

証明 関数 f と g の定義より，定理 4.15 の条件

$$\mathrm{ri\ dom}\ g \cap \boldsymbol{A}[\mathrm{ri\ dom}\ f] \neq \emptyset$$

は問題 $(\mathrm{P_S})$ に狭義実行可能解が存在することと等価である． ■

定理 4.17. 双対問題 $(\mathrm{D_S})$ に狭義実行可能解が存在し，$\sup(\mathrm{D_S})$ が有限であれば，主問題 $(\mathrm{P_S})$ に最適解が存在して，つぎの関係が成立する．

$$\min\ (\mathrm{P_S}) = \sup\ (\mathrm{D_S})$$

証明 問題 $(\mathrm{D_S})$ を主問題と見なして定理 4.15 を適用すると，定理が成立するための条件は

$$\mathrm{ri\ dom}\ f^* \cap \boldsymbol{A}^*[-\mathrm{ri\ dom}\ g^*] \neq \emptyset \tag{4.47}$$

となる．f^* および g^* の定義より

$$\mathrm{ri\ dom}\ f^* = \{\Xi \in \mathcal{S}^n \mid \boldsymbol{A}_0 \succ \Xi\}, \qquad \mathrm{ri\ dom}\ g^* = \mathbb{R}^m$$

であるから，式 (4.47) はある $\boldsymbol{\mu} \in \mathbb{R}^m$ に対して $-\boldsymbol{A}^*[\boldsymbol{\mu}] \in \mathrm{ri\ dom}\ f^*$ すなわち $\boldsymbol{A}_0 \succ -\boldsymbol{A}^*[\boldsymbol{\mu}]$ が成り立つことと等価である．ここで $\boldsymbol{\lambda} = -\boldsymbol{\mu}$ とおけば，$\boldsymbol{A}_0 \succ -\boldsymbol{A}^*[\boldsymbol{\mu}]$ は $\boldsymbol{A}_0 - \boldsymbol{A}^*[\boldsymbol{\lambda}] \succ \boldsymbol{O}$ と書き換えられるので，式 (4.47) は双対問題 $(\mathrm{D_S})$ が狭義実行可能解をもつことを表している． ■

これら二つの定理より，つぎの定理を得る．

定理 4.18. 主問題 $(\mathrm{P_S})$ と双対問題 $(\mathrm{D_S})$ がともに狭義実行可能解をもつならば，主問題と双対問題の双方に最適解が存在し，つぎの関係が成立する．

$$\min\ (\mathrm{P_S}) = \max\ (\mathrm{D_S})$$

証明 定理 4.16 と定理 4.17 より，inf ($\mathrm{P_S}$) と sup ($\mathrm{D_S}$) がともに有限であることを示せば十分である．主問題と双対問題はそれぞれ実行可能解をもつので，inf ($\mathrm{P_S}$) $< +\infty$ かつ sup ($\mathrm{D_S}$) $> -\infty$ である．また，弱双対定理 4.9 より，常に inf ($\mathrm{P_S}$) $\geqq$ sup ($\mathrm{D_S}$) が成立する．よって，inf ($\mathrm{P_S}$) と sup ($\mathrm{D_S}$) は有限である．　■

例 4.11. 主問題 ($\mathrm{P_S}$) において，$n = 2, m = 1$ かつ

$$\boldsymbol{A}_0 = \begin{bmatrix} 1 & 0 \\ 0 & 1 \end{bmatrix}, \qquad \boldsymbol{A}_1 = \begin{bmatrix} 0 & 1 \\ 1 & 0 \end{bmatrix}, \qquad b_1 = 2$$

とする．変数行列 $\boldsymbol{X} \in \mathcal{S}^2$ の各成分を

$$\boldsymbol{X} = \begin{bmatrix} x_1 & x_2 \\ x_2 & x_3 \end{bmatrix} \tag{4.48}$$

と表すと，2×2 行列の半正定値条件 $\boldsymbol{X} \succeq \boldsymbol{O}$ は $\mathrm{tr}\, \boldsymbol{X} \geqq 0$ かつ $\det \boldsymbol{X} \geqq 0$ によって与えられるから $x_1 + x_3 \geqq 0$, $x_1 x_3 - x_2^2 \geqq 0$ となる．また，制約条件 $\langle \boldsymbol{A}_1, \boldsymbol{X} \rangle = b_1$ は $2x_2 = 2$ と書ける．したがって，この問題の制約条件は $x_1 + x_3 \geqq 0$, $x_1 x_3 \geqq 1$, $x_2 = 1$ と等価であり，狭義実行可能解が存在する．目的関数は $\langle \boldsymbol{A}_0, \boldsymbol{X} \rangle = x_1 + x_3$ であるから，最適解は $(x_1, x_2, x_3) = (1, 1, 1)$，最小値は 2 である．一方，双対問題 ($\mathrm{D_S}$) の制約条件は

$$\boldsymbol{A}_0 - \boldsymbol{A}_1 \lambda_1 = \begin{bmatrix} 1 & -\lambda_1 \\ -\lambda_1 & 1 \end{bmatrix} \succeq \boldsymbol{O}$$

となるが，これは $1 - \lambda_1^2 \geqq 0$ と等価であり，双対問題も狭義実行可能解をもつ．また，目的関数は $b_1 \lambda_1 = 2\lambda_1$ であるから，双対問題の最適解は $\lambda_1 = 1$，最大値は 2 となる．したがって

$$\min (\mathrm{P_S}) = 2 = \max (\mathrm{D_S})$$

が成り立つ．

つぎの例が示すように，主問題が単に実行可能解をもつというだけでは，たとえ inf ($\mathrm{P_S}$) が有限であっても，双対性が成立するとは限らない．

例 4.12. 主問題 (P$_\mathrm{S}$) において，$n=2, m=1$ かつ

$$\boldsymbol{A}_0 = \begin{bmatrix} 1 & 1 \\ 1 & 0 \end{bmatrix}, \qquad \boldsymbol{A}_1 = \begin{bmatrix} 1 & 0 \\ 0 & 0 \end{bmatrix}, \qquad b_1 = 0$$

とする．変数行列 $\boldsymbol{X} \in \mathcal{S}^2$ を式 (4.48) によって表すと，制約条件 $\langle \boldsymbol{A}_1, \boldsymbol{X} \rangle = b_1$ は $x_1 = 0$ となるので，半正定値条件 $\boldsymbol{X} \succeq \boldsymbol{O}$ を考慮すると，この問題の制約条件は $x_1 = x_2 = 0$, $x_3 \geqq 0$ と等価である．なお，正定値条件 $\boldsymbol{X} \succ \boldsymbol{0}$ は $x_1 + x_3 > 0$, $x_1 x_3 - x_2^2 > 0$ となり，これと $x_1 = 0$ を同時に満たす (x_1, x_2, x_3) は存在しないので，主問題は狭義実行可能解をもたない．また，目的関数は $\langle \boldsymbol{A}_0, \boldsymbol{X} \rangle = x_1 + 2x_2$ であるから，最適解は $(x_1, x_2, x_3) = (0, 0, a)$ ($a \geqq 0$ は任意)，最小値は 0 である．一方，双対問題 (D$_\mathrm{S}$) の制約条件は

$$\boldsymbol{A}_0 - \boldsymbol{A}_1 \lambda_1 = \begin{bmatrix} 1 - \lambda_1 & 1 \\ 1 & 0 \end{bmatrix} \succeq \boldsymbol{O}$$

となるが，明らかにこの条件を満たす $\lambda_1 \in I\!\!R$ は存在しないので，双対問題は実行可能ではない．したがって

$$\min (\mathrm{P_S}) = 0 > -\infty = \sup (\mathrm{D_S})$$

となり，双対性ギャップが存在する．

4.7 演 習 問 題

4.1 次式によって定義される関数 $K : I\!\!R \times I\!\!R \to I\!\!R$ の鞍点を求めよ．

$$K(y, z) = y^2 - yz - z^2 - 2y + z$$

4.2 $(\boldsymbol{y}^1, \boldsymbol{z}^1) \in Y \times Z$ と $(\boldsymbol{y}^2, \boldsymbol{z}^2) \in Y \times Z$ がともに関数 $K : Y \times Z \to I\!\!R$ の鞍点であれば $K(\boldsymbol{y}^1, \boldsymbol{z}^1) = K(\boldsymbol{y}^2, \boldsymbol{z}^2)$ が成り立つことを示せ．さらに $(\boldsymbol{y}^1, \boldsymbol{z}^2)$ と $(\boldsymbol{y}^2, \boldsymbol{z}^1)$ も K の鞍点となることを示せ．

4.3 つぎの線形計画問題の Lagrange 双対問題を導け．

$$\begin{aligned} &\text{目的関数：} \quad \langle \boldsymbol{c}, \boldsymbol{x} \rangle \longrightarrow \text{最小} \\ &\text{制約条件：} \quad \boldsymbol{A}\boldsymbol{x} \geqq \boldsymbol{b}, \ \boldsymbol{x} \geqq \boldsymbol{0} \end{aligned}$$

4.4 つぎの 2 次計画問題の Lagrange 双対問題を導け．行列 $\boldsymbol{Q}$ は正定値対称とする．

$$\begin{aligned} &\text{目的関数：} \quad \langle \boldsymbol{c}, \boldsymbol{x} \rangle + \tfrac{1}{2}\langle \boldsymbol{x}, \boldsymbol{Q}\boldsymbol{x} \rangle \longrightarrow \text{最小} \\ &\text{制約条件：} \quad \boldsymbol{A}\boldsymbol{x} \geqq \boldsymbol{b} \end{aligned}$$

4.5 補題 4.4 を証明せよ．

4.6 つぎの等式制約条件をもつ問題を考える．

$$\begin{aligned} &\text{目的関数：} \quad f(\boldsymbol{x}) \longrightarrow \text{最小} \\ &\text{制約条件：} \quad \boldsymbol{A}\boldsymbol{x} = \boldsymbol{b} \end{aligned}$$

ただし $f : I\!R^n \to (-\infty, +\infty]$ とする．この問題に対する Lagrange 関数を $L_0(\boldsymbol{x}, \boldsymbol{\lambda}) = f(\boldsymbol{x}) + \langle \boldsymbol{\lambda}, \boldsymbol{b} - \boldsymbol{A}\boldsymbol{x} \rangle$ と定義し，双対問題を導け．

4.7 前問の結果を用いて，つぎの線形計画問題と 2 次計画問題の双対問題を導け．行列 $\boldsymbol{Q}$ は正定値対称とする．

$$\begin{aligned} &\text{目的関数：} \quad \langle \boldsymbol{c}, \boldsymbol{x} \rangle \longrightarrow \text{最小} \\ &\text{制約条件：} \quad \boldsymbol{A}\boldsymbol{x} = \boldsymbol{b}, \quad \boldsymbol{x} \geqq \boldsymbol{0} \end{aligned}$$

$$\begin{aligned} &\text{目的関数：} \quad \langle \boldsymbol{c}, \boldsymbol{x} \rangle + \tfrac{1}{2}\langle \boldsymbol{x}, \boldsymbol{Q}\boldsymbol{x} \rangle \longrightarrow \text{最小} \\ &\text{制約条件：} \quad \boldsymbol{A}\boldsymbol{x} = \boldsymbol{b}, \quad \boldsymbol{x} \geqq \boldsymbol{0} \end{aligned}$$

4.8 つぎの問題の Lagrange 双対問題に対して inf (P) = sup (D_0) は成立するか．成立しないときは，どのような拡張 Lagrange 関数を用いれば双対性ギャップを解消できるか．

(a)
$$\begin{aligned} &\text{目的関数：} \quad \sqrt{|x|} \longrightarrow \text{最小} \\ &\text{制約条件：} \quad 1 - x \leqq 0 \quad (x \in I\!R) \end{aligned}$$

(b)
$$\begin{aligned} &\text{目的関数：} \quad |x^2 - 2| + x \longrightarrow \text{最小} \\ &\text{制約条件：} \quad x + 1 \leqq 0 \quad (x \in I\!R) \end{aligned}$$

4.9 任意の $r > 0$ に対して，関数 $F_r : I\!R^{n+m} \to (-\infty, +\infty]$ を式 (4.36) によって定義すれば，それに対応する拡張 Lagrange 関数 $L_r : I\!R^{n+m} \to I\!R$ は式 (4.37) で表されることを示せ．さらに，関数 $L_r(\boldsymbol{x}, \cdot) : I\!R^m \to I\!R$ は連続的微分可能であることを確かめよ．

4.10 真凸関数 $f : I\!R^n \to (-\infty, +\infty]$, $g : I\!R^m \to (-\infty, +\infty]$ と行列 $\boldsymbol{A} \in I\!R^{m \times n}$ に対して定義された問題

$$\text{目的関数：} \quad f(\boldsymbol{x}) + g(\boldsymbol{A}\boldsymbol{x}) \longrightarrow \text{最小}$$

に対する Fenchel 双対問題を，これと等価な問題

$$\begin{array}{ll} \text{目的関数：} & f(\boldsymbol{x}) + g(\boldsymbol{y}) \longrightarrow \text{最小} \\ \text{制約条件：} & \boldsymbol{A}\boldsymbol{x} - \boldsymbol{y} = \boldsymbol{0} \end{array}$$

に対する Lagrange 双対問題から導け (問 4.6 参照).

4.11 定理 4.16 を用いて定理 3.25 を証明せよ.

4.12 与えられた対称行列 $\boldsymbol{A}_i \in \mathcal{S}^n\ (i = 0, 1, \ldots, m)$ に対して

$$\boldsymbol{A}(\boldsymbol{z}) = \boldsymbol{A}_0 + z_1\boldsymbol{A}_1 + \cdots + z_m\boldsymbol{A}_m$$

で定義される関数 $\boldsymbol{A} : I\!R^m \to \mathcal{S}^n$ を考える．行列 $\boldsymbol{A}(\boldsymbol{z})$ の最小固有値が正となるような $\boldsymbol{z} \in I\!R^m$ が存在するかどうかを判定するには，半正定値計画問題

$$\begin{array}{ll} \text{目的関数：} & t \longrightarrow \text{最大} \\ \text{制約条件：} & \boldsymbol{A}(\boldsymbol{z}) - t\boldsymbol{I} \succeq \boldsymbol{O} \\ & \boldsymbol{z} \in I\!R^m,\ t \in I\!R \end{array}$$

の目的関数の最大値が正であるかどうかを調べればよい．この半正定値計画問題の双対問題を導け.

4.13 例 4.12 の問題において，行列 $\boldsymbol{A}_0$ だけを

$$\boldsymbol{A}_0 = \begin{bmatrix} 1 & 1 \\ 1 & 1 \end{bmatrix}$$

と変更したとき，双対性ギャップが存在するかどうかを調べよ.

5
均　衡　問　題

変分不等式問題や相補性問題などのいわゆる均衡問題は特定の目的関数を最小化する最適化問題ではないが，非線形計画問題の KKT 条件が均衡問題の形で表されることから，ある意味で最適化問題を含む広いクラスの問題とみなすことができる．さらに，均衡問題は概念的にも手法的にも最適化問題と多くの共通点をもつため，しばしば最適化理論の枠組みの中で取り扱われる．この章では，まず 5.1 節において均衡問題のクラスに属するいくつかの問題を紹介したあと，5.2 節において変分不等式問題と相補性問題における解の存在と一意性について考察する．つぎに，5.3 節では均衡問題を等価な方程式に再定式化する方法を紹介し，5.4 節では均衡問題と等価な最適化問題を与えるメリット関数について解説する．最後に，5.5 節において，均衡問題の拡張であり，現実にもさまざまな応用を有する問題である，均衡制約条件をもつ数理計画問題 (MPEC) を取り上げ，その性質について述べる．

5.1　変分不等式問題と相補性問題

空でない閉凸集合 $S \subseteq \mathbb{R}^n$ とベクトル値写像 $\boldsymbol{F} : \mathbb{R}^n \to \mathbb{R}^n$ に対して，つぎの不等式を満たすベクトル $\boldsymbol{x} \in S$ を求める問題を**変分不等式問題** (variational inequality problem) という．

$$\langle \boldsymbol{F}(\boldsymbol{x}), \boldsymbol{y} - \boldsymbol{x} \rangle \geqq 0 \qquad (\boldsymbol{y} \in S) \tag{5.1}$$

凸集合 S の法線錐 $N_S(\boldsymbol{x})$ の定義 (3.7) より，式 (5.1) は

$$\boldsymbol{0} \in \boldsymbol{F}(\boldsymbol{x}) + N_S(\boldsymbol{x}) \tag{5.2}$$

と表すことができる．これは点-集合写像 $F + N_S : I\!R^n \to \mathcal{P}(I\!R^n)$ の零点を求める問題と見なせるので，変分不等式問題は**一般化方程式** (generalized equation) とも呼ばれる．写像 $\boldsymbol{F}$ がある微分可能関数 $f : I\!R^n \to I\!R$ の勾配写像 $\nabla f : I\!R^n \to I\!R^n$ として与えられるとき，式 (5.2) は

$$\mathbf{0} \in \nabla f(\boldsymbol{x}) + N_S(\boldsymbol{x})$$

となるので，定理 3.3 より，式 (5.1) は凸集合 S 上で関数 f を最小化する問題に対する最適性条件を表す．特に，f が凸関数のときには，この最小化問題と変分不等式問題 (5.1) は等価である．

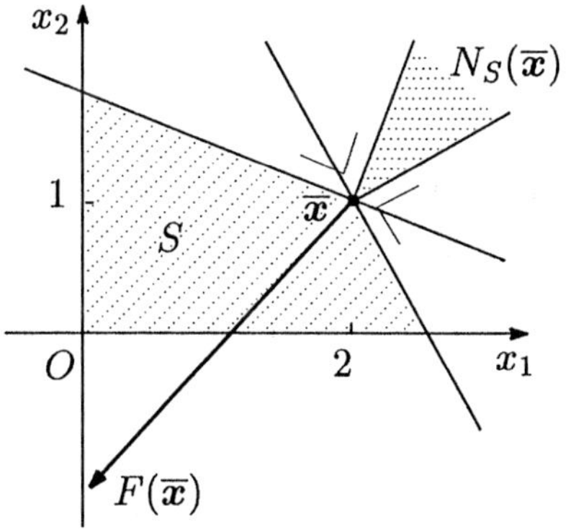

図 5.1　例 5.1 の変分不等式問題

例 5.1. 写像 $\boldsymbol{F} : I\!R^2 \to I\!R^2$ と閉凸集合 $S \subseteqq I\!R^2$ がそれぞれ次式によって与えられる変分不等式問題 (5.1) を考える．

$$\boldsymbol{F}(\boldsymbol{x}) = \begin{pmatrix} \frac{2}{3}x_1 + \frac{1}{6}x_2 - \frac{7}{2} \\ \frac{1}{9}x_1 + \frac{2}{3}x_2 - \frac{26}{9} \end{pmatrix}$$

$$S = \{\boldsymbol{x} \in I\!R^2 \mid 2x_1 + 5x_2 \leqq 9,\ 3x_1 + 2x_2 \leqq 8,\ x_1 \geqq 0,\ x_2 \geqq 0\}$$

図 5.1 は，$\overline{\boldsymbol{x}} = (2,1)^\top$ がこの問題の解であることを示している．

変分不等式問題 (5.1) において，集合 S がつぎのような**直方体** (rectangle) として与えられる場合は特に重要である.

$$S = \{\boldsymbol{x} \in I\!R^n \mid l_i \leqq x_i \leqq u_i \ (i = 1, \ldots, n)\} \tag{5.3}$$

ここで，$l_i \in [-\infty, +\infty)$ かつ $u_i \in (-\infty, +\infty]$ $(i = 1, \ldots, n)$ であり，特に $l_i = -\infty$ あるいは $u_i = +\infty$ のときには $l_i \leqq x_i$ と $x_i \leqq u_i$ はそれぞれ $-\infty < x_i$ と $x_i < +\infty$ を意味するものとする．したがって，直方体は一般に有界とは限らない．また，$-\infty < l_i = u_i < +\infty$ のときは変数 x_i を定数として取り扱えるので，以下では $l_i < u_i$ と仮定する．直方体に対して定義される変分不等式問題は，つぎの定理に示すように各成分ごとの不等式によって表すことができる.

定理 5.1. 集合 S を式 (5.3) の直方体とする．そのとき，変分不等式問題 (5.1) は各々の $i \in \{1, \ldots, n\}$ に対して次式が成り立つことと等価である.

$$F_i(\boldsymbol{x})(y_i - x_i) \geqq 0 \qquad (y_i \in [l_i, u_i]) \tag{5.4}$$

ただし $\boldsymbol{F}(\boldsymbol{x}) = (F_1(\boldsymbol{x}), \ldots, F_n(\boldsymbol{x}))^\top$ である.

証明 式 (5.4) がすべての i に対して成立するとき，式 (5.1) が成り立つことは明らかである．逆に，ある $\boldsymbol{x} \in S$ に対して式 (5.1) が成立すると仮定しよう．そのとき，各々の i に対して，$y_j = x_j$ $(j \neq i)$ であるような任意のベクトル $\boldsymbol{y} \in S$ を考えると，$\langle \boldsymbol{F}(\boldsymbol{x}), \boldsymbol{y} - \boldsymbol{x} \rangle = F_i(\boldsymbol{x})(y_i - x_i) \geqq 0$ であるから式 (5.4) が成立する. ■

式 (5.3) の直方体 S に対しては，適当な変数変換を施すことにより，一般性を失うことなく，添字集合 $\mathcal{N} = \{1, \ldots, n\}$ をつぎのように分割できる.

$$\mathcal{N} = \mathcal{N}_1 \cup \mathcal{N}_2 \cup \mathcal{N}_3$$

ただし，$\mathcal{N}_1 = \{i \mid l_i = -\infty, u_i = +\infty\}$, $\mathcal{N}_2 = \{i \mid l_i = 0, u_i = +\infty\}$, $\mathcal{N}_3 = \{i \mid -\infty < l_i < u_i < +\infty\}$ である．そのとき，定理 5.1 の式 (5.4)

より，変分不等式問題 (5.1) は次式のように表現することができる．

$$
\left.
\begin{array}{ll}
F_i(\boldsymbol{x}) = 0 & (i \in \mathcal{N}_1) \\
\left.\begin{array}{l} x_i \geqq 0,\ F_i(\boldsymbol{x}) \geqq 0 \\ x_i > 0 \ \Rightarrow\ F_i(\boldsymbol{x}) = 0 \end{array}\right\} & (i \in \mathcal{N}_2) \\
\left.\begin{array}{l} l_i \leqq x_i \leqq u_i \\ x_i = l_i \ \Rightarrow\ F_i(\boldsymbol{x}) \geqq 0 \\ l_i < x_i < u_i \ \Rightarrow\ F_i(\boldsymbol{x}) = 0 \\ x_i = u_i \ \Rightarrow\ F_i(\boldsymbol{x}) \leqq 0 \end{array}\right\} & (i \in \mathcal{N}_3)
\end{array}
\right.
\qquad (5.5)
$$

特に，$\mathcal{N}_2 = \mathcal{N}_3 = \emptyset$ のとき変分不等式問題 (5.1) は非線形方程式

$$
\boldsymbol{F}(\boldsymbol{x}) = \boldsymbol{0}
$$

を満たすベクトル $\boldsymbol{x} \in I\!R^n$ を求める問題に帰着する．また，$\mathcal{N}_1 = \mathcal{N}_3 = \emptyset$ のときは $S = I\!R^n_+ \equiv \{\boldsymbol{x} \in I\!R^n \,|\, \boldsymbol{x} \geqq \boldsymbol{0}\}$ であり，変分不等式問題 (5.1) はつぎのように表される．

$$
\left.\begin{array}{l} x_i \geqq 0,\ F_i(\boldsymbol{x}) \geqq 0 \\ x_i > 0 \ \Rightarrow\ F_i(\boldsymbol{x}) = 0 \end{array}\right. \qquad (i = 1, \ldots, n)
$$

これは，各 i に対して x_i と $F_i(\boldsymbol{x})$ はともに非負で，どちらか一方は 0 でなければならないことを意味している．さらに，この条件は

$$
\boldsymbol{x} \geqq \boldsymbol{0},\ \boldsymbol{F}(\boldsymbol{x}) \geqq \boldsymbol{0},\ \langle \boldsymbol{F}(\boldsymbol{x}), \boldsymbol{x} \rangle = 0 \qquad (5.6)
$$

と等価である．集合 $I\!R^n_+$ 上の変分不等式問題，すなわち式 (5.6) を満たすベクトル $\boldsymbol{x} \in I\!R^n$ を求める問題を**相補性問題** (complementarity problem) あるいは**非線形相補性問題** (nonlinear complementarity problem) という．特に，写像 $\boldsymbol{F}$ が $n \times n$ 行列 $\boldsymbol{M}$ と n 次元ベクトル $\boldsymbol{q}$ を用いて $\boldsymbol{F}(\boldsymbol{x}) = \boldsymbol{M}\boldsymbol{x} + \boldsymbol{q}$ と表されるとき，**線形相補性問題** (linear complementarity problem) という．また，式 (5.5) を満たすベクトル $\boldsymbol{x}$ を求める問題，すなわち直方体上の変分不等式問題を**混合相補性問題** (mixed complementarity problem) と呼ぶ．

例 5.2. 写像 $\boldsymbol{F} : I\!R^2 \to I\!R^2$ が次式によって与えられる非線形相補性問題 (5.6) を考える.

$$\boldsymbol{F}(\boldsymbol{x}) = \begin{pmatrix} x_1 + x_2^2 - 2 \\ x_2 + 2 \end{pmatrix}$$

$\overline{\boldsymbol{x}} = (2,0)^\top$ のとき $\boldsymbol{F}(\overline{\boldsymbol{x}}) = (0,2)^\top$ であるから, $\overline{\boldsymbol{x}} = (2,0)^\top$ はこの相補性問題の解である.

第 3 章において考察した非線形計画問題の KKT 条件 (3.14) と (3.32) は, 変数 $(\boldsymbol{x}, \boldsymbol{\lambda})$ あるいは $(\boldsymbol{x}, \boldsymbol{\lambda}, \boldsymbol{\mu})$ に関する混合相補性問題の形をしている. よって, 混合相補性問題はある意味で非線形計画問題を含む広いクラスの問題とみなすことができる.

つぎに, 集合 S が凸関数 $g_i : I\!R^n \to I\!R$ $(i = 1, \ldots, m)$ とアフィン関数 $h_j : I\!R^n \to I\!R$ $(j = 1, \ldots, l)$ によってつぎのように表される変分不等式問題を考える.

$$S = \{\boldsymbol{x} \in I\!R^n \mid g_i(\boldsymbol{x}) \leqq 0 \ (i = 1, \ldots, m), h_j(\boldsymbol{x}) = 0 \ (j = 1, \ldots, l)\}$$

変分不等式問題 (5.1) の解 $\boldsymbol{x} \in S$ において適当な制約想定 (3.3 節参照) が成立すると仮定すれば, 第 3 章の定理 3.14 と同様の議論により, 次式を満たす Lagrange 乗数 $\boldsymbol{\lambda} \in I\!R^m$, $\boldsymbol{\mu} \in I\!R^l$ が存在することがいえる.

$$\left.\begin{aligned} &\boldsymbol{F}(\boldsymbol{x}) + \sum_{i=1}^{m} \lambda_i \nabla g_i(\boldsymbol{x}) + \sum_{j=1}^{l} \mu_j \nabla h_j(\boldsymbol{x}) = \boldsymbol{0} \\ &\lambda_i \geqq 0, \ g_i(\boldsymbol{x}) \leqq 0, \ \lambda_i g_i(\boldsymbol{x}) = 0 \quad (i = 1, \ldots, m) \\ &h_j(\boldsymbol{x}) = 0 \quad (j = 1, \ldots, l) \end{aligned}\right. \tag{5.7}$$

これを変分不等式問題 (5.1) に対する **Karush-Kuhn-Tucker 条件** (Karush-Kuhn-Tucker conditions) と呼ぶ. 式 (5.7) は $(\boldsymbol{x}, \boldsymbol{\lambda}, \boldsymbol{\mu})$ を変数とする混合相補性問題とみなすことができる.

5.2 解の存在と一意性

変分不等式問題 (5.1) に関連して，写像 $\boldsymbol{H}_\alpha : I\!R^n \to I\!R^n$ を次式によって定義する．

$$\boldsymbol{H}_\alpha(\boldsymbol{x}) = \boldsymbol{P}_S(\boldsymbol{x} - \alpha \boldsymbol{F}(\boldsymbol{x})) \tag{5.8}$$

ここで，$\alpha > 0$ は定数であり，$\boldsymbol{P}_S$ は閉凸集合 S への射影を表す．つぎの定理は変分不等式問題 (5.1) が解をもつための一つの十分条件を与えている．

定理 5.2. 任意の写像 $\boldsymbol{F} : I\!R^n \to I\!R^n$ と空でない閉凸集合 $S \subseteq I\!R^n$ に対して．$\boldsymbol{x} \in S$ が変分不等式問題 (5.1) の解であるための必要十分条件は $\boldsymbol{x} = \boldsymbol{H}_\alpha(\boldsymbol{x})$ が成り立つことである．さらに $\boldsymbol{F}$ が連続，S がコンパクトであれば，変分不等式問題 (5.1) は解をもつ．

証明 $\boldsymbol{H}_\alpha$ の定義 (5.8) と射影の性質 (定理 2.6) より

$$\langle \boldsymbol{x} - \alpha \boldsymbol{F}(\boldsymbol{x}) - \boldsymbol{H}_\alpha(\boldsymbol{x}), \boldsymbol{y} - \boldsymbol{H}_\alpha(\boldsymbol{x}) \rangle \leqq 0 \qquad (\boldsymbol{y} \in S) \tag{5.9}$$

が成り立つ．もし $\boldsymbol{H}_\alpha(\boldsymbol{x}) = \boldsymbol{x}$ ならば，式 (5.9) より

$$\langle \alpha \boldsymbol{F}(\boldsymbol{x}), \boldsymbol{y} - \boldsymbol{x} \rangle \geqq 0 \qquad (\boldsymbol{y} \in S) \tag{5.10}$$

を得る．$\alpha > 0$ であるから，これは $\boldsymbol{x}$ が変分不等式問題 (5.1) の解であることを示している．逆に，$\boldsymbol{x}$ が変分不等式問題 (5.1) の解であれば，任意の $\alpha > 0$ に対して

$$\langle \alpha \boldsymbol{F}(\boldsymbol{x}), \boldsymbol{x} - \boldsymbol{y} \rangle \leqq 0 \qquad (\boldsymbol{y} \in S)$$

が成り立つ．これに $\boldsymbol{y} = \boldsymbol{H}_\alpha(\boldsymbol{x})$ を代入した不等式と式 (5.9) に $\boldsymbol{y} = \boldsymbol{x}$ を代入した不等式を加え合わせることにより

$$\langle \boldsymbol{x} - \boldsymbol{H}_\alpha(\boldsymbol{x}), \boldsymbol{x} - \boldsymbol{H}_\alpha(\boldsymbol{x}) \rangle = \|\boldsymbol{x} - \boldsymbol{H}_\alpha(\boldsymbol{x})\|^2 \leqq 0$$

を得る．これは $\boldsymbol{x} = \boldsymbol{H}_\alpha(\boldsymbol{x})$ を意味する．

定理 2.7 より，写像 $\boldsymbol{F}$ が連続であれば，式 (5.8) によって定義される $\boldsymbol{H}_\alpha$ も連続である．また，射影の定義より，すべての $\boldsymbol{x} \in S$ に対して $\boldsymbol{H}_\alpha(\boldsymbol{x}) \in S$ が成り立

つ．よって Brouwer の不動点定理 (定理 2.16) より $\boldsymbol{x} = \boldsymbol{H}_\alpha(\boldsymbol{x})$ を満たす $\boldsymbol{x} \in S$ が存在する． ■

集合 S が有界でない変分不等式問題に対しても，写像 $\boldsymbol{F}$ に関する適当な仮定のもとで，解の存在を保証することができる．写像 $\boldsymbol{F} : \mathbb{R}^n \to \mathbb{R}^n$ は，ある $\boldsymbol{x}^0 \in S$ に対してつぎの条件を満たすとき，集合 S において**強圧的** (coercive) であるという．

$$\lim_{\substack{\|\boldsymbol{x}\| \to \infty \\ \boldsymbol{x} \in S}} \frac{\langle \boldsymbol{F}(\boldsymbol{x}), \boldsymbol{x} - \boldsymbol{x}^0 \rangle}{\|\boldsymbol{x}\|} = +\infty \tag{5.11}$$

写像 $\boldsymbol{F}$ が S において強単調ならば，S において強圧的であることがいえる (演習問題 5.4)．変分不等式問題 (5.1) に関連して，つぎの変分不等式問題を考える．

$$\langle \boldsymbol{F}(\boldsymbol{x}), \boldsymbol{y} - \boldsymbol{x} \rangle \geqq 0 \qquad (\boldsymbol{y} \in S_r) \tag{5.12}$$

ここで S_r はある定数 $r > 0$ に対して次式によって定義される凸集合である．

$$S_r = S \cap \overline{B}(\boldsymbol{0}, r) = \{\boldsymbol{x} \in \mathbb{R}^n \mid \boldsymbol{x} \in S, \|\boldsymbol{x}\| \leqq r\}$$

定理 5.2 より，写像 $\boldsymbol{F}$ が連続で，集合 S_r が空でなければ，変分不等式問題 (5.12) は少なくとも一つの解 $\boldsymbol{x}^r \in S_r$ をもつ．まず，つぎの補題を示す．

補題 5.1. $\boldsymbol{F} : \mathbb{R}^n \to \mathbb{R}^n$ を連続写像，$S \subsetneqq \mathbb{R}^n$ を空でない閉凸集合とする．そのとき，変分不等式問題 (5.1) に解が存在するための必要十分条件は変分不等式問題 (5.12) が，ある $r > 0$ に対して，$\|\boldsymbol{x}^r\| < r$ であるような解 $\boldsymbol{x}^r \in S_r$ をもつことである．

証明 必要性は明らかであるから，十分性のみを示す．$\boldsymbol{x}^r \in S_r$ を $\|\boldsymbol{x}^r\| < r$ であるような変分不等式問題 (5.12) の解とし，任意の $\boldsymbol{y} \in S$ と $t \in (0,1)$ に対して $\boldsymbol{z}(t) = \boldsymbol{x}^r + t(\boldsymbol{y} - \boldsymbol{x}^r)$ とする．そのとき，十分小さい任意の $t > 0$ に対して $\|\boldsymbol{z}(t)\| < r$ かつ $\boldsymbol{z}(t) \in S$，すなわち $\boldsymbol{z}(t) \in S_r$ となるから，$\boldsymbol{x}^r$ が変分不等式問題 (5.12) の解であることより

$$\langle \boldsymbol{F}(\boldsymbol{x}^r), \boldsymbol{y} - \boldsymbol{x}^r \rangle = t^{-1} \langle \boldsymbol{F}(\boldsymbol{x}^r), \boldsymbol{z}(t) - \boldsymbol{x}^r \rangle \geqq 0$$

が成立する．$\boldsymbol{y} \in S$ は任意であったから，これは $\boldsymbol{x}^r$ が変分不等式問題 (5.1) の解であることを示している． ■

この補題を用いることにより，つぎの定理が証明できる．

定理 5.3. $\boldsymbol{F} : I\!R^n \to I\!R^n$ を連続写像，$S \subseteqq I\!R^n$ を空でない閉凸集合とする．そのとき，$\boldsymbol{F}$ が S において強圧的であれば，変分不等式問題 (5.1) は解をもつ．

証明 仮定より，式 (5.11) を満たす $\boldsymbol{x}^0 \in S$ が存在するので，十分大きい $r > 0$ に対して

$$\langle \boldsymbol{F}(\boldsymbol{x}), \boldsymbol{x} - \boldsymbol{x}^0 \rangle > 0 \qquad (\boldsymbol{x} \in S, \|\boldsymbol{x}\| = r) \tag{5.13}$$

が成立する．一般性を失うことなく $r > \|\boldsymbol{x}^0\|$ とする．いま，$\boldsymbol{x}^r \in S_r$ を変分不等式問題 (5.12) の解とすれば，$\boldsymbol{x}^0 \in S_r$ であるから

$$\langle \boldsymbol{F}(\boldsymbol{x}^r), \boldsymbol{x}^0 - \boldsymbol{x}^r \rangle \geqq 0$$

が成り立つ．ここで，式 (5.13) を考慮すれば，この不等式は $\|\boldsymbol{x}^r\| \neq r$ すなわち $\|\boldsymbol{x}^r\| < r$ であることを意味している．よって，補題 5.1 より，変分不等式問題 (5.1) は解をもつ． ■

前節で述べたように，写像 $\boldsymbol{F}$ が凸関数 $f : I\!R^n \to I\!R$ の勾配写像 ∇f である場合には，変分不等式問題 (5.1) は凸関数 f を凸集合 S 上で最小化する問題と等価である．また，定理 3.1 より，その問題の最適解の集合は凸集合である．一方，定理 2.68 より，凸関数の勾配写像は単調であるから，$\boldsymbol{F}$ が単調写像であるような変分不等式問題の解集合は凸集合になるのではないかと予想される．つぎの定理はこの予想が正しいことを示している．

定理 5.4. $\boldsymbol{F} : I\!R^n \to I\!R^n$ を連続写像，$S \subseteqq I\!R^n$ を空でない閉凸集合とする．そのとき，$\boldsymbol{F}$ が S において単調であれば，変分不等式問題 (5.1) の解集合は閉凸集合であり，$\boldsymbol{F}$ が S において狭義単調であれば，問題 (5.1) の解は存在するなら唯一である．さらに，$\boldsymbol{F}$ が強単調であれば，問題 (5.1) は唯一の解をもつ．

証明 単調写像の定義より

$$\langle \boldsymbol{F}(\boldsymbol{z}), \boldsymbol{z}-\boldsymbol{x}\rangle \geqq \langle \boldsymbol{F}(\boldsymbol{x}), \boldsymbol{z}-\boldsymbol{x}\rangle \qquad (\boldsymbol{x}, \boldsymbol{z} \in S)$$

が成立する．したがって，$\boldsymbol{x} \in S$ が変分不等式問題 (5.1) の解であれば

$$\langle \boldsymbol{F}(\boldsymbol{z}), \boldsymbol{z}-\boldsymbol{x}\rangle \geqq 0 \qquad (\boldsymbol{z} \in S) \tag{5.14}$$

が成り立つ．逆に，式 (5.14) を満たす点 $\boldsymbol{x} \in S$ は変分不等式問題 (5.1) の解である．このことを示すために，$\boldsymbol{y} \in S$ と $t \in [0,1]$ を任意に選び $\boldsymbol{z}(t) = (1-t)\boldsymbol{x} + t\boldsymbol{y}$ とすれば，S は凸集合であるから $\boldsymbol{z}(t) \in S$ であり，式 (5.14) より

$$0 \leqq \langle \boldsymbol{F}(\boldsymbol{z}(t)), \boldsymbol{z}(t)-\boldsymbol{x}\rangle = t\langle \boldsymbol{F}(\boldsymbol{z}(t)), \boldsymbol{y}-\boldsymbol{x}\rangle$$

が成り立つ．ここで両辺を t で割って $t \to 0$ とすれば，$\boldsymbol{F}$ の連続性より

$$\langle \boldsymbol{F}(\boldsymbol{x}), \boldsymbol{y}-\boldsymbol{x}\rangle \geqq 0$$

を得る．$\boldsymbol{y} \in S$ は任意であったから，これは $\boldsymbol{x}$ が変分不等式問題 (5.1) の解であることを意味している．以上の議論より，変分不等式問題 (5.1) の解集合は式 (5.14) を満たす点 $\boldsymbol{x} \in S$ の集合に一致する．また，後者の集合が閉凸集合であることは容易に示せる．よって，変分不等式問題 (5.1) の解集合は閉凸集合である．

つぎに，$\boldsymbol{F}$ が狭義単調の場合に対する結果を背理法を用いて示す．そのために，変分不等式問題 (5.1) が $\boldsymbol{x} \neq \boldsymbol{x}'$ なる二つの解をもつと仮定する．そのとき，$\boldsymbol{x}, \boldsymbol{x}' \in S$ であるから

$$\langle \boldsymbol{F}(\boldsymbol{x}), \boldsymbol{x}'-\boldsymbol{x}\rangle \geqq 0$$
$$\langle \boldsymbol{F}(\boldsymbol{x}'), \boldsymbol{x}-\boldsymbol{x}'\rangle \geqq 0$$

が成り立つ．これらの式を加え合わせることにより

$$\langle \boldsymbol{F}(\boldsymbol{x}) - \boldsymbol{F}(\boldsymbol{x}'), \boldsymbol{x}-\boldsymbol{x}'\rangle \leqq 0$$

を得るが，これは狭義単調性の定義 (2.94) に反する．よって，変分不等式問題 (5.1) の解は高々一つである．

最後に，$\boldsymbol{F}$ が強単調であれば，それはまた強圧的であるから，定理 5.3 より変分不等式問題は必ず解をもつ．さらに，強単調写像は狭義単調であるから，その解は唯一である． ■

この定理は，写像 $\boldsymbol{F}$ が単調あるいは狭義単調のとき変分不等式問題が解をもつことを主張するものではない．例えば，$F(x) = e^x$ で定義される写像 $F : I\!R \to I\!R$ の Jacobi 行列 $\nabla F(x) = e^x$ は正定値であるから，定理 2.67 より F は狭義単調であるが，$S = I\!R$ のとき変分不等式問題 (5.1) は非線形方程式 $e^x = 0$ となり，明らかに解をもたない．

相補性問題 (5.6) の場合には，写像 $\boldsymbol{F}$ の成分に関する性質に着目することにより，相補性問題に固有の存在定理を示すことができる．そのためにはベクトル $\boldsymbol{x} \in I\!R^n$ に対して $\|\boldsymbol{x}\|_\infty \equiv \max_{1 \leqq i \leqq n} |x_i|$ によって定義されるノルムを考えると都合がよい．特に，補題 5.1 が任意のノルムに関して成立することに注意すれば，相補性問題に対して，つぎの存在定理を得る．

定理 5.5. 写像 $\boldsymbol{F} : I\!R^n \to I\!R^n$ が連続であり，さらにある $\boldsymbol{x}^0 \in I\!R^n_+$ に対して次式が成り立つならば，相補性問題 (5.6) には解が存在する．

$$\lim_{\substack{\|\boldsymbol{x}\|_\infty \to \infty \\ \boldsymbol{x} \in I\!R^n_+}} \max_{1 \leqq i \leqq n} \frac{F_i(\boldsymbol{x})(x_i - x_i^0)}{\|\boldsymbol{x}\|_\infty} = +\infty \tag{5.15}$$

証明 任意の実数 $r > 0$ に対して直方体 $S_r \subseteqq I\!R^n$ を

$$S_r = I\!R^n_+ \cap \{\boldsymbol{x} \in I\!R^n \mid \|\boldsymbol{x}\|_\infty \leqq r\} = \{\boldsymbol{x} \in I\!R^n \mid 0 \leqq x_i \leqq r \ (i = 1, \ldots, n)\}$$

によって定義する．式 (5.15) より，十分大きい $r > 0$ を選べば $r > \|\boldsymbol{x}^0\|_\infty$ かつ

$$\max_{1 \leqq i \leqq n} F_i(\boldsymbol{x})(x_i - x_i^0) > 0 \qquad (\boldsymbol{x} \in I\!R^n_+, \|\boldsymbol{x}\|_\infty = r) \tag{5.16}$$

が成立する．一方，S_r は有界であるから，定理 5.2 より

$$\langle \boldsymbol{F}(\boldsymbol{x}^r), \boldsymbol{x} - \boldsymbol{x}^r \rangle \geqq 0 \qquad (\boldsymbol{x} \in S_r) \tag{5.17}$$

を満たす $\boldsymbol{x}^r \in S_r$ が存在する．任意に固定した i に対して，点 $\tilde{\boldsymbol{x}} \in I\!R^n$ を $\tilde{x}_i = x_i^0$ および $\tilde{x}_j = x_j^r \ (j \neq i)$ によって定義すると，$\boldsymbol{x}^0 \in S_r$ であるから $\tilde{\boldsymbol{x}} \in S_r$ であり，式 (5.17) より次式が成り立つ．

$$\langle \boldsymbol{F}(\boldsymbol{x}^r), \tilde{\boldsymbol{x}} - \boldsymbol{x}^r \rangle = F_i(\boldsymbol{x}^r)(x_i^0 - x_i^r) \geqq 0$$

i は任意であるから，式 (5.16) より，$\|\boldsymbol{x}^r\|_\infty = r$ ではありえず，$\|\boldsymbol{x}^r\|_\infty < r$ でなければならない．よって，補題 5.1 より，相補性問題 (5.6) は解をもつ． ■

明らかに，写像 $\boldsymbol{F}: I\!R^n \to I\!R^n$ が $I\!R^n_+$ において強圧的であれば式 (5.15) が成立する．つぎにベクトル値写像の狭義単調性と強単調性を拡張した概念を導入する．写像 $\boldsymbol{F}: I\!R^n \to I\!R^n$ と空でない閉凸集合 $S \subseteq I\!R^n$ に対して

$$\boldsymbol{x}, \boldsymbol{y} \in S,\ \boldsymbol{x} \neq \boldsymbol{y} \quad \Longrightarrow \quad \max_{1 \leqq i \leqq n} (F_i(\boldsymbol{x}) - F_i(\boldsymbol{y}))(x_i - y_i) > 0 \qquad (5.18)$$

が成り立つとき，$\boldsymbol{F}$ は S において **P 関数** (P function) であるといい，ある定数 $\sigma > 0$ が存在して

$$\boldsymbol{x}, \boldsymbol{y} \in S \quad \Longrightarrow \quad \max_{1 \leqq i \leqq n} (F_i(\boldsymbol{x}) - F_i(\boldsymbol{y}))(x_i - y_i) \geqq \sigma \|\boldsymbol{x} - \boldsymbol{y}\|^2 \qquad (5.19)$$

が成り立つとき，$\boldsymbol{F}$ は S において**一様 P 関数** (uniform P function) であるという．明らかに，一様 P 関数は P 関数である．また，Jacobi 行列 $\nabla \boldsymbol{F}(\boldsymbol{x})$ がすべての $\boldsymbol{x}$ に対して P 行列となるような微分可能な写像 $\boldsymbol{F}$ は P 関数であることが知られている (Moré and Rheinboldt (1973))．しかし，逆は必ずしも成立しない．例えば，$F(x) = x^3$ で定義される写像 $F: I\!R \to I\!R$ は P 関数であるが，$\nabla F(0)$ は P 行列ではない．また，写像 $\boldsymbol{F}$ が狭義単調であれば P 関数であり，強単調であれば一様 P 関数である (演習問題 5.5)．

例 5.3. 次式で定義される写像 $\boldsymbol{F}: I\!R^2 \to I\!R^2$ を考える．

$$\boldsymbol{F}(\boldsymbol{x}) = \begin{pmatrix} -e^{-x_1} - 5x_2 \\ x_2 \end{pmatrix}$$

この写像の Jacobi 行列は

$$\nabla \boldsymbol{F}(\boldsymbol{x}) = \begin{bmatrix} e^{-x_1} & 0 \\ -5 & 1 \end{bmatrix}$$

であるから，$\boldsymbol{x} = \boldsymbol{0}$ のとき

$$\langle \boldsymbol{y}, \nabla \boldsymbol{F}(\boldsymbol{0}) \boldsymbol{y} \rangle = y_1^2 - 5y_1y_2 + y_2^2$$

となる．この右辺は，例えば $\boldsymbol{y} = (1, 1)^\top$ のとき負になるから，$\nabla \boldsymbol{F}(\boldsymbol{0})$ は半正定値ではない．よって，定理 2.67 より，写像 $\boldsymbol{F}$ は単調ではない．一方

$$\begin{aligned} &\max_{i=1,2} (F_i(\boldsymbol{x}) - F_i(\boldsymbol{y}))(x_i - y_i) \\ &= \max\{(-e^{-x_1} - 5x_2 + e^{-y_1} + 5y_2)(x_1 - y_1), (x_2 - y_2)^2\} \end{aligned}$$

の右辺を考えると，$x_2 \neq y_2$ のときは $(x_2 - y_2)^2 > 0$ であり，$x_2 = y_2$ かつ $x_1 \neq y_1$ のときは $(-e^{-x_1} - 5x_2 + e^{-y_1} + 5y_2)(x_1 - y_1) = (-e^{-x_1} + e^{-y_1})(x_1 - y_1) > 0$ であるから，$\boldsymbol{F}$ は P 関数である．しかし，$x_2 = y_2$ かつ $x_1 \neq y_1$ のとき，すべての $x_1, y_1 > 0$ に対して $(-e^{-x_1} + e^{-y_1})(x_1 - y_1) \geqq \sigma(x_1 - y_1)^2$ であるような定数 $\sigma > 0$ は存在しないので，$\boldsymbol{F}$ は一様 P 関数ではない．

定理 5.6. $\boldsymbol{F} : I\!R^n \to I\!R^n$ を連続写像とする．$\boldsymbol{F}$ が $I\!R^n_+$ において P 関数であれば，相補性問題 (5.6) の解は存在するなら唯一である．さらに，$\boldsymbol{F}$ が $I\!R^n_+$ において一様 P 関数であれば，問題 (5.6) は唯一の解をもつ*1)．

証明 $\boldsymbol{F}$ を P 関数とし，問題 (5.6) に $\overline{\boldsymbol{x}} \neq \overline{\boldsymbol{x}}'$ であるような二つの解 $\overline{\boldsymbol{x}}, \overline{\boldsymbol{x}}'$ が存在すると仮定する．そのとき，すべての i に対して $\overline{x}_i \geqq 0,\ F_i(\overline{\boldsymbol{x}}) \geqq 0,\ F_i(\overline{\boldsymbol{x}})\overline{x}_i = 0$ かつ $\overline{x}'_i \geqq 0,\ F_i(\overline{\boldsymbol{x}}') \geqq 0,\ F_i(\overline{\boldsymbol{x}}')\overline{x}'_i = 0$ であるから次式が成り立つ．

$$(F_i(\overline{\boldsymbol{x}}) - F_i(\overline{\boldsymbol{x}}'))(\overline{x}_i - \overline{x}'_i) = -F_i(\overline{\boldsymbol{x}})\overline{x}'_i - F_i(\overline{\boldsymbol{x}}')\overline{x}_i \leqq 0 \qquad (i = 1, \ldots, n)$$

これは P 関数の定義 (5.18) に反する．よって，問題 (5.6) の解は高々一つである．

写像 $\boldsymbol{F}$ を一様 P 関数とする．式 (5.19) において $\boldsymbol{y} = \boldsymbol{0}$ とおけば

$$\max_{1 \leqq i \leqq n} (F_i(\boldsymbol{x}) - F_i(\boldsymbol{0}))\, x_i \geqq \sigma \|\boldsymbol{x}\|^2$$

であるから，$\boldsymbol{x} \in I\!R^n_+$ かつ $\|\boldsymbol{x}\| \to +\infty$ のとき次式が成り立つ．

$$\max_{1 \leqq i \leqq n} \frac{F_i(\boldsymbol{x})x_i}{\|\boldsymbol{x}\|} \geqq \sigma\|\boldsymbol{x}\| - \max_{1 \leqq i \leqq n} \frac{|F_i(\boldsymbol{0})x_i|}{\|\boldsymbol{x}\|} \ \to\ +\infty$$

$\|\boldsymbol{x}\|_\infty \leqq \|\boldsymbol{x}\|\ (\boldsymbol{x} \in I\!R^n)$ であるから，これは式 (5.15) が $\boldsymbol{x}^0 = \boldsymbol{0}$ に対して成立することを示している．よって，定理 5.5 より，問題 (5.6) は解をもつ．さらに，一様 P 関数は P 関数であるから，解は唯一である． ■

つぎの例が示すように，$\boldsymbol{F}$ が P 関数であることは必ずしも相補性問題の解の存在を保証しない．

---

*1) この定理の結果は混合相補性問題に対しても成立する (Facchinei and Pang[15] 参照)．

例 5.4. 例 5.3 の写像 $\boldsymbol{F}: I\!R^2 \to I\!R^2$ に対する相補性問題 (5.6) を考える．例 5.3 において見たように $\boldsymbol{F}$ は P 関数である．この問題が解 $\overline{\boldsymbol{x}} = (\overline{x}_1, \overline{x}_2)^\top$ をもつと仮定すると，$F_2(\overline{\boldsymbol{x}})\overline{x}_2 = \overline{x}_2^2 = 0$ であるから，$\overline{x}_2 = 0$ となる．さらに，$F_1(\overline{\boldsymbol{x}})\overline{x}_1 = (-e^{-\overline{x}_1} - 5\overline{x}_2)\overline{x}_1 = -e^{-\overline{x}_1}\overline{x}_1 = 0$ であるから，$\overline{x}_1 = 0$ すなわち $\overline{\boldsymbol{x}} = \boldsymbol{0}$ でなければならない．ところが，そのとき $\boldsymbol{F}(\overline{\boldsymbol{x}}) = (-1, 0)^\top \not\geqq \boldsymbol{0}$ となるから，$\overline{\boldsymbol{x}}$ は相補性問題の解ではありえない．すなわち，写像 $\boldsymbol{F}$ は P 関数であるが，それに対する相補性問題は解をもたない．

5.3 等価な方程式への再定式化

写像 $\boldsymbol{H}_\alpha : I\!R^n \to I\!R^n$ を式 (5.8) によって定義すれば，定理 5.2 より，つぎの非線形方程式は変分不等式 (5.1) と等価である．

$$\boldsymbol{x} - \boldsymbol{H}_\alpha(\boldsymbol{x}) = \boldsymbol{0} \tag{5.20}$$

写像 $\boldsymbol{H}_\alpha$ は射影演算を含むため，$\boldsymbol{F}$ が微分可能であっても，$\boldsymbol{H}_\alpha$ は一般に微分可能ではない．また，集合 S が一般の閉凸集合の場合は $\boldsymbol{H}_\alpha$ を明示的に表すことは難しい．しかし，集合 S が直方体 $\{\boldsymbol{x} \in I\!R^n \,|\, l_i \leqq x_i \leqq u_i \ (i = 1, \ldots, n)\}$ の場合には S への射影 $\boldsymbol{P}_S : I\!R^n \to I\!R^n$ は

$$\boldsymbol{P}_S(\boldsymbol{z}) = (\mathrm{mid}\{l_1, u_1, z_1\}, \ldots, \mathrm{mid}\{l_n, u_n, z_n\})^\top$$

と書くことができる．ただし，$\mathrm{mid}\{a, b, c\}$ は三つの数 $a, b, c \in [-\infty, +\infty]$ の中央値を表すものとし*1)，一般性を失うことなく $l_i < u_i \ (i = 1, \ldots, n)$ と仮定する．特に，直方体 S が非負象限 $\{\boldsymbol{x} \in I\!R^n \,|\, x_i \geqq 0 \ (i = 1, \ldots, n)\}$ のとき，S への射影 $\boldsymbol{P}_S$ は

$$\boldsymbol{P}_S(\boldsymbol{z}) = (\max\{0, z_1\}, \ldots, \max\{0, z_n\})^\top$$

と表される．ここで，表記を簡単にするため，$\boldsymbol{H}_\alpha$ の定義において $\alpha = 1$ とおく．そのとき，直方体上の変分不等式問題，すなわち混合相補性問題 (5.4)

*1) 中央値はメディアンともいう．よって mid の代わりに med と書いてもよいが，文献では middle に由来すると思われる mid が用いられることが多いので，本書もその表記法にしたがう．

に対して，式 (5.20) はつぎのように書ける．

$$\boldsymbol{\Phi}(\boldsymbol{x}) = \boldsymbol{0} \tag{5.21}$$

ここで，$\boldsymbol{\Phi} : I\!R^n \to I\!R^n$ は次式で定義される関数 $\Phi_i : I\!R^n \to I\!R \ (i = 1, \ldots, n)$ を成分とするベクトル値関数である．

$$\Phi_i(\boldsymbol{x}) = \operatorname{mid}\{x_i - l_i, x_i - u_i, F_i(\boldsymbol{x})\} \tag{5.22}$$

特に，$S = \{\boldsymbol{x} \in I\!R^n \,|\, x_i \geqq 0 \ (i = 1, \ldots, n)\}$ のとき，すなわち相補性問題 (5.6) の場合には，Φ_i は次式で与えられる．

$$\Phi_i(\boldsymbol{x}) = \min\{x_i, F_i(\boldsymbol{x})\} \tag{5.23}$$

式 (5.22) あるいは式 (5.23) の関数 Φ_i は微分可能ではないが，$\boldsymbol{F}$ が連続的微分可能ならば，Φ_i は局所 Lipschitz 連続となる．よって，$\boldsymbol{\Phi}$ には任意の $\boldsymbol{x}$ において一般化 Jacobi 行列 $\partial\boldsymbol{\Phi}(\boldsymbol{x})$ が存在し，定理 2.64 より

$$\partial\boldsymbol{\Phi}(\boldsymbol{x}) \subseteqq [\partial\Phi_1(\boldsymbol{x}) \ \cdots \ \partial\Phi_n(\boldsymbol{x})] \tag{5.24}$$

が成り立つ．ここで，式 (5.24) の右辺は，Φ_i の Clarke 劣微分 $\partial\Phi_i(\boldsymbol{x})$ に属するベクトルを第 i 列とする $n \times n$ 行列全体の集合を表す．

式 (5.22) の関数 Φ_i に対して劣微分 $\partial\Phi_i(\boldsymbol{x})$ を実際に求めるために，添字集合 $\mathcal{I}(\boldsymbol{x}), \mathcal{J}(\boldsymbol{x}), \mathcal{K}(\boldsymbol{x})$ をつぎのように定義する．

$$\begin{aligned} \mathcal{I}(\boldsymbol{x}) &= \{i \,|\, x_i - u_i < F_i(\boldsymbol{x}) < x_i - l_i\} \\ \mathcal{J}(\boldsymbol{x}) &= \{i \,|\, F_i(\boldsymbol{x}) = x_i - u_i\} \cup \{i \,|\, F_i(\boldsymbol{x}) = x_i - l_i\} \\ \mathcal{K}(\boldsymbol{x}) &= \{i \,|\, F_i(\boldsymbol{x}) < x_i - u_i\} \cup \{i \,|\, F_i(\boldsymbol{x}) > x_i - l_i\} \end{aligned} \tag{5.25}$$

そのとき，任意の点 $\boldsymbol{x} \in I\!R^n$ において $\mathcal{I}(\boldsymbol{x}) \cup \mathcal{J}(\boldsymbol{x}) \cup \mathcal{K}(\boldsymbol{x}) = \{1, \ldots, n\}$ であり，$\partial\Phi_i(\boldsymbol{x})$ は次式によって与えられる．

$$\partial\Phi_i(\boldsymbol{x}) = \begin{cases} \{\nabla F_i(\boldsymbol{x})\} & (i \in \mathcal{I}(\boldsymbol{x})) \\ \{\rho\boldsymbol{e}^i + (1-\rho)\nabla F_i(\boldsymbol{x}) \,|\, \rho \in [0,1]\} & (i \in \mathcal{J}(\boldsymbol{x})) \\ \{\boldsymbol{e}^i\} & (i \in \mathcal{K}(\boldsymbol{x})) \end{cases} \tag{5.26}$$

ただし，$\boldsymbol{e}^i$ は第 i 成分が 1 であるような n 次元単位ベクトルである．また，関数 Φ_i が式 (5.23) によって定義される場合も

$$\begin{aligned}\mathcal{I}(\boldsymbol{x}) &= \{i \mid F_i(\boldsymbol{x}) < x_i\} \\ \mathcal{J}(\boldsymbol{x}) &= \{i \mid F_i(\boldsymbol{x}) = x_i\} \\ \mathcal{K}(\boldsymbol{x}) &= \{i \mid F_i(\boldsymbol{x}) > x_i\}\end{aligned} \tag{5.27}$$

とすれば*1)，$\partial\Phi_i(\boldsymbol{x})$ はやはり式 (5.26) によって与えられる．

相補性問題 (5.6) に対しては，式 (5.23) の関数 Φ_i による再定式化のほかにも

$$\psi(a,b) = a + b - \sqrt{a^2 + b^2} \tag{5.28}$$

で定義される **Fischer-Burmeister 関数** (Fischer-Burmeister function) と呼ばれる関数 $\psi : I\!R^2 \to I\!R$ を用いた再定式化が可能である．実際

$$\begin{aligned}\psi(a,b) = 0 &\iff a + b = \sqrt{a^2 + b^2} \\ &\iff a + b \geqq 0,\ (a+b)^2 = a^2 + b^2 \\ &\iff a \geqq 0,\ b \geqq 0,\ ab = 0\end{aligned}$$

であるから，この関数 ψ を用いて関数 $\Psi_i : I\!R^n \to I\!R$ $(i = 1, \ldots, n)$ を

$$\Psi_i(\boldsymbol{x}) = \psi(x_i, F_i(\boldsymbol{x})) \tag{5.29}$$

と定義し，$\boldsymbol{\Psi}(\boldsymbol{x}) = (\Psi_1(\boldsymbol{x}), \ldots, \Psi_n(\boldsymbol{x}))^\top$ とすれば，ベクトル値関数 $\boldsymbol{\Psi} : I\!R^n \to I\!R^n$ に対する方程式

$$\boldsymbol{\Psi}(\boldsymbol{x}) = \boldsymbol{0} \tag{5.30}$$

は相補性問題 (5.6) と等価である．関数 $\boldsymbol{\Phi}$ と同様，$\boldsymbol{\Psi}$ も微分可能ではないが，$\boldsymbol{\Phi}$ がある i に対して $x_i = F_i(\boldsymbol{x})$ であるような点 $\boldsymbol{x}$ において微分不可能となるのに対して，$\boldsymbol{\Psi}$ はある i に対して $x_i = F_i(\boldsymbol{x}) = 0$ であるような点 $\boldsymbol{x}$ においてのみ微分不可能となる．

---

*1) 式 (5.27) は式 (5.25) において $l_i = 0, u_i = +\infty$ としたものに他ならない．

Fischer-Burmeister 関数 ψ は局所 Lipschitz 連続であり，式 (2.88), (2.89) より，その Clarke 劣微分は次式によって与えられる．

$$\partial\psi(a,b) = \begin{cases} \left\{ \left(1 - \dfrac{a}{\sqrt{a^2+b^2}}, 1 - \dfrac{b}{\sqrt{a^2+b^2}} \right)^\top \right\} & ((a,b) \neq (0,0)) \\ \{(1-\xi, 1-\eta)^\top \mid \xi^2 + \eta^2 \leqq 1\} & ((a,b) = (0,0)) \end{cases}$$

そのとき，$\boldsymbol{\Psi}$ の一般化 Jacobi 行列 $\partial\boldsymbol{\Psi}(\boldsymbol{x})$ は，式 (5.24) と同様

$$\partial\boldsymbol{\Psi}(\boldsymbol{x}) \subseteqq [\partial\Psi_1(\boldsymbol{x}) \cdots \partial\Psi_n(\boldsymbol{x})] \tag{5.31}$$

となる．ここで，$(x_i, F_i(\boldsymbol{x})) \neq (0,0)$ であるような i に対しては $\partial\Psi_i(\boldsymbol{x}) = \{\nabla\Psi_i(\boldsymbol{x})\}$ であり，式 (5.29) より

$$\nabla\Psi_i(\boldsymbol{x}) = \left(1 - \frac{x_i}{\sqrt{x_i^2 + F_i(\boldsymbol{x})^2}}\right)\boldsymbol{e}^i + \left(1 - \frac{F_i(\boldsymbol{x})}{\sqrt{x_i^2 + F_i(\boldsymbol{x})^2}}\right)\nabla F_i(\boldsymbol{x}) \tag{5.32}$$

となる．また，$(x_i, F_i(\boldsymbol{x})) = (0,0)$ であるような i に対しては

$$\partial\Psi_i(\boldsymbol{x}) \subseteqq \{(1-\xi_i)\boldsymbol{e}^i + (1-\eta_i)\nabla F_i(\boldsymbol{x}) \mid \xi_i^2 + \eta_i^2 \leqq 1\} \tag{5.33}$$

である．式 (5.31), (5.32), (5.33) より，一般化 Jacobi 行列 $\partial\boldsymbol{\Psi}(\boldsymbol{x})$ は

$$\boldsymbol{G} = \mathbf{diag}[\lambda_i] + \nabla\boldsymbol{F}(\boldsymbol{x})\,\mathbf{diag}[\mu_i] \tag{5.34}$$

の形の行列から成ることがわかる．ここで，$\mathbf{diag}[\lambda_i]$ と $\mathbf{diag}[\mu_i]$ はそれぞれ次式で与えられる λ_i, μ_i $(i = 1, \ldots, n)$ を対角成分とする対角行列を表す．

$$(\lambda_i, \mu_i) = \begin{cases} \left(1 - \dfrac{x_i}{\sqrt{x_i^2 + F_i(\boldsymbol{x})^2}}, 1 - \dfrac{F_i(\boldsymbol{x})}{\sqrt{x_i^2 + F_i(\boldsymbol{x})^2}}\right) & ((x_i, F_i(\boldsymbol{x})) \neq (0,0)) \\ (1-\xi_i, 1-\eta_i) & ((x_i, F_i(\boldsymbol{x})) = (0,0)) \end{cases}$$

ただし $(\xi_i, \eta_i)^\top \in I\!R^2$ は $\xi_i^2 + \eta_i^2 \leqq 1$ を満たすベクトルである．つぎの定理は関数 $\boldsymbol{\Psi}$ の一般化 Jacobi 行列が正則になるための条件を与えている．

定理 5.7. 写像 $\boldsymbol{F} : I\!R^n \to I\!R^n$ は連続的微分可能であり，$\nabla\boldsymbol{F}(\boldsymbol{x})^\top$ は P 行列であると仮定する．そのとき，Fischer-Burmeister 関数によって与えられる写像 $\boldsymbol{\Psi} : I\!R^n \to I\!R^n$ の一般化 Jacobi 行列 $\partial\boldsymbol{\Psi}(\boldsymbol{x})$ に属する行列はすべて正則である．

証明 $\partial\Psi(\boldsymbol{x})$ に属する行列 $\boldsymbol{G}$ は式 (5.34) によって表される．行列 $\boldsymbol{G}$ の正則性をいうには，次式を満たすベクトル $\boldsymbol{y} \in I\!R^n$ は $\boldsymbol{0}$ のみであることを示せばよい．

$$\boldsymbol{G}^\top \boldsymbol{y} = \mathbf{diag}[\lambda_i]\,\boldsymbol{y} + \mathbf{diag}[\mu_i]\nabla \boldsymbol{F}(\boldsymbol{x})^\top \boldsymbol{y} = \boldsymbol{0}$$

ここで $\boldsymbol{z} = \nabla \boldsymbol{F}(\boldsymbol{x})^\top \boldsymbol{y}$ とおくと

$$\lambda_i y_i + \mu_i z_i = 0 \qquad (i = 1, \ldots, n) \tag{5.35}$$

を得る．λ_i, μ_i の定義より，$\lambda_i \geqq 0$, $\mu_i \geqq 0$ かつ $\lambda_i + \mu_i > 0$ であることは容易に確かめられる．したがって，$\lambda_i = 0$ のときには，$\mu_i > 0$ であるから，式 (5.35) より $z_i = 0$ であり，$\lambda_i > 0$ のときには，$y_i z_i = -(\mu_i/\lambda_i)z_i^2 \leqq 0$ となる．よって，すべての i に対して $y_i z_i = y_i[\nabla \boldsymbol{F}(\boldsymbol{x})^\top \boldsymbol{y}]_i \leqq 0$ が成り立つので，P 行列の定義 (2.4) より $\boldsymbol{y} = \boldsymbol{0}$ でなければならない． ■

5.4 メリット関数

ある均衡問題に対して，点 $\boldsymbol{x}$ が問題の解であれば $f(\boldsymbol{x}) = 0$ となり，そうでなければ $f(\boldsymbol{x}) > 0$ であるような拡張実数値関数 f を，その均衡問題の**メリット関数** (merit function) という．

変分不等式問題 (5.1) と方程式 (5.20) が等価であることから，$f(\boldsymbol{x}) = \|\boldsymbol{x} - \boldsymbol{H}_\alpha(\boldsymbol{x})\|$ あるいは $f(\boldsymbol{x}) = \|\boldsymbol{x} - \boldsymbol{H}_\alpha(\boldsymbol{x})\|^2$ はメリット関数の条件を満たしている．しかし，これらの関数は，$\boldsymbol{F}$ が微分可能であっても，微分可能とは限らず，必ずしも実際に有用であるとはいえない．

次式によって定義される関数 $g_\infty : I\!R^n \to (-\infty, +\infty]$ は**ギャップ関数** (gap function) と呼ばれ，変分不等式問題 (5.1) に対する古典的なメリット関数としてよく知られている．

$$g_\infty(\boldsymbol{x}) = \sup_{y \in S} \{\langle \boldsymbol{F}(\boldsymbol{x}), \boldsymbol{x} - \boldsymbol{y}\rangle\} \tag{5.36}$$

定理 5.8. 任意の $\boldsymbol{x} \in S$ に対して $g_\infty(\boldsymbol{x}) \geqq 0$ であり，$\boldsymbol{x}$ が変分不等式問題 (5.1) の解であることと $g_\infty(\boldsymbol{x}) = 0$ かつ $\boldsymbol{x} \in S$ であることは等価である．

証明 任意の $\boldsymbol{x} \in S$ に対して，式 (5.36) より

$$g_\infty(\boldsymbol{x}) \geqq \langle \boldsymbol{F}(\boldsymbol{x}), \boldsymbol{x} - \boldsymbol{x} \rangle = 0$$

が成り立つ．さらに，$\boldsymbol{x}$ が変分不等式問題 (5.1) の解であることは，$\boldsymbol{x} \in S$ かつ

$$\langle \boldsymbol{F}(\boldsymbol{x}), \boldsymbol{x} - \boldsymbol{y} \rangle \leqq 0 \qquad (\boldsymbol{y} \in S)$$

であることと等価であり，これは $g_\infty(\boldsymbol{x}) = 0$ かつ $\boldsymbol{x} \in S$ と等価である． ■

定理 5.8 より，ギャップ関数 g_∞ は，変分不等式問題 (5.1) の実行可能領域 S におけるメリット関数になっている．すなわち，変分不等式問題 (5.1) はつぎの制約つき最適化問題と等価である[*1)]．

$$\begin{array}{ll} \text{目的関数：} & g_\infty(\boldsymbol{x}) \longrightarrow \text{最小} \\ \text{制約条件：} & \boldsymbol{x} \in S \end{array} \tag{5.37}$$

関数 g_∞ には，特に S が凸多面体のとき，線形計画問題を解くことによりその値 $g_\infty(\boldsymbol{x})$ を求めることができるという長所がある．しかし，集合 S が有界でないときには $g_\infty(\boldsymbol{x}) = +\infty$ となるような $\boldsymbol{x}$ が存在する可能性がある．また，$g_\infty(\boldsymbol{x})$ が有限であっても関数 g_∞ は微分可能であるとは限らない．

与えられた定数 $\alpha > 0$ に対して，次式で定義される関数 $g_\alpha : I\!R^n \to I\!R$ を**正則化ギャップ関数** (regularized gap function) と呼ぶ．

$$g_\alpha(\boldsymbol{x}) = \max_{\boldsymbol{y} \in S} \left\{ \langle \boldsymbol{F}(\boldsymbol{x}), \boldsymbol{x} - \boldsymbol{y} \rangle - \frac{1}{2\alpha} \|\boldsymbol{x} - \boldsymbol{y}\|^2 \right\} \tag{5.38}$$

右辺の最大化は $\min_{\boldsymbol{y} \in S} \|\boldsymbol{y} - (\boldsymbol{x} - \alpha \boldsymbol{F}(\boldsymbol{x}))\|$ と等価であるから，$g_\alpha(\boldsymbol{x})$ の値は式 (5.38) の右辺に $\boldsymbol{y} = \boldsymbol{P}_S(\boldsymbol{x} - \alpha \boldsymbol{F}(\boldsymbol{x}))$，すなわち式 (5.8) で定義される $\boldsymbol{H}_\alpha(\boldsymbol{x})$ を代入することにより与えられる．したがって，簡単な計算により，関数 g_α はつぎのように書き換えられる．

$$g_\alpha(\boldsymbol{x}) = \frac{1}{2\alpha} \left\{ \|\alpha \boldsymbol{F}(\boldsymbol{x})\|^2 - \|\boldsymbol{H}_\alpha(\boldsymbol{x}) - (\boldsymbol{x} - \alpha \boldsymbol{F}(\boldsymbol{x}))\|^2 \right\} \tag{5.39}$$

[*1)] より正確にいえば，問題 (5.37) の大域的最適解 $\bar{\boldsymbol{x}}$ において $g_\infty(\bar{\boldsymbol{x}}) = 0$ が成り立つことと $\bar{\boldsymbol{x}}$ が変分不等式問題 (5.1) の解になることは等価である．

これは関数 g_α が任意の $\boldsymbol{x} \in \mathbb{R}^n$ に対して有限値をとることを意味している．つぎの定理は，正則化ギャップ関数が変分不等式問題 (5.1) に対して集合 S 上のメリット関数になることを示している．

定理 5.9. 任意の $\boldsymbol{x} \in S$ に対して $g_\alpha(\boldsymbol{x}) \geq 0$ であり，$\boldsymbol{x}$ が変分不等式問題 (5.1) の解であることと $g_\alpha(\boldsymbol{x}) = 0$ かつ $\boldsymbol{x} \in S$ であることは等価である．

証明　任意の $\boldsymbol{x} \in S$ に対して，$\|\alpha \boldsymbol{F}(\boldsymbol{x})\|$ は点 $\boldsymbol{x} - \alpha \boldsymbol{F}(\boldsymbol{x})$ と $\boldsymbol{x}$ の距離に等しく，$\|\boldsymbol{H}_\alpha(\boldsymbol{x}) - (\boldsymbol{x} - \alpha \boldsymbol{F}(\boldsymbol{x}))\|$ は点 $\boldsymbol{x} - \alpha \boldsymbol{F}(\boldsymbol{x})$ とその S への射影 $\boldsymbol{H}_\alpha(\boldsymbol{x})$ との距離に等しい．よって，射影の定義より，式 (5.39) の右辺は常に非負である．また，それらの距離が等しくなるのは，$\boldsymbol{x} = \boldsymbol{H}_\alpha(\boldsymbol{x})$ が成り立つときに限るが，後者の条件は，定理 5.2 より，$\boldsymbol{x}$ が変分不等式問題 (5.1) の解であることと等価である．　■

つぎの定理が示すように，写像 $\boldsymbol{F}$ が微分可能であれば，任意の空でない閉凸集合 S に対して正則化ギャップ関数も微分可能となる．

定理 5.10. 写像 $\boldsymbol{F} : \mathbb{R}^n \to \mathbb{R}^n$ が連続的微分可能ならば，正則化ギャップ関数 $g_\alpha : \mathbb{R}^n \to \mathbb{R}$ は連続的微分可能であり，その勾配は次式で与えられる．

$$\nabla g_\alpha(\boldsymbol{x}) = \boldsymbol{F}(\boldsymbol{x}) - [\nabla \boldsymbol{F}(\boldsymbol{x}) - \alpha^{-1} \boldsymbol{I}](\boldsymbol{H}_\alpha(\boldsymbol{x}) - \boldsymbol{x}) \tag{5.40}$$

証明　関数 $h : \mathbb{R}^n \times \mathbb{R}^n \to \mathbb{R}$ を次式で定義する．

$$h(\boldsymbol{y}, \boldsymbol{x}) = \langle \boldsymbol{F}(\boldsymbol{x}), \boldsymbol{y} - \boldsymbol{x} \rangle + \frac{1}{2\alpha} \|\boldsymbol{y} - \boldsymbol{x}\|^2$$

$\boldsymbol{F}$ が微分可能であれば，関数 h も微分可能である．定義より

$$g_\alpha(\boldsymbol{x}) = -\min\{h(\boldsymbol{y}, \boldsymbol{x}) \mid \boldsymbol{y} \in S\}$$

であり，右辺の最小は $\boldsymbol{y} = \boldsymbol{H}_\alpha(\boldsymbol{x})$ において一意的に達成される．したがって，定理 3.31 より，関数 g_α は連続的微分可能であり，式 (3.66) より

$$\begin{aligned} \nabla g_\alpha(\boldsymbol{x}) &= -\nabla_x h(\boldsymbol{H}_\alpha(\boldsymbol{x}), \boldsymbol{x}) \\ &= \boldsymbol{F}(\boldsymbol{x}) - [\nabla \boldsymbol{F}(\boldsymbol{x}) - \alpha^{-1} \boldsymbol{I}](\boldsymbol{H}_\alpha(\boldsymbol{x}) - \boldsymbol{x}) \end{aligned}$$

を得る. ■

定理 5.9 と定理 5.10 より，変分不等式問題 (5.1) の解は微分可能な制約つき最適化問題

$$\begin{array}{ll} \text{目的関数：} & g_\alpha(\boldsymbol{x}) \longrightarrow \text{最小} \\ \text{制約条件：} & \boldsymbol{x} \in S \end{array} \tag{5.41}$$

の大域的最適解となるが，g_α は一般に凸関数にはならないので，問題 (5.41) には大域的最適解でない局所的最適解や停留点が存在する可能性がある．しかし，つぎの定理が示すように，写像 $\boldsymbol{F}$ の Jacobi 行列が正定値であるときには，問題 (5.41) の停留点は変分不等式 (5.1) の解，すなわち問題 (5.41) の大域的最適解になる*1)．

定理 5.11. 写像 $\boldsymbol{F} : \mathbb{R}^n \to \mathbb{R}^n$ は連続的微分可能であると仮定する．そのとき，ある $\boldsymbol{x} \in S$ が最適化問題 (5.41) の停留点，すなわち

$$\langle \nabla g_\alpha(\boldsymbol{x}), \boldsymbol{y} - \boldsymbol{x} \rangle \geqq 0 \qquad (\boldsymbol{y} \in S) \tag{5.42}$$

であり，さらに Jacobi 行列 $\nabla \boldsymbol{F}(\boldsymbol{x})$ が正定値であれば，$\boldsymbol{x}$ は変分不等式問題 (5.1) の解である．

証明 式 (5.40) を式 (5.42) に代入し，$\boldsymbol{y} = \boldsymbol{H}_\alpha(\boldsymbol{x})$ とおけば次式が得られる．

$$\langle \boldsymbol{F}(\boldsymbol{x}) - [\nabla \boldsymbol{F}(\boldsymbol{x}) - \alpha^{-1}\boldsymbol{I}](\boldsymbol{H}_\alpha(\boldsymbol{x}) - \boldsymbol{x}), \boldsymbol{H}_\alpha(\boldsymbol{x}) - \boldsymbol{x} \rangle \geqq 0 \tag{5.43}$$

一方，式 (5.8) より，$\boldsymbol{H}_\alpha(\boldsymbol{x}) = \boldsymbol{P}_S(\boldsymbol{x} - \alpha \boldsymbol{F}(\boldsymbol{x}))$ であるから，定理 2.6 より

$$\langle \boldsymbol{x} - \alpha \boldsymbol{F}(\boldsymbol{x}) - \boldsymbol{H}_\alpha(\boldsymbol{x}), \boldsymbol{y} - \boldsymbol{H}_\alpha(\boldsymbol{x}) \rangle \leqq 0 \qquad (\boldsymbol{y} \in S)$$

が成り立つ．ここで $\boldsymbol{y} = \boldsymbol{x}$ とおいて両辺を α で割れば

$$\langle \boldsymbol{F}(\boldsymbol{x}) + \alpha^{-1}(\boldsymbol{H}_\alpha(\boldsymbol{x}) - \boldsymbol{x}), \boldsymbol{H}_\alpha(\boldsymbol{x}) - \boldsymbol{x} \rangle \leqq 0$$

となるので，これと式 (5.43) より次式を得る．

$$\langle \nabla \boldsymbol{F}(\boldsymbol{x})(\boldsymbol{H}_\alpha(\boldsymbol{x}) - \boldsymbol{x}), \boldsymbol{H}_\alpha(\boldsymbol{x}) - \boldsymbol{x} \rangle \leqq 0 \tag{5.44}$$

---

*1) このことは g_α が凸関数になることを主張するものではない．

仮定より $\nabla \boldsymbol{F}(\boldsymbol{x})$ は正定値であるから，式 (5.44) は $\boldsymbol{H}_\alpha(\boldsymbol{x}) - \boldsymbol{x} = \boldsymbol{0}$ を意味している．よって，定理 5.2 より，$\boldsymbol{x}$ は変分不等式問題 (5.1) の解である． ■

正則化ギャップ関数を用いることにより，変分不等式問題 (5.1) と等価で微分可能な最適化問題 (5.41) が得られるが，これは制約つき問題である．つぎに，変分不等式問題 (5.1) と等価で微分可能な制約なし最適化問題が，次式で定義される関数 $g_{\alpha\beta} : \mathbb{R}^n \to \mathbb{R}$ を用いて構成できることを示す．

$$g_{\alpha\beta}(\boldsymbol{x}) = g_\alpha(\boldsymbol{x}) - g_\beta(\boldsymbol{x}) \tag{5.45}$$

ここで，$g_\alpha : \mathbb{R}^n \to \mathbb{R}$ と $g_\beta : \mathbb{R}^n \to \mathbb{R}$ はそれぞれ $\alpha > \beta > 0$ であるような定数 α, β に対して式 (5.38) によって定義される正則化ギャップ関数である．関数 $g_{\alpha\beta}$ を **D ギャップ関数** (D gap function) と呼ぶ[*1)]．

つぎの補題は以下の議論において重要な役割を果たす．

補題 5.2. 任意の $\boldsymbol{x} \in \mathbb{R}^n$ に対して，つぎの不等式が成立する．

$$\frac{\alpha - \beta}{2\alpha\beta}\|\boldsymbol{x} - \boldsymbol{H}_\beta(\boldsymbol{x})\|^2 \leqq g_{\alpha\beta}(\boldsymbol{x}) \leqq \frac{\alpha - \beta}{2\alpha\beta}\|\boldsymbol{x} - \boldsymbol{H}_\alpha(\boldsymbol{x})\|^2 \tag{5.46}$$

証明 式 (5.38) の右辺は $\boldsymbol{H}_\alpha(\boldsymbol{x})$ によって達成されるので

$$\begin{aligned}
&\langle \boldsymbol{F}(\boldsymbol{x}), \boldsymbol{x} - \boldsymbol{H}_\alpha(\boldsymbol{x})\rangle - \frac{1}{2\alpha}\|\boldsymbol{x} - \boldsymbol{H}_\alpha(\boldsymbol{x})\|^2 \\
&\geqq \langle \boldsymbol{F}(\boldsymbol{x}), \boldsymbol{x} - \boldsymbol{H}_\beta(\boldsymbol{x})\rangle - \frac{1}{2\alpha}\|\boldsymbol{x} - \boldsymbol{H}_\beta(\boldsymbol{x})\|^2
\end{aligned}$$

が成り立つ．よって $g_{\alpha\beta}$ の定義より

$$\begin{aligned}
g_{\alpha\beta}(\boldsymbol{x}) &= \langle \boldsymbol{F}(\boldsymbol{x}), \boldsymbol{x} - \boldsymbol{H}_\alpha(\boldsymbol{x})\rangle - \frac{1}{2\alpha}\|\boldsymbol{x} - \boldsymbol{H}_\alpha(\boldsymbol{x})\|^2 \\
&\quad - \langle \boldsymbol{F}(\boldsymbol{x}), \boldsymbol{x} - \boldsymbol{H}_\beta(\boldsymbol{x})\rangle + \frac{1}{2\beta}\|\boldsymbol{x} - \boldsymbol{H}_\beta(\boldsymbol{x})\|^2 \\
&\geqq \langle \boldsymbol{F}(\boldsymbol{x}), \boldsymbol{x} - \boldsymbol{H}_\beta(\boldsymbol{x})\rangle - \frac{1}{2\alpha}\|\boldsymbol{x} - \boldsymbol{H}_\beta(\boldsymbol{x})\|^2 \\
&\quad - \langle \boldsymbol{F}(\boldsymbol{x}), \boldsymbol{x} - \boldsymbol{H}_\beta(\boldsymbol{x})\rangle + \frac{1}{2\beta}\|\boldsymbol{x} - \boldsymbol{H}_\beta(\boldsymbol{x})\|^2 \\
&= \left(\frac{1}{2\beta} - \frac{1}{2\alpha}\right)\|\boldsymbol{x} - \boldsymbol{H}_\beta(\boldsymbol{x})\|^2
\end{aligned}$$

---

*1) D はこの関数が二つの正則化ギャップ関数の差 (difference) として定義されることに由来する．

を得る．これは式 (5.46) の左側の不等式に他ならない．式 (5.46) の右側の不等式も同様の方法で示すことができる． ■

定理 5.12. 任意の $\boldsymbol{x} \in I\!R^n$ に対して $g_{\alpha\beta}(\boldsymbol{x}) \geqq 0$ であり，$\boldsymbol{x}$ が変分不等式問題 (5.1) の解であることと $g_{\alpha\beta}(\boldsymbol{x}) = 0$ であることは等価である．

証明 補題 5.2 より，すべての $\boldsymbol{x} \in I\!R^n$ に対して $g_{\alpha\beta}(\boldsymbol{x}) \geqq 0$ となることは明らかである．また，$g_{\alpha\beta}(\boldsymbol{x}) = 0$ であれば，式 (5.46) の左の不等式より，$\boldsymbol{x} = \boldsymbol{H}_\beta(\boldsymbol{x})$ が成り立つが，定理 5.2 より，これは $\boldsymbol{x}$ が変分不等式問題 (5.1) の解であることを意味している．逆に，$\boldsymbol{x}$ が変分不等式問題 (5.1) の解であれば，ふたたび定理 5.2 より $\boldsymbol{x} = \boldsymbol{H}_\alpha(\boldsymbol{x})$ であるから，式 (5.46) の右の不等式より，$g_{\alpha\beta}(\boldsymbol{x}) = 0$ を得る． ■

定理 5.12 より，変分不等式問題 (5.1) は制約なし最適化問題

$$\text{目的関数：}\quad g_{\alpha\beta}(\boldsymbol{x}) \longrightarrow \text{最小} \tag{5.47}$$

と等価である．つぎの定理はこの最適化問題の微分可能性を示している．

定理 5.13. 写像 $\boldsymbol{F} : I\!R^n \to I\!R^n$ が連続的微分可能ならば，D ギャップ関数 $g_{\alpha\beta} : I\!R^n \to I\!R$ は連続的微分可能であり，その勾配は次式で与えられる．

$$\begin{aligned}\nabla g_{\alpha\beta}(\boldsymbol{x}) = \nabla \boldsymbol{F}(\boldsymbol{x})(\boldsymbol{H}_\beta(\boldsymbol{x}) - \boldsymbol{H}_\alpha(\boldsymbol{x})) \\ + \alpha^{-1}(\boldsymbol{H}_\alpha(\boldsymbol{x}) - \boldsymbol{x}) - \beta^{-1}(\boldsymbol{H}_\beta(\boldsymbol{x}) - \boldsymbol{x})\end{aligned} \tag{5.48}$$

証明 D ギャップ関数の定義 (5.45) と定理 5.10 より明らかである． ■

正則化ギャップ関数の場合と同様，写像 $\boldsymbol{F}$ の Jacobi 行列が正定値であれば，D ギャップ関数を目的関数とする制約なし最適化問題 (5.47) の停留点は変分不等式問題 (5.1) の解になることがいえる．

定理 5.14. 写像 $\boldsymbol{F} : I\!R^n \to I\!R^n$ は連続的微分可能と仮定する．そのとき，ある $\boldsymbol{x} \in I\!R^n$ において Jacobi 行列 $\nabla \boldsymbol{F}(\boldsymbol{x})$ が正定値であり

$$\nabla g_{\alpha\beta}(\boldsymbol{x}) = \boldsymbol{0} \tag{5.49}$$

が成り立てば，$\boldsymbol{x}$ は変分不等式問題 (5.1) の解である．

証明 任意の $\gamma > 0$ に対して $\boldsymbol{H}_\gamma(\boldsymbol{x}) = \boldsymbol{P}_S(\boldsymbol{x} - \gamma \boldsymbol{F}(\boldsymbol{x}))$ であるから，定理 2.6 より

$$\langle \boldsymbol{x} - \gamma \boldsymbol{F}(\boldsymbol{x}) - \boldsymbol{H}_\gamma(\boldsymbol{x}), \boldsymbol{y} - \boldsymbol{H}_\gamma(\boldsymbol{x}) \rangle \leqq 0 \qquad (\boldsymbol{y} \in S)$$

が成り立つ．この不等式に $\gamma = \alpha$, $\boldsymbol{y} = \boldsymbol{H}_\beta(\boldsymbol{x})$ および $\gamma = \beta$, $\boldsymbol{y} = \boldsymbol{H}_\alpha(\boldsymbol{x})$ を代入して得られる二つの不等式をそれぞれ α^{-1} 倍および β^{-1} 倍したものを加え合わせて，整理すれば

$$\langle \alpha^{-1}(\boldsymbol{H}_\alpha(\boldsymbol{x}) - \boldsymbol{x}) - \beta^{-1}(\boldsymbol{H}_\beta(\boldsymbol{x}) - \boldsymbol{x}), \boldsymbol{H}_\beta(\boldsymbol{x}) - \boldsymbol{H}_\alpha(\boldsymbol{x}) \rangle \geqq 0 \tag{5.50}$$

を得る．一方，式 (5.48) と式 (5.49) より

$$\begin{aligned} 0 &= \langle \nabla g_{\alpha\beta}(\boldsymbol{x}), \boldsymbol{H}_\beta(\boldsymbol{x}) - \boldsymbol{H}_\alpha(\boldsymbol{x}) \rangle \\ &= \langle \alpha^{-1}(\boldsymbol{H}_\alpha(\boldsymbol{x}) - \boldsymbol{x}) - \beta^{-1}(\boldsymbol{H}_\beta(\boldsymbol{x}) - \boldsymbol{x}), \boldsymbol{H}_\beta(\boldsymbol{x}) - \boldsymbol{H}_\alpha(\boldsymbol{x}) \rangle \\ &\quad + \langle \boldsymbol{H}_\beta(\boldsymbol{x}) - \boldsymbol{H}_\alpha(\boldsymbol{x}), \nabla \boldsymbol{F}(\boldsymbol{x})(\boldsymbol{H}_\beta(\boldsymbol{x}) - \boldsymbol{H}_\alpha(\boldsymbol{x})) \rangle \end{aligned} \tag{5.51}$$

であるから，式 (5.50) より

$$\langle \boldsymbol{H}_\beta(\boldsymbol{x}) - \boldsymbol{H}_\alpha(\boldsymbol{x}), \nabla \boldsymbol{F}(\boldsymbol{x})(\boldsymbol{H}_\beta(\boldsymbol{x}) - \boldsymbol{H}_\alpha(\boldsymbol{x})) \rangle \leqq 0$$

となるが，$\nabla \boldsymbol{F}(\boldsymbol{x})$ の正定値性より，これは $\boldsymbol{H}_\beta(\boldsymbol{x}) = \boldsymbol{H}_\alpha(\boldsymbol{x})$ を意味している．さらに，$\boldsymbol{H}_\beta(\boldsymbol{x}) = \boldsymbol{H}_\alpha(\boldsymbol{x})$ を式 (5.48) に代入すれば，式 (5.49) より $\boldsymbol{x} = \boldsymbol{H}_\alpha(\boldsymbol{x})$ が成り立つ．よって，定理 5.2 より，$\boldsymbol{x}$ は変分不等式問題 (5.1) の解である． ■

集合 S が式 (5.3) の直方体で与えられる混合相補性問題の場合には，$\boldsymbol{H}_\alpha(\boldsymbol{x}) = (\mathrm{mid}\{l_1, u_1, x_1 - \alpha F_1(\boldsymbol{x})\}, \ldots, \mathrm{mid}\{l_n, u_n, x_n - \alpha F_n(\boldsymbol{x})\})^\top$ と書けるので，正則化ギャップ関数 g_α や D ギャップ関数 $g_{\alpha\beta}$ の取り扱いは，S が一般の凸集合の場合に比べて容易になる*1)．

相補性問題 (5.6) に対しては，前節で述べた Fischer-Burmeister 関数を用いてメリット関数をつぎのように構成することができる．

$$\hat{\psi}(\boldsymbol{x}) = \frac{1}{2}\|\boldsymbol{\Psi}(\boldsymbol{x})\|^2 = \frac{1}{2}\sum_{i=1}^{n} \Psi_i(\boldsymbol{x})^2 \tag{5.52}$$

---

*1) 相補性問題の場合，$\boldsymbol{H}_\alpha$ の表現はさらに簡略化されて $\boldsymbol{H}_\alpha(\boldsymbol{x}) = (\max\{0, x_1 - \alpha F_1(\boldsymbol{x})\}, \ldots, \max\{0, x_n - \alpha F_n(\boldsymbol{x})\})^\top$ となる．

この関数を 2 乗 Fischer-Burmeister 関数と呼ぶことがある．つぎの定理は相補性問題 (5.6) と制約なし最適化問題

$$\text{目的関数：}\quad \hat{\psi}(\boldsymbol{x}) \longrightarrow \text{最小} \tag{5.53}$$

の等価性を述べている．

定理 5.15. 任意の $\boldsymbol{x} \in I\!R^n$ に対して $\hat{\psi}(\boldsymbol{x}) \geqq 0$ であり，$\boldsymbol{x}$ が相補性問題 (5.6) の解であることと $\hat{\psi}(\boldsymbol{x}) = 0$ であることは等価である．

証明 関数 Ψ_i の定義 (5.29) と Fischer-Burmeister 関数の性質より従う． ■

関数 $\boldsymbol{\Psi}_i$ は一般に微分可能ではないが，その 2 乗和である関数 $\hat{\psi}$ は，つぎの定理が示すように微分可能となる．

定理 5.16. 写像 $\boldsymbol{F} : I\!R^n \to I\!R^n$ が連続的微分可能ならば，関数 $\hat{\psi} : I\!R^n \to I\!R$ も連続的微分可能であり，その勾配は，式 (5.34) によって与えられる任意の行列 $\boldsymbol{G} \in \partial\boldsymbol{\Psi}(\boldsymbol{x})$ を用いて，つぎのように表される．

$$\nabla\hat{\psi}(\boldsymbol{x}) = \boldsymbol{G}\boldsymbol{\Psi}(\boldsymbol{x}) \tag{5.54}$$

証明 関数 $\hat{\Psi}_i : I\!R^n \to I\!R \ (i = 1, \ldots, n)$ を次式で定義する．

$$\hat{\Psi}_i(\boldsymbol{x}) = \frac{1}{2}\Psi_i(\boldsymbol{x})^2$$

そのとき，関数 $\hat{\psi}$ の定義 (5.52) と定理 2.60 より

$$\partial\hat{\psi}(\boldsymbol{x}) \subseteqq \partial\hat{\Psi}_1(\boldsymbol{x}) + \cdots + \partial\hat{\Psi}_n(\boldsymbol{x}) \tag{5.55}$$

であり，式 (2.88), (2.89) より，各 i に対して

$$\partial\hat{\Psi}_i(\boldsymbol{x}) = \mathrm{co}\left\{ \lim_{k\to\infty} \nabla\Psi_i(\boldsymbol{x}^k)\Psi_i(\boldsymbol{x}^k) \,\middle|\, \lim_{k\to\infty} \boldsymbol{x}^k = \boldsymbol{x},\, \{\boldsymbol{x}^k\} \subseteqq \mathcal{D}_{\Psi_i} \right\}$$

が成り立つ．ただし，$\mathcal{D}_{\Psi_i} = \{\boldsymbol{x} \in I\!R^n \mid (x_i, F_i(\boldsymbol{x})) \neq (0,0)\}$ である．ここで，$\boldsymbol{x} \in \mathcal{D}_{\Psi_i}$ ならば，明らかに $\partial\hat{\Psi}_i(\boldsymbol{x}) = \{\nabla\Psi_i(\boldsymbol{x})\Psi_i(\boldsymbol{x})\}$ である．一方，$\boldsymbol{x} \notin \mathcal{D}_{\Psi_i}$ な

らば Ψ_i は $\boldsymbol{x}$ において微分可能でないが，$\Psi_i(\boldsymbol{x}) = 0$ であるから，$\partial\hat{\Psi}_i(\boldsymbol{x}) = \{\boldsymbol{0}\}$ となる．いずれの場合も，$\partial\hat{\Psi}_i(\boldsymbol{x})$ は唯一の要素から成るので，式 (5.55) の右辺の集合は唯一の要素から成る．したがって，式 (5.55) より，$\partial\hat{\psi}(\boldsymbol{x})$ も唯一の要素から成る集合となるが，$\boldsymbol{x}$ は任意であったから，定理 2.58 より，関数 $\hat{\psi}$ は連続的微分可能である．$\hat{\psi}$ の勾配が式 (5.34) の行列 $\boldsymbol{G} \in \partial\boldsymbol{\Psi}(\boldsymbol{x})$ を用いて式 (5.54) のように表されることは，直接的な計算により，容易に確かめることができる．■

つぎの定理は，写像 $\boldsymbol{F}$ の Jacobi 行列が P 行列であれば，2 乗 Fischer-Burmeister 関数 $\hat{\psi}$ に対する制約なし最小化問題 (5.53) の停留点は相補性問題 (5.6) の解になることを示している[*1]．

定理 5.17. 写像 $\boldsymbol{F}: \mathbb{R}^n \to \mathbb{R}^n$ は連続的微分可能であると仮定する．そのとき，ある $\boldsymbol{x} \in \mathbb{R}^n$ において Jacobi 行列 $\nabla\boldsymbol{F}(\boldsymbol{x})^\top$ が P 行列であり

$$\nabla\hat{\psi}(\boldsymbol{x}) = \boldsymbol{0} \tag{5.56}$$

が成り立てば，$\boldsymbol{x}$ は相補性問題 (5.6) の解である．

証明 定理 5.16 より，式 (5.56) は

$$\boldsymbol{G}\boldsymbol{\Psi}(\boldsymbol{x}) = \boldsymbol{0}$$

と書けるが，定理 5.7 より，$\nabla\boldsymbol{F}(\boldsymbol{x})^\top$ が P 行列のとき $\boldsymbol{G} \in \partial\boldsymbol{\Psi}(\boldsymbol{x})$ は正則であるから，$\boldsymbol{\Psi}(\boldsymbol{x}) = \boldsymbol{0}$ が成り立つ．よって，$\boldsymbol{x}$ は相補性問題 (5.6) の解である．■

5.5 M P E C

制約条件のなかに，相補性条件や変分不等式のような均衡条件を含む最適化問題を**均衡制約をもつ数理計画問題** (mathematical program with equilibrium constraints)，あるいはその英語名の頭文字をとって **MPEC** という．

[*1] 定理 5.17 は，$\boldsymbol{F}$ の Jacobi 行列が P 行列より広い P_0 行列と呼ばれるクラスに属する場合にも成立する (Facchinei and Soares (1997))．

典型的な MPEC においては，設計変数と呼ばれる変数 $\boldsymbol{x}$ および状態変数と呼ばれる変数 $\boldsymbol{y}$ が存在し，均衡制約条件は設計変数をパラメータとする変分不等式問題の解集合によって与えられる．すなわち，あるベクトル値関数 $\boldsymbol{F}$ と点-集合写像 $Y(\cdot)$ に対して，設計変数 $\boldsymbol{x}$ をパラメータとするパラメトリック変分不等式問題

$$\langle \boldsymbol{F}(\boldsymbol{x},\boldsymbol{y}), \boldsymbol{z}-\boldsymbol{y}\rangle \geqq 0 \qquad (\boldsymbol{z}\in Y(\boldsymbol{x})) \tag{5.57}$$

の解 $\boldsymbol{y}\in Y(\boldsymbol{x})$ の集合を $S(\boldsymbol{x})$ とすれば，一般に MPEC は

$$\begin{aligned} &\text{目的関数：} && f(\boldsymbol{x},\boldsymbol{y}) \longrightarrow \text{最小} \\ &\text{制約条件：} && (\boldsymbol{x},\boldsymbol{y})\in Z \\ & && \boldsymbol{y}\in S(\boldsymbol{x}) \end{aligned} \tag{5.58}$$

と表される．ただし，f は実数値関数，Z は空でない集合である．特に，変分不等式問題 (5.57) がその特別な場合である相補性問題に帰着されるとき，MPEC (5.58) はつぎの相補性制約条件をもつ問題となる．

$$\begin{aligned} &\text{目的関数：} && f(\boldsymbol{x},\boldsymbol{y}) \longrightarrow \text{最小} \\ &\text{制約条件：} && (\boldsymbol{x},\boldsymbol{y})\in Z \\ & && \boldsymbol{F}(\boldsymbol{x},\boldsymbol{y}) \geqq \boldsymbol{0},\ \boldsymbol{y}\geqq \boldsymbol{0},\ \langle \boldsymbol{F}(\boldsymbol{x},\boldsymbol{y}),\boldsymbol{y}\rangle = 0 \end{aligned}$$

また，制約条件がある最適化問題の解集合として与えられる **2 レベル計画問題** (bilevel programming problem)

$$\begin{aligned} &\text{目的関数：} && f(\boldsymbol{x},\boldsymbol{y}) \longrightarrow \text{最小} \\ &\text{制約条件：} && (\boldsymbol{x},\boldsymbol{y})\in Z \\ & && \boldsymbol{y}\in \operatorname{argmin}_{\boldsymbol{y}}\{\theta(\boldsymbol{x},\boldsymbol{y}) \mid \boldsymbol{c}(\boldsymbol{x},\boldsymbol{y}) \leqq \boldsymbol{0}\} \end{aligned}$$

は*1)，制約条件に含まれる最適化問題が凸計画問題のとき，その KKT 条件を用いることにより，相補性制約条件を含む MPEC として表せる．

以下では，表記を簡単にするために，設計変数と状態変数をまとめてベク

*1) $\operatorname{argmin}_{\boldsymbol{y}}\{\cdots\}$ は括弧内の ($\boldsymbol{y}$ を変数とする) 最適化問題の解集合を表す．

トル $\boldsymbol{x} \in I\!R^n$ で表し，相補性制約条件を含むつぎの MPEC を考察する．

$$\begin{array}{ll} \text{目的関数：} & f(\boldsymbol{x}) \longrightarrow \text{最小} \\ \text{制約条件：} & \boldsymbol{g}(\boldsymbol{x}) \leqq \boldsymbol{0},\ \boldsymbol{h}(\boldsymbol{x}) = \boldsymbol{0} \\ & \boldsymbol{G}(\boldsymbol{x}) \geqq \boldsymbol{0},\ \boldsymbol{H}(\boldsymbol{x}) \geqq \boldsymbol{0} \\ & \langle \boldsymbol{G}(\boldsymbol{x}), \boldsymbol{H}(\boldsymbol{x}) \rangle = 0 \end{array} \tag{5.59}$$

ただし，関数 $f : I\!R^n \to I\!R$, $\boldsymbol{g} : I\!R^n \to I\!R^m$, $\boldsymbol{h} : I\!R^n \to I\!R^l$, $\boldsymbol{G} : I\!R^n \to I\!R^N$, $\boldsymbol{H} : I\!R^n \to I\!R^N$ はいずれも連続的微分可能と仮定する．この問題は一見するとふつうの非線形計画問題であるが，相補性制約条件が存在することにより，以下に述べるような MPEC 特有の問題が発生する．

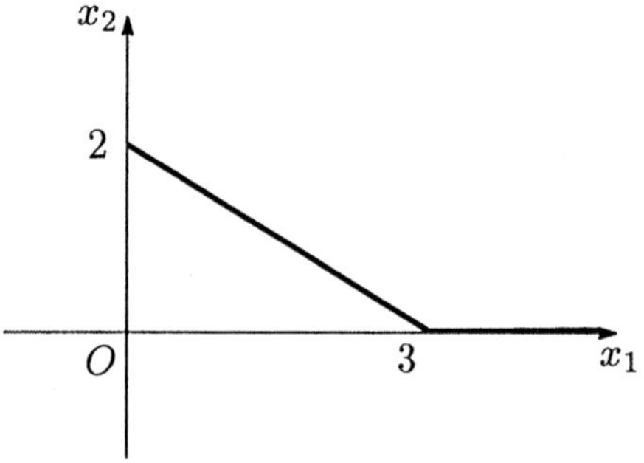

図 5.2 例 5.5 の MPEC の実行可能領域

例 5.5. つぎの問題を考える．

$$\begin{array}{ll} \text{目的関数：} & (x_1 - 2)^2 + (x_2 + 2)^2 \longrightarrow \text{最小} \\ \text{制約条件：} & x_1 \geqq 0 \\ & x_2 \geqq 0,\ 2x_1 + 3x_2 - 6 \geqq 0,\ x_2(2x_1 + 3x_2 - 6) = 0 \end{array}$$

図 5.2 はこの問題の実行可能領域を表している．容易にわかるように，この問題の最適解は $\boldsymbol{x} = (3, 0)^\top$ である．この例のように，一般に MPEC の実行可能領域はいくつかの集合を断片的に繋ぎ合わせたような形になっており，最適解はしばしば複数の断片の境界上の点において達成される．

さらに，つぎの補題が示すように*1)，問題 (5.59) においては標準的な制約想定が成立しないので，KKT 条件を満たす Lagrange 乗数が存在するとは限らない．このことが MPEC を通常の非線形最適化の枠組みで取り扱おうとしたときに理論的な困難を引き起こす主因である．

補題 5.3. 相補性条件

$$\begin{aligned} G_i(\boldsymbol{x}) &\geqq 0 \qquad (i=1,\ldots,N) \\ H_i(\boldsymbol{x}) &\geqq 0 \qquad (i=1,\ldots,N) \\ \varphi(\boldsymbol{x}) &\equiv \sum_{i=1}^{N} G_i(\boldsymbol{x}) H_i(\boldsymbol{x}) = 0 \end{aligned} \tag{5.60}$$

を満たす任意の点において Mangasarian-Fromovitz 制約想定は成立しない．

証明 $\boldsymbol{x} \in I\!R^n$ を式 (5.60) を満たす任意の点とする．式 (5.60) に対する Mangasarian-Fromovitz 制約想定はつぎのように述べることができる．

a) $\nabla\varphi(\boldsymbol{x})$ は 1 次独立，すなわち

$$\nabla\varphi(\boldsymbol{x}) = \sum_{i=1}^{N} H_i(\boldsymbol{x}) \nabla G_i(\boldsymbol{x}) + G_i(\boldsymbol{x}) \nabla H_i(\boldsymbol{x}) \neq \boldsymbol{0} \tag{5.61}$$

b) 次式を満たす $\boldsymbol{y} \in I\!R^n$ が存在する．

$$\begin{aligned} &\langle \nabla G_i(\boldsymbol{x}), \boldsymbol{y} \rangle > 0 \qquad (i \in \mathcal{I}_1(\boldsymbol{x})) \\ &\langle \nabla H_i(\boldsymbol{x}), \boldsymbol{y} \rangle > 0 \qquad (i \in \mathcal{I}_2(\boldsymbol{x})) \\ &\sum_{i=1}^{N} H_i(\boldsymbol{x}) \langle \nabla G_i(\boldsymbol{x}), \boldsymbol{y} \rangle + G_i(\boldsymbol{x}) \langle \nabla H_i(\boldsymbol{x}), \boldsymbol{y} \rangle = 0 \end{aligned} \tag{5.62}$$

ただし，$\mathcal{I}_1(\boldsymbol{x}) = \{i \mid G_i(\boldsymbol{x}) = 0\}, \mathcal{I}_2(\boldsymbol{x}) = \{i \mid H_i(\boldsymbol{x}) = 0\}$ である．

式 (5.62) より，$\langle \nabla G_i(\boldsymbol{x}), \boldsymbol{y} \rangle \leqq 0$ ならば $i \notin \mathcal{I}_1(\boldsymbol{x})$，すなわち $G_i(\boldsymbol{x}) > 0$ であるから，相補性条件 (5.60) より $H_i(\boldsymbol{x}) = 0$ が成り立つ．同様に，$\langle \nabla H_i(\boldsymbol{x}), \boldsymbol{y} \rangle \leqq 0$ ならば $G_i(\boldsymbol{x}) = 0$ である．したがって

$$\sum_{i=1}^{N} H_i(\boldsymbol{x}) \langle \nabla G_i(\boldsymbol{x}), \boldsymbol{y} \rangle + G_i(\boldsymbol{x}) \langle \nabla H_i(\boldsymbol{x}), \boldsymbol{y} \rangle \geqq 0 \tag{5.63}$$

*1) 簡単のため，補題 5.3 では相補性条件以外の制約条件が存在しない場合を考えているが，他の制約条件が存在する場合にも同様の結果が成立する．

が成り立つ．さらに，ある i に対して $G_i(\boldsymbol{x})>0$ であれば，相補性条件 (5.60) より $H_i(\boldsymbol{x})=0$ であるから，式 (5.62) より $\langle \nabla H_i(\boldsymbol{x}), \boldsymbol{y}\rangle > 0$ でなければならない．このことは式 (5.63) において等号が成立しないことを意味するが，これは式 (5.62) の最後の等式に反する．同様に，$H_i(\boldsymbol{x})>0$ であるような i も存在しないことがいえるので，結局，すべての i に対して $G_i(\boldsymbol{x})=H_i(\boldsymbol{x})=0$ が成り立たなければならない．しかしながら，これは明らかに式 (5.61) と両立しない．したがって，点 $\boldsymbol{x}$ において Mangasarian-Fromovitz の制約想定 は成立しない． ■

相補性条件 (5.60) はつぎの条件と等価である．

$$\begin{aligned} &G_i(\boldsymbol{x}) \geqq 0 \qquad (i=1,\ldots,N) \\ &H_i(\boldsymbol{x}) \geqq 0 \qquad (i=1,\ldots,N) \\ &G_i(\boldsymbol{x})H_i(\boldsymbol{x}) = 0 \qquad (i=1,\ldots,N) \end{aligned} \tag{5.64}$$

式 (5.64) に対しても補題 5.3 と同様の結果が成立する (演習問題 5.10)．

MPEC (5.59) に対する最適性条件を導くために，$\overline{\boldsymbol{x}}$ を MPEC (5.59) の局所的最適解とし，$G_i(\overline{\boldsymbol{x}})$ と $H_i(\overline{\boldsymbol{x}})$ の値に基づいて三つの添字集合

$$\begin{aligned} \mathcal{I}(\overline{\boldsymbol{x}}) &= \{i \,|\, G_i(\overline{\boldsymbol{x}}) = 0 < H_i(\overline{\boldsymbol{x}})\} \\ \mathcal{J}(\overline{\boldsymbol{x}}) &= \{i \,|\, G_i(\overline{\boldsymbol{x}}) = 0 = H_i(\overline{\boldsymbol{x}})\} \\ \mathcal{K}(\overline{\boldsymbol{x}}) &= \{i \,|\, G_i(\overline{\boldsymbol{x}}) > 0 = H_i(\overline{\boldsymbol{x}})\} \end{aligned} \tag{5.65}$$

を定義する．以下では，表記を簡単にするため，これらの添字集合をそれぞれ $\mathcal{I},\mathcal{J},\mathcal{K}$ と表す．このとき，$\mathcal{I}\cap\mathcal{J}=\emptyset$, $\mathcal{J}\cap\mathcal{K}=\emptyset$, $\mathcal{K}\cap\mathcal{I}=\emptyset$ であり，相補性条件 $G_i(\overline{\boldsymbol{x}})\geqq 0, H_i(\overline{\boldsymbol{x}})\geqq 0, G_i(\overline{\boldsymbol{x}})H_i(\overline{\boldsymbol{x}})=0$ より $\mathcal{I}\cup\mathcal{J}\cup\mathcal{K}=\{1,\ldots,N\}$ である．特に，$\mathcal{J}=\emptyset$ のとき $\overline{\boldsymbol{x}}$ は**非退化** (nondegenerate) であるという．

まず $\mathcal{J}=\emptyset$，すなわち局所的最適解 $\overline{\boldsymbol{x}}$ は非退化であると仮定し，つぎの問題を考える．

$$\begin{aligned} &\text{目的関数：} \quad f(\boldsymbol{x}) \longrightarrow \text{最小} \\ &\text{制約条件：} \quad \boldsymbol{g}(\boldsymbol{x}) \leqq \boldsymbol{0},\ \boldsymbol{h}(\boldsymbol{x}) = \boldsymbol{0} \\ &\qquad\qquad\quad G_i(\boldsymbol{x}) = 0,\ H_i(\boldsymbol{x}) \geqq 0 \qquad (i \in \mathcal{I}) \\ &\qquad\qquad\quad G_i(\boldsymbol{x}) \geqq 0,\ H_i(\boldsymbol{x}) = 0 \qquad (i \in \mathcal{K}) \end{aligned} \tag{5.66}$$

MPEC (5.59) の実行可能領域を $S \subseteqq \mathbb{R}^n$, 問題 (5.66) の実行可能領域を $\hat{S}$ と表せば, $\mathcal{J} = \emptyset$ であるから, 十分小さい $r > 0$ に対して $S \cap B(\overline{\boldsymbol{x}}, r) = \hat{S} \cap B(\overline{\boldsymbol{x}}, r)$ が成立する. よって, 問題 (5.59) は $\overline{\boldsymbol{x}}$ のまわりで局所的に問題 (5.66) と等価である. また, 問題 (5.66) は相補性条件を含まない通常の非線形計画問題であるから, 第 3 章の最適性条件に関する議論が適用できる. しかしながら, 現実の MPEC においては非退化条件 $\mathcal{J} = \emptyset$ はしばしば成立しないため, MPEC の構造を考慮したより詳細な解析が必要となる.

つぎに, $\mathcal{J} \neq \emptyset$ とし, $\mathcal{J}$ の任意の分割 $\mathcal{J}_1 \cup \mathcal{J}_2 = \mathcal{J}, \mathcal{J}_1 \cap \mathcal{J}_2 = \emptyset$ に対して, 問題 (5.59) の**限定問題** (restricted problem) を次式で定義する.

$$
\begin{array}{lll}
\text{目的関数：} & f(\boldsymbol{x}) \longrightarrow \text{最小} & \\
\text{制約条件：} & \boldsymbol{g}(\boldsymbol{x}) \leqq \mathbf{0},\ \boldsymbol{h}(\boldsymbol{x}) = \mathbf{0} & \\
& G_i(\boldsymbol{x}) = 0,\ H_i(\boldsymbol{x}) \geqq 0 & (i \in \mathcal{I}) \\
& G_i(\boldsymbol{x}) = 0,\ H_i(\boldsymbol{x}) \geqq 0 & (i \in \mathcal{J}_1) \\
& G_i(\boldsymbol{x}) \geqq 0,\ H_i(\boldsymbol{x}) = 0 & (i \in \mathcal{J}_2) \\
& G_i(\boldsymbol{x}) \geqq 0,\ H_i(\boldsymbol{x}) = 0 & (i \in \mathcal{K})
\end{array}
\qquad (5.67)
$$

さらに, 添字集合 $\mathcal{J}$ の分割全体の集合を

$$
\mathcal{P}(\mathcal{J}) = \{(\mathcal{J}_1, \mathcal{J}_2) \mid \mathcal{J}_1 \cup \mathcal{J}_2 = \mathcal{J},\ \mathcal{J}_1 \cap \mathcal{J}_2 = \emptyset\}
$$

とすれば, 集合 $\mathcal{P}(\mathcal{J})$ の要素数 $|\mathcal{P}(\mathcal{J})|$ だけの限定問題が存在する. そこで, 任意の $(\mathcal{J}_1, \mathcal{J}_2) \in \mathcal{P}(\mathcal{J})$ に対して, 問題 (5.67) の実行可能領域を $S(\mathcal{J}_1, \mathcal{J}_2)$ と表せば, 十分小さい $r > 0$ に対して

$$
S \cap B(\overline{\boldsymbol{x}}, r) = \bigcup_{(\mathcal{J}_1, \mathcal{J}_2) \in \mathcal{P}(\mathcal{J})} \Big(S(\mathcal{J}_1, \mathcal{J}_2) \cap B(\overline{\boldsymbol{x}}, r) \Big)
$$

が成り立つ. ここで, 集合 S および $S(\mathcal{J}_1, \mathcal{J}_2)$ の点 $\overline{\boldsymbol{x}}$ における接錐がその点の近傍における集合の形状によって定まることに注意すれば

$$
T_S(\overline{\boldsymbol{x}}) = \bigcup_{(\mathcal{J}_1, \mathcal{J}_2) \in \mathcal{P}(\mathcal{J})} T_{S(\mathcal{J}_1, \mathcal{J}_2)}(\overline{\boldsymbol{x}}) \qquad (5.68)
$$

が成立することがいえる. 各々の $T_{S(\mathcal{J}_1, \mathcal{J}_2)}(\overline{\boldsymbol{x}})$ が凸錐であっても, その和集合である $T_S(\overline{\boldsymbol{x}})$ は一般に凸錐ではない.

定理 3.3 および式 (5.68) より，MPEC (5.59) に対する最適性条件はつぎのように表される．

$$-\nabla f(\overline{\boldsymbol{x}}) \in N_S(\overline{\boldsymbol{x}}) = \Bigl(\bigcup_{(\mathcal{J}_1,\mathcal{J}_2)\in\mathcal{P}(\mathcal{J})} T_{S(\mathcal{J}_1,\mathcal{J}_2)}(\overline{\boldsymbol{x}}) \Bigr)^* \tag{5.69}$$

さらに，定理 2.14 より，この条件は

$$-\nabla f(\overline{\boldsymbol{x}}) \in \bigcap_{(\mathcal{J}_1,\mathcal{J}_2)\in\mathcal{P}(\mathcal{J})} N_{S(\mathcal{J}_1,\mathcal{J}_2)}(\overline{\boldsymbol{x}}) \tag{5.70}$$

と表される．ただし $N_{S(\mathcal{J}_1,\mathcal{J}_2)}(\overline{\boldsymbol{x}}) = T_{S(\mathcal{J}_1,\mathcal{J}_2)}(\overline{\boldsymbol{x}})^*$ である．式 (5.70) が成立するかどうかを調べるには，一般に $|\mathcal{P}(\mathcal{J})| = 2^{|\mathcal{J}|}$ 個の錐 $N_{S(\mathcal{J}_1,\mathcal{J}_2)}(\overline{\boldsymbol{x}})$ に対して $-\nabla f(\overline{\boldsymbol{x}}) \in N_{S(\mathcal{J}_1,\mathcal{J}_2)}(\overline{\boldsymbol{x}})$ が成り立つかどうかを調べる必要がある．

MPEC の最適性条件は上述のような組合せ的性質をもつので，一般に取り扱いは容易ではない．しかし，以下に述べるように，適当な制約想定のもとで，MPEC に対する最適性条件を通常の非線形計画問題の KKT 条件のような形に表現することができる．

MPEC (5.59) の局所的最適解 $\overline{\boldsymbol{x}} \in S$ に対してつぎの**緩和問題** (relaxed problem) を考える．

$$\begin{aligned}
&\text{目的関数：} \quad f(\boldsymbol{x}) \longrightarrow \text{最小} \\
&\text{制約条件：} \quad \boldsymbol{g}(\boldsymbol{x}) \leqq \boldsymbol{0},\ \boldsymbol{h}(\boldsymbol{x}) = \boldsymbol{0} \\
&\qquad\qquad\quad G_i(\boldsymbol{x}) = 0,\ H_i(\boldsymbol{x}) \geqq 0 \qquad (i \in \mathcal{I}) \\
&\qquad\qquad\quad G_i(\boldsymbol{x}) \geqq 0,\ H_i(\boldsymbol{x}) \geqq 0 \qquad (i \in \mathcal{J}) \\
&\qquad\qquad\quad G_i(\boldsymbol{x}) \geqq 0,\ H_i(\boldsymbol{x}) = 0 \qquad (i \in \mathcal{K})
\end{aligned} \tag{5.71}$$

さらに，ri dom

限定問題 (5.67) と同様，緩和問題 (5.71) も相補性条件を含まないふつうの非線形計画問題である．緩和問題 (5.71) の実行可能領域を S_R と表せば，$\overline{\boldsymbol{x}}$ のある近傍 Ω に対して $S \cap \Omega \subseteqq S_R \cap \Omega$ が成り立つので，それらの接錐のあいだには

$$\bigcup_{(\mathcal{J}_1,\mathcal{J}_2)\in\mathcal{P}(\mathcal{J})} T_{S(\mathcal{J}_1,\mathcal{J}_2)}(\overline{\boldsymbol{x}}) = T_S(\overline{\boldsymbol{x}}) \subseteqq T_{S_R}(\overline{\boldsymbol{x}}) \tag{5.72}$$

なる関係が成立する．さらに，式 (5.72) と定理 2.12，定理 2.14 より，それ

らの法線錐のあいだには

$$N_{S_R}(\overline{\boldsymbol{x}}) \subsetneqq N_S(\overline{\boldsymbol{x}}) = \bigcap_{(\mathcal{J}_1,\mathcal{J}_2)\in\mathcal{P}(\mathcal{J})} N_{S(\mathcal{J}_1,\mathcal{J}_2)}(\overline{\boldsymbol{x}}) \tag{5.73}$$

なる関係が成り立つ．式 (5.72) および式 (5.73) の包含関係を例を用いて説明しよう．

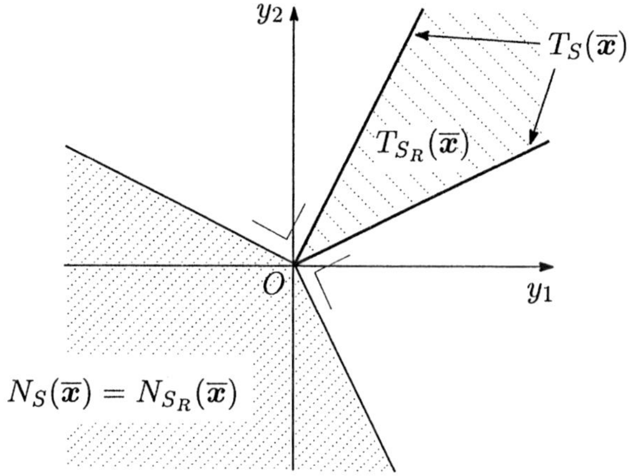

図 **5.3** 例 5.6

例 5.6. MPEC (5.59) において，$n = 2, N = 1$ であり

$$G_1(\boldsymbol{x}) = 2x_1 - x_2, \quad H_1(\boldsymbol{x}) = -x_1 + 2x_2$$

とする．また，制約条件 $\boldsymbol{g}(\boldsymbol{x}) \leqq \boldsymbol{0}, \boldsymbol{h}(\boldsymbol{x}) = \boldsymbol{0}$ は存在しないとする．$\overline{\boldsymbol{x}} = \boldsymbol{0}$ とすれば，$\mathcal{I} = \mathcal{K} = \emptyset$, $\mathcal{J} = \{1\}$ であるから $\mathcal{P}(\mathcal{J}) = \{(\{1\},\emptyset),(\emptyset,\{1\})\}$ となる．したがって，MPEC (5.59) の実行可能領域 S および緩和問題 (5.71) の実行可能領域 S_R の点 $\overline{\boldsymbol{x}}$ における接錐はつぎのように表される．

$$T_S(\overline{\boldsymbol{x}}) = \{\boldsymbol{y} \in I\!R^2 \mid 2y_1 = y_2 \geqq 0\} \cup \{\boldsymbol{y} \in I\!R^2 \mid y_1 = 2y_2 \geqq 0\}$$
$$T_{S_R}(\overline{\boldsymbol{x}}) = \{\boldsymbol{y} \in I\!R^2 \mid 2y_1 \geqq y_2 \geqq \tfrac{1}{2}y_1 \geqq 0\}$$

したがって，これら二つの接錐のあいだには，狭義の包含関係

$$T_S(\overline{\boldsymbol{x}}) \underset{\neq}{\subset} T_{S_R}(\overline{\boldsymbol{x}})$$

が成り立つ．しかし，それらの極錐，すなわち法線錐は

$$N_S(\overline{\boldsymbol{x}}) = N_{S_R}(\overline{\boldsymbol{x}}) = \{\boldsymbol{v} \in I\!R^2 \mid v_1 + 2v_2 \leqq 0,\ 2v_1 + v_2 \leqq 0\}$$

となり，両者は一致する (図 5.3).

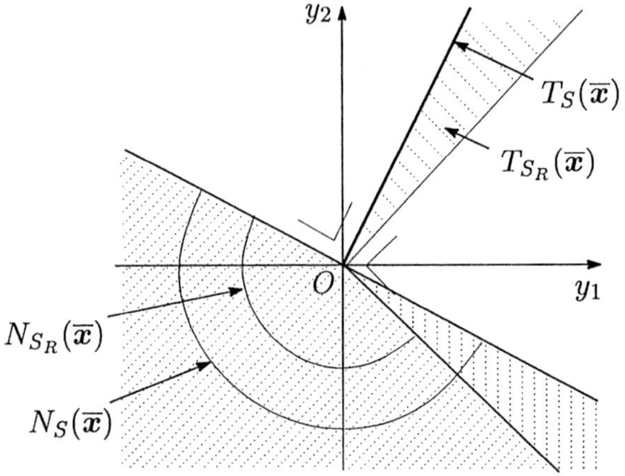

図 **5.4** 例 5.7

例 5.7. MPEC (5.59) において，$n = 2, N = 1, m = 1$ であり

$$G_1(\boldsymbol{x}) = 2x_1 - x_2, \quad H_1(\boldsymbol{x}) = -x_1 + 2x_2, \quad g(\boldsymbol{x}) = x_1 - x_2$$

とする．また，制約条件 $\boldsymbol{h}(\boldsymbol{x}) = \boldsymbol{0}$ は存在しないとする．$\overline{\boldsymbol{x}} = \boldsymbol{0}$ とすれば，$\mathcal{I} = \mathcal{K} = \emptyset$, $\mathcal{J} = \{1\}$ であるから $\mathcal{P}(\mathcal{J}) = \{(\{1\}, \emptyset), (\emptyset, \{1\})\}$ となる．この問題には制約条件 $g(\boldsymbol{x}) \leqq 0$ が存在するので，MPEC (5.59) の実行可能領域

S および緩和問題 (5.71) の実行可能領域 S_R の点 $\overline{\boldsymbol{x}}$ における接錐は

$$T_S(\overline{\boldsymbol{x}}) = \{\boldsymbol{y} \in I\!R^2 \,|\, 2y_1 = y_2 \geqq 0\}$$
$$T_{S_R}(\overline{\boldsymbol{x}}) = \{\boldsymbol{y} \in I\!R^2 \,|\, 2y_1 \geqq y_2 \geqq y_1 \geqq 0\}$$

と表される．よって，これら二つの接錐のあいだには，狭義の包含関係

$$T_S(\overline{\boldsymbol{x}}) \underset{\neq}{\subset} T_{S_R}(\overline{\boldsymbol{x}})$$

が成り立つ．さらに，それらの極錐，すなわち法線錐は

$$N_S(\overline{\boldsymbol{x}}) = \{\boldsymbol{v} \in I\!R^2 \,|\, v_1 + 2v_2 \leqq 0\}$$
$$N_{S_R}(\overline{\boldsymbol{x}}) = \{\boldsymbol{v} \in I\!R^2 \,|\, v_1 + 2v_2 \leqq 0,\ v_1 + v_2 \leqq 0\}$$

となるので，例 5.6 とは異なり，法線錐も一致しない (図 5.4).

上の二つの例が示すように，一般に式 (5.72) の接錐に対する包含関係 $\subseteq$ を等号で置き換えることはできない．しかしながら，例 5.6 のように，法線錐に対しては式 (5.73) において

$$N_S(\overline{\boldsymbol{x}}) = N_{S_R}(\overline{\boldsymbol{x}}) \tag{5.74}$$

が成立する場合は少なくない．特に，式 (5.74) が成り立つとき，最適性条件 (5.69) は

$$-\nabla f(\overline{\boldsymbol{x}}) \in N_{S_R}(\overline{\boldsymbol{x}}) \tag{5.75}$$

と等価であり，緩和問題 (5.71) は通常の非線形計画問題であるから，適当な制約想定のもとで KKT 条件を導くことができる．式 (5.65) の添字集合 $\mathcal{I} = \mathcal{I}(\overline{\boldsymbol{x}})$, $\mathcal{J} = \mathcal{J}(\overline{\boldsymbol{x}})$, $\mathcal{K} = \mathcal{K}(\overline{\boldsymbol{x}})$ と $\mathcal{M}(\overline{\boldsymbol{x}}) = \{i \,|\, g_i(\overline{\boldsymbol{x}}) = 0 \ (i = 1, \ldots, m)\}$ によって定義される添字集合 $\mathcal{M} = \mathcal{M}(\overline{\boldsymbol{x}})$ を用いて，MPEC に対する制約想定をつぎのように表す.

- **MPEC 1 次独立制約想定** (MPEC-LICQ)：ベクトル $\nabla g_i(\overline{\boldsymbol{x}})$ $(i \in \mathcal{M})$, $\nabla h_j(\overline{\boldsymbol{x}})$ $(j = 1, \ldots, l)$, $\nabla G_i(\overline{\boldsymbol{x}})$ $(i \in \mathcal{I} \cup \mathcal{J})$, $\nabla H_i(\overline{\boldsymbol{x}})$ $(i \in \mathcal{J} \cup \mathcal{K})$ は 1 次独立である.

これは緩和問題 (5.71) に対する1次独立制約想定に他ならない*1). 補題 3.7 および補題 3.8 より, MPEC-LICQ のもとで, 限定問題 (5.67) と緩和問題 (5.71) の実行可能領域に対する接錐はつぎのように表される.

$$
\begin{aligned}
T_{S(\mathcal{J}_1,\mathcal{J}_2)}(\overline{\boldsymbol{x}}) = \{\boldsymbol{v} \in I\!R^n \mid\ & \langle \nabla g_i(\overline{\boldsymbol{x}}), \boldsymbol{v}\rangle \leqq 0 \quad (i \in \mathcal{M}) \\
& \langle \nabla h_j(\overline{\boldsymbol{x}}), \boldsymbol{v}\rangle = 0 \quad (j = 1,\ldots,l) \\
& \langle \nabla G_i(\overline{\boldsymbol{x}}), \boldsymbol{v}\rangle = 0 \quad (i \in \mathcal{I} \cup \mathcal{J}_1) \\
& \langle \nabla G_i(\overline{\boldsymbol{x}}), \boldsymbol{v}\rangle \geqq 0 \quad (i \in \mathcal{J}_2) \\
& \langle \nabla H_i(\overline{\boldsymbol{x}}), \boldsymbol{v}\rangle \geqq 0 \quad (i \in \mathcal{J}_1) \\
& \langle \nabla H_i(\overline{\boldsymbol{x}}), \boldsymbol{v}\rangle = 0 \quad (i \in \mathcal{K} \cup \mathcal{J}_2)\}
\end{aligned}
\tag{5.76}
$$

$$
\begin{aligned}
T_{S_R}(\overline{\boldsymbol{x}}) = \{\boldsymbol{v} \in I\!R^n \mid\ & \langle \nabla g_i(\overline{\boldsymbol{x}}), \boldsymbol{v}\rangle \leqq 0 \quad (i \in \mathcal{M}) \\
& \langle \nabla h_j(\overline{\boldsymbol{x}}), \boldsymbol{v}\rangle = 0 \quad (j = 1,\ldots,l) \\
& \langle \nabla G_i(\overline{\boldsymbol{x}}), \boldsymbol{v}\rangle = 0 \quad (i \in \mathcal{I}) \\
& \langle \nabla G_i(\overline{\boldsymbol{x}}), \boldsymbol{v}\rangle \geqq 0 \quad (i \in \mathcal{J}) \\
& \langle \nabla H_i(\overline{\boldsymbol{x}}), \boldsymbol{v}\rangle \geqq 0 \quad (i \in \mathcal{J}) \\
& \langle \nabla H_i(\overline{\boldsymbol{x}}), \boldsymbol{v}\rangle = 0 \quad (i \in \mathcal{K})\}
\end{aligned}
\tag{5.77}
$$

つぎの補題は, MPEC-LICQ のもとで MPEC (5.59) と緩和問題 (5.71) の実行可能領域に対する法線錐が一致することを示しており, MPEC (5.59) に対する KKT 条件を導くための鍵となるものである.

補題 5.4. MPEC-LICQ のもとで $N_S(\overline{\boldsymbol{x}}) = N_{S_R}(\overline{\boldsymbol{x}})$ が成立する. さらに, 任意の $\boldsymbol{v} \in N_S(\overline{\boldsymbol{x}})$ に対して

$$
\begin{gathered}
\boldsymbol{v} = \sum_{i\in\mathcal{M}} \lambda_i \nabla g_i(\overline{\boldsymbol{x}}) + \sum_{j=1}^{l} \mu_j \nabla h_j(\overline{\boldsymbol{x}}) - \sum_{i\in\mathcal{I}\cup\mathcal{J}} \xi_i \nabla G_i(\overline{\boldsymbol{x}}) - \sum_{i\in\mathcal{J}\cup\mathcal{K}} \eta_i \nabla H_i(\overline{\boldsymbol{x}}) \\
\lambda_i \geqq 0\ (i \in \mathcal{M}), \quad \xi_i \geqq 0\ (i \in \mathcal{J}), \quad \eta_i \geqq 0\ (i \in \mathcal{J})
\end{gathered}
\tag{5.78}
$$

を満たす $\lambda_i\ (i \in \mathcal{M})$, $\mu_j\ (j = 1,\ldots,l)$, $\xi_i\ (i \in \mathcal{I} \cup \mathcal{J})$, $\eta_i\ (i \in \mathcal{J} \cup \mathcal{K})$ が一意的に存在する.

---

*1) 問題 (5.59) の形に定式化された MPEC に対する1次独立制約想定とは異なるものである. 補題 5.3 において示したように, MPEC (5.59) に対して通常の制約想定は成立しない.

証明 式 (5.73) より $N_S(\overline{\boldsymbol{x}}) \supseteqq N_{S_R}(\overline{\boldsymbol{x}})$ であるから，$N_S(\overline{\boldsymbol{x}}) \subseteqq N_{S_R}(\overline{\boldsymbol{x}})$ を示せばよい．$\boldsymbol{v} \in I\!R^n$ を $N_S(\overline{\boldsymbol{x}})$ に属する任意のベクトルとする．そのとき，式 (5.73) より，任意の $(\mathcal{J}_1, \mathcal{J}_2) \in \mathcal{P}(\mathcal{J})$ に対して $\boldsymbol{v} \in N_{S(\mathcal{J}_1,\mathcal{J}_2)}(\overline{\boldsymbol{x}})$ となるから，式 (5.76) と定理 2.15 の系 (系 2.1) より

$$\boldsymbol{v} = \sum_{i \in \mathcal{M}} \lambda_i \nabla g_i(\overline{\boldsymbol{x}}) + \sum_{j=1}^{l} \mu_j \nabla h_j(\overline{\boldsymbol{x}}) - \sum_{i \in \mathcal{I} \cup \mathcal{J}} \xi_i \nabla G_i(\overline{\boldsymbol{x}}) - \sum_{i \in \mathcal{J} \cup \mathcal{K}} \eta_i \nabla H_i(\overline{\boldsymbol{x}})$$

$$\lambda_i \geqq 0 \ (i \in \mathcal{M}), \quad \xi_i \geqq 0 \ (i \in \mathcal{J}_2), \quad \eta_i \geqq 0 \ (i \in \mathcal{J}_1)$$

を満たす $\lambda_i \ (i \in \mathcal{M})$，$\mu_j \ (j = 1, \ldots, l)$，$\xi_i \ (i \in \mathcal{I} \cup \mathcal{J})$，$\eta_i \ (i \in \mathcal{J} \cup \mathcal{K})$ が存在する．また，MPEC-LICQ より，$(\lambda_i, \mu_j, \xi_i, \eta_i)$ の値は分割 $(\mathcal{J}_1, \mathcal{J}_2)$ によらず一意に定まる．したがって，これらの $\lambda_i \ (i \in \mathcal{M})$，$\mu_j \ (j = 1, \ldots, l)$，$\xi_i \ (i \in \mathcal{I} \cup \mathcal{J})$，$\eta_i \ (i \in \mathcal{J} \cup \mathcal{K})$ は式 (5.78) を満足する．さらに，式 (5.77) と定理 2.15 の系 (系 2.1) より，$\boldsymbol{v} \in N_{S_R}(\overline{\boldsymbol{x}})$ が成り立つ．よって，$N_S(\overline{\boldsymbol{x}}) \subseteqq N_{S_R}(\overline{\boldsymbol{x}})$ である． ■

つぎの定理は，MPEC (5.59) に対する最適性条件 (5.69) が MPEC-LICQ のもとで，通常の非線形計画問題に対する KKT 条件と極めて類似した形で記述できることを示している．MPEC (5.59) に対する KKT 条件と通常の非線形計画問題に対する KKT 条件の重要な相違点は，特に相補性制約条件に関して，$G_i(\boldsymbol{x}) \geqq 0$ と $H_i(\boldsymbol{x}) \geqq 0$ がともに有効制約条件となるときにのみ Lagrange 乗数は非負となり，それ以外の相補性制約条件に対応する Lagrange 乗数には符号の条件が付かないことである．

定理 5.18. $\overline{\boldsymbol{x}} \in I\!R^n$ を MPEC (5.59) の局所的最適解とし，MPEC-LICQ が満たされているとする．そのとき次式を満たす Lagrange 乗数 $\boldsymbol{\lambda} \in I\!R^m$, $\boldsymbol{\mu} \in I\!R^l$, $\boldsymbol{\xi} \in I\!R^N$, $\boldsymbol{\eta} \in I\!R^N$ が一意的に存在する．

$$\begin{aligned}
&\nabla f(\overline{\boldsymbol{x}}) + \sum_{i=1}^{m} \lambda_i \nabla g_i(\overline{\boldsymbol{x}}) + \sum_{j=1}^{l} \mu_j \nabla h_j(\overline{\boldsymbol{x}}) - \sum_{i=1}^{N} \Big[\xi_i \nabla G_i(\overline{\boldsymbol{x}}) + \eta_i \nabla H_i(\overline{\boldsymbol{x}}) \Big] = \boldsymbol{0} \\
&\lambda_i \geqq 0, \ g_i(\overline{\boldsymbol{x}}) \leqq 0, \ \lambda_i g_i(\overline{\boldsymbol{x}}) = 0 \qquad (i = 1, \ldots, m) \\
&h_j(\overline{\boldsymbol{x}}) = 0 \qquad (j = 1, \ldots, l) \\
&G_i(\overline{\boldsymbol{x}}) \geqq 0, \ H_i(\overline{\boldsymbol{x}}) \geqq 0, \ G_i(\overline{\boldsymbol{x}}) H_i(\overline{\boldsymbol{x}}) = 0 \qquad (i = 1, \ldots, N) \\
&G_i(\overline{\boldsymbol{x}}) > 0 \implies \xi_i = 0, \quad H_i(\overline{\boldsymbol{x}}) > 0 \implies \eta_i = 0 \\
&G_i(\overline{\boldsymbol{x}}) = H_i(\overline{\boldsymbol{x}}) = 0 \implies \xi_i \geqq 0, \ \eta_i \geqq 0
\end{aligned} \tag{5.79}$$

証明 式 (5.69) と補題 5.4 より

$$-\nabla f(\overline{\boldsymbol{x}}) = \sum_{i\in\mathcal{M}} \lambda_i \nabla g_i(\overline{\boldsymbol{x}}) + \sum_{j=1}^{l} \mu_j \nabla h_j(\overline{\boldsymbol{x}}) - \sum_{i\in\mathcal{I}\cup\mathcal{J}} \xi_i \nabla G_i(\overline{\boldsymbol{x}}) - \sum_{i\in\mathcal{J}\cup\mathcal{K}} \eta_i \nabla H_i(\overline{\boldsymbol{x}})$$

$$\lambda_i \geqq 0\ (i\in\mathcal{M}),\quad \xi_i \geqq 0\ (i\in\mathcal{J}),\quad \eta_i \geqq 0\ (i\in\mathcal{J})$$

を満たす $\lambda_i\ (i\in\mathcal{M})$, $\mu_j\ (j=1,\ldots,l)$, $\xi_i\ (i\in\mathcal{I}\cup\mathcal{J})$, $\eta_i\ (i\in\mathcal{J}\cup\mathcal{K})$ が一意に存在する．よって，$\lambda_i = 0\ (i\notin\mathcal{M})$, $\xi_i = 0\ (i\in\mathcal{K})$, $\eta_i = 0\ (i\in\mathcal{I})$ とおくことにより定理の結果を得る． ■

5.6 演 習 問 題

5.1 例 5.1 に対する KKT 条件を導き，$\overline{\boldsymbol{x}} = (2,1)^\top$ がその KKT 条件を満たすことを確かめよ．

5.2 つぎの 2 次計画問題を考える．ただし，行列 $\boldsymbol{Q}$ は半正定値対称とする．

目的関数： $\langle \boldsymbol{c}, \boldsymbol{x}\rangle + \frac{1}{2}\langle \boldsymbol{x}, \boldsymbol{Q}\boldsymbol{x}\rangle \longrightarrow$ 最小
制約条件： $\boldsymbol{A}\boldsymbol{x} \geqq \boldsymbol{b},\ \boldsymbol{x} \geqq \boldsymbol{0}$

この問題の KKT 条件を，単調写像を含む線形相補性問題として定式化せよ．

5.3 つぎの 2 次計画問題を考える．ただし，行列 $\boldsymbol{Q}$ は正定値対称とする．

目的関数： $\langle \boldsymbol{c}, \boldsymbol{x}\rangle + \frac{1}{2}\langle \boldsymbol{x}, \boldsymbol{Q}\boldsymbol{x}\rangle \longrightarrow$ 最小
制約条件： $\boldsymbol{A}\boldsymbol{x} \geqq \boldsymbol{b}$

この問題の Lagrange 双対問題に対する KKT 条件を線形相補性問題として定式化せよ．

5.4 写像 $\boldsymbol{F} : I\!R^n \to I\!R^n$ が凸集合 $S \subseteqq I\!R^n$ において強単調ならば S において強圧的であることを示せ．

5.5 $S \subseteqq I\!R^n$ を直方体とする．そのとき，写像 $\boldsymbol{F}$ が S において狭義単調ならば P 関数であり，強単調ならば一様 P 関数であることを示せ．

5.6 連続な単調写像 $\boldsymbol{F} : I\!R^n \to I\!R^n$ に対して，$\boldsymbol{F}(\boldsymbol{x}^0) > \boldsymbol{0}$ を満たす点 $\boldsymbol{x}^0 \in I\!R^n_+$ が存在するならば[*1)]，$\boldsymbol{F}$ は $I\!R^n_+$ において強圧的であることを示せ．(よって，定理 5.3 より，相補性問題 (5.6) はこの条件のもとで解をもつ．)

*1) $\boldsymbol{F}$ の連続性より，これは $\boldsymbol{x}^0 > \boldsymbol{0}$ かつ $\boldsymbol{F}(\boldsymbol{x}^0) > \boldsymbol{0}$ を満たす点 $\boldsymbol{x}^0$ が存在することと等価である．

5.7 写像 $\boldsymbol{F}: I\!R^n \to I\!R^n$ を閉凸集合 $S \subseteq I\!R^n$ において係数 σ の強単調とし，変分不等式問題 (5.1) の唯一解を $\overline{\boldsymbol{x}}$ と表す．そのとき次式が成り立つことを示せ．

$$\langle \boldsymbol{F}(\boldsymbol{x}), \boldsymbol{x} - \overline{\boldsymbol{x}} \rangle \geqq \sigma \|\boldsymbol{x} - \overline{\boldsymbol{x}}\|^2 \qquad (\boldsymbol{x} \in S)$$

さらに，$2\alpha\sigma > 1$ のとき正則化ギャップ関数 g_α に対して次式が成立することを示せ．

$$g_\alpha(\boldsymbol{x}) \geqq \left(\sigma - \frac{1}{2\alpha}\right) \|\boldsymbol{x} - \overline{\boldsymbol{x}}\|^2 \qquad (\boldsymbol{x} \in S)$$

5.8 任意の $\varepsilon > 0$ と微分可能な写像 $\boldsymbol{F}: I\!R^n \to I\!R^n$ に対して，次式で定義される $\Phi_i^\varepsilon(\boldsymbol{x})$ を第 i 成分とする写像 $\boldsymbol{\Phi}^\varepsilon: I\!R^n \to I\!R^n$ は微分可能である．

$$\Phi_i^\varepsilon(\boldsymbol{x}) = \frac{1}{2}\left\{x_i + F_i(\boldsymbol{x}) - \sqrt{(x_i - F_i(\boldsymbol{x}))^2 + 4\varepsilon^2}\right\}$$

a) 写像 $\boldsymbol{\Phi}^\varepsilon$ の Jacobi 行列 $\nabla\boldsymbol{\Phi}^\varepsilon(\boldsymbol{x})$ を計算せよ．また，$\nabla\boldsymbol{F}(\boldsymbol{x})^\top$ が P 行列ならば $\nabla\boldsymbol{\Phi}^\varepsilon(\boldsymbol{x})$ は正則であることを示せ．

b) 式 (5.23) の $\Phi_i(\boldsymbol{x})$ を第 i 成分とする写像 $\boldsymbol{\Phi}: I\!R^n \to I\!R^n$ に対して，つぎの不等式が成立することを示せ．

$$0 < \|\boldsymbol{\Phi}(\boldsymbol{x}) - \boldsymbol{\Phi}^\varepsilon(\boldsymbol{x})\| \leqq \sqrt{n}\varepsilon \qquad (\boldsymbol{x} \in I\!R^n)$$

(ヒント: $\min\{a, b\} = \frac{1}{2}(a + b - \sqrt{(a-b)^2})$ が成り立つ．)

c) $\boldsymbol{\Phi}^\varepsilon(\boldsymbol{x}) = \boldsymbol{0}$ ならば $x_i > 0$, $F_i(\boldsymbol{x}) > 0$, $x_i F_i(\boldsymbol{x}) = \varepsilon^2$ $(i = 1, \ldots, n)$ が成り立つことを示せ．

5.9 任意の $\varepsilon > 0$ と微分可能な写像 $\boldsymbol{F}: I\!R^n \to I\!R^n$ に対して，次式で定義される $\Psi_i^\varepsilon(\boldsymbol{x})$ を第 i 成分とする写像 $\boldsymbol{\Psi}^\varepsilon: I\!R^n \to I\!R^n$ は微分可能である．

$$\Psi_i^\varepsilon(\boldsymbol{x}) = x_i + F_i(\boldsymbol{x}) - \sqrt{x_i^2 + F_i(\boldsymbol{x})^2 + \varepsilon^2}$$

a) 写像 $\boldsymbol{\Psi}^\varepsilon$ の Jacobi 行列 $\nabla\boldsymbol{\Psi}^\varepsilon(\boldsymbol{x})$ を計算せよ．また，$\nabla\boldsymbol{F}(\boldsymbol{x})^\top$ が P 行列ならば $\nabla\boldsymbol{\Psi}^\varepsilon(\boldsymbol{x})$ は正則であることを示せ．

b) 式 (5.28), (5.29) の $\Psi_i(\boldsymbol{x})$ を第 i 成分とする写像 $\boldsymbol{\Psi}: I\!R^n \to I\!R^n$ に対して，つぎの不等式が成立することを示せ．

$$0 < \|\boldsymbol{\Psi}(\boldsymbol{x}) - \boldsymbol{\Psi}^\varepsilon(\boldsymbol{x})\| \leqq \sqrt{n}\varepsilon \qquad (\boldsymbol{x} \in I\!R^n)$$

c) $\boldsymbol{\Psi}^\varepsilon(\boldsymbol{x}) = \boldsymbol{0}$ ならば $x_i > 0$, $F_i(\boldsymbol{x}) > 0$, $x_i F_i(\boldsymbol{x}) = \varepsilon^2/2$ $(i = 1, \ldots, n)$ が成り立つことを示せ．

5.10 相補性条件 (5.64) を満たす任意の点 $\boldsymbol{x}$ において Mangasarian-Fromovitz 制約想定は成立しないことを示せ．

5.11 つぎの MPEC を考える．

$$
\begin{array}{ll}
\text{目的関数：} & (x_1+1)^2+(x_2+1)^2 \longrightarrow \text{最小} \\
\text{制約条件：} & x_1+x_2-2 \geqq 0,\ x_2-1 \geqq 0 \\
 & (x_1+x_2-2)(x_2-1)=0
\end{array}
$$

この問題の実行可能領域を図示し，最適解を求めよ．さらに，その最適解において MPEC-LICQ が成り立っているかどうかを調べ，もし成り立っているなら KKT 条件 (5.79) を満たす Lagrange 乗数を求めよ．

5.12 与えられた写像 $\boldsymbol{F}:\mathcal{S}^n\to\mathcal{S}^n$ に対して，次式を満たす行列 $\boldsymbol{X}\in\mathcal{S}^n$ を求める問題を**半正定値相補性問題** (semidefinite complementarity problem) という．

$$
\boldsymbol{F}(\boldsymbol{X})\succeq \boldsymbol{O},\ \boldsymbol{X}\succeq \boldsymbol{O},\ \langle \boldsymbol{F}(\boldsymbol{X}),\boldsymbol{X}\rangle=0
$$

行列 $\boldsymbol{X}\in\mathcal{S}^n$ がこの問題の解であるための必要十分条件は

$$
\boldsymbol{F}(\boldsymbol{X})\succeq \boldsymbol{O},\ \boldsymbol{X}\succeq \boldsymbol{O},\ \boldsymbol{F}(\boldsymbol{X})\boldsymbol{X}=\boldsymbol{O}
$$

であることを示せ．

6
あ と が き

本書を執筆するにあたって参考にした文献および本書の内容に関連する重要な文献をあげる.

非線形最適化に関する教科書には最適化手法 (アルゴリズム) を重点的に取り扱っているものが多いが，ここでは特に最適性条件や双対定理などの理論面もバランスよく解説している好著として Bertsekas[6] をあげておく.

第 2 章の凸解析については Rockafellar[32] の古典的名著の他に，Ekeland and Temam[13], Hiriart-Urruty and Lemaréchal[19], Borwein and Lewis[9], Anslender and Teboulle[3], Bertsekas[7] などがいずれも特徴のある好著である．また，凸解析を主に取り扱った和書としては布川，中山，谷野[17], 田中[37] などがある．線形代数，特に行列に関する諸性質を解説した優れた教科書として Horn and Johnson[20] は好適である．さらに，最適化理論でよく用いられる線形代数と微積分の結果を要領よくまとめた Ortega and Rheinboldt[29] の Part 1 と Part 2 もなかなか便利である．また，点-集合写像の基本的な性質については，古典的な名著である Berge[5] を一読されることをお薦めする．凸解析や点-集合写像に関する結果のさまざまな拡張については，700 頁を超える大著 Rockafellar and Wets[36] をはじめ，Clarke[10], Aubin and Frankowska[1] や Clarke, Ledyaev, Stern and Wolenski[11] などがある．また，準凸関数，擬凸関数，二者択一定理などを体系的にまとめた Mangasarian[25] も一読に値する書物である．さらに，離散空間上で凸解析理論を展開した室田[27] の離散凸解析も興味深い．なお，本書では触れなかったが，Nesterov and Nemirovskii[28] は自己整合障壁関数 (self-concordant barrier function) と呼ばれる凸関数のクラスが，特に凸最適化問題に対する Newton 法において重要な役割をもつことを指摘し，内点法の理論的発展に大きく貢献した．

Karush-Kuhn-Tucker 条件などの最適性条件については，非線形最適化の大抵の教科書に取り上げられているが，制約想定については Bazaraa and Shetty[4] や今野，山下 [22] に詳しい説明がある．微分不可能な最適化問題に対する最適性条件については，Clarke[10], Rockafellar[35] や Rockafellar and Wets[36] において綿密な議論がなされている．また，安定性理論については Berge[5] を，感度分析については Fiacco and McCormick[16] や Bonnans and Shapiro[8] を参照されたい．

凸計画問題に対する Lagrange 双対性理論は多くの教科書で解説されている．本書では非凸関数も統一的に取り扱える Rockafellar[34] によるアプローチを採用した．関数空間における最適化問題の双対性については Luenberger[23] の記述が優れている．また，Fenchel 双対性に関しては Rockafellar[32] や Rockafellar and Wets[36] に詳しく述べられている．Bertsekas[7] には凸計画問題に対する Lagrange および Fenchel 双対性理論の分かりやすい説明がある．半正定値計画問題に対する双対性理論やその他の話題は Wolkowicz, Saigal and Vandenberghe[38] の編集によるハンドブックに収録されている．

変分不等式問題に対する初期の書物として Auslender[2] と Kinderlehrer and Stampacchia[21]，その後の発展を包括的に解説した文献として Harker and Pang[18] および Facchinei and Pang[15] をあげる．特に，後者は均衡問題全般を網羅する大著である．また，線形相補性問題に関しては Cottle, Pang and Stone[12] に非常に詳しい説明がある．MPEC に関する教科書としては Luo, Pang and Ralph[24] が代表的である．本書では触れられなかったが，最適化問題あるいは均衡問題に対する反復解法の収束性を解析するときなどに重要な役割を演じるエラーバウンドについての解説が Pang[30] にある．

ここではもっぱら教科書とサーベイ論文を紹介し，研究論文の類にはほとんど言及しなかった．より詳しい情報については，個々の文献にあげられている参考文献に読者自らが当たられることを期待する．

文　献

1) J.-P. Aubin and H. Frankowska: *Set-Valued Analysis*, Birkhäuser, Boston, 1990.
2) A. Auslender: *Optimisation: Méthodes Numériques*, Masson, Paris, 1976.
3) A. Auslender and M. Teboulle: *Asymptotic Cones and Functions in Optimization and Variational Inequalities*, Springer Verlag, New York, 2003.
4) M.S. Bazaraa and C.M. Shetty: *Foundation of Optimization*, Springer-Verlag, Berlin, 1976.
5) C. Berge: *Espaces Topologiques*, Dunod, Paris, 1959; English Edition, *Topological Spaces*, Oliver and Boyd, Edinburgh, 1963.
6) D.P. Bertsekas: *Nonlinear Programming*, Athena Scientific, Belmont, 1995.
7) D.P. Bertsekas: *Convex Analysis and Optimization*, Athena Scientific, Belmont, 2003.
8) J.F. Bonnans and A. Shapiro: Optimization problems with perturbations: A guided tour, *SIAM Review* 40 (1998), pp. 228–264.
9) J.M. Borwein and A.S. Lewis: *Convex Analysis and Nonlinear Optimization: Theory and Examples*, Springer-Verlag, New York, 2000.
10) F.H. Clarke: *Optimization and Nonsmooth Analysis*, John Wiley & Sons, New York, 1983; also SIAM, Philadelphia, 1990.
11) F.H. Clarke, Yu.S. Ledyaev, R.J. Stern and P.R. Wolenski: *Nonsmooth Analysis and Control Theory*, Springer-Verlag, New York, 1998.
12) R.W. Cottle, J.-S. Pang and R.E. Stone: *The Linear Complementarity Problem*, Academic Press, San Diego, 1992.
13) I. Ekeland and R. Temam: *Convex Analysis and Variational Problems*, North Holland, Amsterdam, 1976; also SIAM, Philadelphia, 1999.
14) F. Facchinei and J. Soares: A new merit function for nonlinear complementarity problems and a related algorithm, *SIAM Journal on Optimization* 7 (1997), pp. 225–247.
15) F. Facchinei and J.-S. Pang: *Finite-Dimensional Variational Inequalities and Complementarity Problems, I and II*, Springer-Verlag, New York, 2003.
16) A.V. Fiacco and G.P. McCormick: *Nonlinear Programming: Sequential Unconstrained Minimization Techniques*, John Wiley & Sons, New York, 1968; also SIAM, Philadelphia, 1990.
17) 布川 昊，中山 弘隆，谷野哲三：線形代数と凸解析，コロナ社，1991.
18) P.T. Harker and J.-S. Pang: Finite-dimensional variational inequality and nonlinear complementarity problems, *Mathematical Programming* 48 (1990), pp. 161–220.
19) J.-P. Hiriart-Urruty and C. Lemaréchal: *Convex Analysis and Minimization Algorithms, I and II*, Springer-Verlag, Berlin Heidelberg, 1983.
20) R.A. Horn and C.R. Johnson: *Matrix Analysis*, Cambridge University Press, Cambridge, 1985.
21) D. Kinderlehrer and G. Stampacchia: *An Introduction to Variational Inequalities and Their Applications*, Academic Press, New York, 1980.

22) 今野 浩，山下 浩：非線形計画法，日科技連出版社，1978.
23) D.G. Luenberger: *Optimization by Vector Space Methods*, John Wiley & Sons, New York, 1969.
24) Z.-Q. Luo, J.-S. Pang and D. Ralph: *Mathematical Programs with Equilibrium Constraints*, Cambridge University Press, Cambridge, 1996.
25) O.L. Mangasarian: *Nonlinear Programming*, McGraw-Hill, New York, 1969; also SIAM, Philadelphia, 1994.
26) J.J. Moré and W. Rheinboldt: On P- and S-functions and related classes of n-dimensional nonlinear mappings, *Linear Algebra and Its Applications* 6 (1973), pp. 45–68.
27) K. Murota: *Discrete Convex Analysis*, SIAM, Philadelphia, 2003.
28) Yu. Nesterov and A. Nemirovskii: *Interior Point Polynomial Methods in Convex Programming*, SIAM, Philadelphia, 1994.
29) J.M. Ortega and W.C. Rheinboldt: *Iterative Solution of Nonlinear Equations in Several Variables*, Academic Press, New York, 1970.
30) J.-S. Pang: Error bounds in mathematical programming, *Mathematical Programming* 79 (1997), pp. 299–332.
31) S.M. Robinson: Generalized equations and their solutions, Part II: Applications to nonlinear programming, *Mathematical Programming Study* 19 (1982), pp. 200–221.
32) R.T. Rockafellar: *Convex Analysis*, Princeton University Press, Princeton, 1970.
33) R.T. Rockafellar: Augmented Lagrange multiplier functions and duality in nonconvex programming, *SIAM Journal on Control* 12 (1974a), pp. 268–285.
34) R.T. Rockafellar: *Conjugate Duality and Optimization*, SIAM, Philadelphia, 1974b.
35) R.T. Rockafellar: Lagrange multipliers and optimality, *SIAM Review* 35 (1993), pp. 183–238.
36) R.T. Rockafellar and R.J-B. Wets: *Variational Analysis*, Springer-Verlag, New York, 1998.
37) 田中 謙輔：凸解析と最適化理論，牧野書店，1994.
38) H. Wolkowicz, R. Saigal and L. Vandenberghe (eds.): *Handbook of Semidefinite Programming: Theory, Algorithms, and Applications*, Kluwer Academic Publishers, Boston, 2000.

索　　引

ア　行

Abadie 制約想定 (Abadie's constraint qualification)　115, 132
アフィン関数 (affine function)　53
アフィン集合 (affine set)　6
アフィン包 (affine hull)　12
安定性理論 (stability theory)　148
鞍点 (saddle point)　120, 165
鞍点定理 (saddle point theorem)　120

Jensen の不等式 (Jensen's inequality)　42
1 次従属 (linearly dependent)　5
1 次独立 (linearly independent)　5
1 次独立制約想定 (linear independence constraint qualification)　115, 132
1 次の最適性条件 (first-order optimality conditions)　123
一様凸関数 (uniformly convex function)
⇒ 強凸関数
一様 P 関数 (uniform P function)　212
一様有界 (uniformly bounded)　88
一般化方向微分係数 (generalized directional derivative)　75
一般化方程式 (generalized equation)　203
一般化 Jacobi 行列 (generalized Jacobian matrix)　86
陰関数定理 (implicit function theorem)　38

エピグラフ (epigraph)　40

m-単体 (m-simplex)　21
MPEC　226
MPEC 1 次独立制約想定 (MPEC-LICQ)　235

凹関数 (concave function)　41

カ　行

開集合 (open set)　11
可換 (commutative)　7
下極限 (inferior limit)　13
拡張実数値関数 (extended real valued function)　33
拡張 Lagrange 関数 (extended Lagrangian)　185
下半連続 (lower semicontinuous)
——拡張実数値関数が　33
——点-集合写像が　89
Carathéodory の定理 (Carathéodory's theorem)　16
Karush-Kuhn-Tucker 条件 (Karush-Kuhn-Tucker conditions)
——等式・不等式制約つき問題の　132
——微分不可能な問題の　138
——不等式制約つき問題の　110
——変分不等式問題の　206
感度分析 (sensitivity analysis)　152
緩和問題 (relaxed problem)
——MPEC の　232

擬凹関数 (pseudo-concave function)　99

Guignard 制約想定 (Guignard's constraint qualification) 115, 133
擬凸関数 (pseudo-convex function) 99
逆行列 (inverse matrix) 8
ギャップ関数 (gap function) 218
Kuhn-Tucker 条件 ⇒ Karush-Kuhn-Tucker 条件
Kuhn-Tucker 制約想定 (Kuhn-Tucker constraint qualification) 161
強圧的 (coercive) 208
境界 (boundary) 12
狭義局所的最適解 (strict local optimal solution) 101
狭義実行可能 (strictly feasible) 147
狭義実行可能解 (strictly feasible solution) 196
狭義相補性 (strict complementarity) 123
狭義単調 (strictly monotone) 93
狭義凸関数 (strictly convex function) 43
強単調 (strongly monotone) 93
共通集合 (intersection) 11
強凸関数 (strongly convex function) 43
共役関数 (conjugate function) 52
行列式 (determinant) 8
極限 (limit) 12
局所的最適解 (local optimal solution) 101
局所 Lipschitz 連続 (locally Lipschitz continuous) 77
極錐 (polar cone) 29
均衡価格 (equilibrium price) 183
均衡制約をもつ数理計画問題 (mathematical program with equilibrium constraints: MPEC) 226
近傍 (neighborhood) 11

区分的線形凸関数 (piecewise linear convex function) 72
Clarke 正則 (Clarke regular) 76
Clarke 劣微分 (Clarke subdifferential) 79
グラフ (graph)
———拡張実数値関数の 40
———点-集合写像の 88

Cramer の公式 (Cramer's rule) 9

KKT 条件 ⇒ Karush-Kuhn-Tucker 条件
限定問題 (restricted problem)
———MPEC の 231

勾配 (gradient) 36
互換 (transposition) 8
Cauchy-Schwarz の不等式 (Cauchy-Schwarz inequality) 5
Cauchy 列 (Cauchy sequence) 13
Cottle 制約想定 (Cottle's constraint qualification) 115
固有値 (eigenvalue) 9
固有ベクトル (eigenvector) 9
孤立局所的最適解 (isolated local optimal solution) 101
混合相補性問題 (mixed complementarity problem) 205
コンパクト (compact) 13

サ　行

最適解 (optimal solution) 2, 102
最適解写像 (optimal set mapping) 148
最適化問題 (optimization problem) 1
最適値関数 (optimal value function) 148

次元 (dimension) 6
支持関数 (support function) 60
支持超平面 (supporting hyperplane) 25
実行可能解 (feasible solution) 2
実行可能領域 (feasible region) 2
実効定義域 (effective domain) 40
実数値関数 (real valued function) 33
射影 (projection) 21
射影行列 (projection matrix) 126
弱双対定理 (weak duality theorem) 172
写像 (mapping) 33
集積点 (accumulation point) 13
収束 (convergence) 12
主問題 (primal problem) 168

準凹関数 (quasi-concave function)　98
準凸関数 (quasi-convex function)　98
上極限 (superior limit)　13
上半連続 (upper semicontinuous)
　———拡張実数値関数が　33
　———点-集合写像が　89
障壁関数 (barrier function)　173
真凸関数 (proper convex function)　40

錐 (cone)　26
数理計画問題 (mathematical programming problem)　1
Slater 制約想定 (Slater's constraint qualification)　115, 132

生成 (generation)
　———錐の　27
正斉次 (positively homogeneous)　60
正則 (nonsingular)　8
正則化ギャップ関数 (regularized gap function)　219
正定値 (positive definite)　10
制約関数 (constraint function)　2
制約写像 (constraint mapping)　147
制約条件 (constraint)　1
制約想定 (constraint qualification)　111
接錐 (tangent cone)　103
接ベクトル (tangent vector)　103
線形写像 (linear mapping)　7
線形化錐 (linearizing cone)　107
線形計画問題 (linear programming problem)　2
線形相補性問題 (linear complementarity problem)　205
潜在価格 (shadow price)　160

像 (image)　7
双共役関数 (biconjugate function)　54
相対的内点 (relatively interior point)　12
相対的内部 (relative interior)　12
双対錐 (dual cone)　29
双対性 (duality)　170
双対性ギャップ (duality gap)　180
双対定理 (duality theorem)　176
双対問題 (dual problem)　168, 185
相補性条件 (complementarity condition)　111
相補性問題 (complementarity problem)　205

タ　行

大域的最適解 (global optimal solution)　102
対称行列 (symmetric matrix)　7
単位行列 (unit matrix)　8
単調 (monotone)　93

置換 (permutation)　8
頂点 (vertex)　21
超平面 (hyperplane)　6
直積 (Cartesian product)　7
直方体 (rectangle)　204
直交行列 (orthogonal matrix)　9
直交補空間 (orthogonal complement)　29

D ギャップ関数 (D gap function)　222
Taylor の定理 (Taylor's theorem)　38
停留点 (stationary point)　105
点-集合写像 (point-to-set mapping)　88

特性方程式 (characteristic equation)　9
凸解析 (convex analysis)　4
凸関数 (convex function)　40
凸計画問題 (convex programming problem)　2
凸結合 (convex combination)　15
凸集合 (convex set)　14
凸錐 (convex cone)　26
凸多面集合 (polyhedral convex set)　21
凸多面錐 (polyhedral convex cone)　27
凸多面体 (convex polytope)　21
凸包 (convex hull)　14
トレース (trace)　8

ナ 行

内積 (inner product) 5
内点 (interior point) 12
内部 (interior) 12

2 回微分可能 (twice differentiable) 36
2 回連続的微分可能 (twice continuously differentiable) 36
2 次計画問題 (quadratic programming problem) 2
2 次錐 (second-order cone) 27
2 次の最適性条件 (second-order optimality conditions) 123
2 次の十分条件 (second-order sufficient conditions) 127
2 次の制約想定 (second-order constraint qualification) 126
2 次の必要条件 (second-order necessary conditions) 124
2 レベル計画問題 (bilevel programming problem) 227

ノルム (norm) 5

ハ 行

パラメトリック最適化問題 (parametric optimization problem) 147
半空間 (half space) 24
半正定値 (positive semidefinite) 10
半正定値行列の錐 (cone of positive semidefinite matrices) 29
半正定値計画問題 (semidefinite programming problem) 2, 144
半正定値相補性問題 (semidefinite complementarity problem) 240

P 関数 (P function) 212
P 行列 (P matrix) 11
B 劣微分 (B subdifferential) 84
非拡大 (nonexpansive) 22
非減少 (nondecreasing) 43
非線形計画問題 (nonlinear programming problem) 2
非線形相補性問題 (nonlinear complementarity problem) 205
非退化 (nondegenerate) 230
微分可能 (differentiable) 36
標示関数 (indicator function) 59

Farkas の定理 (Farkas' theorem) 32
Fischer-Burmeiter 関数 (Fischer-Burmeister function) 216
Bouligand 劣微分 (Bouligand subdifferential) 84
Fenchel 双対問題 (Fenchel's dual problem) 192
不動点 (fixed point) 34
部分空間 (subspace) 5
Brouwer の不動点定理 (Brouwer's fixed point theorem) 34
Fritz John 条件 (Fritz John conditions) 113
分離超平面 (separating hyperplane) 24
分離定理 (separation theorem) 26

平穏性 (calmness) 140
平均値定理 (mean value theorem) 38
閉写像 (closed mapping) 89
閉集合 (closed set) 11
閉真凸関数 (closed proper convex function) 51
閉錐 (closed cone) 26
閉凸錐 (closed convex cone) 26
閉凸包 (closed convex hull)
———非凸関数の 175
閉包 (closure)
———集合の 12
———凸関数の 55
べき集合 (power set) 88
ベクトル値関数 (vector valued function) 34

Hesse 行列 (Hessian matrix)　36
ペナルティ関数 (penalty function)　139
変分不等式問題 (variational inequality problem)　202

方向微分係数 (directional derivative)　64
法線錐 (normal cone)　104
法線ベクトル (normal vector)　63, 105

マ　行

Mangasarian-Fromovitz (M-F) 制約想定 (Mangasarian-Fromovitz constraint qualification)　132

ミニマックス定理 (minimax theorem)　166
Minkowski 関数 (Minkowski function)　99

メリット関数 (merit function)　218

目的関数 (objective function)　1

ヤ　行

Jacobi 行列 (Jacobian matrix)　38

有界 (bounded)
———集合が　13
有効制約条件 (active constraint)　107

ラ　行

Lagrange 関数 (Lagrangian)　109
Lagrange 乗数 (Lagrange multiplier)　109
Lagrange 双対問題 (Lagrangian dual problem)　168
Rademacher の定理 (Rademacher's Theorem)　84

Lipschitz 連続 (Lipschitz continuous)　77

劣勾配 (subgradient)
———凸関数の　62
———非凸関数の　78
劣微分 (subdifferential)
———凸関数の　62
———非凸関数の　78
劣微分写像 (subdifferential mapping)　96
レベル集合 (level set)　34
連結集合 (connected set)　17
連続 (continuous)
———拡張実数値関数が　33
———点-集合写像が　89
連続的微分可能 (continuously differentiable)　36

Lorentz 錐 (Lorentz cone)　27

ワ　行

和集合 (union)　11

著者略歴

福島雅夫（ふくしま まさお）

1950年　大阪府に生まれる
1974年　京都大学大学院工学研究科修士課程修了
現　在　京都大学大学院情報学研究科数理工学専攻
　　　　教授・工学博士

非線形最適化の基礎　　定価はカバーに表示

2001年4月15日　初版第1刷
2023年6月25日　　第19刷

著　者　福　島　雅　夫
発行者　朝　倉　誠　造
発行所　株式会社　朝　倉　書　店
東京都新宿区新小川町6-29
郵便番号　162-8707
電　話　03(3260)0141
FAX　03(3260)0180
https://www.asakura.co.jp

〈検印省略〉

印刷・製本　デジタルパブリッシングサービス

ISBN 978-4-254-28001-2　C 3050　Printed in Japan